ポケット

肥料要覧

—2019/2020—

一般財団法人 農林統計協会

目　　次

〔統　　計〕

I　生　　産

Ⅱ 輸　　入

Ⅲ 輸　　出

Ⅳ　消　　　費

Ⅴ　需　　　給

Ⅵ 価　　　格

Ⅶ 世界における生産及び消費

Ⅷ 土壌改良資材の生産

（参考）農業生産と農家経済

〔事　　典〕

I　主要肥料及び肥料原料の製造工程と原単位

Ⅱ　土壌と肥料

Ⅲ　そ　の　他

〔法令・制度〕

〔年　　表〕

〔官庁・団体等一覧〕

〔統　　計〕

統計利用上の解説

1．農林水産省における肥料の基礎統計

(1) 肥料年度とは7月1日から翌年6月30日までとする。

(2) 肥料受払統計

① 肥料需給統計〔本書で**A統計**という。〕

肥料一次生産業者の生産（窒素肥料にあっては工業用を含み，りん酸肥料にあっては飼料用を含まない。），内需，輸出，在庫について何れも肥料の種類別に純成分（N，P_2O_5）及び実数として集計したもの，従って，一次生産業者の生産する高度化成以外の複合肥料（二次生産とみなす）については，この統計上，内需の複合原料用としては握されている。

② 肥料・出荷統計〔本書で**B統計**という。〕

最終消費形態として，流通段階に出荷された肥料について，全生産業者の分を出荷都道府県別に実数で集計したもの。

(3) 加里肥料受払統計〔本書で**C統計**という。〕

加里肥料の生産業者及び輸入業者の生産，輸入，出荷，在庫について肥料の種類別に純成分（K_2O）及び実数として集計したもの。また出荷中，都道府県向け分は都道府県別に集計する。

(4) 肥料輸出統計〔本書で**D統計**という。〕

肥料の輸出業者の船積みベース輸出を，肥料の種類別，仕向国別に実数として集計したもの。

(5) 肥料取締法に基づく肥料生産，輸入統計〔本書で**E統計**という。〕

① 普通肥料

農林水産大臣及び都道府県知事登録肥料及び指定配合肥料について肥料の種類別に生産量，輸入量を実数として集計したもの。（暦年ベース）その特徴は，受払統計が主要化学肥料であるのに対し，本統計は登録されているすべての肥料を対象としている。但し，工業用及び飼料用に生産されたものは除かれ輸出用肥料，自家で

消費した原料用肥料が含まれる。

② 特殊肥料

都道府県知事に届出した特殊肥料について，生産量，輸入量を種類別に実数として集計したもの。(暦年ベース)

2．本統計利用上の注意

(1) 統計表の作成に当たってはその利用目的により最も有効な基礎統計を選定し，欄外にその基礎統計名を脚注した。なお，基礎統計によらない場合は出典を示した。

(2) 基礎統計間にはその内容により数値が多少異なるので統計表利用に当たっては注意されたい。

Ⅰ　生　産

1．主要肥料生産量の推移（暦年）

(1)　無機質肥料（その１）

（単位：トン）

肥料別／年次	硫安	石灰窒素	尿素	硝安	塩安	過りん酸石灰	重過りん酸石灰	熔成りん肥
昭和40	2,488,688	344,243	1,194,865	20,878	500,276	1,549,922	64,628	293,134
41	2,654,534	378,421	1,448,381	20,491	556,336	1,288,803	78,408	348,540
42	2,623,538	349,014	1,959,755	17,981	576,766	1,188,672	76,724	405,831
43	2,483,895	332,169	2,109,233	23,732	681,838	1,140,455	95,541	571,993
44	2,346,530	313,712	2,336,881	21,272	743,816	975,561	107,400	564,893
45	2,210,197	275,882	2,223,146	19,789	771,590	841,245	75,693	472,238
46	2,009,326	261,677	2,274,677	20,944	755,410	707,740	71,064	404,128
47	1,929,723	162,330	2,937,175	23,025	786,702	717,953	89,510	424,814
48	1,924,628	162,355	3,191,808	27,712	816,317	699,833	81,508	420,673
49	1,816,681	188,461	3,230,782	25,116	787,209	794,034	84,030	524,895
50	1,920,072	185,965	2,982,850	12,426	733,356	493,587	69,794	475,942
51	1,911,866	136,735	1,351,686	19,361	537,076	510,303	47,960	461,302
52	1,824,005	181,971	1,480,941	19,701	517,414	580,093	62,073	517,660
53	1,715,734	193,098	1,886,972	18,956	537,630	525,977	61,431	580,638
54	1,649,302	169,509	1,862,406	19,974	583,110	520,354	72,775	535,628
55	1,640,366	175,026	1,603,868	19,761	523,294	537,479	69,859	526,473
56	1,620,273	128,597	1,339,451	20,108	448,501	448,392	63,891	372,036
57	1,486,745	157,340	1,053,327	20,994	365,907	476,703	48,783	365,719
58	1,503,765	169,594	844,039	17,659	293,072	513,239	48,317	382,225
59	1,636,556	173,555	1,007,660	18,842	267,632	502,108	47,109	383,346
60	1,637,670	162,582	870,154	15,449	271,144	457,850	47,602	384,843
61	1,592,160	160,355	741,543	16,656	281,764	445,857	39,028	345,844
62	1,627,488	159,737	673,743	12,762	259,202	419,417	84,701	311,463
63	1,669,230	138,492	739,836	12,349	236,212	386,437	38,432	258,685
平成元	1,555,539	138,001	763,781	15,361	218,242	372,608	56,074	233,424
2	1,646,058	135,917	734,023	14,077	190,925	365,792	31,282	230,466
3	1,635,579	139,939	692,660	11,649	189,547	352,212	34,741	236,912
4	1,691,659	130,912	689,450	11,825	185,234	316,271	37,109	217,055
5	1,550,723	131,535	681,892	11,266	172,821	301,539	33,297	189,884
6	1,627,146	124,951	667,122	12,662	164,240	316,336	33,508	186,828
7	1,737,149	116,045	708,383	12,307	163,645	277,869	27,998	190,043
8	1,724,432	112,082	761,885	9,883	163,397	257,190	25,786	138,962
9	1,755,343	109,136	753,269	10,185	122,838	253,050	25,860	127,327
10	1,604,917	96,382	699,255	10,698	62,560	237,035	22,739	129,837
11	1,705,289	83,287	631,584	9,792	69,890	220,427	22,875	127,383
12	1,744,590	73,477	637,566	8,276	68,278	206,364	18,083	105,256
13	1,575,720	62,606	561,402	9,548	64,747	–	–	91,198
14	1,536,440	60,874	487,188	5,902	69,319	–	–	90,901
15	1,560,733	70,873	412,953	4,979	62,019	–	–	98,651
16	1,507,097	62,350	428,357	5,654	63,847	–	–	73,416
17	1,458,516	53,227	441,135	5,010	65,631	–	–	67,301
18	1,439,759	59,403	447,532	3,877	92,639	–	–	63,365
19	1,464,076	52,403	449,674	3,579	68,675	–	–	59,662
20	1,412,414	51,182	448,778	4,298	78,284	–	–	82,777
21	1,202,827	47,837	365,690	1,680	76,253	–	–	49,457
22	1,346,187	47,490	388,849	2,946	68,337	–	–	–
23	1,298,516	54,269	385,481	2,184	76,926	–	–	–
24	1,245,197	47,570	344,259	2,551	79,234	–	–	–
25	1,224,641	46,217	358,888	2,283	73,153	–	–	–
26	1,159,570	44,716	328,483	1,541	78,660	–	–	–
27	1,070,303	31,490	340,623	1,977	24,304	–	–	–
28	897,793	47,188	416,687	942	–	–	–	–

（注）　1．(a)は不詳又は資料を欠くもの，「－」は該当事例がないもの。熔成りん肥に関しては平成22年より暦年での集計は行われず。

2．A統計による。（但し，重量トンで算出，硝安のみ工業用途の分を除く。）

(1)　無機質肥料（その２）

（単位：トン）

肥料別／年次	硫酸加里	加里塩類	複合肥料		石灰		炭酸カルシウム肥料	珪酸石灰
			化成肥料	配合肥料	生石灰	消石灰		
昭和42	175, 408	29, 188	4, 166, 029	642, 148	110, 931	350, 537	1, 014, 208	976, 158
43	169, 256	30, 294	4, 579, 893	632, 695	106, 591	361, 477	1, 199, 587	1, 382, 580
44	157, 352	21, 630	4, 596, 849	609, 455	105, 443	332, 541	1, 012, 412	1, 012, 496
45	165, 137	25, 748	4, 455, 143	650, 401	156, 629	367, 660	1, 422, 203	842, 016
46	122, 865	25, 178	4, 230, 041	656, 696	188, 105	418, 642	1, 397, 900	626, 841
47	132, 483	18, 939	4, 406, 744	693, 829	187, 451	380, 629	1, 397, 787	644, 159
48	132, 451	15, 586	4, 635, 481	740, 099	318, 838	437, 793	1, 735, 485	669, 334
49	119, 763	10, 497	5, 257, 343	767, 554	274, 929	464, 513	1, 241, 978	775, 134
50	108, 055	14, 095	4, 246, 841	633, 858	115, 120	239, 321	709, 504	683, 538
51	104, 769	11, 080	4, 016, 909	738, 224	152, 572	276, 271	859, 322	847, 267
52	90, 638	7, 008	4, 471, 272	819, 296	171, 325	265, 582	910, 296	1, 015, 766
53	79, 620	12, 733	4, 397, 916	852, 730	190, 705	272, 907	980, 028	921, 698
54	98, 614	13, 012	4, 432, 485	1, 030, 352	184, 276	226, 730	999, 203	856, 829
55	98, 845	13, 923	4, 487, 686	1, 044, 029	200, 892	291, 392	1, 219, 596	772, 576
56	75, 031	26, 741	3, 632, 490	1, 053, 124	195, 432	309, 782	975, 292	628, 394
57	38, 254	57, 974	3, 740, 518	1, 178, 156	222, 352	272, 986	892, 430	668, 901
58	47, 838	70, 630	3, 838, 996	1, 345, 460	281, 187	251, 127	875, 247	670, 740
59	45, 652	77, 252	3, 766, 807	766, 295	189, 667	319, 142	880, 601	659, 160
60	56, 147	76, 979	3, 762, 122	150, 445	187, 672	301, 953	881, 197	638, 772
61	56, 434	76, 258	3, 616, 365	82, 153	182, 640	249, 416	994, 858	652, 420
62	56, 204	78, 337	3, 473, 488	93, 088	202, 171	256, 208	1, 055, 269	515, 999
63	55, 821	50, 597	3, 197, 416	80, 983	224, 935	261, 423	921, 957	517, 507
平成元	54, 513	55, 520	3, 027, 184	82, 179	351, 810	302, 345	1, 003, 269	499, 112
2	53, 582	55, 384	2, 934, 440	83, 912	293, 471	310, 207	1, 187, 606	445, 563
3	51, 851	58, 844	2, 860, 057	85, 835	283, 053	332, 752	1, 139, 162	437, 069
4	67, 784	57, 164	2, 805, 130	94, 937	254, 892	308, 305	1, 026, 733	415, 731
5	67, 873	55, 101	2, 790, 454	106, 156	242, 609	238, 167	1, 042, 274	408, 140
6	75, 137	57, 287	2, 687, 805	118, 730	200, 376	246, 296	611, 199	431, 369
7	69, 652	58, 830	2, 564, 905	114, 850	265, 135	266, 007	631, 637	411, 374
8	47, 953	58, 490	2, 475, 297	115, 284	196, 477	216, 403	610, 217	343, 472
9	48, 676	57, 006	2, 400, 896	117, 020	165, 238	246, 720	624, 614	330, 803
10	35, 152	55, 715	2, 285, 859	107, 527	171, 709	212, 244	613, 515	279, 017
11	39, 219	56, 335	2, 204, 627	132, 586	159, 840	199, 473	604, 130	281, 724
12	42, 036	58, 189	2, 133, 213	133, 080	150, 517	198, 497	705, 165	265, 269
13	23, 387	57, 750	1, 998, 828	134, 323	127, 844	162, 053	522, 550	249, 063
14	12, 826	50, 771	1, 958, 895	138, 417	94, 745	180, 596	574, 407	258, 675
15	12, 353	58, 747	1, 967, 151	145, 629	104, 594	158, 357	509, 793	320, 347
16	10, 317	61, 153	1, 861, 662	157, 087	95, 611	153, 454	493, 036	239, 726
17	10, 710	65, 575	1, 815, 276	159, 754	87, 988	144, 767	483, 009	322, 608
18	7, 134	64, 151	1, 788, 613	159, 154	104, 627	145, 160	478, 625	207, 716
19	7, 489	58, 877	1, 737, 378	155, 338	106, 739	166, 677	693, 733	183, 821
20	11, 746	55, 289	1, 725, 679	139, 365	86, 191	171, 766	621, 918	181, 091
21	8, 655	40, 862	1, 256, 223	107, 608	93, 955	146, 152	562, 659	170, 735
22	11, 765	29, 450	1, 337, 797	114, 599	88, 325	173, 893	512, 424	173, 604
23	10, 496	31, 428	1, 289, 379	130, 139	85, 651	143, 990	503, 604	172, 043
24	8, 850	46, 810	1, 279, 000	155, 453	107, 348	123, 879	785, 565	173, 553
25	6, 623	46, 472	1, 277, 403	139, 172	117, 213	107, 782	809, 872	177, 223
26	8, 072	47, 007	1, 197, 179	146, 717	127, 153	135, 381	764, 200	163, 832
27	8, 292	43, 224	1, 164, 462	148, 279	69, 857	110, 308	526, 540	153, 407
28	8, 242	41, 130	1, 090, 859	154, 730	73, 580	107, 418	512, 924	143, 990
29	8, 141	43, 782	1, 173, 142	152, 229	76, 194	101, 763	611, 301	146, 563
30	10, 484	41, 801	1, 185, 087	147, 281	73, 193	101, 149	496, 070	144, 384

（注）　1．E統計による。但し，複合肥料は農林水産大臣登録分である。
　　　　2．配合肥料の59年からは指定配合肥料を除く。

(2) 有機質肥料

（単位：トン）

年次＼肥料別	油粕類総量	大豆油粕	菜種油粕	棉実油粕	魚肥料総量	粉末魚肥	骨粉
昭和46	336, 986	66, 633	197, 938	7, 526	155, 724	19, 992	71, 470
47	378, 657	12, 516	151, 133	44, 782	136, 543	17, 071	67, 979
48	389, 237	8, 193	289, 262	38, 379	43, 925	10, 783	63, 054
49	407, 099	8, 476	262, 179	46, 397	43, 335	11, 033	65, 377
50	327, 813	5, 919	288, 010	4, 153	58, 515	10, 752	59, 707
51	347, 416	31, 713	262, 611	17, 800	48, 078	14, 776	56, 110
52	329, 802	6, 086	268, 583	18, 608	56, 771	19, 317	53, 545
53	347, 012	9, 329	300, 586	9, 620	61, 990	20, 404	62, 744
54	457, 631	58, 085	359, 997	6, 946	60, 693	25, 046	71, 719
55	455, 533	33, 186	391, 985	8, 878	65, 431	35, 089	75, 296
56	482, 672	43, 170	369, 057	8, 391	56, 447	21, 635	59, 314
57	380, 717	4, 326	341, 069	11, 974	59, 960	25, 786	61, 234
58	406, 167	6, 342	332, 515	22, 896	62, 404	24, 271	62, 141
59	462, 493	5, 094	360, 943	25, 758	63, 815	27, 913	69, 044
60	503, 177	8, 102	392, 925	26, 387	55, 298	37, 924	66, 522
61	575, 777	59, 663	444, 828	15, 079	113, 021	92, 252	87, 775
62	606, 359	24, 891	484, 825	19, 169	102, 835	88, 453	90, 011
63	510, 178	9, 522	376, 525	13, 812	106, 621	90, 976	101, 409
平成元	558, 151	5, 388	431, 818	19, 775	130, 154	98, 701	85, 004
2	468, 559	3, 531	425, 508	18, 563	110, 386	90, 822	61, 170
3	504, 412	3, 601	456, 879	19, 357	99, 772	85, 416	68, 352
4	436, 205	2, 551	392, 004	19, 317	72, 630	57, 211	67, 599
5	537, 201	5, 124	465, 542	18, 782	74, 235	54, 926	83, 213
6	490, 249	4, 451	440, 918	18, 701	100, 437	82, 501	53, 727
7	460, 031	4, 652	394, 925	17, 200	85, 900	68, 071	68, 536
8	401, 991	20, 613	314, 634	15, 657	95, 496	82, 003	49, 398
9	557, 436	23, 022	432, 652	14, 877	96, 543	81, 805	51, 950
10	660, 409	26, 468	502, 559	13, 964	77, 641	62, 192	47, 886
11	668, 947	28, 639	538, 320	13, 553	81, 402	64, 835	39, 065
12	747, 309	28, 865	592, 405	13, 406	85, 519	64, 447	33, 926
13	473, 621	26, 747	350, 866	13, 419	85, 959	66, 480	31, 568
14	551, 141	32, 606	403, 109	3, 363	77, 340	59, 359	28, 251
15	377, 944	5, 585	288, 066	15, 962	82, 515	66, 049	30, 325
16	405, 702	8, 020	353, 655	15, 089	84, 970	68, 103	27, 049
17	273, 393	1, 091	240, 986	15, 872	73, 666	63, 134	41, 784
18	503, 446	37, 155	349, 977	15, 226	78, 021	63, 543	51, 469
19	591, 899	39, 661	423, 213	9, 659	86, 816	70, 172	36, 004
20	457, 112	41, 035	288, 663	13, 883	82, 662	65, 766	61, 836
21	304, 204	36, 138	215, 756	10, 976	73, 528	58, 547	55, 345
22	568, 381	209, 297	211, 010	10, 610	45, 722	43, 492	64, 895
23	690, 319	138, 173	380, 780	12, 022	43, 924	41, 921	52, 323
24	611, 259	134, 413	343, 283	11, 959	49, 775	48, 063	87, 567
25	580, 674	167, 474	279, 440	10, 735	81, 092	52, 042	86, 274
26	796, 440	264, 848	392, 433	12, 705	69, 226	40, 426	62, 474
27	1, 103, 103	476, 881	470, 847	11, 255	41, 575	40, 132	84, 048
28	1, 113, 514	494, 514	482, 288	12, 301	49, 886	47, 532	91, 873
29	1, 131, 560	491, 156	444, 154	12, 507	46, 320	44, 438	79, 673
30	1, 127, 717	484, 776	414, 637	12, 887	48, 173	46, 700	79, 270

（注） E統計による。（特殊肥料を含む。）

2．肥料の種類別生産量（暦年）

(1) 普通肥料

（単位：トン）

肥　料　の　種　類　等	平成26年	平成27年	平成28年	平成29年	平成30年
窒素質肥料	1,452,504	1,127,688	1,114,829	1,157,141	1,124,348
硫酸アンモニア	1,103,416	864,835	871,730	902,773	866,737
塩化アンモニア	59,592	47,531	39,667	55,820	27,659
硝酸アンモニア	2,222	2,526	1,475	−	1,593
硝酸ソーダ	200	802	562	3,549	3,277
硝酸石灰	841	843	1,345	1,357	1,360
腐植酸アンモニア肥料	554	947	321	52	320
尿素	31,902	21,780	29,824	7,155	26,418
アセトアルデヒド縮合尿素	4,192	5,350	3,141	4,834	5,062
イソブチルアルデヒド縮合尿素	6,950	8,775	11,917	12,440	14,219
オキサミド	437	482	454	132	−
石灰窒素	41,266	30,262	39,513	42,689	36,753
硝酸苦土肥料	20	19	43	33	21
被覆窒素肥料	96,569	93,166	90,710	100,958	112,531
ホルムアルデヒド加工尿素肥料	1,716	1,576	1,478	1,346	1,508
メチロール尿素重合肥料	13	48	22	42	72
副産窒素肥料	89,006	35,811	10,902	11,611	13,513
液状副産窒素肥料	1,015	1,605	891	745	733
液状窒素肥料	157	149	118	148	233
混合窒素肥料	12,436	11,181	10,716	11,457	12,339
りん酸質肥料	335,196	301,933	291,961	275,887	278,468
過りん酸石灰	99,583	76,290	67,880	59,737	59,956
重過りん酸石灰	10,691	11,241	11,492	5,367	5,987
りん酸苦土肥料	18	15	13	14	13
熔成りん肥	28,686	35,879	31,221	28,569	26,091
焼成りん肥	−	−	−	−	−
腐植酸りん肥	5,511	4,749	3,697	4,265	3,203
液体りん酸肥料	160	219	166	189	178
熔成けい酸りん肥	18,448	17,846	24,620	22,053	27,198
加工りん酸肥料	90,636	81,527	76,122	77,657	79,786
加工鉱さいりん酸肥料	1,027	965	896	474	2,494
鉱さいりん酸肥料	−	295	111	236	580
被覆りん酸肥料	1	−	−	−	5
副産りん酸肥料	3,698	4,439	3,257	4,093	5,037
混合りん酸肥料	76,738	68,468	72,486	73,233	67,940
加里質肥料	55,079	51,516	49,372	51,923	52,285
硫酸加里	8,072	8,292	8,242	8,141	10,484
塩化加里	5,056	5,663	3,662	4,542	4,725
重炭酸加里	632	399	405	475	512
腐植酸加里肥料	−	24	12	9	−
けい酸加里肥料	37,996	34,703	34,357	35,824	32,517
粗製加里塩	70	91	146	74	39
加工苦汁加里肥料	20	9	10	20	19
被覆加里肥料	1,277	139	506	659	778
液体けい酸加里肥料	139	132	153	168	167
副産加里肥料	453	450	360	377	288
混合加里肥料	1,364	1,614	1,519	1,634	2,756
有機質肥料	1,302,593	1,745,814	1,789,164	1,837,912	1,773,811
魚かす粉末	33,101	34,725	42,604	40,098	43,181
干魚肥料粉末	18	21	19	12	8
魚節煮かす	85	517	437	390	234
甲殻類質肥料粉末	1,038	926	1,917	1,492	1,239
蒸製魚鱗及びその粉末	−	−	−	−	−
肉かす粉末	310	273	668	583	790
肉骨粉	43,532	64,039	69,536	59,668	59,814
蒸製てい角粉	1,479	1,305	1,486	1,019	34
蒸製てい角骨粉	−	−	−	−	1,017
蒸製毛粉	30,187	33,725	31,159	31,396	29,606
乾血及びその粉末	3,153	3,208	3,427	3,311	3,495
生骨粉	452	412	−	289	264
蒸製骨粉	18,163	19,687	21,890	19,583	18,166
蒸製鶏骨粉	−	−	−	−	−
蒸製皮革粉	7,591	7,741	7,454	7,549	5,773
干蚕蛹粉末	−	−	−	1	1
とうもろこしはい芽及びその粉末	38,057	31,012	33,925	41,971	−
大豆油かす及びその粉末	264,848	476,881	494,514	491,156	484,776
なたね油かす及びその粉末	392,433	470,847	482,288	444,154	414,637
わたみ油かす及びその粉末	12,705	11,255	12,301	12,507	12,887
落花生油かす及びその粉末	351	393	376	562	786
あまに油かす及びその粉末	−	567	2,162	2,307	2,625
ごま油かす及びその粉末	37,115	35,941	36,355	40,031	42,192
ひまし油かす及びその粉末	638	835	1,744	1,447	1,529
米ぬか油かす及びその粉末	51,299	69,459	73,561	92,826	93,299

（単位：トン）

肥　料　の　種　類　等	平成26年	平成27年	平成28年	平成29年	平成30年
その他草本性植物油かす及びその粉末	100	183	132	181	195
とうもろこしはい芽油かす及びその粉末	31, 723	37, 309	6, 244	41, 971	40, 184
たばこくず肥料粉末	1	–	–	–	–
豆腐かす乾燥肥料	247	246	19	100	59
加工家きんふん肥料	45, 432	51, 853	44, 369	42, 670	43, 113
とうもろこし浸漬液肥料	21, 806	19, 234	23, 818	30, 281	30, 082
魚廃物加工肥料	10, 613	8, 866	9, 588	11, 055	10, 293
乾燥菌体肥料	26, 140	26, 506	25, 656	26, 099	24, 314
副産動物質肥料	10, 450	9, 356	9, 809	7, 318	7, 805
副産植物質肥料	167, 931	283, 942	290, 031	306, 287	326, 828
混合有機質肥料	51, 595	44, 550	61, 675	79, 598	74, 585
複合肥料	1, 448, 806	1, 412, 835	1, 340, 003	1, 436, 920	1, 431, 723
化成肥料	1, 197, 179	1, 164, 462	1, 090, 859	1, 173, 142	1, 185, 087
配合肥料	146, 717	148, 279	154, 730	152, 229	147, 281
混合堆肥複合肥料	1, 458	2, 120	4, 879	6, 392	6, 841
成形複合肥料	21, 489	20, 582	10, 813	20, 842	19, 817
吸着複合肥料	107	31	163	104	82
被覆複合肥料	9, 413	9, 149	10, 079	8, 518	8, 500
副産複合肥料	10, 831	10, 947	11, 653	9, 639	5, 246
液状複合肥料	54, 758	49, 833	49, 417	51, 362	51, 062
混合汚泥複合肥料	1, 433	1, 445	1, 436	950	2, 432
家庭園芸用複合肥料	5, 422	5, 987	5, 974	13, 742	5, 375
石灰質肥料	1, 224, 321	874, 886	852, 355	949, 646	844, 304
生石灰	127, 153	69, 857	73, 580	76, 194	73, 193
消石灰	135, 381	110, 308	107, 418	101, 763	101, 149
炭酸カルシウム肥料	764, 200	526, 540	512, 924	611, 301	496, 070
貝化石肥料	7, 626	7, 167	6, 230	9, 181	8, 034
副産石灰肥料	151, 505	128, 209	117, 326	119, 637	128, 526
混合石灰肥料	38, 456	32, 805	34, 877	31, 570	37, 332
けい酸質肥料	167, 625	161, 323	148, 695	152, 654	149, 603
鉱さいけい酸質肥料	163, 832	153, 407	143, 990	146, 563	144, 384
軽量気泡コンクリート粉末肥料	3, 680	7, 741	4, 644	5, 934	5, 093
シリカゲル肥料	57	58	28	50	36
シリカヒドロゲル肥料	57	117	33	107	90
苦土肥料	71, 538	61, 951	62, 442	56, 306	62, 875
硫酸苦土肥料	34, 336	29, 215	31, 070	30, 220	30, 160
水酸化苦土肥料	4, 265	2, 113	1, 828	1, 745	1, 667
酢酸苦土肥料	3	2	3	2	2
炭酸苦土肥料	8	20	–	–	52
加工苦土肥料	3, 396	3, 872	2, 970	4, 758	5, 048
腐植酸苦土肥料	17, 559	14, 124	18, 616	11, 146	16, 931
リグニン苦土肥料	3	3	4	3	3
被覆苦土肥料	17	8	24	16	11
副産苦土肥料	11, 227	12, 490	7, 338	7, 695	8, 301
混合苦土肥料	724	104	589	721	700
マンガン質肥料	6, 424	5, 528	5, 713	6, 967	6, 837
硫酸マンガン肥料	671	612	709	624	628
鉱さいマンガン肥料	5, 751	4, 916	5, 004	6, 343	6, 209
混合マンガン肥料	2	–	–	–	–
ほう素質肥料	1, 231	1, 184	1, 202	1, 006	808
ほう酸塩肥料	641	634	608	372	235
ほう酸肥料	4	3	4	6	3
熔成ほう素肥料	586	547	590	628	570
微量要素複合肥料	4, 584	4, 475	4, 290	5, 295	4, 955
熔成微量要素複合肥料	3, 175	3, 012	2, 726	3, 250	3, 067
液体微量要素複合肥料	495	509	621	640	829
混合微量要素肥料	915	954	943	1, 405	1, 059
汚泥肥料等	1, 310, 328	1, 413, 731	1, 371, 150	1, 395, 198	1, 370, 916
下水汚泥肥料	46, 077	50, 364	41, 738	38, 146	37, 966
し尿汚泥肥料	37, 025	35, 871	35, 275	32, 598	29, 799
工業汚泥肥料	135, 342	143, 610	121, 585	135, 726	139, 784
混合汚泥肥料	97, 051	83, 619	91, 932	94, 667	90, 279
焼成汚泥肥料	2, 683	3, 259	2, 788	1, 655	1, 750
汚泥発酵肥料	974, 685	1, 079, 019	1, 058, 416	1, 075, 057	1, 058, 431
水産副産物発酵肥料	16, 516	17, 018	18, 477	16, 210	11, 607
硫黄及びその化合物	950	971	940	1, 139	1, 301
仮登録肥料	–	–	–	33	60
小　　　　計	7, 380, 230	7, 162, 865	7, 031, 175	7, 326, 888	7, 100, 993
指定配合肥料	1, 438, 590	1, 393, 435	1, 377, 221	1, 387, 022	1, 396, 771
合　　　　計	8, 818, 820	8, 556, 299	8, 408, 396	8, 713, 910	8, 497, 764

（注）　1．生産数量には，登録外国生産肥料を含む。
　　　　2．肥料の品質の確保等に関する法律に基づく生産数量報告及び都道府県事務報告による。

(2)　特殊肥料

（単位：トン）

指　　定　　名	平成24年	平成25年	平成26年	平成27年	平成28年	平成29年	平成30年
(イ)の項に属するもの	27,841	27,998	27,677	29,007	26,186	24,848	21,193
魚　か　す	9,181	7,399	7,307	5,386	4,909	4,328	3,511
干 魚 肥 料	－	－	－	－	－	－	－
甲殻類質肥料	14	439	402	334	5	10	11
蒸　製　骨	334	336	327	322	447	422	273
肉　か　す	206	203	194	186	199	210	194
粗砕石灰石	18,106	19,621	19,447	22,779	20,626	19,878	17,204
(ロ)の項に属するもの	6,868,374	7,085,203	7,267,824	6,831,155	6,834,478	7,347,192	6,856,083
米　ぬ　か	4,152	5,036	3,479	7,981	3,565	3,998	4,513
発酵米ぬか	2,621	1,442	1,285	900	931	580	522
発酵かす	80,422	253,818	296,260	248,986	273,788	283,144	298,119
アミノ酸かす	728	1,367	3,576	4,250	1,451	5,616	5,953
くず植物油かす及びその粉末	206	333	217	380	433	193	7
草本性植物種子皮殻油かす及びその粉末	44	29	48	350	45	152	166
木の実油かす及びその粉末	4,802	5,072	4,963	5,066	5,521	6,380	37,059
コーヒーかす	47,141	34,291	28,984	29,921	33,581	29,911	26,094
くず大豆及びその粉末	75	37	58	23	68	3	9
たばこくず肥料及びその粉末	69	142	148	108	2,365	2,462	2,060
乾燥藻及びその粉末	323	266	261	280	343	419	545
落棉分離かす肥料	－	－	－	－	－	－	－
草　木　灰	6,376	7,840	5,672	5,187	8,632	10,190	9,347
くん炭肥料	1,941	2,023	4,412	2,105	1,130	2,640	3,238
骨 炭 粉 末	560	1,176	1,532	1,190	1,158	978	446
骨　　　灰	55	8	23	－	－	8	－
魚　　　鱗	118	115	60	25	31	96	44
家きん加工くず肥料	230	160	144	125	114	214	435
発酵乾ぷん肥料	1,500	－	－	－	－	－	－
人 ぷ ん 尿	7,326	7,829	7,028	6,939	6,786	4,989	8,098
動物の排せつ物	475,047	336,075	412,223	369,442	378,599	474,676	378,150
動物の排せつ物の燃焼灰	48,528	62,176	84,737	80,999	77,621	88,510	76,595
堆　　　肥	5,919,970	6,112,434	6,154,082	5,806,125	5,765,612	6,174,577	5,748,298
グ　ア　ノ	88	77	94	82	51	31	39
貝 殻 肥 料	23,318	14,989	26,855	27,688	28,963	25,317	22,219
貝化石粉末	27,856	28,279	26,248	25,915	29,817	21,150	25,449
製糖副産石灰	136,905	129,451	129,656	137,294	140,310	140,101	141,552
石灰処理肥料	1,822	689	337	294	181	167	248
含　鉄　物	51,054	58,845	51,078	43,157	46,595	43,462	41,317
微粉炭燃焼灰	8,436	4,499	7,181	7,119	1,514	4,449	2,238
カルシウム肥料	1,064	775	805	867	1,057	2,686	2,650
石　こ　う	15,598	15,930	16,378	18,358	24,216	20,093	20,673
合　　　計	6,896,215	7,113,201	7,295,501	6,860,162	6,860,664	7,372,040	6,877,276

（注）　都道府県事務報告による。

3．主要肥料・原料需給量

(1) 硫　安

（単位：トン）

			24 肥 年	25 肥 年	26 肥 年	27 肥 年	28 肥 年
生　産			**1,224,963**	**1,215,016**	**1,125,979**	**934,631**	**943,633**
需要	肥料用	府県向け	86,892	87,997	77,470	76,624	79,971
		複合原料用 高度化成用	463,235	439,083	423,292	412,522	417,674
		その他	8,779	7,835	7,560	9,100	61,287
		小計	558,906	534,915	508,322	498,246	558,932
	工業用		15,728	13,493	12,010	12,909	13,702
	輸出		656,460	641,220	613,335	437,331	408,910
	合計		1,231,094	1,189,628	1,133,667	948,486	981,544
在庫			135,239	160,627	152,939	139,084	101,173

(2) 尿　素

（単位：トン）

			24 肥 年	25 肥 年	26 肥 年	27 肥 年	28 肥 年
生　産			**358,338**	**347,536**	**304,768**	**382,269**	**424,466**
需要	肥料用	府県向け	22,750	15,860	15,494	15,286	15,404
		複合原料用 高度化成用	6,643	6,207	5,138	4,211	3,414
		その他	352	73	188	▲216	2,161
		小計	29,745	22,140	20,820	19,281	20,979
	工業用		316,328	317,037	273,431	384,581	394,302
	輸出		15,063	1,256	2,800	7,498	11,332
	合計		361,136	340,433	297,051	411,360	426,613
在庫			25,663	32,766	40,483	11,392	9,245

(3) 石灰窒素

(単位：トン)

			24 肥 年	25 肥 年	26 肥 年	27 肥 年	28 肥 年
生産			**47,913**	**46,251**	**37,957**	**43,818**	**39,780**
需要	肥料用	府県向け	39,571	36,840	29,692	32,616	33,937
		複合原料用	1,684	1,012	1,356	3,963	1,635
		その他	▲416	920	135	2,548	393
		小計	40,839	38,772	31,183	39,127	35,965
	工業用		4,867	3,556	3,042	3,186	2,985
	輸出		2,635	2,539	1,832	2,912	3,403
	合計		48,341	44,867	36,057	45,225	42,353
在庫			29,027	30,411	32,311	30,904	30,840

(4) 過りん酸石灰

(単位：トン)

			24 肥 年	25 肥 年	26 肥 年	27 肥 年	28 肥 年
生産			**124,298**	**106,035**	**107,076**	**84,628**	**101,540**
需要	肥料用	府県向け	17,010	16,205	14,467	13,802	12,848
		複合原料用	109,884	92,190	89,871	74,326	83,888
		その他	▲559	529	10,660	92	2,926
		小計	126,335	108,924	114,998	88,220	99,662
	工業用		0	0	0	0	0
	輸出		0	0	0	0	0
	合計		126,335	108,924	114,998	88,220	99,662
在庫			37,185	34,296	26,374	22,782	24,660

(5) 重過りん酸石灰

(単位：トン)

			24 肥 年	25 肥 年	26 肥 年	27 肥 年	28 肥 年
生産			**6,783**	**8,587**	**9,035**	**4,216**	**8,831**
需要	肥料用	府県向け	1,140	1,173	954	792	847
		複合原料用	5,944	6,587	7,011	4,655	6,024
		その他	719	494	51	4	621
		小計	7,803	8,254	8,016	5,451	7,492
	工業用		0	0	0	0	0
	輸出		0	0	0	0	0
	合計		7,803	8,254	8,016	5,451	7,492
在庫			1,572	1,905	2,924	1,689	3,028

(6) 熔成りん肥

(単位：トン)

			24 肥 年	25 肥 年	26 肥 年	27 肥 年	28 肥 年
生産			**41,075**	**36,578**	**31,270**	**34,053**	**28,091**
需要	肥料用	府県向け	26,217	25,166	23,928	22,261	20,910
		複合原料用	10,341	7,418	6,463	5,939	5,729
		その他	4,101	3,017	2,972	3,684	2,773
		小計	40,659	35,601	33,363	31,884	29,412
	工業用		0	0	0	0	0
	輸出		0	0	0	0	0
	合計		40,659	35,601	33,363	31,884	29,412
在庫			11,795	12,772	10,679	12,848	11,527

(7)　(重)焼成りん肥

(単位：トン)

			24 肥 年	25 肥 年	26 肥 年	27 肥 年	28 肥 年
生産			50,135	46,520	47,017	39,615	34,124
需要	肥料用	府県向け	27,236	27,434	27,689	20,256	23,934
		複合原料用	19,479	20,209	19,472	14,421	17,609
		その他	48	110	92	226	167
		小計	46,763	47,753	47,253	34,903	41,710
	工業用		0	0	0	0	0
	輸出		0	0	0	0	0
	合計		46,763	47,753	47,253	34,903	41,710
在庫			23,717	22,484	22,248	26,960	19,374

(8)　高度化成

(単位：トン)

			24 肥 年	25 肥 年	26 肥 年	27 肥 年	28 肥 年
生産			785,899	774,394	720,239	698,838	736,857
需要	肥料用	府県向け	665,848	580,300	587,573	554,618	584,642
		複合原料用	126,291	147,311	142,649	141,682	154,017
		その他	17,352	▲15	17,933	▲4,884	11,371
		小計	809,491	727,596	748,155	691,416	750,030
	工業用		0	0	0	0	0
	輸出		13,727	14,150	15,337	17,106	17,941
	合計		823,218	741,746	763,492	708,522	767,971
在庫			270,895	303,543	260,290	250,607	219,493

(9)　ＮＫ化成

(単位：トン)

			24 肥 年	25 肥 年	26 肥 年	27 肥 年	28 肥 年
生産			41,127	42,216	36,896	29,694	35,873
需要	肥料用	府県向け	37,221	32,704	32,225	28,983	33,766
		複合原料用	3,126	3,327	3,308	2,103	2,277
		その他	209	1,898	2,944	788	9,483
		小計	40,556	37,929	38,477	31,874	45,526
	工業用		0	0	0	0	0
	輸出		0	0	0	0	0
	合計		40,556	37,929	38,477	31,874	45,526
在庫			22,729	27,016	25,435	23,255	13,602

(10)　普通化成

(単位：トン)

			24 肥 年	25 肥 年	26 肥 年	27 肥 年	28 肥 年
生産			220,596	217,651	205,638	192,296	198,962
需要	肥料用	府県向け	207,475	179,259	176,081	168,350	176,191
		複合原料用	30,895	35,923	34,688	32,230	35,471
		その他	23,539	-5,851	19,469	▲1,723	▲4,310
		小計	261,909	209,331	230,238	198,857	207,352
	工業用		0	0	0	0	0
	輸出		197	495	281	1,023	751
	合計		262,106	209,826	230,519	199,880	208,103
在庫			111,307	119,132	94,251	86,667	77,526

(11) 硫　　酸

（単位：100%H_2SO_4千トン）

			26会計年度	27会計年度	28会計年度	29会計年度	30会計年度
生産			**6,443**	**6,295**	**6,342**	**6,222**	**6,352**
需要	肥料用	硫安用	181	174	182	177	175
		りん酸系肥料用	142	144	137	130	90
		小計	323	318	319	306	265
	工業用		3,343	3,154	3,160	3,298	3,156
	輸出		2,781	2,757	2,941	2,563	2,977
	合計		6,447	6,228	6,419	6,168	6,398
在庫			219	285	208	262	216

(12) アンモニア

（単位：NH_3千トン）

		26 肥 年	27 肥 年	28 肥 年	29 肥 年	30 肥 年
供給	生産	956	876	896	856	826
	輸入	225	206	205	294	257
	小計	1,181	1,082	1,101	1,150	1,083
需要	肥料用	293	218	224	226	207
	工業用	886	864	888	886	870
	合計	1,179	1,082	1,112	1,112	1,077

4．主要肥料実生産能力一覧表

(1) 実生産能力一覧表

（単位：千トン/年）

年度 / 区分	24	25	26	27	28	29	30	備　　考
アンモニア	1,358	1,304	1,255	1,042	1,079	965	961	
尿素	−	−	−	−	−	−	−	
石灰窒素	263	263	263	263	263	86	53	N＝21％換算
熔成りん肥	115	115	115	115	115	115	115	
りん酸液	−	−	−	−	−	−	−	$P_2O_5$100％換算
硫酸	8,738	5,800	8,783	8,813	8,789	8,786	8,790	100％換算

（注）1．経済産業省調べによる。
2．アンモニア，尿素，りん酸液，熔成りん肥は6月30日現在のものであり，その他については4月1日現在の能力を表す。
3．熔成りん肥については，平成23年度からは長期休止施設を除いた設備能力であり，月産能力の合計値。

(2) 原料源・製法別生産能力

(a) 熔成りん肥

（単位：千トン/年）

年度 / 製法	24	25	26	27	28	29	30
電炉法	55	55	55	55	55	55	55
平炉法	60	60	60	60	60	60	60
合計	**115**	**115**	**115**	**115**	**115**	**115**	**115**

（注）1．経済産業省調べによる。
2．7月1日現在のもの。
3．平成23年度からは，長期休止施設を除いた設備能力であり，月産能力の合計値。

(b) 硫　　酸

（単位：100％千トン/年）

年度 / 原料名	24	25	26	27	28	29	30
製錬ガス	6,728	6,874	6,874	6,900	6,881	6,878	6,878
硫化鉱	0	0	0	0	0	0	0
硫黄	1,615	1,557	1,546	1,550	1,546	1,546	1,546
その他	395	368	362	363	362	362	366
合計	**8,738**	**8,800**	**8,783**	**8,813**	**8,789**	**8,786**	**8,790**

（注）1．経済産業省調べによる。
2．長期休止施設を除いた設備能力であり，月産能力の合計値。
3．四捨五入の関係で合計値が一致しない場合がある。

(3) 会社工場別製造肥料一覧

平成30年２月１日現在

会社工場名		アンモニア	尿素	塩安	硝安	石灰窒素	熔成りん肥	燐酸液
三井化学	大　阪	○	○					
日之出化学	舞　鶴						○平	
片倉コープアグリ	新　潟					○		
東北東ソー	石　巻							
三菱瓦斯	新　潟							
日本カーバイド	青　海					○		
日産化学	富　山	○	○					
朝日工業	関　東						○電	
日本燐酸	千　葉							○
デンカ	青　梅					○		
	大牟田					○		
昭和電工	川　崎	○						
旭化成ケミカルズ	水　島							
宇部興産	堺							
住友化学	愛　媛				○			
宇部興産	宇部藤曲	○						
セントラル化成	宇　部							
東洋燐酸	彦　島							○
南九州化学	高　鍋						○電	

（注） 熔成りん肥については製法を併せ示した（平：平炉法，電：電炉法）。

(4)　アンモニア，尿素，りん酸液生産工場設置場所

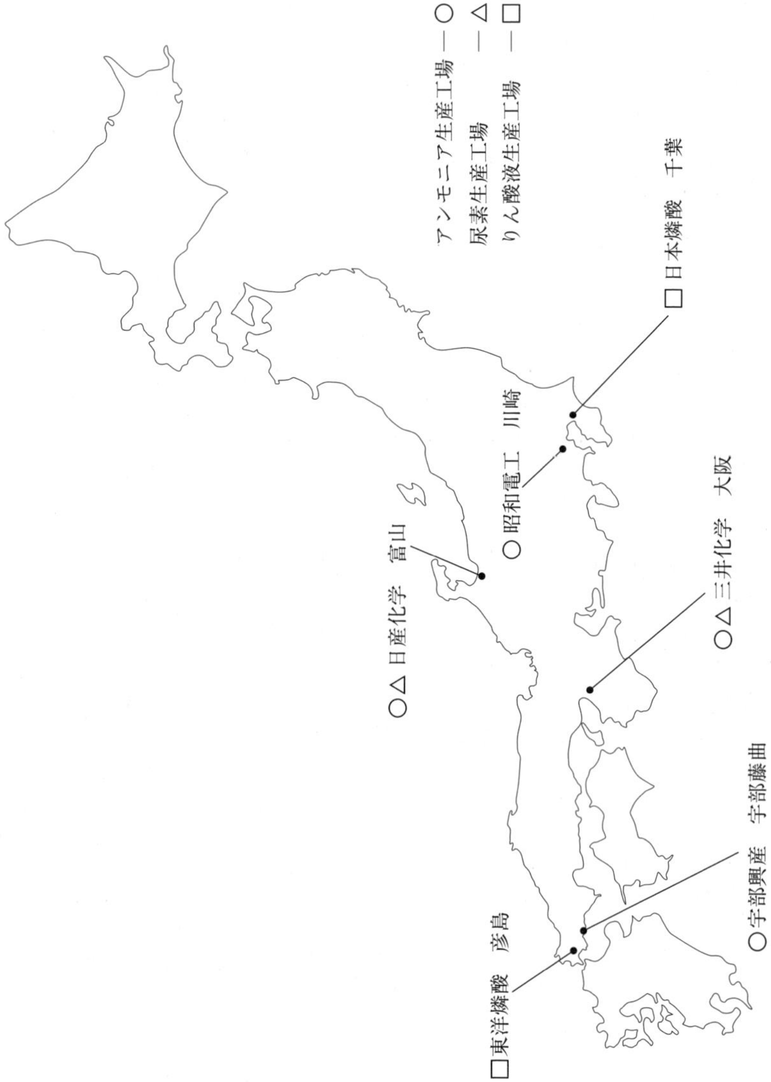

Ⅱ 輸　入

1. 主要肥料等輸入量の推移（暦年）

（単位：トン）

年次＼肥料別	硫安	石灰窒素	硝安	りん安	塩化加里	硫酸加里	りん鉱石
昭和 40	−	−	−	5,895	926,898	82,790	2,396,632
41	−	−	(499)	4,032	1,008,717	87,215	2,467,486
42	−	−	(674)	10,408	989,280	50,427	2,648,163
43	−	−	(976)	30,169	1,101,976	74,353	3,412,157
44	−	−	(85)	29,917	1,080,272	92,663	2,920,318
45	−	−	(1,945)	48,725	1,077,773	77,466	3,008,390
46	−	−	(646)	64,094	925,760	163,530	2,874,277
47	−	−	(1,768)	48,274	850,235	154,973	2,916,148
48	−	−	(893)	91,845	966,605	175,118	3,141,864
49	−	−	(933)	109,848	1,085,982	202,504	3,779,246
50	−	−	(331)	78,153	1,112,769	175,490	2,928,200
51	−	−	(916)	162,363	838,851	110,919	2,334,970
52	−	−	−	170,257	954,134	201,337	2,652,308
53	1	−	0	174,513	959,641	211,080	2,599,162
54	3	−	54	202,764	955,884	209,996	2,827,538
55	−	−	0	216,556	1,073,494	244,701	2,762,404
56	−	−	0	201,133	702,942	201,290	2,255,714
57	−	−	17	301,201	781,398	211,846	2,216,490
58	−	−	2	365,516	829,666	195,718	2,437,819
59	400	67	−	314,924	824,891	277,795	2,322,869
60	−	−	−	298,998	780,569	186,161	2,413,608
61	50	360	525	320,776	729,396	167,212	2,076,190
62	−	166	1,103	404,046	898,197	207,699	2,159,958
63	5,499	5,260	444	490,269	727,192	212,627	1,821,007
平成 元	5,563	7,033	419	522,020	652,132	218,838	1,590,253
2	−	3,901	647	555,671	656,180	168,950	1,543,302
3	4,583	5,125	1,904	545,004	737,912	212,554	1,455,907
4	3,409	5,080	1,612	590,690	626,589	183,058	1,453,204
5	5,579	5,567	1,735	664,642	671,545	174,531	1,395,178
6	7,233	10,468	2,179	705,014	610,042	178,501	1,194,059
7	6	11,934	3,033	625,734	662,572	155,764	1,225,878
8	54	10,280	3,995	602,681	909,857	238,567	1,178,028
9	20	9,962	4,395	624,004	926,442	195,075	1,030,763
10	−	7,118	3,851	555,648	794,725	186,021	976,109
11	−	6,790	5,816	554,317	747,781	154,310	932,946
12	26	6,113	10,458	610,087	731,893	154,262	899,190
13	144	11,346	13,814	528,343	677,445	173,361	770,645
14	52	18,442	14,333	576,460	699,262	186,747	844,527
15	77	19,001	12,945	567,424	658,588	145,304	814,464
16	122	16,496	13,096	561,708	700,650	186,755	819,872
17	−	18,160	9,527	497,660	690,864	148,970	774,297
18	14	18,064	10,564	529,617	597,232	159,105	783,522
19	1	10,879	13,722	501,355	646,038	144,048	722,105
20	0	2,600	11,153	492,702	714,283	158,783	776,221
21	98,694	1,214	13,067	304,073	265,831	64,661	479,131
22	26,648	3,250	18,970	407,161	553,147	93,376	310,483
23	54,704	3,936	19,539	448,389	498,140	94,662	502,326
24	60,497	3,400	24,359	417,500	529,446	98,118	378,642
25	33,373	−	23,145	498,731	479,149	94,340	363,499
26	41,391	−	23,604	476,319	534,365	89,332	312,987
27	42,955	−	20,653	467,319	494,113	92,667	293,399
28	52,091	−	19,321	467,221	450,345	74,608	243,938

（注）1. 硝安の項の昭和41年から51年の間は，硝酸加里（硝酸バリウムを含む。）の数量である。
2. 財務省「日本貿易月表」による。但し，塩化加里，硫酸加里及びりん鉱石（昭和50暦年以前）は肥料輸出入協議会の集計による。

2．肥料の種類別輸入量（暦年）

(1)　普通肥料

（単位：トン）

肥　料　の　種　類　等	平成26年	平成27年	平成28年	平成29年	平成30年
窒素質肥料	320, 358	386, 617	362, 916	383, 367	400, 203
硫酸アンモニア	38, 443	40, 490	48, 480	26, 085	26, 964
塩化アンモニア	5, 362	67, 148	66, 205	66, 794	57, 260
硝酸アンモニア	1, 349	2, 733	1, 797	2, 130	3, 568
硝酸アンモニア石灰肥料	790	1, 461	1, 494	1, 819	2, 180
硝酸ソーダ	14, 195	13, 205	12, 844	16, 700	8, 920
硝酸石灰	11, 715	11, 090	10, 504	12, 130	12, 675
硝酸苦土肥料	443	442	1, 510	564	670
腐植酸アンモニア肥料	417	−	−	20	−
尿素	230, 898	223, 835	195, 155	226, 367	254, 619
硫酸グアニル尿素	75	75	100	75	50
石灰窒素	2, 751	3, 371	2, 991	2, 815	2, 455
被覆窒素肥料	2, 951	3, 080	5, 620	8, 106	10, 361
ホルムアルデヒド加工尿素肥料	2, 880	4, 211	3, 089	3, 825	4, 132
副産窒素肥料	5, 731	12, 331	9, 760	12, 661	12, 359
液状窒素肥料	122	152	150	143	108
混合窒素肥料	2, 237	2, 993	3, 216	3, 133	3, 882
りん酸質肥料	79, 378	82, 889	76, 375	79, 847	80, 189
過りん酸石灰	16, 858	19, 465	14, 894	11, 115	19, 347
重過りん酸石灰	33, 745	29, 222	29, 886	33, 773	31, 513
熔成りん肥	23, 892	29, 766	25, 795	30, 038	24, 602
腐植酸りん肥	25	20	45	−	−
加工りん酸肥料	837	370	1, 265	445	965
副産りん酸肥料	1, 818	2, 239	2, 349	2, 427	1, 630
混合りん酸肥料	2, 204	1, 807	2, 141	2, 049	2, 132
加里質肥料	499, 961	476, 922	402, 731	480, 928	479, 156
硫酸加里	87, 584	107, 789	72, 262	89, 679	83, 480
塩化加里	384, 516	338, 940	303, 734	364, 965	369, 483
硫酸加里苦土	26, 958	28, 752	25, 394	25, 240	24, 823
重炭酸加里	69	55	81	42	100
腐植酸加里肥料	−	−	−	−	2
けい酸加里肥料	367	112	406	20	104
液体けい酸加里肥料	7	5	5	6	5
被覆加里肥料	17	151	335	504	552
副産加里肥料	200	450	297	287	399
混合加里肥料	244	668	217	185	208
有機質肥料	56, 684	63, 745	57, 062	76, 663	69, 036
魚かす粉末	10, 753	12, 078	6, 689	8, 389	14, 831
干魚肥料粉末	31	45	20	60	80
甲殻類質肥料粉末	1, 598	4, 389	2, 917	3, 570	3, 572
蒸製皮革粉	13, 742	18, 985	17, 399	20, 651	17, 504
干蚕蛹粉末	65	135	30	48	66
蚕蛹油かす及びその粉末	61	35	49	88	24
絹紡蚕蛹くず	−	−	−	−	−
とうもろこしはい芽及びその粉末	−	−	−	−	−
なたね油かす及びその粉末	7, 076	3, 934	4, 495	5, 138	5, 429
わたみ油かす及びその粉末	47	25	−	8	380
大豆油かす及びその粉末	130	120	−	150	64
落花生油かす及びその粉末	4	−	−	−	−
ごま油かす及びその粉末	8	5	21	−	−
ひまし油かす及びその粉末	12, 126	16, 755	12, 694	24, 986	17, 718
米ぬか油かす及びその粉末	360	360	240	240	360
その他の草本性植物油かす及びその粉末	−	−	−	−	−
カポック油かす及びその粉末	2, 526	2, 546	3, 059	1, 610	1, 695

（単位：トン）

肥料の種類等	平成26年	平成27年	平成28年	平成29年	平成30年
とうもろこしはい芽油かす及びその粉末	−	−	−	174	−
魚廃物加工肥料	204	476	25	76	−
たばこくず肥料粉末	−	−	16	40	−
窒素質グアノ	−	−	−	−	−
乾燥菌体肥料	362	355	453	316	731
副産動物質肥料	−	10	60	5	−
副産植物質肥料	4,635	1,579	5,997	9,565	3,263
混合有機質肥料	2,956	1,913	2,898	1,549	3,319
複合肥料	659,872	597,139	595,751	646,066	645,075
化成肥料	630,850	565,955	569,089	617,892	619,996
配合肥料	9,165	8,201	8,547	9,663	8,103
成形複合肥料	133	740	294	807	289
吸着複合肥料	750	786	608	770	771
被覆複合肥料	151	150	420	182	184
副産複合肥料	17,040	19,823	15,402	15,166	14,044
液状複合肥料	450	505	473	474	543
家庭園芸用複合肥料	1,333	979	918	1,113	1,145
石灰質肥料	4,159	3,325	3,052	2,481	2,346
生石灰	1,980	1,700	1,243	1,284	1,230
消石灰	472	245	237	204	153
炭酸カルシウム肥料	1,068	1,039	1,272	565	579
副産石灰肥料	472	−	−	58	38
混合石灰肥料	167	341	300	370	346
けい酸質肥料	1,736	2,613	2,704	1,199	2,789
けい灰石肥料	−	−	−	−	−
鉱さいけい酸質肥料	660	1,122	892	300	1,060
シリカゲル肥料	1,076	1,491	1,812	−	1,729
シリカヒドロゲル肥料	−	−	−	899	−
苦土肥料	54,024	63,223	63,678	61,123	63,636
硫酸苦土肥料	14,334	14,536	15,356	15,711	14,364
水酸化苦土肥料	9,111	9,711	9,860	11,788	12,826
酢酸苦土肥料	−	−	−	7	−
腐植酸苦土肥料	1,470	1,011	641	1,617	1,767
加工苦土肥料	1,540	1,240	1,340	1,041	1,400
副産苦土肥料	25,564	34,497	34,780	28,993	31,502
混合苦土肥料	2,005	2,228	1,701	1,966	1,777
マンガン質肥料	755	1,053	663	558	762
硫酸マンガン肥料	755	1,053	663	558	762
ほう素質肥料	1,554	1,855	1,696	2,309	2,037
ほう酸塩肥料	1,505	1,776	1,624	2,201	1,936
ほう酸肥料	49	59	54	54	47
加工ほう素肥料	−	20	18	54	54
微量要素複合肥料	513	544	559	683	955
熔成微量要素複合肥料	−	−	−	80	371
液体微量要素複合肥料	−	−	−	5	−
混合微量要素肥料	513	544	559	598	584
汚泥肥料等	60	120	82	145	156
硫黄及びその化合物	60	120	82	145	156
指定配合肥料	1,766	1,260	1,157	1,110	1,443
合計	**1,680,821**	**1,681,306**	**1,568,426**	**1,736,479**	**1,747,782**

（注）肥料の品質の確保等に関する法律に基づく輸入数量報告による。

(2) 特殊肥料

(単位：トン)

指　　定　　名	平成24年	平成25年	平成26年	平成27年	平成28年	平成29年	平成30年
(イ)の項に属するもの	744	372	688	814	604	523	296
魚かす	574	265	520	751	470	462	227
干魚肥料	−	−	−	−	−	−	−
干蚕蛹	54	27	36	39	39	21	9
甲殻類質肥料	116	80	132	24	95	40	60
(ロ)の項に属するもの	38, 652	31, 677	28, 457	35, 217	30, 269	25, 980	25, 375
発酵かす	−	−	−	−	−	−	−
アミノ酸かす	1	80	290	315	280	462	462
くず植物油かす及びその粉末	241	212		394	303	591	304
草本性植物種子皮殻油かす及びその粉末	−	−	36	−	154	−	30
木の実油かす及びその粉末	7, 729	7, 393	8, 151	8, 488	10, 246	7, 796	8, 659
コーヒーかす	−	−	−	−	−	−	−
くず大豆及びその粉末	−	−	−	−	1	10	−
たばこくず肥料及びその粉末	396	399	100	−	16	72	82
乾燥藻及びその粉末	1, 695	1, 686	1, 933	1, 168	950	2, 013	2, 774
落棉分離かす肥料	−	−	−	−	−	−	−
草木灰	7, 961	51	8	30	19	11	6
くん炭肥料	−	−	−	−	−	106	−
骨灰	879	415	40	211	70	25	−
動物の排せつ物	−	−	−	−	−	−	−
動物の排せつ物の燃焼灰	−	−	−	−	−	−	−
堆肥	4, 648	10, 007	7, 186	13, 832	4, 943	3, 968	4, 110
グアノ	14, 389	10, 798	10, 264	10, 277	9, 564	9, 965	8, 484
発泡消火剤製造かす	−	−	−	−	−	−	−
貝殻肥料	666	583	405	155	143	354	247
貝化石粉末	−	−	−	−	−	−	−
カルシウム肥料	47	54	44	166	541	547	137
石こう	−	−	−	182	3, 039	60	80
合　　計	**39, 396**	**32, 049**	**29, 145**	**36, 031**	**30, 873**	**26, 503**	**25, 671**

(注) 都道府県事務報告による。

3．加里塩の国別輸入量

(1) 塩化加里

（単位：トン）

	24 暦 年	25 暦 年	26 暦 年	27 暦 年	28 暦 年
カナダ	411,875	330,023	388,865	346,959	326,255
ロシア	50,375	14,194	33,885	43,065	42,234
ヨルダン	33,817	45,500	42,630	9,000	20,500
イスラエル	14,469	15,080	5,540	13,503	3,314
ベラルーシ	14,301	40,023	27,047	40,761	33,637
ドイツ	3,088	25,810	35,043	27,546	15,216
米国	554	5,641	162	54	216
中国	143	141	76	2,842	130
その他	824	2,737	1,117	10,383	8,843
計	**529,446**	**479,149**	**534,365**	**494,113**	**450,345**

資料：財務省「貿易統計」による。

(2) 硫酸加里

（単位：トン）

	24 暦 年	25 暦 年	26 暦 年	27 暦 年	28 暦 年
米国	29,682	1	16	2	4,540
台湾	27,431	37,265	40,753	37,439	42,337
ドイツ	25,323	39,830	29,269	38,049	14,232
韓国	13,649	8,440	6,780	6,389	7,783
ベルギー	1,039	4,305	3,940	3,852	1,888
中国	490	1,561	2,412	5,134	2,058
その他	504	2,938	6,162	1,802	1,770
計	**98,118**	**94,340**	**89,332**	**92,667**	**74,608**

資料：財務省「貿易統計」による。

4．りん鉱石の国別輸入量

（単位：トン）

	24 暦 年	25 暦 年	26 暦 年	27 暦 年	28 暦 年
中国	153,790	140,921	93,777	71,514	49,441
南アフリカ	78,051	61,056	58,943	70,279	69,507
ヨルダン	60,000	93,200	78,800	53,000	59,575
モロッコ	57,369	27,400	45,000	50,961	19,300
イスラエル	5,250	3,200	4,400	6,600	7,175
その他	24,182	37,722	32,017	41,045	38,940
計	**378,642**	**363,499**	**312,937**	**293,399**	**243,938**

資料：財務省「貿易統計」による。

5．りん安の国別輸入量

（単位：トン）

	24 暦 年	25 暦 年	26 暦 年	27 暦 年	28 暦 年
米国	275, 729	306, 946	255, 242	217, 830	200, 692
中国	120, 006	154, 336	173, 250	208, 569	226, 176
サウジアラビア	8, 388	27, 072	30, 786	31, 259	30, 290
ヨルダン	5, 000	5, 500	5, 000	4, 000	4, 000
ベルギー	794	248	322	358	404
イスラエル	365	179	246	82	44
韓国	31	10	9	15	8
モロッコ	20	−	11, 000	5, 020	5, 500
その他	7, 167	4, 440	464	186	107
計	**417, 500**	**498, 731**	**476, 319**	**467, 319**	**467, 221**

資料：財務省「貿易統計」による。

6．重過りん酸石灰の国別輸入量

（単位：トン）

	24 暦 年	25 暦 年	26 暦 年	27 暦 年	28 暦 年
中国	43, 600	31, 283	39, 017	42, 232	38, 579
イスラエル	7, 500	12, 575	7, 100	7, 650	8, 520
モロッコ	7, 033	7, 022	−	−	−
オーストラリア	−	−	−	−	−
その他	1, 401	2, 260	1, 750	1, 080	560
計	**59, 534**	**53, 140**	**47, 867**	**50, 962**	**47, 659**

資料：財務省「貿易統計」による。

7．尿素の国別輸入量

（単位：トン）

	24 暦 年	25 暦 年	26 暦 年	27 暦 年	28 暦 年
マレーシア	122, 271	124, 344	125, 997	127, 533	125, 643
中国	70, 834	105, 939	119, 073	112, 100	139, 903
カタール	33, 898	22, 403	17, 497	13, 499	16, 016
ポーランド	7, 850	8, 822	8, 249	2, 312	400
スロバキア	5, 113	2, 952	2, 346	1, 420	1, 684
ロシア	4, 333	12, 582	1, 079	545	289
韓国	946	1, 147	1, 342	627	772
米国	53	20	84	110	116
その他	628	887	5, 939	5, 779	3, 520
計	**245, 926**	**279, 096**	**281, 606**	**263, 925**	**288, 343**

資料：財務省「貿易統計」による。

8. 大豆油かすの国別輸入量

（単位：トン）

	24 暦 年	25 暦 年	26 暦 年	27 暦 年	28 暦 年
インド	792, 653	561, 650	111, 492	73, 837	56, 835
中国	672, 795	544, 069	979, 594	1, 181, 877	1, 143, 050
米国	288, 437	204, 276	225, 002	185, 784	152, 360
ブラジル	202, 978	207, 924	121, 056	99, 716	230, 072
アルゼンチン	112, 141	93, 684	16, 327	−	88, 603
韓国	29, 942	90, 437	158, 883	82, 176	67, 872
台湾	8, 682	965	981	683	515
その他	971	55, 329	139, 481	125, 286	36, 308
計	**2, 108, 599**	**1, 758, 334**	**1, 752, 816**	**1, 749, 359**	**1, 775, 615**

資料：財務省「貿易統計」による。

9. 菜種油かすの国別輸入量

（単位：トン）

	24 暦 年	25 暦 年	26 暦 年	27 暦 年	28 暦 年
中国	22, 680	28, 886	24, 268	5, 948	1, 654
カナダ	7, 269	17, 104	5, 974	5, 036	−
インド	3, 385	4, 881	13, 608	6, 871	5, 183
韓国	1, 728	14, 138	2, 089	−	−
パキスタン	1, 640	2, 352	1, 337	295	209
アラブ首長国	974	1, 090	9, 387	−	−
その他	−	−	−	−	−
計	**37, 676**	**68, 451**	**56, 663**	**18, 150**	**7, 046**

資料：財務省「貿易統計」による。

10. 魚粉の国別輸入量

（単位：トン）

	24 暦年	25 暦 年	26 暦 年	27 暦 年	28 暦 年
ペルー	118, 260	53, 869	72, 814	24, 713	23, 119
エクアドル	33, 616	34, 424	22, 542	25, 463	17, 778
チリ	30, 023	23, 696	19, 944	17, 550	16, 483
インド	15, 220	9, 520	6, 093	5, 399	1, 213
米国	9, 609	7, 364	15, 866	12, 491	12, 023
メキシコ	6, 735	12, 535	5, 288	400	899
タイ	5, 955	9, 891	30, 175	37, 451	21, 069
ベトナム	5, 152	9, 709	24, 712	26, 516	8, 193
アルゼンチン	1, 479	1, 089	659	880	821
その他	26, 832	32, 674	50, 222	75, 946	52, 138
計	**252, 881**	**194, 771**	**248, 315**	**226, 809**	**153, 736**

資料：財務省「貿易統計」による。

11. 化成肥料（りん安を除く）の国別輸入量

（単位：数量 千トン / 単価CIF千円/トン）

肥年 / 国名	24		25		26		27		28	
	数量	単価	数量	単価	数量	単価	数量	単価	数量	単価
韓国	77	49, 523	73	51, 925	52	54, 376	33	56, 883	45	46, 937
中国	50	60, 707	48	64, 771	52	62, 983	47	62, 458	47	54, 807
ノルウェー	9	53, 684	8	64, 987	7	78, 865	7	72, 739	6	61, 532
ヨルダン	9	41, 957	16	43, 402	8	44, 646	6	45, 796	10	31, 246
アメリカ	3	169, 731	3	188, 227	3	212, 451	3	209, 268	2	198, 684
計	**149**	**55, 589**	**166**	**61, 037**	**135**	**65, 405**	**110**	**67, 544**	**125**	**56, 177**

資料：財務省「貿易統計」による。

注：合計にはその他の国からの輸入分を含む。

Ⅲ　輸　　出

1．主要肥料輸出量の推移（暦年）

（単位：トン）

年次＼肥料別	硫　安	尿　素	塩　安	硝　安	石灰窒素	過りん酸石灰
昭和　40	1,265,797	684,991	234,697	622	43,283	148,861
41	1,196,202	1,059,144	348,601	1,863	55,781	8,328
42	1,630,267	1,362,411	370,288	126	149	9,581
43	1,459,500	1,527,315	415,887	310	2,672	11,829
44	1,040,063	1,380,344	439,762	118	1,065	8,759
45	1,026,903	1,450,907	474,695	350	620	7,727
46	1,283,193	1,815,472	613,710	296	577	4,309
47	1,396,719	2,483,561	689,633	425	481	43,708
48	957,375	2,408,331	625,413	375	1,225	10,377
49	716,248	2,210,942	513,551	－	898	6,406
50	482,399	2,171,425	556,948	－	64	1,791
51	1,073,409	689,674	352,871	－	526	5,702
52	1,367,731	1,020,311	446,363	－	734	7,802
53	748,214	1,196,282	356,933	－	2,865	2,000
54	681,238	1,067,822	376,323	－	5,088	802
55	668,815	839,105	324,492	－	5,161	－
56	648,951	732,665	286,898	－	187	7,745
57	586,793	438,723	203,023	100	1,753	2,000
58	462,632	145,545	94,217	－	6,075	5,000
59	643,759	248,662	74,440	－	11,336	－
60	564,006	152,578	58,633	－	453	1,050
61	631,082	77,700	27,643	－	469	300
62	726,271	58,084	17,500	－	939	－
63	787,418	73,749	10,110	－	568	－
平成元年	609,940	69,899	26,800	－	567	－
2	672,157	41,139	7,120	－	566	－
3	869,976	49,102	5,500	－	608	－
4	883,897	15,953	－	－	1,371	－
5	787,055	13,523	－	－	637	－
6	759,278	5,262	－	－	940	－
7	903,260	6,840	200	－	1,007	－
8	871,960	9,654	9,600	－	1,180	－
9	896,419	9,288	3,001	－	1,501	－
10	885,078	7,391	－	－	1,407	－
11	980,247	2,928	2,500	－	1,249	－
12	1,030,908	3,059	－	－	1,378	－
13	856,155	3,302	－	－	729	－
14	851,899	5,130	－	－	702	－
15	880,482	4,640	－	－	710	－
16	870,941	3,778	－	－	756	－
17	848,616	3,565	－	－	920	－
18	816,020	3,300	－	－	1,936	－
19	859,371	5,913	－	－	－	－
20	677,240	8,778	－	114	－	－
21	619,959	11,432	－	180	－	－
22	811,813	9,863	－	－	－	－
23	750,444	11,996	－	－	－	－
24	664,416	19,239	－	－	－	－
25	658,628	22,961	－	－	－	－
26	612,256	8,305	－	－	－	－
27	561,741	13,209	－	－	－	－
28	390,385	16,276	－	－	－	－

（注）　1．平成7年まではD統計による。但し，平成8年以後は肥料輸出入協議会「化学肥料輸出実績表」によるものである。
2．平成8年以後の塩安（肥料用途に限る）は，塩安肥料協会調べである。
3．平成8年以後の過りん酸石灰の値は，重過りん酸石灰の値に含める。

1．主要肥料輸出量の推移（暦年）（つづき）

（単位：トン）

年次＼肥料別	熔成りん肥	重過りん酸石灰	加里肥料	りん安系複合	その他複合	油粕類	魚粉
昭和 40	1,960	11,030	27,391	105,861	85,710	688	13,054
41	3,034	8,613	12,128	106,568	46,820	4,614	15,845
42	974	4,155	18,342	90,082	69,778	33,312	11,316
43	127	9,964	17,448	105,192	61,834	7,198	6,790
44	12	9,567	16,654	108,956	67,853	3,561	18,340
45	39	7,692	27,391	108,642	76,198	5,669	24,504
46	1,402	7,931	6,055	76,304	92,543	7,242	37,724
47	1,100	14,285	6,368	171,649	69,240	4,350	28,561
48	395	8,700	2,789	124,354	47,106	6,085	17,754
49	250	2,000	51	55,855	16,301	23,692	31,261
50	149	315	5,572	69,911	52,891	49,794	49,340
51	−	1,105	5,057	57,298	23,558	277	48,975
52	−	1,700	2,138	25,899	16,551	1,077	37,466
53	5	4,870	5,042	11,387	52,547	36	64,244
54	6	19,414	3,500	56,384	37,778	1,065	57,625
55	1	15,310	140	120,615	83,491	1,086	43,154
56	8	25,667	126,403	72,279	27,623	7,475	73,625
57	−	792	97,598	160,625	58,588	9,150	135,591
58	1	9,795	30	140,858	31,305	806	79,511
59	20	2,288	1,510	64,542	99,065	2,048	135,050
60	35	753	37	55,203	95,538	6,823	156,201
61	45	29,203	127	45,729	76,746	769	165,124
62	218	49,330	17	51,845	124,960	1,673	221,263
63	−	1,200	944	58,726	69,859	2,513	205,616
平成元年	−	34,641	744	38,881	97,846	2,035	213,538
2	−	150	137	26,583	74,527	1,898	134,774
3	−	760	268	41,753	79,940	4,576	97,966
4	1,060	500	200	39,302	43,273	3,111	33,869
5	60	160	248	11,306	54,174	6,288	28,835
6	−	40	1,020	11,950	40,703	11,256	7,575
7	3,248	46	−	7,018	44,549	8,238	3,916
8	940	−	786	500	35,485	3,529	4,309
9	3,233	71	687	579	31,287	3,226	1,013
10	8,859	183	726	391	32,326	369	100
11	15,158	18	559	4,412	26,899	3,286	1,161
12	183	−	1,186	12	31,214	2,391	14,881
13	109	4	474	8,053	24,313	39,738	14,377
14	7,894	63	377	66	21,523	63	17,735
15	3,336	−	208	50	19,927	83	21,449
16	336	64	338	120	27,091	9,157	18,634
17	323	96	274	111	30,295	1,102	16,552
18	815	−	207	30	28,488	116	13,590
19	868	80	356	87	28,795	157	13,562
20	610	9	237	170	30,417	4,008	−
21	411	36	174	17	17,494	75	−
22	459	32	212	39	21,750	124	−
23	486	−	155	34	24,294	225	−
24	561	−	143	24	20,102	8	−
25	379	−	127	3	23,418	159	−
26	409	−	314	2	21,288	404	−
27	694	−	506	39	25,256	607	−
28	7,389	−	763	40	30,868	11,628	−

（注） 1．平成７年まではＤ統計による。但し，平成８年以後は肥料輸出入協議会「化学肥料輸出実績表」によるものである。
2．平成８年以後の加里肥料，油粕類及び魚粉は財務省「貿易統計」による。
3．平成８年以後のりん安系複合はりん安のみの数量である。
4．平成８年以後のその他複合はりん安を除く化成肥料全体である。
5．平成12年以後の魚粉には，甲殻類，軟体動物等の粉等を含む。

2．主要肥料仕向地別輸出量（その１）

（単位：トン）

種類	仕向先		24	25	26	27
硫安	アジア	中国	15	22	72	39
		シンガポール	1	−	−	−
		フィリピン	117,857	104,510	199,861	159,712
		タイ	34,294	12,005	6,000	5
		マレーシア	197,100	167,100	167,104	110,300
		ベトナム	286,750	317,600	221,900	172,371
		インドネシア	22,000	31,000	18,000	−
		台湾	11	11	28	5
		小計	658,028	632,248	612,965	442,432
	オセアニア	ニュージーランド	80	80	60	60
		オーストラリア	386	346	306	200
		フィジー	8,000	6,600	−	−
		小計	8,466	7,026	366	260
		合計	**666,494**	**639,274**	**613,331**	**442,692**

（注）１．肥料輸出入協議会「化学肥料輸出実績表」による。
２．塩安は，塩安肥料協会調べである。
３．化成肥料は，硫・塩りん安，その他高度複合，その他普通複合，被覆・複合肥料，液肥の合計である。

（単位：トン）

種類	仕向先		24	25	26	27
尿素	アジア	中国	27	39	102	1,060
		台湾	−	7	10	14
		韓国	17,660	5,835	5,942	12,354
		ベトナム	1,980	180	367	185
		タイ	577	464	630	566
		フィリピン	990	1,293	1,008	1,085
		インドネシア	11	23	6	9
		シンガポール	8	7	8	26
		マレーシア	−	28	14	−
		小計	21,253	7,876	8,087	15,299
	ヨーロッパ	オランダ	240	304	48	−
		小計	240	304	48	−
	オセアニア	オーストラリア	271	316	40	76
		ニュージーランド	30	302	77	151
		小計	301	618	117	227
	北中南米	アメリカ	89	92	115	32
		小計	89	92	115	32
		合計	**21,883**	**8,890**	**8,367**	**15,558**

（単位：トン）

種類	仕向先		24	25	26	27
りん安	アジア	韓国	9	−	3	1
		台湾	−	−	1	13
		ベトナム	−	−	2	2
		インドネシア	1	−	−	−
		小計	10	−	6	16
	中南米	アメリカ	2	2	11	13
		小計	2	2	11	13
		合計	**12**	**2**	**17**	**29**

2．主要肥料仕向地別輸出量（その2）

（単位：トン）

種類	地域	仕向先＼肥年	24	25	26	27
化成肥料	アジア他	中国	1,917	2,528	2,845	3,756
		香港	17	12	22	23
		台湾	3,772	4,356	4,694	5,728
		韓国	2,698	4,902	3,003	4,076
		モンゴル	–	30	2	–
		ベトナム	74	85	155	162
		フィリピン	3	100	20	330
		カンボジア	–	–	29	83
		ミャンマー	–	–	42	–
		タイ	36	36	50	28
		インド	16	–	–	–
		マレーシア	1,413	1,522	689	1,037
		インドネシア	868	606	1,454	708
		アラブ首長国連邦	1	–	–	–
		ウズベキスタン	1	–	–	–
		シンガポール	160	30	40	74
		バングラディッシュ	–	–	10	25
		アフガニスタン	–	–	–	304
		トルクメニスタン	–	–	20	–
		スリランカ	–	–	10	–
		小計	10,976	14,207	13,085	16,334
	ヨーロッパ	イギリス	80	120	140	101
		オランダ	180	220	338	4
		ベルギー	11	–	11	179
		フランス	229	228	197	260
		ドイツ	1,121	200	180	140
		スペイン	1	1	–	1
		イタリア	101	200	140	200
		フィンランド	–	–	–	1
		スイス	–	8	9	1
		チェコ	–	14	–	–
		ハンガリー	–	–	–	15
		ポルトガル	–	–	–	20
		ポーランド	2	–	–	–
		小計	1,725	991	1,015	–
	オセアニア	オーストラリア	344	404	429	534
		ニュージーランド	191	232	210	289
		パラオ	–	–	–	2
		小計	535	636	639	823
	北中南米	カナダ	188	552	418	475
		アメリカ	7,116	7,077	8,098	9,715
		メキシコ	1	17	–	17
		ブラジル	12	12	12	31
		コロンビア	7	55	172	253
		エクアドル	347	282	265	205
		ペルー	2	2	–	20
		アルゼンチン	20	10	20	10
		小計	7,693	8,007	8,985	10,726
	アフリカ	リベリア	20	–	–	–
		タンザニア	–	–	30	–
		モロッコ	–	–	–	10
		小計	20	–	30	10
		合計	**20,949**	**23,841**	**23,754**	**27,893**

2．主要肥料仕向地別輸出量（その3）

（単位：トン）

種類		肥年 / 仕向先	24	25	26	27
熔成りん肥	アジア	韓国	134	78	70	52
		中国	259	120	200	220
		台湾	100	160	160	140
		マレーシア	15	−	−	−
		ベトナム	−	−	66	2,200
		小計	508	358	496	2,612
		合計	**508**	**358**	**496**	**2,612**

（単位：トン）

種類		肥年 / 仕向先	24	25	26	27
その他化学肥料	アジア	韓国	10,414	10,369	15,745	14,102
		中国	18,048	22,016	28,296	24,860
		台湾	3,127	2,333	2,694	2,912
		香港	6	−	−	154
		ベトナム	3,214	2,491	6,187	8,010
		タイ	124	221	334	420
		シンガポール	−	−	−	1
		マレーシア	1,030	1,238	672	706
		フィリピン	308	245	406	490
		インドネシア	71	174	54	36
		ミャンマー	−	1,154	294	179
		インド	780	820	600	1,226
		アフガニスタン	−	−	−	22
		パキスタン	3	3	6	7
		アラブ首長国連邦	1	−	−	−
		小計	37,126	41,064	55,288	53,125
	ヨーロッパ	イギリス	−	2	2	−
		オランダ	1	−	3	2,013
		ベルギー	270	108	591	1,973
		ドイツ	−	−	2	4
		イタリア	1	1	3	−
		スペイン	2	5	22	6
		ロシア	2	−	−	−
		小計	276	116	623	3,996
	北中南米	カナダ	−	−	−	72
		アメリカ	136	18	79	1,255
		ブラジル	40	20	−	−
		小計	176	38	79	1,327
	オセアニア	オーストラリア	42	40	−	26
		ミクロネシア連邦	4	−	−	−
		小計	46	40	−	26
		合計	**37,624**	**41,258**	**55,990**	**58,474**

Ⅳ　消　　　費

1．主要肥料国内消費量の推移（暦年）

（単位：トン）

年　次	硫　安	石灰窒素	尿　素	硝　安	塩　安	過りん酸石灰	重過りん酸	熔成りん肥	塩化加里	硫酸加里	高度化成	普通化成
昭和39	1,344,781	304,943	363,195	16,413	228,274	1,538,142	36,960	272,542	1,099,785	194,354	1,070,593	1,943,456
40	1,221,197	308,417	378,851	18,368	208,336	1,394,868	48,701	293,481	1,096,550	201,624	1,321,699	1,845,890
41	1,172,759	335,689	429,670	18,917	226,160	1,270,153	61,994	333,485	1,185,490	212,158	1,555,681	1,735,927
42	1,129,926	346,179	479,192	18,739	244,039	1,191,217	72,893	410,961	1,506,582	304,754	1,733,049	1,679,203
43	1,121,098	326,048	529,309	22,088	260,039	1,143,430	85,099	540,224	1,078,603	234,052	2,371,624	1,627,506
44	1,033,141	324,459	521,883	20,834	269,921	989,974	87,041	510,157	1,014,193	234,504	2,576,247	1,510,056
45	958,186	299,341	554,025	19,629	220,629	849,935	78,914	471,057	1,013,315	230,490	2,598,411	1,340,490
46	943,140	235,855	637,355	22,212	164,335	710,862	72,999	436,117	847,432	263,150	2,654,020	1,177,760
47	943,515	170,988	699,319	21,771	162,713	678,950	70,490	423,785	902,755	268,516	2,841,822	1,102,276
48	1,046,421	192,858	889,534	27,088	254,642	821,947	69,957	548,967	927,708	280,310	3,142,484	1,229,577
49	1,142,798	196,769	836,448	22,694	223,268	776,415	84,778	553,280	1,084,837	300,048	3,586,104	1,268,246
50	797,886	152,450	595,433	14,166	156,615	481,142	62,309	424,522	944,937	246,514	2,617,909	931,958
51	914,601	173,762	709,110	19,745	160,674	527,528	55,668	482,195	861,538	220,046	2,755,858	985,222
52	999,405	182,909	719,616	20,648	167,894	566,778	57,903	554,514	949,927	271,122	2,877,104	1,006,698
53	916,253	177,550	749,461	18,739	182,385	524,414	50,331	523,117	928,547	279,572	2,856,106	939,298
54	974,704	169,140	808,141	20,178	180,090	533,089	54,833	530,622	1,000,797	313,274	3,026,821	924,052
55	994,476	166,090	696,085	20,421	185,641	527,826	49,970	502,157	916,583	284,844	2,919,704	876,678
56	868,905	136,073	665,707	20,362	151,490	442,612	46,529	403,720	734,435	260,722	2,524,613	749,420
57	970,211	155,931	688,722	19,514	174,922	477,608	45,492	380,120	786,802	284,192	2,550,222	790,551
58	1,036,149	164,031	691,846	19,548	194,547	517,122	45,528	383,739	800,047	259,344	2,506,741	790,846
59	1,018,080	162,240	753,159	18,203	192,806	488,195	43,807	382,456	794,348	288,788	2,457,042	758,975
60	1,012,059	159,307	728,823	16,227	225,880	459,190	44,987	366,982	872,460	302,848	2,373,870	753,337
61	959,310	159,666	663,620	16,656	239,848	445,857	39,028	345,844	847,072	295,854	2,296,331	765,988
62	944,125	147,193	624,660	13,969	225,286	413,773	31,805	306,389	769,057	302,344	2,202,814	732,048
63	898,217	142,704	652,366	12,689	205,866	385,077	29,940	270,622	723,410	273,203	2,037,520	682,909
平成元	926,018	142,210	696,052	14,542	188,979	380,329	30,610	262,690	702,973	275,926	2,002,495	677,076
2	899,465	137,148	685,540	13,726	183,806	363,638	32,137	244,585	713,580	279,634	1,940,916	658,323
3	830,686	134,749	658,964	12,637	179,494	333,248	31,786	223,876	664,826	275,231	1,863,834	613,541
4	817,710	136,119	659,720	11,727	181,270	318,322	38,460	211,452	693,283	274,472	1,875,312	600,114
5	790,914	124,973	649,514	11,667	174,020	314,004	34,174	197,315	676,996	255,982	1,829,580	600,738
6	850,889	121,499	671,432	12,302	164,674	307,681	33,141	193,777	649,894	243,231	1,852,498	582,394
7	839,722	117,369	715,815	11,848	157,730	274,641	30,126	168,939	660,041	245,531	1,746,425	563,596
8	807,999	109,699	759,100	10,489	143,863	260,084	26,077	145,287	552,865	239,316	1,638,917	522,709
9	793,975	104,470	740,069	10,322	120,415	250,580	25,843	139,556	539,594	231,783	1,567,833	512,427
10	741,333	94,898	693,674	6,484	67,304	234,642	24,627	119,947	472,944	218,191	1,406,515	465,504
11	744,483	84,038	649,362	9,889	64,595	224,924	21,254	114,328	488,355	224,029	1,354,473	448,010
12	726,973	78,529	649,790	8,671	64,213	218,993	20,519	103,883	458,017	177,409	1,238,418	420,390
13	687,049	67,904	541,718	8,920	62,537	133,739	8,288	110,456	422,346	171,225	1,106,185	392,429
14	689,107	64,163	513,384	6,834	61,895	122,324	7,576	94,455	377,730	169,416	1,064,051	372,495
15	665,895	60,954	423,015	6,315	60,827	113,839	6,479	89,998	361,752	144,920	1,015,528	365,249
16	628,032	58,477	424,600	6,009	61,518	96,058	5,813	83,026	376,895	155,146	976,638	371,898
17	640,704	55,534	441,135	5,412	59,080	86,954	5,543	74,141	374,985	154,518	931,710	337,803
18	615,395	53,025	438,660	3,862	56,770	85,521	5,755	64,040	372,932	132,706	868,092	320,822
19	635,018	50,891	449,055	3,563	49,329	85,589	4,661	64,473	384,027	133,811	932,888	330,745
20	686,691	53,903	445,621	4,222	56,079	98,291	16,440	72,856	410,371	125,192	931,380	354,504
21	538,757	44,515	362,930	3,131	46,739	53,398	5,052	56,938	265,393	75,237	654,979	279,755
22	535,299	48,789	384,528	2,262	69,674	144,764	7,492	-	363,676	86,308	777,877	283,296
23	590,245	43,146	385,541	1,932	71,997	137,812	7,953		380,718	88,528	789,502	267,196
24	554,995	42,463	329,490	1,076	77,716	128,912	7,117	-	319,090	83,867	738,206	278,074
25	566,608	42,093	341,463	1,318	77,243	122,008	9,319	-	377,973	82,934	779,097	269,623
26	536,427	39,918	326,203	1,337	72,016	114,981	7,878	-	347,798	78,868	749,354	273,213
27	503,167	35,396	316,088	1,345	28,135	96,289	6,270	-	319,760	79,904	705,322	235,533
28	498,529	39,099	436,629	963	-	94,371	6,990	-	296,177	59,166	693,299	235,432

（注）1．上記数量は国内向出荷数量（調製保管は放出時に加算）である。
2．塩化加里には国産原料用を含む。
3．高度化成には昭和43年から高度配合を含み，普通化成にはＮＫ化成を含む。
4．単肥の消費量中には高度化成又は普通化成の生産に使用された原料用を含む。
5．Ａ統計で硝安以外は工業用を含む。但し，加里肥料はＣ統計による。
6．過りん酸石灰及び重過りん酸は平成13年から統計手法が変更されたため，前年以前との連続性はない。

2．主要肥料都道府県別出荷量

(1) 硫　　安

（単位：トン）

		24肥年	25肥年	26肥年	27肥年	28肥年
北　海　道		60,666	64,086	53,667	52,850	55,421
東北	青　森	813	821	768	862	910
	岩　手	244	164	1,275	380	532
	宮　城	507	480	501	450	475
	秋　田	597	659	695	725	761
	山　形	1,255	747	747	1,122	952
	福　島	1,469	1,552	1,027	1,192	1,301
	小　計	4,885	4,423	5,013	4,731	4,931
関東	茨　城	955	1,021	1,308	691	995
	栃　木	514	441	344	453	374
	群　馬	665	693	671	678	628
	埼　玉	486	426	421	387	362
	千　葉	806	663	664	633	647
	東　京	66	57	91	91	65
	神奈川	252	246	246	248	272
	山　梨	222	246	205	243	178
	長　野	780	732	772	672	582
	静　岡	974	663	641	690	474
	小　計	5,720	5,188	5,363	4,786	4,577
北陸	新　潟	1,695	1,463	1,280	1,224	1,234
	富　山	127	60	46	55	52
	石　川	129	74	114	102	131
	福　井	55	77	77	87	36
	小　計	2,006	1,674	1,517	1,468	1,453
東海	岐　阜	589	710	574	573	451
	愛　知	100	84	115	475	670
	三　重	411	309	469	493	387
	小　計	1,100	1,103	1,158	1,541	1,508
近畿	滋　賀	490	545	608	542	678
	京　都	451	323	248	408	349
	大　阪	177	149	160	97	159
	兵　庫	942	739	822	975	1,049
	奈　良	188	130	64	83	116
	和歌山	144	149	105	112	94
	小　計	2,392	2,035	2,007	2,217	2,445
中国四国	鳥　取	220	237	212	221	197
	島　根	626	382	365	332	375
	岡　山	458	641	763	570	420
	広　島	411	298	265	313	317
	山　口	620	580	557	557	517
	徳　島	607	542	558	564	572
	香　川	344	179	270	309	371
	愛　媛	618	577	491	502	406
	高　知	435	321	388	322	311
	小　計	4,339	3,757	3,869	3,690	3,486
九州	福　岡	1,551	1,462	1,501	1,446	1,537
	佐　賀	347	988	278	1,250	1,320
	長　崎	254	153	126	124	163
	熊　本	1,959	1,744	1,744	1,402	1,472
	大　分	77	74	20	47	52
	宮　崎	173	148	116	91	249
	鹿児島	1,423	1,162	1,031	981	1,357
	小　計	5,784	5,731	4,816	5,341	6,150
沖　　縄		0	0	60	0	0
府県向計		86,892	87,997	77,470	76,624	79,971
複合原料用		463,235	439,083	423,292	412,522	417,674
工業用その他		24,507	21,328	19,570	22,009	74,989
内　需　計		574,634	548,408	520,332	511,155	572,634

(2) 尿　素

（単位：トン）

		24肥年	25肥年	26肥年	27肥年	28肥年
北海道		1,142	1,738	1,194	1,139	1,299
東北	青森	614	477	271	263	195
	岩手	256	225	194	173	188
	宮城	628	382	334	360	317
	秋田	554	485	463	328	178
	山形	469	269	293	274	353
	福島	598	478	469	463	419
	小計	3,119	2,316	2,024	1,861	1,650
関東	茨城	633	481	515	325	263
	栃木	241	233	247	242	235
	群馬	371	221	432	275	217
	埼玉	172	111	87	100	102
	千葉	1,410	460	588	561	545
	東京	302	56	29	43	18
	神奈川	176	165	132	139	142
	山梨	104	53	70	81	93
	長野	1,041	407	762	744	657
	静岡	299	172	176	140	187
	小計	4,749	2,359	3,038	2,650	2,459
北陸	新潟	657	494	476	487	448
	富山	256	88	92	79	94
	石川	53	42	35	58	57
	福井	36	31	32	21	38
	小計	1,002	655	635	645	637
東海	岐阜	154	143	153	166	158
	愛知	236	120	81	20	19
	三重	284	294	255	254	270
	小計	674	557	489	440	447
近畿	滋賀	111	74	97	88	102
	京都	99	80	68	76	81
	大阪	237	173	141	103	126
	兵庫	589	392	460	641	814
	奈良	119	65	87	100	86
	和歌山	178	122	113	136	141
	小計	1,333	906	966	1,144	1,350
中国四国	鳥取	101	89	91	94	119
	島根	28	27	23	18	20
	岡山	168	135	113	137	110
	広島	226	174	214	216	217
	山口	102	101	105	136	113
	徳島	514	314	329	414	324
	香川	75	75	54	89	65
	愛媛	337	327	279	285	245
	高知	213	159	155	149	137
	小計	1,764	1,401	1,363	1,538	1,350
九州	福岡	910	724	627	615	701
	佐賀	361	354	330	307	257
	長崎	472	251	223	264	308
	熊本	1,434	1,165	1,093	977	1,111
	大分	974	285	191	247	499
	宮崎	1,175	943	789	875	855
	鹿児島	3,218	1,885	2,226	2,221	2,205
	小計	8,544	5,607	5,479	5,506	5,936
沖縄		423	321	306	363	276
府県向計		22,750	15,860	15,494	15,286	15,404
複合原料用		6,643	6,207	5,138	4,211	3,414
工業用その他		316,680	317,110	273,619	384,365	396,463
内需計		346,073	339,177	294,251	403,862	415,281

(3)　石灰窒素

（単位：トン）

		24肥年	25肥年	26肥年	27肥年	28肥年
北海道		1,702	1,648	1,774	1,576	1,620
東北	青森	1,563	1,305	1,261	1,291	1,348
	岩手	564	544	462	539	508
	宮城	924	856	725	611	757
	秋田	726	583	608	469	432
	山形	1,013	878	745	751	779
	福島	1,346	1,272	1,164	1,154	1,108
	小計	6,136	5,438	4,965	4,815	4,932
関東	茨城	3,758	3,731	2,613	2,968	3,240
	栃木	706	570	623	789	863
	群馬	1,600	1,438	1,198	1,693	1,364
	埼玉	1,156	975	795	736	909
	千葉	1,653	1,462	1,442	1,413	1,664
	東京	419	320	674	727	404
	神奈川	552	534	337	456	459
	山梨	384	295	345	337	241
	長野	1,553	1,620	1,198	1,557	1,628
	静岡	1,152	1,027	775	934	799
	小計	12,933	11,972	10,000	11,610	11,571
北陸	新潟	1,509	1,412	1,003	1,436	1,151
	富山	438	393	263	338	336
	石川	184	142	100	97	128
	福井	80	131	229	130	85
	小計	2,211	2,078	1,595	2,001	1,700
東海	岐阜	878	865	716	694	696
	愛知	4,592	3,859	2,791	3,112	3,655
	三重	386	262	288	192	264
	小計	5,856	4,986	3,795	3,998	4,615
近畿	滋賀	228	210	210	225	246
	京都	339	303	252	208	239
	大阪	303	334	105	229	188
	兵庫	848	1,548	235	864	1,451
	奈良	293	272	203	218	200
	和歌山	315	211	170	186	200
	小計	2,326	2,878	1,175	1,930	2,524
中国四国	鳥取	307	310	275	266	264
	島根	287	265	235	201	187
	岡山	431	453	222	272	337
	広島	632	508	429	433	431
	山口	326	292	234	228	218
	徳島	1,175	1,415	804	949	1,164
	香川	232	236	178	172	192
	愛媛	272	247	221	198	105
	高知	228	179	147	160	168
	小計	3,890	3,905	2,745	2,879	3,066
九州	福岡	1,036	864	749	764	898
	佐賀	384	374	373	391	311
	長崎	559	454	421	436	581
	熊本	556	493	376	426	459
	大分	351	306	278	315	352
	宮崎	868	702	712	662	667
	鹿児島	702	716	681	773	594
	小計	4,456	3,909	3,590	3,767	3,862
沖縄		61	26	54	40	47
府県向計		39,571	36,840	29,693	32,616	33,937
複合原料用		1,684	1,012	1,356	3,963	1,635
工業用その他		4,451	4,476	3,177	5,734	3,378
内需計		45,706	42,328	34,226	42,313	38,950

(4) 過りん酸石灰

(単位：トン)

		24肥年	25肥年	26肥年	27肥年	28肥年
北海道		2,569	3,028	2,828	2,549	1,449
東北	青森	1,063	1,020	906	925	1,059
	岩手	510	718	415	517	579
	宮城	325	310	317	296	401
	秋田	543	430	298	471	301
	山形	244	229	229	213	320
	福島	786	729	722	795	740
	小計	3,471	3,436	2,887	3,217	3,400
関東	茨城	797	842	796	639	665
	栃木	661	504	544	448	595
	群馬	229	216	191	188	367
	埼玉	329	371	269	315	466
	千葉	737	617	601	505	458
	東京	445	518	463	403	91
	神奈川	133	147	139	94	123
	山梨	127	72	104	56	58
	長野	287	292	269	235	241
	静岡	181	139	128	132	114
	小計	3,926	3,718	3,504	3,015	3,178
北陸	新潟	422	415	396	481	402
	富山	199	124	112	124	90
	石川	20	27	20	19	60
	福井	41	58	55	41	42
	小計	682	624	583	665	594
東海	岐阜	317	158	168	171	172
	愛知	417	318	195	146	125
	三重	727	391	257	228	205
	小計	1,461	867	620	545	502
近畿	滋賀	65	67	55	59	39
	京都	106	92	85	61	59
	大阪	75	62	53	59	48
	兵庫	372	298	146	196	122
	奈良	38	33	40	40	40
	和歌山	93	60	109	121	106
	小計	749	612	488	536	414
中国四国	鳥取	72	78	56	71	63
	島根	81	78	68	56	45
	岡山	172	199	159	98	106
	広島	171	196	342	336	340
	山口	170	116	103	106	77
	徳島	225	196	189	129	181
	香川	101	114	112	67	62
	愛媛	73	67	92	59	64
	高知	209	207	72	62	89
	小計	1,274	1,251	1,193	984	1,027
九州	福岡	319	305	264	287	233
	佐賀	210	137	173	129	155
	長崎	196	170	187	159	182
	熊本	488	599	559	695	737
	大分	208	279	144	157	225
	宮崎	704	654	554	459	409
	鹿児島	416	357	319	274	209
	小計	2,541	2,501	2,200	2,160	2,150
沖縄		337	168	164	131	134
府県向計		17,010	16,205	14,467	13,802	12,848
複合原料用		109,884	92,190	89,871	74,326	83,888
工業用その他		▲559	529	10,660	92	2,926
内需計		126,335	108,924	114,998	88,220	99,662

(5) 熔成りん肥

(単位：トン)

		24肥年	25肥年	26肥年	27肥年	28肥年
北海道		5,251	5,274	5,054	4,554	4,303
東北	青森	1,378	1,329	1,206	1,270	1,164
	岩手	778	840	821	981	632
	宮城	567	413	567	372	333
	秋田	500	1,059	1,029	713	823
	山形	904	873	703	684	630
	福島	1,696	1,191	1,240	1,547	956
	小計	5,823	5,705	5,566	5,567	4,538
関東	茨城	725	624	606	504	477
	栃木	220	115	88	96	98
	群馬	947	907	820	737	731
	埼玉	504	504	427	421	433
	千葉	704	553	564	546	511
	東京	121	110	103	108	101
	神奈川	183	184	182	140	144
	山梨	136	253	214	117	207
	長野	682	1,141	1,113	1,049	1,031
	静岡	183	180	174	170	130
	小計	4,405	4,571	4,291	3,888	3,863
北陸	新潟	798	817	988	717	722
	富山	12	15	15	4	24
	石川	33	32	43	45	32
	福井	529	551	501	555	574
	小計	1,372	1,415	1,547	1,321	1,352
東海	岐阜	215	185	191	155	217
	愛知	572	370	349	308	308
	三重	188	128	125	127	108
	小計	975	683	665	590	633
近畿	滋賀	154	149	121	112	136
	京都	564	500	494	400	453
	大阪	220	201	177	154	144
	兵庫	365	328	287	279	256
	奈良	149	140	127	123	110
	和歌山	330	316	250	245	231
	小計	1,782	1,634	1,456	1,313	1,330
中国四国	鳥取	57	55	47	43	51
	島根	57	30	37	48	31
	岡山	198	136	163	125	137
	広島	683	610	620	482	473
	山口	156	180	233	146	128
	徳島	357	330	207	259	308
	香川	98	95	72	84	84
	愛媛	209	193	202	185	182
	高知	147	133	107	117	109
	小計	1,962	1,762	1,688	1,489	1,503
九州	福岡	233	242	213	236	220
	佐賀	88	57	72	42	50
	長崎	745	444	487	417	504
	熊本	189	188	154	160	140
	大分	207	229	189	227	149
	宮崎	1,716	1,638	1,405	1,470	1,386
	鹿児島	1,403	1,228	1,077	947	909
	小計	4,581	4,026	3,597	3,499	3,358
沖縄		66	96	64	40	30
府県向計		26,217	25,166	23,928	22,261	20,910
複合原料用		10,341	7,418	6,463	5,939	5,729
工業用その他		4,101	3,017	2,972	3,684	2,773
内需計		40,659	35,601	33,363	31,884	29,412

(6)　高度化成

（単位：トン）

		24肥年	25肥年	26肥年	27肥年	28肥年
北海道		157, 642	160, 756	159, 148	153, 045	151, 006
東北	青森	32, 248	28, 149	28, 373	29, 450	31, 973
	岩手	6, 203	5, 638	6, 286	5, 723	5, 682
	宮城	23, 759	20, 906	21, 764	21, 487	24, 014
	秋田	29, 891	29, 111	27, 711	24, 399	23, 742
	山形	28, 274	26, 488	25, 817	26, 200	27, 408
	福島	27, 703	26, 071	25, 512	24, 651	22, 426
	小計	148, 078	136, 363	135, 463	131, 910	135, 245
関東	茨城	38, 321	33, 546	35, 591	34, 488	38, 411
	栃木	12, 025	11, 461	13, 325	13, 428	14, 764
	群馬	26, 868	22, 149	24, 421	22, 521	25, 475
	埼玉	21, 517	15, 489	17, 245	16, 014	18, 121
	千葉	30, 953	25, 611	29, 240	30, 095	28, 927
	東京	3, 437	3, 315	3, 618	3, 732	3, 068
	神奈川	5, 545	4, 818	4, 813	4, 961	5, 038
	山梨	3, 667	3, 116	3, 157	3, 154	1, 709
	長野	10, 890	9, 048	9, 033	8, 715	8, 642
	静岡	20, 533	16, 025	15, 741	15, 090	17, 614
	小計	173, 756	144, 578	156, 184	152, 198	161, 769
北陸	新潟	17, 905	16, 169	16, 298	16, 082	15, 927
	富山	9, 470	12, 239	11, 854	11, 148	10, 004
	石川	2, 097	1, 561	1, 526	1, 531	2, 161
	福井	10, 210	7, 509	9, 325	8, 151	9, 931
	小計	39, 682	37, 478	39, 003	36, 912	38, 023
東海	岐阜	13, 926	13, 602	12, 196	12, 208	13, 253
	愛知	17, 009	14, 447	14, 222	13, 911	14, 942
	三重	16, 346	14, 639	15, 450	14, 134	14, 624
	小計	47, 281	42, 688	41, 868	40, 253	42, 819
近畿	滋賀	14, 280	13, 285	13, 175	12, 604	13, 648
	京都	8, 855	7, 988	7, 312	8, 348	7, 594
	大阪	7, 380	6, 339	5, 516	5, 090	5, 203
	兵庫	34, 085	27, 719	30, 252	27, 562	31, 608
	奈良	6, 649	5, 578	5, 604	5, 302	5, 268
	和歌山	8, 197	7, 075	6, 596	5, 988	6, 758
	小計	79, 446	67, 984	68, 455	64, 894	70, 079
中国四国	鳥取	6, 576	5, 984	6, 433	6, 245	6, 882
	島根	6, 924	6, 648	6, 859	6, 036	5, 730
	岡山	20, 645	18, 299	17, 437	16, 601	18, 791
	広島	10, 270	9, 605	9, 732	9, 503	9, 471
	山口	12, 066	11, 337	10, 504	10, 436	9, 879
	徳島	9, 116	7, 261	8, 082	5, 966	7, 463
	香川	7, 446	6, 428	6, 606	6, 641	7, 345
	愛媛	12, 495	11, 214	10, 983	9, 888	10, 096
	高知	8, 350	7, 338	7, 263	7, 075	7, 307
	小計	93, 888	84, 114	83, 899	78, 391	82, 964
九州	福岡	34, 031	31, 723	31, 461	31, 045	33, 551
	佐賀	4, 691	4, 025	3, 917	3, 801	3, 646
	長崎	11, 404	7, 497	9, 318	9, 422	11, 703
	熊本	27, 691	24, 182	22, 315	22, 351	25, 720
	大分	11, 243	10, 801	11, 047	9, 663	10, 188
	宮崎	9, 006	7, 768	7, 043	7, 595	7, 893
	鹿児島	12, 936	9, 926	9, 493	8, 474	9, 608
	小計	111, 002	95, 922	94, 594	92, 351	102, 309
沖縄		13, 734	13, 081	13, 286	12, 341	12, 653
内需計		864, 509	782, 964	791, 900	762, 295	796, 867

(7)　ＮＫ化成

（単位：トン）

		24肥年	25肥年	26肥年	27肥年	28肥年
北海道		18	32	9	8	6
東北	青森	2,948	3,134	2,608	2,080	2,157
	岩手	253	197	141	153	171
	宮城	1,004	784	693	859	761
	秋田	2,078	1,796	1,275	1,194	1,225
	山形	2,600	2,396	2,204	2,192	2,425
	福島	1,015	958	1,011	725	958
	小計	9,898	9,265	7,932	7,203	7,697
関東	茨城	1,269	1,051	956	864	1,002
	栃木	289	314	269	240	281
	群馬	97	85	87	91	73
	埼玉	862	824	713	704	714
	千葉	1,973	1,588	1,613	1,370	1,401
	東京	74	42	4	6	6
	神奈川	1,098	1,052	925	924	895
	山梨	265	250	201	202	64
	長野	1,051	536	860	677	632
	静岡	359	294	1,432	1,253	1,184
	小計	7,337	6,036	7,060	6,331	6,252
北陸	新潟	1,024	824	614	625	742
	富山	352	458	396	349	385
	石川	66	63	131	96	156
	福井	1	0	0	0	0
	小計	1,443	1,345	1,141	1,070	1,283
東海	岐阜	1,095	1,034	1,080	1,028	1,222
	愛知	625	481	538	576	829
	三重	1,047	1,122	997	840	738
	小計	2,767	2,637	2,615	2,444	2,789
近畿	滋賀	1,180	970	775	641	688
	京都	877	727	670	557	616
	大阪	138	95	100	72	69
	兵庫	683	712	667	661	779
	奈良	95	92	74	64	41
	和歌山	174	280	240	225	249
	小計	3,147	2,876	2,526	2,220	2,442
中国四国	鳥取	940	983	837	773	807
	島根	566	444	561	452	448
	岡山	359	230	203	253	209
	広島	485	460	417	300	340
	山口	97	97	66	54	76
	徳島	820	685	876	492	746
	香川	164	143	208	232	223
	愛媛	907	473	557	484	413
	高知	280	210	222	168	224
	小計	4,618	3,725	3,947	3,208	3,486
九州	福岡	3,044	2,398	2,623	2,450	4,890
	佐賀	162	300	283	261	195
	長崎	366	128	252	190	241
	熊本	609	560	534	484	484
	大分	1,094	1,155	882	877	1,835
	宮崎	623	500	469	530	508
	鹿児島	2,084	1,746	1,952	1,706	1,655
	小計	7,982	6,787	6,995	6,498	9,808
沖縄		11	1	0	1	3
内需計		37,221	32,704	32,225	28,983	33,766

(8) 普通化成

（単位：トン）

		24肥年	25肥年	26肥年	27肥年	28肥年
北海道		13,054	12,908	12,877	13,505	12,681
東北	青森	5,619	5,247	5,061	4,516	3,375
	岩手	1,483	470	406	613	711
	宮城	1,521	1,702	1,399	1,921	1,509
	秋田	5,357	5,492	4,116	2,520	1,177
	山形	7,568	5,696	5,801	5,835	6,313
	福島	2,472	2,113	1,961	1,810	1,371
	小計	24,020	20,720	18,744	17,215	14,456
関東	茨城	16,853	14,968	14,638	14,033	16,028
	栃木	2,241	1,939	2,403	2,042	2,055
	群馬	4,822	3,800	3,807	3,099	3,645
	埼玉	8,321	6,621	6,497	6,202	6,787
	千葉	13,399	10,403	10,826	10,789	11,596
	東京	1,742	2,029	1,944	3,052	2,810
	神奈川	2,993	2,978	2,996	2,825	2,628
	山梨	1,782	1,656	1,530	1,350	665
	長野	2,004	2,006	2,422	2,357	2,349
	静岡	15,993	14,357	13,038	11,109	12,252
	小計	70,150	60,757	60,101	56,858	60,815
北陸	新潟	4,631	3,816	3,828	4,343	5,793
	富山	994	896	631	592	583
	石川	2,047	1,880	1,927	1,868	1,775
	福井	2,515	2,079	2,079	1,327	1,775
	小計	10,187	8,671	8,465	8,130	9,926
東海	岐阜	2,753	3,056	2,893	2,954	2,894
	愛知	5,375	4,294	4,351	4,713	4,881
	三重	3,464	2,660	2,600	2,876	2,908
	小計	11,592	10,010	9,844	10,543	10,683
近畿	滋賀	2,375	2,014	2,048	2,132	2,116
	京都	2,255	2,454	2,522	2,168	2,217
	大阪	3,689	3,323	3,270	3,413	3,151
	兵庫	5,546	4,808	5,381	5,002	5,505
	奈良	1,823	1,711	1,588	1,442	1,640
	和歌山	6,493	6,031	5,556	6,224	7,690
	小計	22,181	20,341	20,365	20,381	22,319
中国四国	鳥取	1,307	1,139	1,364	1,261	1,573
	島根	1,459	1,138	1,192	1,152	1,461
	岡山	3,322	2,728	2,687	2,509	3,639
	広島	6,949	5,768	5,842	5,206	5,424
	山口	1,790	1,732	1,887	1,481	1,675
	徳島	1,998	1,723	1,683	1,303	1,414
	香川	2,147	2,022	1,732	1,761	1,886
	愛媛	4,440	3,235	3,694	3,041	2,869
	高知	1,455	1,112	1,100	1,341	1,159
	小計	24,867	20,597	21,181	19,055	21,100
九州	福岡	4,283	3,228	3,137	2,712	2,975
	佐賀	3,202	3,636	3,517	3,575	4,224
	長崎	3,831	2,776	2,787	2,484	2,740
	熊本	5,290	4,561	5,085	3,489	4,063
	大分	3,625	2,976	2,732	2,692	2,821
	宮崎	3,347	2,293	2,320	2,389	2,241
	鹿児島	7,536	5,496	4,623	4,934	4,860
	小計	31,114	24,966	24,201	22,275	23,924
沖縄		310	289	303	388	287
内需計		207,475	179,259	176,081	168,350	176,191

(9) 塩化加里

（単位：トン）

地域	府県	24肥年	25肥年	26肥年	27肥年	28肥年
北海道		95	70	42	84	92
東北	青森	210	166	118	119	117
	岩手	1,485	1,379	1,354	752	200
	宮城	5,581	5,524	3,977	2,296	1,115
	秋田	349	307	226	137	180
	山形	153	125	100	87	49
	福島	10,772	11,182	10,803	9,640	7,964
	小計	18,549	18,683	16,578	13,030	9,626
関東	茨城	142	142	67	69	115
	栃木	3,539	2,990	520	24	49
	群馬	180	152	119	88	114
	埼玉	93	86	82	32	36
	千葉	156	125	154	86	133
	東京	4	5	2	3	2
	神奈川	53	52	36	14	19
	山梨	100	100	61	60	52
	長野	64	63	61	61	61
	静岡	38	36	32	−	27
	小計	4,369	3,751	1,134	437	606
北陸	新潟	358	306	276	272	243
	富山	101	83	108	65	85
	石川	33	38	42	44	37
	福井	17	26	5	2	8
	小計	509	453	431	383	374
東海	岐阜	63	61	96	70	68
	愛知	84	94	41	81	43
	三重	19	18	23	10	9
	小計	167	173	160	160	120
近畿	滋賀	11	13	5	10	2
	京都	22	15	17	14	12
	大阪	62	54	42	30	9
	兵庫	79	70	57	82	40
	奈良	10	8	12	4	7
	和歌山	102	81	117	50	94
	小計	285	241	250	190	164
中国四国	鳥取	11	15	14	11	13
	島根	32	28	27	26	13
	岡山	126	102	84	76	63
	広島	54	48	39	49	45
	山口	49	35	34	36	14
	徳島	70	77	67	66	57
	香川	55	52	47	68	50
	愛媛	17	17	11	18	6
	高知	20	23	18	21	25
	小計	434	397	341	371	287
九州	福岡	68	65	55	75	118
	佐賀	25	26	8	10	10
	長崎	23	17	16	13	10
	熊本	121	120	76	58	91
	大分	18	13	17	19	14
	宮崎	163	164	117	90	96
	鹿児島	422	382	384	248	214
	小計	840	787	673	514	553
沖縄		−	−	−	−	−
府県向計		25,248	24,555	19,609	15,169	11,822
複合原料用		349,640	318,885	327,966	270,561	309,199
工業用その他		−	−	−	−	−
内需計		374,888	343,440	347,575	285,730	321,021

⑽ 硫酸加里

（単位：トン）

		24肥年	25肥年	26肥年	27肥年	28肥年
北海道		48	44	33	24	33
東北	青森	314	203	199	180	207
	岩手	55	38	17	12	14
	宮城	60	37	33	48	82
	秋田	54	42	16	14	18
	山形	94	76	86	79	86
	福島	540	440	772	429	485
	小計	1,117	836	1,123	763	892
関東	茨城	108	125	123	117	184
	栃木	419	472	292	124	148
	群馬	273	220	216	178	200
	埼玉	55	52	61	60	24
	千葉	118	135	149	108	137
	東京	21	21	24	24	19
	神奈川	57	63	63	86	43
	山梨	24	33	44	20	19
	長野	27	36	30	36	17
	静岡	12	23	29	15	−
	小計	1,113	1,180	1,031	767	791
北陸	新潟	69	60	66	40	44
	富山	33	38	44	35	28
	石川	29	27	29	31	25
	福井	10	10	13	2	2
	小計	141	135	152	108	99
東海	岐阜	151	152	135	152	136
	愛知	20	28	32	42	72
	三重	22	39	53	19	12
	小計	194	219	220	213	220
近畿	滋賀	14	12	16	7	6
	京都	71	59	80	49	33
	大阪	55	79	141	70	78
	兵庫	42	40	51	60	25
	奈良	16	15	39	12	12
	和歌山	142	94	176	16	57
	小計	340	299	503	215	210
中国四国	鳥取	23	23	23	24	11
	島根	12	13	28	18	9
	岡山	49	58	54	52	55
	広島	78	98	116	75	64
	山口	24	29	29	22	11
	徳島	21	27	23	17	8
	香川	15	9	21	19	10
	愛媛	50	47	36	36	91
	高知	60	49	45	42	52
	小計	332	353	375	305	310
九州	福岡	148	106	68	98	116
	佐賀	5	5	6	5	9
	長崎	12	11	14	6	5
	熊本	158	113	123	100	89
	大分	31	23	24	29	18
	宮崎	60	61	79	66	42
	鹿児島	51	45	46	49	60
	小計	466	364	360	352	338
沖縄		4	4	6	1	−
府県向計		3,755	3,434	3,803	2,749	2,895
複合原料用		75,147	77,210	93,942	56,025	53,936
工業用その他		−	−	−	−	−
内需計		78,902	80,644	97,745	58,774	56,831

3．肥料の流通経路

(1)　商的流通

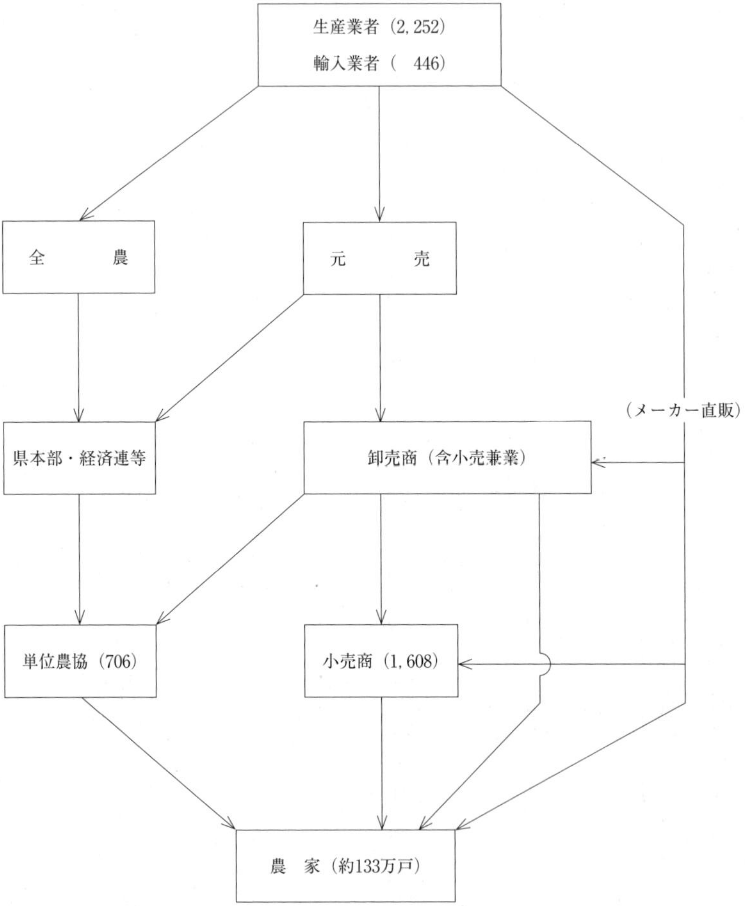

（注）1．（　）内は業者等の数

2．生産業者の数は28年12月31日現在の大臣及び都道府県知事登録数（重複は除く），輸入業者の数は28年12年31日現在の肥料登録業者（重複は除く），単位農協の数は27年４月現在，小売商の数は28年３月現在の全国肥料商連合会会員数。農家の数（販売農家）は27年２月１日現在農林水産省統計部調べによる。

(2) 物的流通

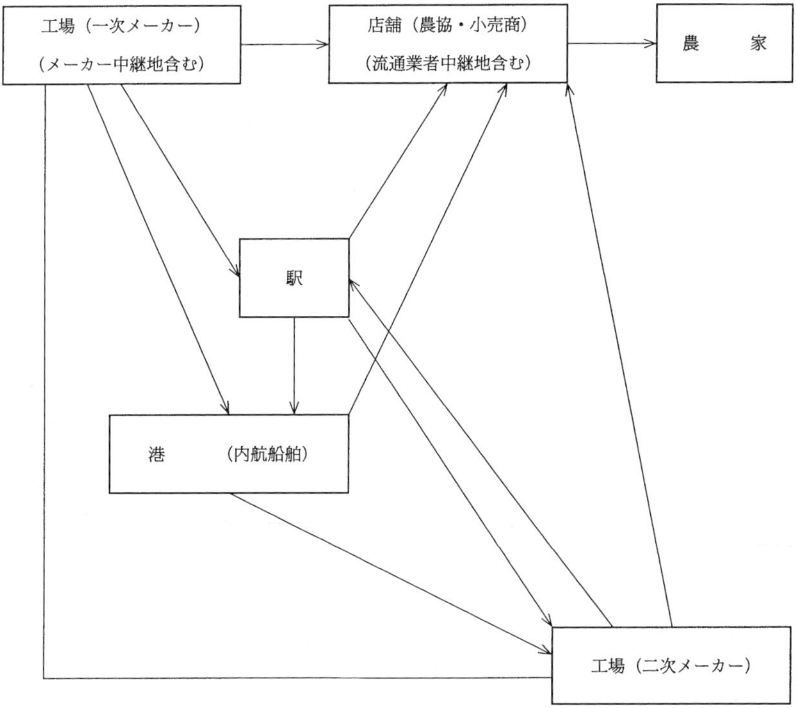

V 需　　　給

1．化学肥料の肥料用内需の推移

(1) 需 要 量

（単位：純成分トン）

肥料名 ＼ 肥年		20肥年	21肥年	22肥年	23肥年
窒素肥料	硫安	115,299	109,551	112,962	109,927
	尿素	102,127	93,277	117,322	119,646
	塩安	12,754	11,478	13,219	13,013
	高度化成	47,170	45,954	51,014	43,852
	輸入りん安	52,974	49,901	68,284	66,163
	輸入化成	18,466	28,145	33,836	23,528
	硝安・その他	1,779	1,295	989	894
	ア系計	350,569	339,601	397,626	377,023
	石灰窒素	9,487	10,533	11,964	10,178
	窒素合計	360,056	350,135	409,590	387,201
りん酸肥料	高度化成	79,089	91,295	100,085	87,733
	普通化成	15,255	16,520	16,435	14,540
	過りん酸石灰	4,309	3,444	3,504	3,010
	重過りん酸石灰	814	684	509	490
	重焼りん	8,501	10,098	11,108	11,329
	液肥	3,887	3,932	3,879	3,746
	熔成りん肥	10,977	14,676	16,210	17,540
	その他	7,480	8,361	8,928	8,621
	配合肥料等	145,448	132,724	191,742	180,057
	輸入化成	7,502	15,023	32,470	21,865
	りん酸合計	283,262	296,757	384,870	348,931
加里肥料	塩化加里	156,735	195,538	215,660	216,511
	硫酸加里	43,674	50,804	57,847	49,772
	輸入化成	19,235	29,318	35,246	24,508
	加里合計	219,644	275,660	308,753	290,791
総合計		**862,962**	**922,552**	**1,103,213**	**1,026,923**

(2) 前 年 対 比

（単位：％）

肥料名 ＼ 肥年		20肥年	21肥年	22肥年	23肥年
窒素肥料	硫安	87.2	95.0	103.1	97.3
	尿素	81.2	91.3	125.8	102.0
	塩安	119.2	90.0	115.2	98.4
	高度化成	67.3	97.4	111.0	86.0
	輸入りん安	64.3	94.2	136.8	96.9
	輸入化成	43.6	152.4	120.2	69.5
	硝安・その他	97.9	72.8	76.4	90.4
	ア系計	75.4	96.9	117.1	94.8
	石灰窒素	68.5	111.0	113.6	85.1
	窒素合計	75.2	97.2	117.0	94.5
りん酸肥料	高度化成	64.7	115.4	109.6	87.7
	普通化成	69.8	108.3	99.5	88.5
	過りん酸石灰	65.5	79.9	101.7	85.9
	重過りん酸石灰	60.7	84.0	74.4	96.3
	重焼りん	56.2	118.8	110.0	102.0
	液肥	86.2	101.2	98.7	96.6
	熔成りん肥	44.7	133.7	110.5	108.2
	その他	53.9	111.8	106.8	96.6
	配合肥料等	60.9	91.3	144.5	93.9
	輸入化成	20.1	200.3	216.1	67.3
	りん酸合計	58.2	104.8	129.7	90.7
加里肥料	塩化加里	63.5	124.8	110.3	100.4
	硫酸加里	71.9	116.3	113.9	86.0
	輸入化成	43.6	152.4	120.2	69.5
	加里合計	62.4	125.5	112.0	94.2
総合計		**65.5**	**106.9**	**119.6**	**93.1**

（単位：純成分トン）

24肥年	25肥年	26肥年	27肥年	28肥年
112,610	108,000	103,045	100,720	114,092
109,454	136,455	129,985	136,686	132,486
14,811	14,309	12,865	−	−
48,199	35,220	34,279	30,638	33,243
73,791	81,707	78,504	77,245	77,164
26,100	22,280	25,869	15,535	4,916
877	1,106	889	713	3,161
385,844	399,077	385,436	361,537	365,063
10,939	10,841	9,192	10,802	9,817
396,783	409,918	394,629	372,339	374,879
95,728	79,955	83,428	75,097	81,399
17,598	13,195	14,997	12,805	13,188
2,903	2,956	4,445	2,452	2,788
687	615	372	294	543
9,547	9,639	9,723	7,166	8,433
3,780	3,821	3,381	3,132	3,525
23,181	25,219	17,981	19,031	17,898
16,335	8,332	8,083	6,745	7,975
201,167	196,030	186,470	186,933	160,231
24,449	20,583	25,478	13,995	3,707
395,375	360,345	354,358	327,650	299,687
222,922	203,952	206,489	169,037	189,763
44,532	48,978	54,630	35,383	33,722
27,188	23,208	26,947	16,182	5,121
294,642	276,138	288,066	220,602	228,606
1,086,800	**1,046,401**	**1,037,053**	**920,591**	**903,172**

（単位：％）

24肥年	25肥年	26肥年	27肥年	28肥年
102.4	95.9	95.4	97.7	113.3
91.5	124.7	95.3	105.2	96.9
113.8	96.6	89.9	−	−
109.9	73.1	97.3	89.4	108.5
111.5	110.7	96.1	98.4	99.9
110.9	85.4	116.1	60.1	31.6
98.1	126.1	80.4	80.2	443.3
102.3	103.4	96.6	93.8	101.0
107.5	99.1	84.8	117.5	90.9
102.5	103.3	96.3	94.4	100.7
109.1	83.5	104.3	90.0	108.4
121.0	75.0	113.7	85.4	103.0
96.4	101.8	150.4	55.2	113.7
140.2	89.5	60.5	79.0	184.7
84.3	101.0	100.9	73.7	117.7
100.9	101.1	88.5	92.6	112.5
132.2	108.8	71.3	105.8	94.0
189.5	51.0	97.0	83.4	118.2
111.7	97.4	95.1	100.4	85.7
111.8	84.2	123.8	54.9	26.5
113.3	91.1	98.3	92.5	91.5
103.0	91.5	101.2	81.9	112.3
89.5	110.0	111.5	64.8	95.3
110.9	85.4	116.1	60.1	31.6
101.3	93.7	104.3	76.6	103.6
105.8	**96.3**	**99.1**	**88.8**	**98.1**

（注）１．A統計及びC統計による。
　　　２．工業用を除く肥料用内需である。
　　　３．窒素肥料は輸入りん安輸入尿素を通関統計で処理したものである。
　　　４．りん酸肥料の輸入りん安及び輸入重過石は，通関統計で処理したものである。

2．窒素質肥料種類別需給実績

区分	肥料名＼肥年	15肥年	16肥年	17肥年	18肥年	19肥年	20肥年	21肥年
生産・輸入	硫安	325,840	312,616	298,098	302,807	307,831	251,196	281,344
	尿素	347,551	377,578	363,904	346,026	331,721	279,294	248,130
	うち輸入	*166,327*	*171,930*	*167,415*	*139,768*	*125,741*	*95,407*	*81,122*
	硝安	14,399	13,097	13,368	12,081	9,996	10,336	6,740
	塩安	16,428	16,731	16,989	16,020	11,524	14,045	12,492
	高度化成	66,875	63,850	68,844	67,841	68,366	53,228	46,195
	輸入化成	35,688	41,795	38,869	37,849	39,389	35,460	29,752
	輸入りん安	78,911	96,664	81,630	82,315	82,337	50,207	49,872
	石灰窒素	19,863	17,899	18,606	14,639	14,180	12,278	13,037
	その他	715	642	648	726	619	458	465
	合計	906,270	940,872	900,956	880,304	865,963	706,502	688,027
内需	硫安	138,197	136,667	131,590	127,000	136,468	119,025	113,170
	尿素	348,253	381,834	360,772	342,822	331,321	272,693	254,262
	硝安	14,095	12,734	13,381	11,985	10,332	10,245	6,897
	塩安	14,846	15,347	14,489	13,684	11,662	13,249	11,807
	高度化成	67,373	59,565	65,416	68,405	70,083	47,170	45,954
	輸入化成	36,768	34,946	41,820	47,599	42,310	18,466	28,145
	輸入りん安	90,775	95,166	82,925	82,256	82,335	52,974	49,901
	石灰窒素	19,379	17,916	17,236	15,137	15,254	10,400	11,777
	その他	640	732	654	736	522	393	397
	合計	730,326	754,907	728,283	709,624	700,287	544,615	522,310
輸出	硫安	192,786	176,095	169,225	174,874	175,933	117,715	164,547
	尿素	127	0	0	28	403	3,233	1,308
	硝安	309	250	266	86	0	0	0
	塩安	2,364	2,643	2,166	1,622	918	667	466
	高度化成	2,687	2,243	2,458	2,625	2,378	1,934	1,557
	輸入化成	77	108	170	122	168	82	42
	輸入りん安	－	－	－	－	－	－	－
	石灰窒素	161	142	233	292	340	307	396
	その他	0	0	0	0	0	0	0
	合計	198,511	181,481	174,518	179,649	180,140	123,938	168,316
在庫	硫安	24,945	24,800	22,083	23,015	18,445	32,902	36,530
	尿素	10,733	6,477	9,609	12,785	12,684	16,053	8,615
	硝安	1,087	1,200	921	943	607	699	542
	塩安	3,516	2,257	2,591	3,306	2,252	2,381	2,600
	高度化成	15,918	17,960	18,930	16,461	12,366	16,490	15,174
	輸入化成	16,413	23,154	20,033	10,161	7,072	23,984	25,549
	輸入りん安	6,828	8,326	7,031	7,090	7,092	4,325	4,296
	石灰窒素	6,055	5,896	7,033	5,251	3,837	5,408	6,272
	その他	363	274	268	257	354	419	487
	合計	85,857	90,344	88,499	79,269	64,709	102,661	100,065

（注）1．工業用を含む。
2．13肥料年度から統計手法が変更されたため，一部データについては，前年度以前との連続性はない。

（単位：Nトン）

22肥年	23肥年	24肥年	25肥年	26肥年	27肥年	28肥年	
272,539	261,294	252,482	250,822	232,753	192,361	194,909	硫安
275,875	275,875	276,064	295,117	272,246	307,169	327,019	尿素
113,322	*115,828*	*113,039*	*135,999*	*132,650*	*131,947*	*132,359*	*うち輸入*
6,832	5,894	5,367	5,871	6,143	6,915	6,453	硝安
13,528	13,967	15,294	14,956	13,549	0	0	塩安
51,832	48,298	47,138	38,856	34,571	31,498	33,339	高度化成
22,483	24,667	24,585	24,040	19,228	15,897	18,584	輸入化成
70,019	65,800	74,544	82,382	78,138	77,161	77,164	輸入りん安
13,347	13,347	12,432	12,478	10,588	11,782	11,187	石灰窒素
484	452	544	779	399	354	398	その他
726,939	709,594	708,450	725,301	667,615	643,137	669,053	合計
115,951	112,814	115,913	110,834	105,567	103,431	116,969	硫安
299,707	266,884	270,422	291,273	267,407	316,392	322,267	尿素
6,580	5,497	5,138	5,438	6,230	6,755	7,946	硝安
13,528	13,334	15,104	14,602	13,149	0	0	塩安
51,014	43,852	48,199	35,220	34,279	30,638	33,243	高度化成
33,836	23,528	26,100	22,280	25,869	15,535	4,916	輸入化成
68,284	66,163	73,791	81,707	78,504	77,245	77,164	輸入りん安
13,089	11,071	11,961	11,588	9,829	11,471	10,444	石灰窒素
403	389	482	648	435	319	1,150	その他
602,392	543,532	567,110	573,590	541,270	561,786	574,099	合計
167,194	144,714	137,857	134,656	128,800	91,840	85,871	硫安
373	5,633	6,929	578	1,288	3,449	5,213	尿素
0	0	0	0	0	2	3	硝安
486	370	338	275	309	0	0	塩安
1,791	1,532	1,736	1,788	1,951	2,177	2,275	高度化成
32	46	16	40	22	6	5	輸入化成
–	–	–	–	–	–	–	輸入りん安
467	418	553	533	385	612	715	石灰窒素
0	0	0	0	0	0	0	その他
170,343	152,713	147,429	137,870	132,755	98,086	94,082	合計
25,925	29,690	28,403	33,734	32,120	29,210	21,249	硫安
9,728	13,087	11,800	15,067	18,617	5,235	4,247	尿素
794	1,192	1,420	1,854	1,767	1,925	428	硝安
1,755	2,019	1,871	1,950	2,042	0	0	塩安
14,201	17,115	14,318	16,166	14,507	13,190	11,011	高度化成
14,164	15,257	13,726	15,446	8,783	9,139	22,802	輸入化成
6,031	5,668	6,421	7,096	6,730	6,646	6,646	輸入りん安
4,709	6,567	6,485	6,842	7,215	6,914	6,942	石灰窒素
567	630	692	824	788	823	71	その他
77,874	91,225	85,136	98,979	92,569	73,082	73,396	合計

3. りん酸質肥料種類別需給実績（その１）

肥料名＼肥年		15肥年	16肥年	17肥年	18肥年	19肥年	20肥年	21肥年
生産・輸入	高度化成	137, 129	136, 931	130, 112	119, 976	114, 403	85, 461	89, 759
	普通化成	22, 273	21, 850	22, 186	20, 983	21, 203	17, 156	17, 170
	過りん酸石灰	8, 166	8, 168	7, 191	5, 634	5, 812	5, 047	2, 826
	重過りん酸石灰	2, 448	1, 952	2, 063	1, 698	1, 193	312	572
	重焼りん	16, 793	18, 168	17, 887	14, 232	14, 578	11, 676	7, 412
	液肥	4, 807	4, 799	4, 699	4, 434	4, 569	4, 205	4, 069
	熔成りん肥	29, 724	28, 993	28, 037	25, 134	23, 403	12, 986	13, 551
	その他	16, 732	16, 420	16, 070	13, 991	14, 489	9, 740	9, 261
	配合肥料等	198, 787	253, 427	209, 951	216, 366	237, 105	146, 702	108, 017
	輸入化成	30, 650	33, 396	31, 583	33, 316	34, 426	24, 496	16, 630
	合計	467, 509	524, 104	469, 779	455, 764	471, 181	317, 781	269, 267
内需	高度化成	140, 961	134, 545	124, 976	122, 909	122, 267	79, 089	91, 295
	普通化成	22, 533	23, 637	21, 032	21, 170	21, 859	15, 255	16, 520
	過りん酸石灰	7, 507	7, 488	6, 906	6, 191	6, 583	4, 309	3, 444
	重過りん酸石灰	1, 945	1, 846	1, 886	1, 879	1, 340	814	684
	重焼りん	18, 261	17, 325	16, 363	16, 432	15, 121	8, 501	10, 098
	液肥	4, 844	4, 736	4, 645	4, 617	4, 511	3, 887	3, 932
	熔成りん肥	30, 722	28, 942	27, 773	26, 235	24, 534	10, 977	14, 676
	その他	16, 055	15, 526	15, 326	15, 530	13, 869	7, 480	8, 361
	配合肥料等	233, 860	250, 114	211, 054	212, 255	238, 874	145, 448	132, 724
	輸入化成	31, 730	26, 547	34, 832	43, 066	37, 346	7, 502	15, 023
	合計	508, 418	510, 706	464, 793	470, 284	486, 304	283, 262	296, 757

（注）１．副産りん肥には混合りん肥，加工りん酸肥料を含む。
　　　２．13肥料年度から統計手法が変更されたため，前年度以前との連続性はない。

（単位：P_2O_5トン）

22肥年	23肥年	24肥年	25肥年	26肥年	27肥年	28肥年
99,922	94,432	92,221	85,771	79,581	75,804	79,594
16,424	15,277	14,552	13,819	13,182	12,315	12,535
4,736	3,319	2,542	2,452	3,050	1,809	3,125
668	698	311	739	750	−162	1,037
12,766	10,752	10,731	9,209	9,641	8,812	5,780
3,737	3,834	3,648	3,954	3,344	3,035	3,032
16,453	18,902	23,059	25,415	17,562	19,465	17,633
9,431	9,978	9,109	8,600	8,359	6,089	7,410
190,268	175,826	195,930	193,877	188,165	186,993	167,929
20,880	23,004	22,934	22,343	18,837	14,357	17,375
375,285	356,022	375,037	366,179	342,471	328,517	315,450
100,085	87,733	95,728	79,955	83,428	75,097	81,399
16,435	14,540	17,598	13,195	14,997	12,805	13,188
3,504	3,010	2,903	2,956	4,445	2,452	2,788
509	490	687	615	372	294	543
11,108	11,329	9,547	9,639	9,723	7,166	8,433
3,879	3,746	3,780	3,821	3,381	3,132	3,525
16,210	17,540	23,181	25,219	17,981	19,031	17,898
8,928	8,621	16,335	8,332	8,083	6,745	7,975
191,742	180,057	201,167	196,030	186,470	186,933	160,231
32,470	21,865	24,449	20,583	25,478	13,995	3,707
384,870	348,931	395,375	360,345	354,358	327,650	299,687

3．りん酸質肥料種類別需給実績（その2）

肥料名＼肥年		13肥年	14肥年	15肥年	16肥年	17肥年	18肥年	19肥年
輸出	高度化成	1,695	1,671	1,723	2,677	2,955	3,107	2,689
	普通化成	56	52	41	64	70	37	51
	過りん酸石灰	0	0	0	0	0	0	0
	重過りん酸石灰	0	0	0	0	0	0	0
	重焼りん	14	7	7	23	9	7	0
	液肥	2	1	1	3	4	3	4
	熔成りん肥	1,004	4	4	4	0	0	0
	その他	115	106	101	98	94	86	67
	配合肥料等	0	0	0	0	0	0	0
	輸入化成	0	0	0	0	0	0	0
	合計	2,886	1,841	1,877	2,869	3,132	3,240	2,811
在庫	高度化成	61,194	59,889	54,334	54,043	56,224	50,184	39,631
	普通化成	9,674	10,406	10,105	8,254	9,338	9,114	8,407
	過りん酸石灰	5,695	4,970	5,629	6,309	6,594	6,037	5,265
	重過りん酸石灰	1,575	748	1,251	1,356	1,533	1,351	1,204
	重焼りん	8,224	7,436	5,961	6,781	8,296	6,088	5,545
	液肥	764	942	904	963	1,013	826	881
	熔成りん肥	13,322	12,441	11,439	11,486	11,750	10,649	9,518
	その他	5,029	4,760	5,336	6,132	6,782	5,227	5,780
	配合肥料等	111,507	81,737	46,663	49,976	44,617	48,728	46,959
	輸入化成	12,566	17,900	16,820	23,669	20,420	10,670	7,750
	合計	229,550	201,229	158,442	168,971	166,567	148,874	130,940

（注）1．副産りん肥には混合りん肥，加工りん酸肥料を含む。

2．13肥料年度から統計手法が変更されたため，前年度以前との連続性はない。

（単位：P_2O_5トン）

20肥年	21肥年	22肥年	23肥年	24肥年	25肥年	26肥年	27肥年	28肥年
2,127	1,745	2,050	1,692	1,923	1,950	2,113	2,337	2,450
30	38	31	43	15	38	22	79	58
0	0	0	0	0	0	0	0	0
0	0	0	0	0	0	0	0	0
0	0	0	0	0	0	0	0	0
5	3	3	2	2	3	3	4	4
0	0	0	0	0	0	0	0	0
28	33	31	45	33	29	32	30	23
0	89	419	431	149	114	156	125	289
0	0	0	0	0	0	0	0	0
2,190	1,908	2,534	2,213	2,122	2,134	2,326	2,575	2,824
43,876	40,595	38,382	43,389	37,959	41,825	35,865	34,235	29,980
10,227	10,889	10,847	11,541	8,480	9,066	7,229	6,660	5,949
6,003	5,384	6,616	6,925	6,564	6,060	4,665	4,022	4,359
702	591	750	958	582	706	1,084	628	1,122
8,721	6,034	7,692	7,115	8,299	7,869	7,787	9,433	6,780
1,193	1,327	1,182	1,268	1,134	1,264	1,224	1,123	626
11,527	10,402	10,194	6,463	2,255	2,451	2,032	2,466	2,201
8,011	8,876	9,348	10,660	3,401	3,640	3,884	3,198	2,610
48,213	23,417	21,524	16,862	11,476	9,209	11,048	10,983	18,392
24,744	26,351	14,761	15,900	14,385	16,145	9,504	9,866	23,534
163,217	133,866	121,296	121,081	94,535	98,235	84,322	82,614	95,553

4．加里質肥料種類別需給実績

肥料名		肥年	15肥年	16肥年	17肥年	18肥年	19肥年	20肥年	21肥年
輸入生産	輸入	塩化加里	238,093	242,115	222,676	205,784	272,398	179,191	161,597
		硫酸加里	93,788	80,862	87,181	71,103	59,091	58,044	34,553
		化成肥料	37,220	43,251	40,314	39,832	41,152	36,244	30,925
	生産	硫酸加里	0	0	0	0	0	0	0
	計		369,101	366,228	350,171	316,719	372,641	273,479	227,075
内需	塩化加里		239,125	221,643	226,762	225,612	246,948	156,735	195,538
	硫酸加里		91,302	93,732	89,316	74,817	60,779	43,674	50,804
	化成肥料		38,300	36,403	43,563	49,586	44,073	19,235	29,318
	硫酸加里		－	－	－	－	－	－	－
	計		368,727	351,778	359,641	350,015	351,800	219,644	275,660
	国産硫酸加里原料塩化加里		0	0	0	1	0	0	0
	合計		368,727	351,778	359,641	350,016	351,800	219,644	275,660
輸出	塩化加里		2,199	2,411	2,602	2,723	2,806	2,214	1,745
在庫	塩化加里		53,648	71,709	65,021	42,470	65,114	85,356	51,884
	硫酸加里		24,589	11,719	9,584	5,870	4,182	18,552	21,100
	化成肥料		16,820	23,668	20,419	10,665	7,744	24,753	26,360
	計		95,057	107,096	95,024	59,005	77,040	128,661	99,344

（注）1．C統計による。

2．輸入総量は出欠貫調整後の数値である。

3．国内生産の硫酸加里は輸入塩化加里を原料としているので，需給表上，「生産硫酸加里」と内需欄の「国産硫酸加里原料塩化加里」とは重複している。

4．13肥料年度から統計手法が変更されたため，一部データについては，前年度以前との連続性はない。

（単位：K_2Oトン）

22肥年	23肥年	24肥年	25肥年	26肥年	27肥年	28肥年		
190,270	219,864	208,991	217,648	200,421	180,017	166,043	輸入	塩化加里
45,771	48,086	37,167	53,788	53,226	34,493	29,827		硫酸加里
23,656	25,647	25,673	24,968	20,306	16,544	18,789		化成肥料
0	0	0	0	0	0	0	生産	硫酸加里
259,697	293,597	271,831	296,404	273,953	231,054	214,659	計	
215,660	216,511	222,922	203,952	206,489	169,037	189,763	塩化加里	
57,847	49,772	44,532	48,978	54,630	35,383	33,722	硫酸加里	
35,246	24,508	27,188	23,208	26,947	16,182	5,121	化成肥料	
−	−	−	−	−	−	−	硫酸加里	
308,753	290,791	294,642	276,138	288,066	220,602	228,606	計	
0	0	0	0	0	0	0	国産硫酸加里原料塩化加里	
308,753	290,791	294,642	276,138	288,066	220,602	228,606	合計	
2,074	1,870	2,017	2,121	2,061	2,402	2,839	塩化加里	
24,420	25,903	57,975	69,550	61,421	69,999	43,440	塩化加里	
9,024	7,338	5,176	9,986	8,582	7,692	3,797	硫酸加里	
14,770	15,909	14,394	16,154	9,513	9,875	23,543	化成肥料	
48,214	49,150	77,545	95,690	79,516	87,566	70,780	計	

Ⅵ 価　　　格

1．化学肥料の販売額及び輸出額

(1) 化学肥料の販売額

（単位：百万円）

暦年 肥料の種類	23	24	25	26	27	28
硫　　安（計）	18,121	19,369	19,978	17,350	16,783	12,227
複合肥料（計）	74,643	69,569	76,975	71,743	71,031	69,930
うち　普通化成	13,412	12,448	13,036	12,522	12,405	12,265
〃　高度化成	61,231	57,121	63,939	59,221	58,627	57,665

(2) 化学肥料の輸出額

（単位：千円）

肥料＼暦年	23	24	25	26	27	28
硝安	3,404	805	1,977	2,377	785	1,744
塩安	126,423	104,349	93,397	107,150	92,540	70,126
硫安	11,155,729	10,790,883	9,137,877	6,897,137	7,539,431	4,041,489
尿素	1,039,914	1,424,411	1,606,292	956,483	1,063,050	1,142,956
石灰窒素	－	－	－	－	－	－
その他窒素肥料	299,248	317,902	274,203	238,282	511,848	1,048,339
過りん酸石灰及び重過りん酸石灰	－	－	－	－	－	－
熔成りん肥及びその他のりん酸肥料	73,900	74,057	47,742	54,633	65,807	125,388
塩化加里	29,596	24,368	25,574	53,268	93,108	143,821
硫酸加里	11,614	13,423	11,102	18,992	16,896	23,869
その他の加里肥料	6,431	1,782	1,198	1,098	1,247	2,549
複合肥料	2,981,404	2,513,922	3,216,815	3,344,232	3,779,701	3,799,713
（うちNPKを含むもの）	2,926,573	2,443,308	3,180,064	3,243,357	3,705,909	3,695,282
（うちNとPを含むもの）	3,341	17,830	3,459	7,552	3,060	4,802
（うちPとKを含むもの）	51,490	52,784	33,292	93,323	70,732	99,629
りん安	14,548	10,543	1,546	3,435	21,929	25,791
その他の肥料	170,546	169,223	224,279	252,495	287,140	237,909
合計	15,912,757	15,445,668	14,642,002	11,929,582	13,473,482	10,663,694

資料：財務省「貿易統計」による。

注：平成19年から石灰窒素については単独の通関コードが廃止された。

2．主要肥料の統制廃止後の卸売及び小売価格

（単位：円）

肥料 年度	硫安		尿素		塩安		石灰窒素		過りん酸石灰	
	卸売	小売	卸売	小売	卸売	小売	卸売	小売	卸売	小売
54	563	657	1,165	1,285	580	676	1,474	1,673	634	730
55	740	850	1,624	1,783	778	903	1,851	2,037	738	861
56	717	860	1,572	1,816	758	913	1,904	2,137	758	900
57	670	828	1,463	1,726	706	868	1,922	2,155	736	886
58	668	810	1,428	1,666	696	851	1,930	2,162	727	876
59	657	799	1,386	1,629	686	841	1,927	2,159	710	853
60	666	797	1,389	1,619	692	840	1,938	2,166	732	858
61	553	695	1,053	1,303	611	762	1,888	2,132	667	801
62	528	648	921	1,134	613	751	1,892	2,130	646	765
63	517	636	885	1,074	614	754	1,895	2,103	650	767
元	519	625	870	1,040	616	758	1,907	2,112	666	779
2	545	647	919	1,048	654	777	1,940	2,195	699	841
3	559	669	960	1,101	668	805	1,964	2,239	724	868
4	548	658	932	1,095	653	792	1,965	2,229	716	862
5	528	643	892	1,056	634	771	1,943	2,222	697	859
6	529	637	884	1,035	634	763	1,928	2,191	701	846
7	526	632	889	1,012	641	760	1,939	2,171	706	841
8	544	642	919	1,045	650	779	1,930	2,180	726	856
9	543	651	917	1,054	644	805	1,934	2,201	736	889
10	530	651	896	1,052	633	799	1,900	2,193	752	914
11	519	632	855	1,016	615	778	1,893	2,208	744	902
12	526	630	866	1,030	626	786	1,891	2,215	735	917
13	531	636	867	1,043	635	797	1,876	2,215	758	921
14	545	647	881	1,058	654	833	1,931	2,226	763	926
15	553	673	901	1,069	677	864	1,960	2,205	785	939
16	594	703	991	1,148	713	914	1,980	2,184	832	947
17	642	736	1,138	1,269	760	918	2,052	2,218	860	1,007
18	695	779	1,244	1,343	794	944	2,060	2,202	874	1,018
19	739	855	1,416	1,574	858	996	2,111	2,271	991	1,176
20	941	1,106	1,891	2,237	1,070	1,259	2,312	2,516	1,609	1,869
21	923	1,035	1,142	1,825	1,091	1,264	2,277	2,485	1,234	1,645
22	897	1,057	1,348	1,629	1,048	1,254	2,281	2,520	1,104	1,481
23	964	1,113	1,434	1,764	1,124	1,361	2,424	2,650	1,140	1,485
24	1,012	1,156	1,396	1,768	1,214	1,339	2,433	2,577	1,192	1,449
25	1,066	1,221	1,486	1,882	1,258	1,411	2,490	2,649	1,232	1,466
26	1,034	1,240	1,429	1,819	1,238	1,408	2,594	2,740	1,282	1,487
27	986	1,198	1,364	1,767	1,197	1,354	2,596	2,758	1,321	1,556
28	875	1,114	1,107	1,592	1,048	1,323	2,581	2,736	1,259	1,609
28年7月	886	1,121	1,155	1,645	1,061	1,389	2,572	2,744	1,280	1,631
8月	886	1,121	1,155	1,645	1,061	1,389	2,572	2,744	1,280	1,631
9月	886	1,111	1,155	1,645	1,061	1,389	2,572	2,738	1,280	1,631
10月	884	1,111	1,152	1,645	1,061	1,389	2,577	2,738	1,277	1,631
11月	869	1,116	1,071	1,575	1,048	1,324	2,576	2,737	1,253	1,622
12月	865	1,112	1,071	1,560	1,034	1,282	2,575	2,730	1,245	1,594
29年1月	865	1,112	1,075	1,560	1,034	1,282	2,580	2,730	1,245	1,594
2月	865	1,112	1,075	1,560	1,034	1,282	2,580	2,730	1,245	1,594
3月	865	1,112	1,075	1,560	1,034	1,282	2,580	2,730	1,245	1,594
4月	869	1,112	1,093	1,560	1,045	1,282	2,585	2,730	1,248	1,594
5月	869	1,112	1,093	1,560	1,045	1,282	2,585	2,730	1,248	1,594
6月	888	1,119	1,116	1,594	1,056	1,306	2,613	2,747	1,261	1,599

（注）1．卸売価格は消費地最寄駅貨車乗渡価格，小売価格は店頭渡価格である。
2．平成4年4月及び14年4月より調査方法が変更されたため，連続性はない。

（単位：円）

肥料 年度	熔成りん肥		硫酸加里		塩化加里		普通化成 8－8－5		高度化成 15－15－15	
	卸売	小売	卸売	小売	卸売	小売	卸売	小売	卸売	小売
54	894	1,033	1,100	1,233	780	898	896	1,099	1,382	1,641
55	1,135	1,291	1,382	1,561	1,029	1,168	1,093	1,261	1,697	1,972
56	1,156	1,341	1,446	1,640	1,042	1,223	1,103	1,293	1,718	2,089
57	1,114	1,323	1,413	1,639	988	1,202	1,086	1,273	1,670	2,140
58	1,095	1,301	1,394	1,620	946	1,162	1,074	1,263	1,630	2,040
59	1,063	1,282	1,434	1,637	964	1,161	1,052	1,275	1,597	2,028
60	1,089	1,290	1,477	1,675	993	1,174	1,076	1,272	1,644	2,098
61	995	1,204	1,182	1,417	806	1,006	990	1,199	1,477	1,912
62	930	1,128	1,048	1,274	706	891	942	1,151	1,372	1,824
63	903	1,099	1,045	1,244	708	874	939	1,174	1,367	1,790
元	905	1,095	1,097	1,268	757	900	955	1,137	1,373	1,745
2	927	1,114	1,161	1,336	808	955	1,001	1,224	1,379	1,795
3	954	1,161	1,177	1,359	842	995	1,052	1,299	1,428	1,855
4	942	1,135	1,132	1,341	821	975	1,028	1,277	1,437	1,826
5	923	1,095	1,054	1,263	758	933	983	1,173	1,402	1,692
6	924	1,074	1,026	1,227	749	915	975	1,173	1,347	1,626
7	923	1,063	981	1,173	738	890	975	1,219	1,318	1,617
8	949	1,106	1,076	1,254	813	948	1,003	1,228	1,376	1,924
9	954	1,125	1,104	1,296	828	985	1,009	1,269	1,410	1,676
10	976	1,191	1,225	1,406	902	1,060	1,022	1,334	1,449	1,684
11	952	1,173	1,153	1,386	855	1,068	1,027	1,260	1,411	1,639
12	950	1,155	1,092	1,362	827	1,064	1,028	1,212	1,373	1,601
13	959	1,194	1,173	1,391	879	1,069	1,041	1,226	1,387	1,605
14	981	1,188	1,188	1,424	890	1,085	1,085	1,227	1,421	1,595
15	982	1,221	1,200	1,431	910	1,098	1,122	1,247	1,460	1,814
16	1,017	1,225	1,329	1,504	999	1,155	1,146	1,257	1,603	1,849
17	1,083	1,199	1,429	1,569	1,062	1,202	1,216	1,265	1,712	1,788
18	1,077	1,235	1,516	1,673	1,136	1,333	1,279	1,306	1,769	1,972
19	1,111	1,079	1,837	1,828	1,366	1,474	1,322	1,389	2,065	2,190
20	1,769	1,770	3,426	3,453	2,369	2,471	1,883	2,023	2,965	3,838
21	1,352	1,597	2,708	3,149	2,156	2,393	1,598	－	2,296	3,003
22	1,217	1,532	2,068	2,344	1,683	1,901	1,528	1,666	2,139	2,928
23	1,269	1,650	2,106	2,394	1,730	2,030	1,631	1,736	2,228	3,084
24	1,279	1,600	2,124	2,294	1,773	1,999	1,566	1,761	2,251	3,342
25	1,352	1,637	2,238	2,446	1,842	2,041	1,615	1,829	2,409	3,335
26	1,425	1,718	2,438	2,637	1,816	2,005	1,637	1,867	2,305	3,426
27	1,556	1,799	2,708	2,972	1,935	2,111	1,651	1,875	2,325	3,493
28	1,528	1,821	2,185	2,481	1,574	1,873	1,502	1,703	2,244	3,185
28年7月	1,540	1,837	2,358	2,724	1,726	2,124	1,534	1,760	2,271	3,264
8月	1,540	1,837	2,358	2,724	1,726	2,124	1,534	1,760	2,271	3,264
9月	1,540	1,837	2,358	2,724	1,726	2,124	1,534	1,760	2,271	3,264
10月	1,541	1,837	2,335	2,724	1,713	2,124	1,534	1,760	2,271	3,264
11月	1,528	1,820	2,148	2,558	1,538	2,009	1,506	1,760	2,242	3,142
12月	1,518	1,812	2,090	2,331	1,481	1,704	1,476	1,663	2,242	3,142
29年1月	1,522	1,812	2,093	2,331	1,481	1,704	1,476	1,663	2,214	3,142
2月	1,522	1,812	2,093	2,331	1,481	1,704	1,476	1,663	2,214	3,142
3月	1,522	1,812	2,093	2,331	1,481	1,704	1,476	1,663	2,214	3,142
4月	1,528	1,812	2,100	2,331	1,493	1,704	1,490	1,663	2,236	3,142
5月	1,528	1,812	2,100	2,331	1,493	1,704	1,490	1,663	2,236	3,142
6月	1,512	1,812	2,089	2,331	1,547	1,751	1,505	1,663	2,244	3,178

（注） 高度化成の銘柄は45肥年までは，14－14－14，46肥年以降は15－15－15。5肥年より集計方法を変更している。

3．主要肥料の全農供給価格の対前年騰落率

（単位：％）

肥料年度＼種類	硫　　安	尿　　素	過りん酸石灰	塩化加里	高度化成（一般・15－15－15）	ヨルダン化成
9	0.00	0.00	1.55	3.59	0.93	－
10	▲ 0.83	▲ 1.20	2.74	12.48	2.70	－
11	▲ 2.51	▲ 3.64	▲ 1.34	▲ 4.93	▲ 2.10	－
12	1.71	1.89	▲ 1.20	▲ 3.89	▲ 0.84	▲ 0.80
13	1.26	1.23	1.07	5.94	1.63	0.00
14	0.00	0.00	▲ 0.45	▲ 0.51	▲ 0.38	▲ 0.30
15	0.00	－	▲ 0.45	▲ 0.77	▲ 0.46	▲ 6.36
16	6.24	3.89	4.10	9.29	3.49	3.45
17	9.39	7.92	3.80	5.67	3.56	4.23
18	9.66	0.00	1.55	6.70	3.73	3.65
19	5.38	15.63	9.97	11.73	9.95	9.78
19年期中改定(20年4月)	0.00	0.00	3.53	18.18	9.05	0.00
20	31.11	53.14	68.73	64.87	49.50	89.36
20年期中改定(21年1月)	0.00	▲28.50	0.00	0.00	0.00	▲ 3.78
21	0.00	▲14.71	▲24.30	▲ 8.66	▲23.94	▲24.85
22(6月～10月)	5.72	7.96	▲13.81	▲29.70	▲10.04	－
22(11月～5月)	0.00	▲ 4.1	2.50	2.50	1.70	－
23(6月～10月)	6.30	7.90	1.60	1.50	3.20	－
23(11月～5月)	6.5	8.7	2.2	5.5	4.3	－
24(6月～10月)	0.0	0.0	1.2	▲ 1.8	▲ 0.3	－
24(11月～5月)	0.0	▲2.4	▲1.1	▲2.5	▲0.7	－
25(6月～10月)	7.6	8.9	4.2	4.3	4.6	－
25(11月～5月)	▲3.7	▲3.9	▲1.3	2.7	▲0.5	－
26(6月～10月)	▲1.1	▲2.2	▲2.2	▲8.0	▲2.9	－
26(11月～5月)	▲2.5	▲3.0	1.8	1.4	0.8	－
27(6月～10月)	▲3.5	▲1.5	3.2	10.7	1.8	－
27(11月～5月)	0.6	3.1	1.7	▲1.3	0.6	－
28(6月～10月)	▲14.5	▲20.3	▲4.4	▲12.8	▲10.4	－
28(11月～5月)	▲2.9	▲13.2	▲3.4	▲19.4	▲10.1	－
29(6月～10月)	4.9	11.9	1.8	10.2	4.7	－

（注）１．尿素の15肥年は非公表で，16肥年以降は輸入尿素である。
　　　２．平成22肥料年度春肥（22年11月～５月）価格以降は，前期対比の騰落率を示している。

4．農家の肥料購入価格

（単位：円）

肥料別／肥料年度	硫安 N21%	尿素 N46%	石灰窒素 N21% 粉状品	過りん酸 石灰 $P_2O_5$17%	熔成 りん肥 $P_2O_5$20%	硫酸加里 K_2O50%	塩化加里 K_2O60%
53	614	1,170	1,708	755	996	1,127	805
54	637	1,207	1,739	768	1,007	1,154	818
55	814	1,686	2,025	890	1,244	1,484	1,124
56	864	1,812	2,225	942	1,347	1,629	1,218
57	828	1,724	2,257	933	1,338	1,643	1,192
58	804	1,653	2,264	917	1,310	1,621	1,145
59	800	1,617	2,266	909	1,292	1,632	1,143
60	791	1,592	2,264	913	1,290	1,669	1,192
61	717	1,366	2,224	876	1,226	1,501	1,143
62	631	1,114	2,201	833	1,156	1,275	883
63	630	1,039	2,199	818	1,106	1,221	850
元	638	1,034	2,256	845	1,120	1,276	893
2	649	1,045	2,270	874	1,129	1,332	950
3	674	1,100	2,308	907	1,160	1,366	993
4	681	1,114	2,325	918	1,174	1,363	1,007
5	675	1,085	2,318	916	1,166	1,307	975
6	669	1,060	2,320	914	1,161	1,265	943
7年	665	1,049	2,312	909	1,150	1,238	933
8	666	1,053	2,306	916	1,158	1,223	937
9	686	1,089	2,345	958	1,200	1,307	998
10	691	1,093	2,356	981	1,231	1,378	1,043
11	686	1,079	2,342	992	1,232	1,452	1,098
12	678	1,045	2,331	979	1,224	1,396	1,068
13	683	1,044	2,332	977	1,222	1,381	1,064
14	690	1,052	2,327	983	1,224	1,404	1,083
15	686	1,048	2,319	983	1,218	1,395	1,084
16	688	1,065	2,311	988	1,213	1,422	1,102
17	717	1,153	2,333	1,010	1,239	1,518	1,172
18	760	1,298	2,363	1,037	1,271	1,172	1,237
19	841	1,550	2,411	1,122	1,377	−	−
20	1,089	2,015	2,678	1,863	2,126	−	−
21	1,064	1,600	2,633	1,580	1,838	−	−
22	1,055	1,640	2,644	1,428	1,636	−	−
23	1,123	1,806	2,778	1,464	1,674	−	−
24	1,153	1,852	2,788	1,477	1,683	−	−
25	1,206	1,956	2,869	1,519	1,763	−	−
26	1,211	1,966	2,990	1,553	1,814	−	−
27	1,180	1,890	3,028	1,608	1,888	−	−
28	1,043	1,552	3,006	1,546	1,820	−	−
28年7月	1,084	1,668	3,016	1,577	1,851	−	−
8	1,074	1,628	3,014	1,572	1,844	−	−
9	1,063	1,603	3,015	1,569	1,835	−	−
10	1,061	1,600	3,010	1,567	1,836	−	−
11	1,047	1,562	3,004	1,556	1,822	−	−
12	1,037	1,532	2,995	1,540	1,813	−	−
29年1月	1,027	1,514	3,004	1,531	1,809	−	−
2	1,022	1,498	3,001	1,528	1,803	−	−
3	1,022	1,497	2,997	1,527	1,806	−	−
4	1,022	1,497	2,999	1,527	1,806	−	−
5	1,022	1,497	2,999	1,528	1,807	−	−
6	1,030	1,528	3,021	1,531	1,813	−	−

（注） 1．農林水産省統計部「農業物価統計」による。
2．硫酸加里，塩化加里は参考値である。
3．平成６年度以前は年度（会計年度）平均価格である。
4．平成17年以降の数値は概算値である。

（単位：円）

年次 ＼ 肥料別	普通化成（低成分粒状）$N-P_2O_5-K_2O$ 8－8－5	配合肥料（低成分粉状）同　左	高度化成（高成分粒状）$N-P_2O_5-K_2O$ 15－15－15	なたね油かす	消石灰	珪酸石灰
53	1,132	1,273	1,503	1,930	404	342
54	1,145	1,320	1,516	1,732	422	256
55	1,419	1,568	1,858	1,888	500	405
56	1,503	1,623	1,962	1,891	535	433
57	1,483	1,600	2,138	1,874	540	441
58	1,446	1,576	2,086	1,948	542	446
59	1,431	1,626	2,091	1,915	541	452
60	1,436	1,653	2,089	1,755	540	454
61	1,356	1,546	1,977	1,582	530	448
62	1,305	1,472	1,841	1,364	526	451
63	1,263	1,447	1,810	1,334	520	457
元	1,326	1,482	1,837	1,386	536	470
2	1,360	1,499	1,872	(20kg) 1,001	567	481
3	1,415	1,553	1,937	948	594	500
4	1,437	1,608	1,975	1,023	610	527
5	1,416	1,587	1,944	1,003	618	531
6	1,384	1,570	1,915	968	624	547
7年	1,381	1,567	1,900	930	625	549
8	1,390	1,571	1,894	946	628	550
9	1,452	1,671	1,967	1,019	639	572
10	1,474	1,708	2,010	1,006	642	580
11	1,476	1,714	2,035	940	644	583
12	1,461	1,694	2,033	846	644	580
13	1,463	1,689	2,028	843	641	578
14	1,465	1,702	2,042	851	639	586
15	1,466	1,707	2,060	854	634	591
16	1,468	1,721	2,082	858	623	590
17	1,506	1,766	2,124	876	625	596
18	1,561	1,810	1,981	901	625	609
19	1,580	1,963	2,413	1,096	645	646
20	2,255	2,632	3,683	1,201	696	694
21	2,001	2,434	2,999	1,220	683	655
22	1,890	2,326	2,836	1,186	690	652
23	1,928	2,394	2,941	1,166	700	667
24	1,958	2,371	2,993	1,290	706	666
25	2,039	2,467	3,110	1,538	718	664
26	2,080	2,576	3,160	1,577	742	684
27	2,094	2,642	3,225	1,531	742	685
28	1,976	2,503	2,899	1,457	730	676
28年7月	2,035	2,574	3,057	1,505	737	679
8	2,023	2,567	3,037	1,492	736	679
9	2,016	2,555	3,024	1,491	735	679
10	2,015	2,555	3,022	1,472	733	675
11	1,998	2,504	2,949	1,461	733	673
12	1,963	2,470	2,864	1,447	728	673
29年1月	1,953	2,467	2,838	1,446	728	676
2	1,945	2,458	2,807	1,442	727	672
3	1,945	2,457	2,807	1,435	724	677
4	1,937	2,472	2,788	1,427	725	676
5	1,937	2,472	2,788	1,430	725	677
6	1,947	2,486	2,806	1,434	729	681

（注）　5．高度化成（高成分粒状）の40年度以前は硫加燐安の成分14－12－9，41年度から56年度までは成分14－14－14である。

(参考)　主要肥料の統制廃止前の卸売価格の推移（暦年）

（単位：円）

	輸入硫安	硫安		石灰窒素		過りん酸石灰		硫酸（塩化）加里	
	トン当	トン当	40 kg 当	トン当	25 kg 当	トン当	40 kg 当	トン当	40 kg 当
大正元年	157	−	−	−	−	25.33	1.01	−	−
2	153	−	−	−	−	24.80	0.99	−	−
3	139	−	−	−	−	27.73	1.11	−	−
4	157	−	−	−	−	26.93	1.08	−	−
5	199	−	−	−	−	32.27	1.29	−	−
6	306	−	−	−	−	38.40	1.54	−	−
7	378	−	−	−	−	48.27	1.93	−	−
8	337	357.07	14.28	−	−	64.00	2.56	−	−
9	274	305.07	12.20	−	−	88.80	3.55	−	−
10	157	177.60	7.10	−	−	42.93	1.72	−	−
11	177	189.60	7.58	−	−	40.80	1.63	170	6.80
12	191	216.80	8.67	189	4.73	42.93	1.72	148	5.92
13	169	184.27	7.37	165	4.13	45.33	1.81	144	5.76
14	185	197.34	7.89	168	4.20	45.07	1.80	135	5.40
昭和元年	156	172.00	6.88	146	3.65	43.73	1.75	139	5.56
2	134	141.86	5.67	116	2.90	41.07	1.64	133	5.32
3	130	135.20	5.41	107	2.68	37.87	1.51	124	4.96
4	123	126.40	5.06	112	2.80	36.53	1.46	128	5.12
5	87	88.53	3.54	82	2.05	33.87	1.35	122	4.88
6	71	71.75	2.87	60	1.50	29.33	1.17	122	4.88
7	72	71.46	2.86	71	1.78	31.47	1.26	141	5.64
8	95	93.86	3.75	82	2.05	30.67	1.23	167	6.68
9	95	93.86	3.75	78	1.95	32.00	1.28	137	5.48
10	105	111.20	4.45	86	2.15	34.67	1.39	133	5.32
11	−	98.40	3.94	84	2.10	36.53	1.46	142	5.68
12	−	99.73	3.99	81	2.03	49.07	1.96	153	6.12
13	−	102.93	4.12	87	2.18	61.87	2.47	167	6.68
14	−	102.93	4.12	86	2.15	56.53	2.26	165	6.60
15	−	101.33	4.05	83.56	2.09	58.40	2.34	213	8.52
16	−	100.80	4.03	83.11	2.08	57.87	2.31	213	8.52
17	−	100.80	4.03	83.11	2.08	57.87	2.31	213	8.52
18	−	100.80	4.03	83.11	2.08	57.87	2.31	213	8.52
19	−	100.80	4.03	83.11	2.08	57.87	2.31	213	8.52
20	−	100.80	4.03	83.11	2.08	57.87	2.31	213	8.52
21年1-3月	−	1,033.87	41.35	1,150	228.75	516.27	20.65	626.67	25.07
4-8月	−	2,714.93	108.60	2,849	71.22	1,344.80	53.79	626.67	25.07
9-12月	−	2,714.93	108.60	2,849	71.22	1,344.80	53.79	2,334.67	93.39
22年1-7月	−	2,714.93	108.60	2,849	71.22	1,344.80	53.79	2,334.67	93.39
8-12月	−	6,500	260.00	6,500	162.50	2,308.00	92.32	5,900.00	236.00
23年1-7月	−	6,500	260.00	6,500	162.50	2,308.00	92.32	5,900.00	236.00
8-12月	−	11,126	445.04	11,126	278.15	3,906.12	156.24	9,982.13	339.29
24年1-7月	−	11,126	445.04	11,126	278.15	3,906.12	156.24	9,982.13	339.29
8-12月	−	11,126	445.04	11,126	278.15	3,906.12	156.24	9,982.13	339.29
25年1-2月	−	13,684	547.36	13,684	342.10	5,085.05	203.40	11,911.41	477.46
3月	−	15,603	624.12	15,603	390.08	5,929.32	237.17	13,608.23	544.33
4-7月	−	15,673	626.92	15,673	391.83	5,999.19	239.97	13,678.10	547.12

（注）1．大正元年～昭和14年までは東京肥料協会発表の標準相場である。

2．昭和15年～25年7月までは統制による公定価格で消費地最寄駅着貨車乗渡価格である。但し昭和15～20年までは県農手数料（37.5kg当り15年・4銭，16年～20年・6銭）は加算してない。肥料の成分は硫安，石灰窒素N20％，過りん酸石灰$P_2O_5$16％，硫酸加里はK_2O48％（但し22年7月まで）化加里はK_2O40％（但し22年8月～25年7月まで）である。

3．上記荷姿当たりの価格は，包装重量改正に伴い（34年8月）旧包装重量の価格を新旧重量比で新包装重量に換算した。（旧包装重量，過りん酸石灰，硫酸（塩化）加里は37.5kg，石灰窒素は22.5kg）

5．主要原料の輸入価格の推移

(1) りん鉱石

（単位：千トン，円/トン）

暦年	23		24		25		26		27		28	
国別　項目	数量	単価	数量	単価	数量	単価	数量	単価	数量	単価	数量	単価
世　界　計	496	20,732	379	22,313	363	24,683	313	24,093	293	26,282	244	21,594
中　　国	160	20,204	154	22,302	141	27,195	94	27,755	72	30,294	49	25,785
南アフリカ	137	22,306	78	25,788	61	26,222	59	26,393	70	27,830	70	23,432
ヨルダン	93	19,503	60	19,556	93	20,361	79	20,148	53	20,946	60	16,282
モロッコ	85	20,957	57	21,768	27	23,907	45	21,307	51	24,174	19	19,044
ベトナム	7	19,861	11	18,656	23	24,915	17	25,350	21	27,724	17	23,668

資料：財務省「貿易統計」による。

(2) 塩化加里

（単位：千トン，円/トン）

暦年	23		24		25		26		27		28	
国別　項目	数量	単価	数量	単価	数量	単価	数量	単価	数量	単価	数量	単価
世　界　計	498	40,493	529	45,511	479	46,992	534	42,768	494	50,309	450	37,263
カ　ナ　ダ	376	41,010	412	45,948	330	48,095	389	43,597	347	51,438	326	37,696
ロ　シ　ア	61	36,351	50	43,686	14	43,673	34	41,149	43	48,214	42	36,527
ヨルダン	39	37,521	34	43,333	46	45,461	43	41,229	9	46,276	21	38,118
ベラルーシ	11	41,536	14	43,837	40	44,792	27	40,415	41	48,284	34	33,735
ド　イ　ツ	0	101,681	3	41,888	26	43,152	35	39,006	28	46,781	15	36,757
イスラエル	9	48,829	14	42,346	15	40,567	6	36,736	14	45,011	3	35,773

資料：財務省「貿易統計」による。

(3) 硫酸加里

（単位：千トン，円/トン）

暦年	23		24		25		26					
国別　項目	数量	単価	数量	単価	数量	単価	数量	単価	数量	単価	数量	単価
世　界　計	95	49,812	98	50,923	94	60,965	89	69,385	93	78,826	75	55,921
アメリカ	6	52,066	30	49,104	-	-	-	-	-	-	5	57,904
台　　湾	6	52,066	27	52,656	37	60,605	41	67,992	37	78,903	42	54,141
ド　イ　ツ	24	48,500	25	48,662	40	60,399	29	70,593	38	78,139	14	64,470
韓　　国	26	48,864	14	55,107	8	62,344	7	70,095	6	79,383	8	49,007

資料：財務省「貿易統計」による。

(4) 硫酸加里苦土

(単位：千トン，円/トン)

暦年 / 項目 / 国別	23		24		25		26		27		28	
	数量	単価	数量	単価	数量	単価	数量	単価	数量	単価	数量	単価
世界計	37	32,798	27	37,528	40	49,901	27	52,605	29	57,998	26	51,098
アメリカ	37	32,511	27	37,015	40	49,853	27	52,364	29	57,946	26	51,098

資料：財務省「貿易統計」による。

(5) りん安

(単位：千トン，円/トン)

暦年 / 項目 / 国別	23		24		25		26		27		28	
	数量	単価	数量	単価	数量	単価	数量	単価	数量	単価	数量	単価
世界計	448	58,748	418	51,398	499	54,247	476	56,025	467	64,960	467	45,854
アメリカ	301	59,519	276	50,711	307	54,482	255	56,980	218	65,940	201	47,095
中国	141	55,291	120	51,986	154	53,386	173	55,055	209	63,999	226	45,020

資料：財務省「貿易統計」による。

(6) 重過りん酸石灰

(単位：千トン，円/トン)

暦年 / 項目 / 国別	23		24		25		26		27		28	
	数量	単価	数量	単価	数量	単価	数量	単価	数量	単価	数量	単価
世界計	74	40,880	60	38,209	53	42,540	48	41,601	51	45,496	48	37,124
中国	55	37,461	44	35,058	31	40,821	39	41,734	42	43,626	39	35,927
イスラエル	0	59,341	8	44,580	13	42,988	7	43,663	8	56,380	9	42,881
モロッコ	14	53,528	7	50,253	7	53,425	−	−	−	−	−	−

資料：財務省「貿易統計」による。

(参考) 為替相場の動向

(単位：円/ドル)

暦年 / 区分	23	24	25	26	27	28
為替レート	79.77	79.78	97.58	105.82	121.02	108.38

資料：財務省「日本貿易月表」による。
(注) 為替レートは東京外国為替市場の終値

Ⅶ　世界における生産及び消費

1．生　　産

（単位：1,000Nトン）

国別等		種類：窒素合計 年：2016	2017	2018
窒素肥料	中国	37,610	34,980	32,743
	インド	13,377	13,423	13,337
	アメリカ	9,969	11,339	11,265
	ロシア	9,475	10,051	10,421
	カナダ	4,123	3,736	3,823
	インドネシア	3,546	3,806	4,022
	パキスタン	3,214	3,063	3,063
	サウジアラビア	3,098	2,177	2,526
	カタール	2,972	2,972	2,937
	オランダ	2,166	2,166	2,166
	ポーランド	1,967	2,058	2,023
	エジプト	1,800	2,800	3,700
	ウクライナ	1,676	977	983
	イラン	1,440	1,827	1,827
	日本	568	557	542

（単位：1,000P_2O_5トン）

国別等		種類：りん酸合計 年：2016	2017	2018
りん酸肥料	中国	17,473	17,473	13,280
	アメリカ	12,111	12,419	5,551
	インド	4,553	4,724	4,591
	ロシア	3,576	3,866	3,993
	モロッコ	3,115	3,115	4,023
	ブラジル	1,888	2,010	2,010
	エジプト	1,354	1,354	408
	サウジアラビア	1,260	1,500	1,572
	インドネシア	629	713	681
	パキスタン	537	542	542
	オーストラリア	525	465	513
	セネガル	518	266	58
	トルコ	493	523	469
	ポーランド	475	469	442
	ベトナム	470	489	489
	日本	196	196	194

（単位：1,000K_2Oトン）

国別等		種類：加里合計 年：2016	2017	2018
加里肥料	カナダ	10,712	12,179	12,179
	ロシア	7,770	8,649	8,548
	ベラルーシ	6,180	7,102	7,346
	中国	6,105	6,105	6,146
	ドイツ	3,055	3,055	3,055
	イスラエル	1,931	2,230	2,288
	ヨルダン	1,313	1,313	1,393
	チリ	1,200	1,200	1,200
	スペイン	698	644	677
	イギリス	610	560	240
	アメリカ	466	391	382
	ポーランド	399	430	421
	ブラジル	289	281	281
	ウズベキスタン	138	168	182
	イタリア	124	137	0

（注）FAOSTAT「Fertilizers by Nutrient」による（以下同じ。）。

2. 消　費

（単位：1,000Nトン）

国別等	種類	窒素合計		
	年	2016	2017	2018
窒素肥料	中国	30,624	29,782	28,306
	インド	16,736	16,959	17,628
	アメリカ	11,798	11,649	11,644
	ブラジル	4,353	5,173	5,120
	パキスタン	3,242	3,447	3,447
	インドネシア	2,964	2,952	3,237
	カナダ	2,461	2,471	2,769
	フランス	2,192	2,234	2,248
	トルコ	1,896	1,765	1,528
	ドイツ	1,659	1,497	1,342
	ベトナム	1,549	1,549	1,573
	メキシコ	1,491	1,456	1,332
	タイ	1,482	1,482	1,516
	ロシア	1,445	1,513	1,542
	エジプト	1,370	1,370	1,313
	日本	380	380	389

（単位：1,000P_2O_5トン）

国別等	種類	りん酸合計		
	年	2016	2017	2018
りん酸肥料	中国	12,779	12,452	7,876
	インド	6,706	6,854	6,968
	ブラジル	4,544	5,154	5,101
	アメリカ	4,062	4,060	4,081
	パキスタン	1,209	1,258	1,258
	オーストラリア	1,000	930	955
	カナダ	971	1,023	1,130
	インドネシア	838	785	817
	ベトナム	824	873	750
	トルコ	792	755	521
	アルゼンチン	649	640	689
	バングラデシュ	638	642	710
	ニュージーランド	540	540	310
	ロシア	510	590	600
	メキシコ	503	684	826
	日本	340	340	355

（単位：1,000K_2Oトン）

国別等	種類	加里合計		
	年	2016	2017	2018
加里肥料	中国	10,321	10,762	10,803
	ブラジル	5,627	6,256	6,767
	アメリカ	4,684	4,750	4,585
	インド	2,509	2,780	2,779
	インドネシア	1,642	2,088	2,165
	マレーシア	951	951	1,053
	ベトナム	599	764	579
	タイ	569	569	620
	ポーランド	556	559	530
	バングラデシュ	436	473	434
	ドイツ	430	392	410
	ベラルーシ	409	331	383
	フランス	393	463	451
	カナダ	393	427	427
	スペイン	379	390	415
	日本	310	310	307

Ⅷ　土壌改良資材の生産

1．政令指定土壌改良資材供給量（生産及び輸入）

（単位：トン）

資材名	平成24年	平成25年	平成26年	平成27年	平成28年	平成29年	平成30年
泥炭	37, 365	39, 085	39, 796	36, 811	47, 495	48, 676	27, 124
バークたい肥	286, 308 (244, 507)	274, 433	236, 015 (213, 594)	241, 429 (217, 286)	225, 159 (203, 769)	219, 341 (197, 407)	(167, 491)
腐植酸質資材	15, 142	16, 305	16, 476	15, 074	16, 466	16, 092	14, 831
木炭	6, 478	5, 669	5, 460	5, 977	4, 860	4, 563	3, 488
けいそう土焼成粒	509	520	500	509	558	500	508
ゼオライト	36, 769	35, 429	52, 900	55, 682	42, 978	30, 721	27, 308
バーミキュライト	17, 012	18, 235	15, 271	6, 547	11, 220	9, 867	10, 257
パーライト	18, 015	19, 820	18, 156	15, 270	22, 050	19, 268	19, 930
ベントナイト	789	851	1, 561	1, 095	853	1, 677	1, 522
VA菌根菌資材	8	6	5	7	8	6	2
ポリエチレンイミン系資材	231	231	218	217	201	197	33
ポリビニルアルコール系資材	80	0	0	0	0	0	0
合計	418, 706	410, 584	386, 358	378, 618	371, 848	350, 908	272, 494

（注）1．本調査は統計法第19条第１項に基づき実施されるものであり，政令指定土壌改良資材の取扱業者のうち農林水産省が把握している業者に対して調査を行い，結果をとりまとめたものである。

2．供給量は，当該年の１月から12月の間に農業用に払い出された数量である。

農業用とその他用途の払出量の区別が困難な場合があるため，一部，他の用途の供給量も含まれている。

平成27年調査は，一部の業者が集計方法を見直したことにより，前年まで計上していた他の用途の供給量が一部除外された。

3．容量で報告された数値は，重量に換算した数値を記載した。

4．バークたい肥については，５年ごとに全数調査を行い，その他の年については標本調査（全数調査の結果を基に調査対象を抽出）を行っている。

標本調査の年は下段にカッコ書きで標本調査の結果を記載し，上段に母集団の推計値を記載した。

なお，平成25年及び平成30年調査は全数調査を行っている。

泥炭の供給量
（国内生産及び輸入国別）

（単位：トン）

		29年	30年
国内生産		24, 257	22, 000
輸入		24, 419	5, 124
	カナダ	14, 246	3, 416
	ラトビア	1, 592	861
	リトアニア	0	300
	EU	458	281
	ロシア	193	214
	スリランカ	2, 660	22
	エストニア	4, 030	
	ドイツ	1, 240	
	不明	0	30
計		48, 676	27, 124

バークたい肥の供給量
（国内生産及び輸入国別）

（単位：トン）

	29年	30年
国内生産	219, 341	167, 491
輸入	0	0
計	219, 341	

腐植酸質資材の供給量
(国内生産及び輸入国別)

(単位：トン)

	29年	30年
国内生産	15,737	14,540
輸入	355	291
中国	355	291
計	16,092	14,831

けいそう土焼成粒の供給量
(国内生産及び輸入国別)

(単位：トン)

	29年	30年
国内生産	500	508
輸入	0	0
計	500	508

バーミキュライトの供給量
(国内生産及び輸入国別)

(単位：トン)

	29年	30年
国内生産	6,228	4,648
輸入	3,639	5,609
中国	3,639	4,488
ジンバブエ		849
南アフリカ		272
計	9,867	10,257

ベントナイトの供給量
(国内生産及び輸入国別)

(単位：トン)

	29年	30年
国内生産	1,677	1,522
輸入	0	0
計	1,677	1,522

ポリエチレンイミン系資材の供給量
(国内生産及び輸入国別)

(単位：トン)

	29年	30年
国内生産	197	33
輸入	0	0
計	197	33

(注) ラウンドの関係で合計と内訳が一致しない場合がある。

木炭の供給量
(国内生産及び輸入国別)

(単位：トン)

	29年	30年
国内生産	3,718	3,363
輸入	845	125
マレーシア	800	125
中国	45	0
インドネシア		0
計	4,563	3,488

ゼオライトの供給量
(国内生産及び輸入国別)

(単位：トン)

	29年	30年
国内生産	30,636	27,135
輸入	85	173
中国	85	173
計	30,721	27,308

パーライトの供給量
(国内生産及び輸入国別)

(単位：トン)

	29年	30年
国内生産	9,329	11,696
輸入	9,939	8,234
中国	9,939	8,234
計	19,268	19,930

VA菌根菌資材の供給量
(国内生産及び輸入国別)

(単位：トン)

	29年	30年
国内生産	6	2
輸入	0	0
計	6	2

ポリビニルアルコール系資材の供給量
(国内生産及び輸入国別)

(単位：トン)

	29年	30年
国内生産	0	0
輸入	0	0
計	0	0

2．政令指定土壌改良資材の概要

種　類	説　明	基　準	用途（主な効果）
泥　炭	地質時代に堆積した水ごけ，草炭等。	乾物100g当たりの有機物の含有量20g以上	土壌の膨軟化[※1] 土壌の保水性の改善[※1] 土壌の保肥力の改善[※2]
バークたい肥	樹皮を主原料とし，家畜ふん等を加えたい積，腐熟させたもの。	肥料の品質の確保等に関する法律（昭和25年法律第127号）第２条第２項の特殊肥料又は肥料の品質の確保等に関する法律施行規則（昭和25年農林省令第64号）第１条第１項第６号若しくは第７号の普通肥料に該当するものであること	土壌膨軟化
腐植酸質資材	石炭又は亜炭を硝酸又は硝酸及び硫酸で分解し，カルシウム化合物又はマグネシウム化合物で中和したもの。	乾物100g当たりの有機物の含有量20g以上	土壌の保肥力の改善
木　炭	木材，ヤシガラ等を炭化したものの粉。		土壌の透水性の改善
けいそう土焼成粒	けいそう土を造粒して焼成した多孔質粒子。	気乾状態のもの１ℓ当たりの質量700g以下	土壌の透水性の改善
ゼオライト	肥料成分等を吸着する凝灰岩の粉末。	乾物100g当たりの陽イオン交換容量50mg当量以上	土壌の保肥力の改善
バーミキュライト	雲母系鉱物を焼成したもの。非常に軽い多孔性構造物。		土壌の透水性の改善
パーライト	真珠岩等を焼成したもの。非常に軽い多孔性構造物。		土壌の保水性の改善
ベントナイト	吸水により体積が増加する特殊粘土。	乾物２gを水中に24時間静置した後の膨潤容積５mℓ以上	水田の漏水防止
VA菌根菌資材	土壌中の微生物である菌根菌の一つで，カビの仲間。のう状体（vesicule），樹枝状体（arbuscule）の頭文字をとってVA菌根菌と表現されている。	共生率が５％以上	土壌のりん酸供給能の改善[※3]
ポリエチレンイミン系資材	アクリル酸・メタクリル酸ジメチルアミノエチル共重合物のマグネシウム塩とポリエチレンイミンとの複合体。	質量百分率３％の水溶液の温度25℃における粘度10ポアズ以上	土壌の団粒形成促進
ポリビニルアルコール系資材	ポリ酢酸ビニルの一部をけん化したもの。	平均重合度1,700以上	土壌の団粒形成促進

※１　有機物中の腐植酸の含有率が70パーセント未満のもの
※２　有機物中の腐植酸の含有率が70パーセント以上のもの
※３　植物が吸収することのできる土壌中のりん酸（有効態りん酸）が増加すること

(参考)　農業生産と農家経済

1．農家

(1)　総人口と農家人口　(単位：1,000人)

年次＼区分	総人口	農家人口	割合(%)
平. 20	127,692	7,295	5.7
21	127,510	6,979	5.5
22	128,057	6,503	5.1
23	127,799	6,163	4.8
24	127,515	5,865	4.6
25	127,298	5,624	4.4
26	127,083	5,388	4.2
27	127,095	4,880	3.8
28	126,933	4,653	3.7
29	126,706	4,375	3.5
30	126,443	4,186	3.3

資料：総人口の平成22, 27年は総務省統計局「国勢調査（各年10月１日現在）」の結果（22年については，国勢調査による基準人口を単位未満で四捨五入したもの），平成22, 27年以外は総務省統計局『人口推計年報』による。
　農家人口の平成22, 27年は，農林水産省統計部「農林業センサス（各年２月１日現在（沖縄県は各前年12月１日現在））」の結果，平成22, 27年以外は『農業構造動態調査報告書　基本構造』（各年２月１日現在）による。

(2)　総世帯数と農家数　(単位：1,000戸)

年次＼区分	総世帯数	農家数	農家率(%)
平. 20	52,325	－	－
21	52,878	－	－
22	53,783	2,527	4.7
23	54,171	－	－
24	54,595	－	－
25	55,578	－	－
26	55,952	－	－
27	56,412	2,155	3.8
28	56,951	－	－
29	57,477	－	－
30	58,008	－	－

資料：総世帯数は総務省自治行政局『住民基本台帳人口要覧（各年３月31日現在）』による。
　農家数の平成22, 27年は，農林水産省統計部「農林業センサス（各年２月１日現在（沖縄県は各前年12月１日現在））」による。

(3)　専業兼業別農家数　(単位：1,000戸)

年次＼区分	販売農家数	専業農家(主業農家)	兼業農家 計	兼業農家 第一種兼業(準主業農家)	兼業農家 第二種兼業(副業的農家)
平. 21	1,699	403(345)	1,296	237(389)	1,059(965)
22	1,631	451(360)	1,180	225(389)	955(883)
23	1,561	439(356)	1,122	217(363)	905(843)
24	1,504	423(344)	1,081	222(344)	859(817)
25	1,455	415(325)	1,040	205(333)	834(798)
26	1,412	406(304)	1,006	196(310)	810(798)
27	1,330	443(294)	887	165(257)	722(779)
28	1,263	395(285)	867	185(237)	682(741)
29	1,200	381(268)	819	182(206)	638(727)
30	1,164	375(252)	789	182(188)	608(725)

資料：農林水産省「農業センサス」及び「農業構造動態調査」による。

(4)　経営耕地規模別農家数

(都府県)　(単位：1,000戸)

<table>
<tr><th rowspan="2">年次＼区分</th><th rowspan="2">計</th><th colspan="6">販売農家</th></tr>
<tr><th>0.5ha未満</th><th>0.5～1.0</th><th>1.0～2.0</th><th>2.0～3.0</th><th>3.0～5.0</th><th>5.0ha以上</th></tr>
<tr><td>平.21</td><td>1,654</td><td colspan="2">933</td><td colspan="2">574</td><td>89</td><td>58</td></tr>
<tr><td>22</td><td>1,587</td><td>343</td><td>553</td><td>413</td><td>134</td><td>86</td><td>58</td></tr>
<tr><td>23</td><td>1,572</td><td colspan="2">884</td><td>396</td><td>132</td><td>88</td><td>73</td></tr>
<tr><td>24</td><td>1,462</td><td colspan="2">815</td><td>374</td><td>126</td><td>84</td><td>64</td></tr>
<tr><td>25</td><td>1,415</td><td colspan="2">784</td><td>357</td><td>122</td><td>86</td><td>67</td></tr>
<tr><td>26</td><td>1,372</td><td colspan="2">754</td><td>345</td><td>120</td><td>87</td><td>67</td></tr>
<tr><td>27</td><td>1,292</td><td>277</td><td>433</td><td>329</td><td>113</td><td>77</td><td>62</td></tr>
<tr><td>28</td><td>1,225</td><td colspan="2">673</td><td colspan="3">490</td><td>62</td></tr>
<tr><td>29</td><td>1,164</td><td colspan="2">632</td><td colspan="3">470</td><td>62</td></tr>
<tr><td>30</td><td>1,128</td><td colspan="2">608</td><td colspan="3">456</td><td>64</td></tr>
</table>

資料：農林水産省「農業センサス」及び「農業構造動態調査」による。

(北海道)　(単位：1,000戸)

<table>
<tr><th rowspan="2">年次＼区分</th><th rowspan="2">計</th><th colspan="6">販売農家</th></tr>
<tr><th>1.0ha未満</th><th>1.0～3.0</th><th>3.0～5.0</th><th>5.0～10.0</th><th>10.0～30.0</th><th>30.0ha以上</th></tr>
<tr><td>平.21</td><td>45</td><td colspan="2">7</td><td colspan="2">12</td><td>16</td><td>10</td></tr>
<tr><td>22</td><td>44</td><td>4</td><td>4</td><td>3</td><td>7</td><td>15</td><td>11</td></tr>
<tr><td>23</td><td>46</td><td colspan="2">9</td><td colspan="2">10</td><td>15</td><td>12</td></tr>
<tr><td>24</td><td>42</td><td colspan="2">8</td><td colspan="2">9</td><td>15</td><td>11</td></tr>
<tr><td>25</td><td>40</td><td colspan="2">7</td><td colspan="2">9</td><td>14</td><td>11</td></tr>
<tr><td>26</td><td>40</td><td colspan="2">7</td><td colspan="2">9</td><td>13</td><td>11</td></tr>
<tr><td>27</td><td>38</td><td>3</td><td>3</td><td>3</td><td>5</td><td>13</td><td>11</td></tr>
<tr><td>28</td><td>37</td><td>3</td><td colspan="2">7</td><td>4</td><td>13</td><td>11</td></tr>
<tr><td>29</td><td>36</td><td>3</td><td colspan="2">6</td><td>5</td><td>13</td><td>11</td></tr>
<tr><td>30</td><td>36</td><td>3</td><td colspan="2">6</td><td>5</td><td>12</td><td>10</td></tr>
</table>

資料：農林水産省「農業センサス」及び「農業構造動態調査」による。

2．耕地面積

(1) 田畑別耕地面積

（単位：1,000ヘクタール）

年度	田畑合計	田 小計	田 普通田	田 特殊田	畑 小計	畑 普通畑	畑 樹園地	畑 牧草地
平.21	4,609	2,506	2,501	4.8	2,103	1,169	314.7	618.8
22	4,593	2,496	−	−	2,097	1,169	310.6	616.7
23	4,561	2,474	−	−	2,087	1,165	306.7	615.2
24	4,549	2,469	−	−	2,080	1,164	303.2	613.3
25	4,537	2,465	−	−	2,072	1,161	299.5	611.1
26	4,518	2,458	−	−	2,060	1,157	295.6	607.8
27	4,496	2,446	−	−	2,050	1,152	291.4	606.5
28	4,471	2,432	−	−	2,039	1,149	287.1	603.4
29	4,444	2,418	−	−	2,026	1,142	282.7	601.0
30	4,420	2,405	−	−	2,014	1,138	277.6	598.6

資料：農林水産省「耕地及び作付面積統計」による。

(注) 1．特殊田とは，水稲以外のたん水を必要とする作物の栽培を常態とする田をいう。
　　但し，平成22年から田耕地の種類別面積（普通田，特殊田）の調査が廃止されている。
2．樹園地とは，木本性永年作物を1a以上集団的に栽培する畑（ホップ園等を含む）をいう。

(2) 田畑別拡張・かい廃面積

（単位：ヘクタール）

年度	田 拡張（増加要因） 計	開墾	干拓等	復旧	田畑転換	かい廃（減少要因） 計	自然災害	人為かい廃	田畑転換
平.21	116	40	−	45	31	10,300	41	8,040	2,260
22	152	120	−	30	2	9,750	181	7,170	2,390
23	244	131	−	106	7	22,500	14,500	6,070	1,990
24	3,860	191	−	3,670	5	8,640	1,260	6,160	1,220
25	4,290	620	−	3,670	5	8,140	0	7,110	1,030
26	3,990	1,240	−	2,730	23	11,500	306	10,300	926
27	2,040	834	−	1,180	23	13,300	75	11,900	1,340
28	1,690	1,210		474	12	16,500	1,370	13,300	1,850
29	3,340	−	−	−	−	16,600	−	−	−
30	3,990	−	−	−	−	17,000	−	−	−

年度	畑 拡張（増加要因） 計	開墾	干拓等	復旧	田畑転換	かい廃（減少要因） 計	自然災害	人為かい廃	田畑転換
平.21	3,750	1,490	−	1	2,260	13,100	8	13,100	31
22	3,960	1,570	−	13	2,390	10,400	5	10,400	2
23	3,660	1,660	−	9	1,990	12,800	2,310	10,500	7
24	2,980	1,590	−	176	1,220	9,960	144	9,810	5
25	3,880	2,350	−	505	1,030	12,700	1	12,700	5
26	3,880	2,500	−	461	926	15,600	29	15,500	23
27	3,710	1,930	−	432	1,340	14,000	7	14,000	23
28	4,700	2,470		375	1,854	15,300	57	15,200	12
29	4,500	−	−	−	−	17,600	−	−	−
30	6,560	−	−	−	−	18,000	−	−	−

資料：農林水産省「耕地及び作付面積統計」による。

(3) 農作物作付延面積

（単位：1,000ヘクタール）

年度	作付延面積	稲	麦類（6麦）	かんしょ	雑穀	豆類	野菜	果樹	工芸作物	飼肥料作物	他作物
平.21	4,244	1,624	329	41	45	198	552	244	170	1,008	88
22	4,233	1,628	266	40	50	189	548	247	167	1,012	87
23	4,193	1,576	272	39	58	186	541	244	161	1,030	86
24	4,181	1,581	270	39	63	180	539	240	155	1,029	86
25	4,167	1,599	270	39	63	179	533	237	153	1,012	84
26	4,146	1,575	273	38	61	181	530	234	151	1,019	84
27	4,127	1,506	275	37	60	188	526	230	151	1,072	82
28	4,102	1,479	276	36	62	188	521	227	150	1,082	81

年度	作付延面積	水稲	麦類（4麦・子実用）	大豆（乾燥子実）	そば（乾燥子実）	なたね（子実用）	他作物
29	4,074	1,465	274	150	63	2	2,120
30	4,048	1,470	273	147	64	2	2,093

資料：農林水産省「耕地及び作付面積統計」による。

(注) 平成29年から統計手法が変更されたため、対象作物が変更となっており、前年度以前との連続性はない。

3. 農産物作付面積・収穫量

（平成30年産）

作物名	項目	作付面積 (ha)	10a当たり収穫量 (kg)	収穫量 (t)	前年との比較 作付面積の差 (ha)	前年との比較 収穫量の差 (t)
米	水陸稲合計	1,470,000	−	7,782,000	4,000	▲42,000
	水稲	1,470,000	529	7,780,000	5,000	▲42,000
	陸稲	750	232	1,740	▲63	▲180
麦類	4麦合計	272,900	−	939,600	▲800	▲152,400
	小麦	211,900	361	764,900	▲400	▲141,800
	二条大麦	38,300	318	121,700	0	2,000
	六条大麦	17,300	225	39,000	▲800	▲13,400
	裸麦	5,420	258	14,000	450	1,300
乾燥子実豆類	大豆	146,600	144	211,300	▲3,600	▲41,700
	小豆	23,700	178	42,100	1,000	▲11,300
	いんげん	7,350	133	9,760	200	▲7,140
	らっかせい	6,370	245	15,600	▲50	200
	そば	63,900	45	29,000	1,000	▲5,400
かんしょ		35,700	2,230	796,500	100	▲10,600

資料：農林水産省「作物統計」及び「耕地及び作付面積統計」による。

（平成30年産）

作物名	項目	作付面積 (ha)	収穫量 (t)	対前年比（%） 作付面積	対前年比（%） 10a当たり収量	対前年比（%） 収穫量
野菜	野菜計	464,100	13,036,000	99	−	98
	だいこん	31,400	1,328,000	98	102	100
	かぶ	4,300	117,700	97	101	99
	にんじん	17,200	574,700	96	100	96
	ごぼう	7,710	135,300	97	98	95
	れんこん	4,000	61,300	101	99	100
	ばれいしょ	76,500	2,260,000	99	95	94
	さといも	11,500	144,800	96	102	97
	やまのいも	7,120	157,400	100	99	99
	はくさい	17,000	889,900	99	102	101
	こまつな	7,250	115,600	103	99	103
	キャベツ	34,600	1,467,000	99	103	103
	ちんげんさい	2,170	42,000	99	99	97
	ほうれんそう	20,300	228,300	99	101	100
	ふき	538	10,200	97	99	95
	みつば	931	15,000	97	100	97
	しゅんぎく	1,880	28,000	97	99	97
	みずな	2,510	43,100	102	101	102
	セルリー	573	31,100	99	98	97
	アスパラガス	5,170	26,500	97	104	101
	カリフラワー	1,200	19,700	98	101	98
	ブロッコリー	15,400	153,800	103	103	106
	レタス	21,700	585,600	100	101	100
	ねぎ	22,400	452,900	99	100	99
	にら	2,020	58,500	98	100	98
	たまねぎ	26,200	1,155,000	102	92	94
	にんにく	2,470	20,200	102	96	98
	きゅうり	10,600	550,000	98	100	98
	かぼちゃ	15,200	159,300	96	83	79
	なす	8,970	300,400	98	100	98
	トマト	11,800	724,200	98	100	98
	ピーマン	3,220	140,300	99	96	95
	スイートコーン	23,100	217,600	102	92	94
	さやいんげん	5,330	37,400	95	99	94
	さやえんどう	2,910	19,600	95	95	90
	そらまめ	1,810	14,500	95	98	94
	えだまめ	12,800	63,800	99	95	94
	しょうが	1,750	46,600	98	98	96
	いちご	5,200	161,800	98	100	99
	メロン	6,630	152,900	98	101	99
	すいか	9,970	320,600	98	99	97

資料：農林水産省「野菜生産出荷統計」による。

（平成30年産）

作物名＼項目		作付面積 (ha)	収穫量 (t)	対前年比(%) 作付面積	対前年比(%) 10a当たり収量	対前年比(%) 収穫量
果樹（結果樹面積）	みかん	39, 600	773, 700	95	101	96
	りんご	36, 200	756, 100	99	104	103
	ぶどう	16, 700	174, 700	99	101	99
	日本なし	11, 400	231, 800	97	97	94
	西洋なし	1, 470	26, 900	99	94	92
	もも	9, 680	113, 200	100	91	91
	おうとう	4, 350	18, 100	100	95	95
	うめ	14, 800	112, 400	98	132	129
	びわ	1, 170	2, 790	94	81	77
	かき	19, 100	208, 000	96	96	92
	くり	18, 300	16, 500	97	91	88
工芸作物（栽培面積）	茶	(33, 300)	(81, 500)	97	107	103
	こんにゃくいも	3, 700	55, 900	96	93	86
	てんさい	57, 300	3, 611, 000	98	94	93
	さとうきび	27, 700	1, 196, 000	97	97	95
	い	(541)	(7, 500)	94	94	88
飼料作物	牧草計	726, 000	24, 621, 000	100	97	97
	青刈りとうもろこし	94, 600	4, 488, 000	100	94	94
	ソルゴー	14, 000	618, 000	97	95	93

資料：農林水産省「果樹生産出荷統計」及び「作物統計」による。

（注）1．（　）の数値は，主産県の合計値である。

2．茶について，作付面積は摘採面積，収穫量は荒茶生産量である。

3．作付面積及び収穫量は速報値を含み，確定公表により修正されることがある。

4．米の10アール当たり施肥量（純成分換算）の推移

（単位：kg）

区分	年度	23			24			25			26			27			28		
		N	P_2O_5	K_2O	N	P_2O_5	K_2O	N	P_2O_6	K_{30}	N	P_2O_7	K_{40}	N	P_2O_8	K_{50}	N	P_2O_8	K_{50}
窒素単肥	硫安	0.13			0.13			0.11			0.08			0.06			0.06		
	尿素	0.05			0.09			0.14			0.23			0.23			0.18		
	石灰窒素	0.11			0.13			0.11			0.11			0.06			0.08		
	小計	0.28			0.34			0.35			0.42			0.36			0.33		
りん酸単肥	過石		0.09			0.10			0.14			0.17			0.14			0.12	
	熔りん		0.36			0.48			0.48			0.50			0.46			0.44	
	重焼りん		0.35			0.25			0.25			0.18			0.11			0.14	
	小計		0.80			0.83			0.86			0.85			0.70			0.70	
加里単肥	塩加			0.12			0.42			0.78			0.90			0.78			0.60
	硫加			0.10			0.00			0.05			0.00			0.00			0.00
	小計			0.22			0.42			0.83			0.90			0.78			0.60
複合肥料	低度化成	0.25	0.25	0.16	0.30	0.30	0.19	0.28	0.28	0.18	0.24	0.24	0.15	0.21	0.21	0.13	0.18	0.18	0.11
	高度化成	4.30	4.30	4.30	4.40	4.40	4.40	4.31	4.31	4.31	4.06	4.06	4.06	4.09	4.09	4.09	4.02	4.02	4.02
	配合肥料	1.10	1.10	0.69	1.00	1.00	0.63	1.16	1.16	0.73	1.25	1.25	0.78	1.20	1.20	0.75	1.33	1.33	0.83
	固形肥料	0.00	0.00	0.00	0.00	0.00	0.00	0.00	0.00	0.00	0.00	0.00	0.00	0.00	0.00	0.00	0.00	0.00	0.00
	小計	5.65	5.65	5.14	5.70	5.70	5.21	5.75	5.75	5.21	5.55	5.55	4.99	5.50	5.50	4.97	5.52	5.52	4.96
合計		5.93	6.45	5.36	6.04	6.53	5.63	6.10	6.61	6.04	5.97	6.39	5.89	5.85	6.20	5.75	5.85	6.22	5.56

資料：農林水産省「米生産費統計」による。

(注) 1．構成比は，N，P_2O_5，K_2Oそれぞれの割合である。

2．純成分の換算に当たっては，硫安21％，尿素46％，石灰窒素21％，過石17％，熔りん20％，重焼りん35％，硫加50％，塩化60％とし，複合肥料のN，P_2O_5，K_2Oについては，低度化成は8-8-5％，高度化成は14-14-14％，配合肥料は8-8-5％，固形肥料は5-5-5％とした。

〔事　　典〕

I　主要肥料及び肥料原料の製造工程と原単位

1．アンモニア

(1)　ナフサ，LPG，天然ガス

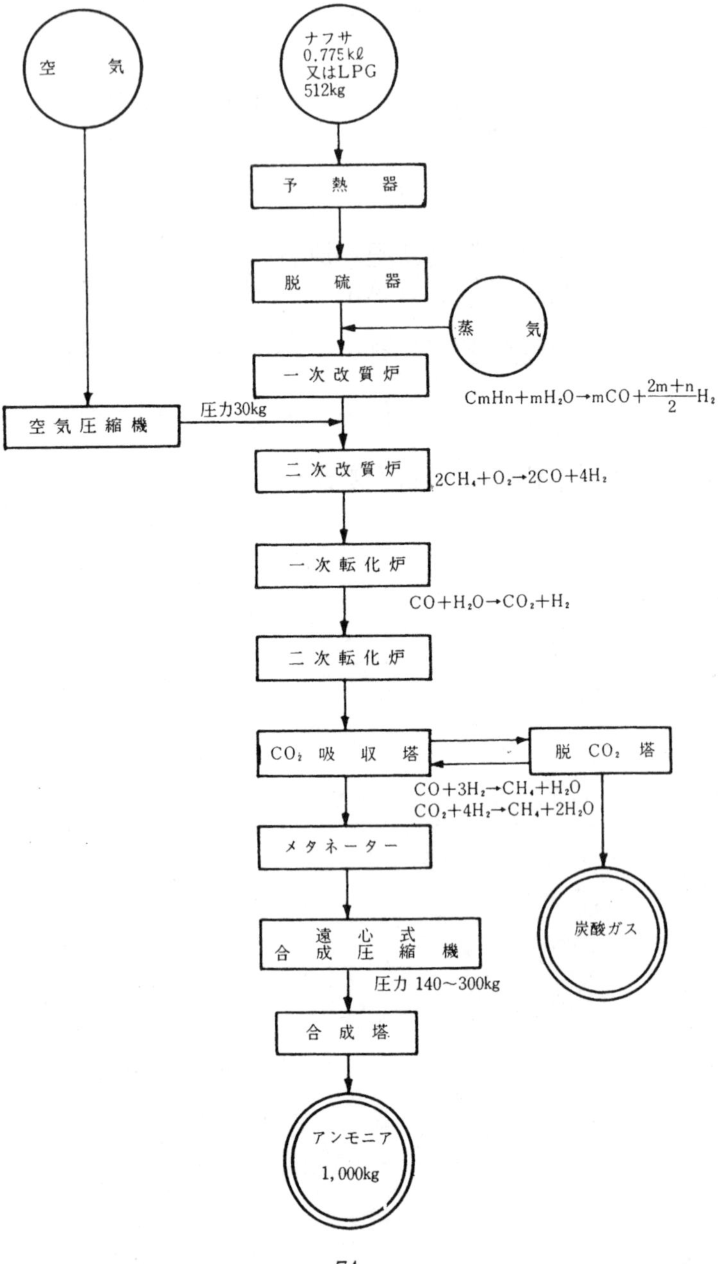

(2) コークス炉ガス

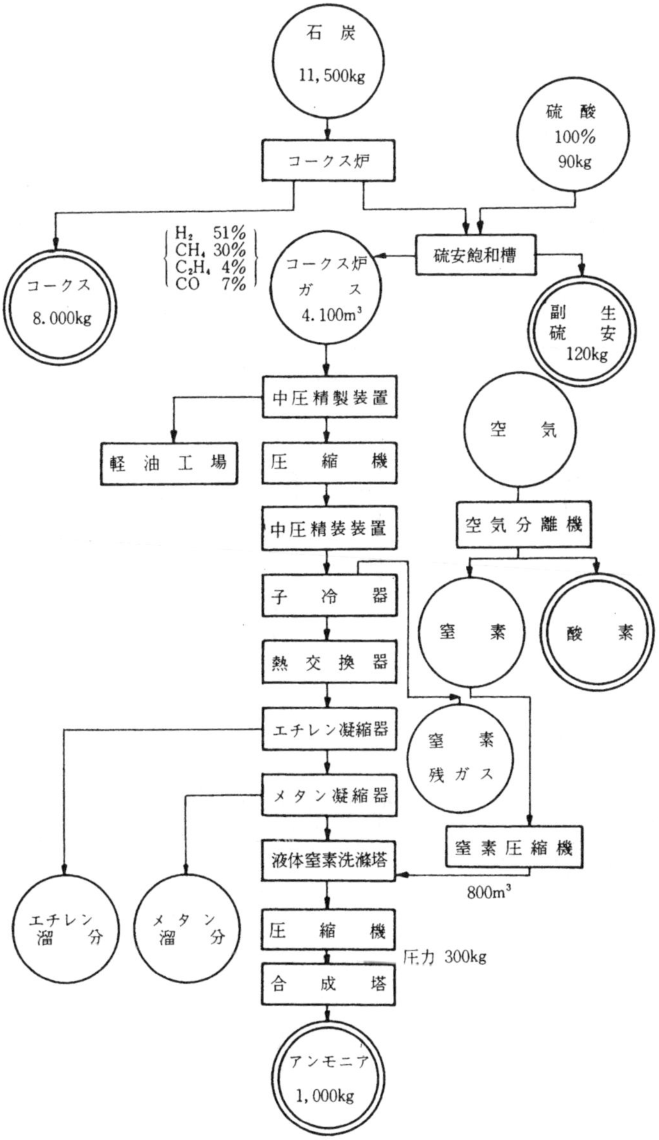
石炭
11,500kg
硫酸
100%
90kg
コークス炉
H_2 51%
CH_4 30%
C_2H_4 4%
CO 7%
コークス
8.000kg
コークス炉ガス
4.100m^3
硫安飽和槽
副生硫安
120kg
中圧精製装置
軽油工場
圧縮機
空気
空気分離機
中圧精装装置
子冷器
窒素
酸素
熱交換器
エチレン凝縮器
窒素残ガス
メタン凝縮器
液体窒素洗滌塔
窒素圧縮機
800m^3
エチレン溜分
メタン溜分
圧縮機
圧力 300kg
合成塔
アンモニア
1,000kg

(3) 石　炭

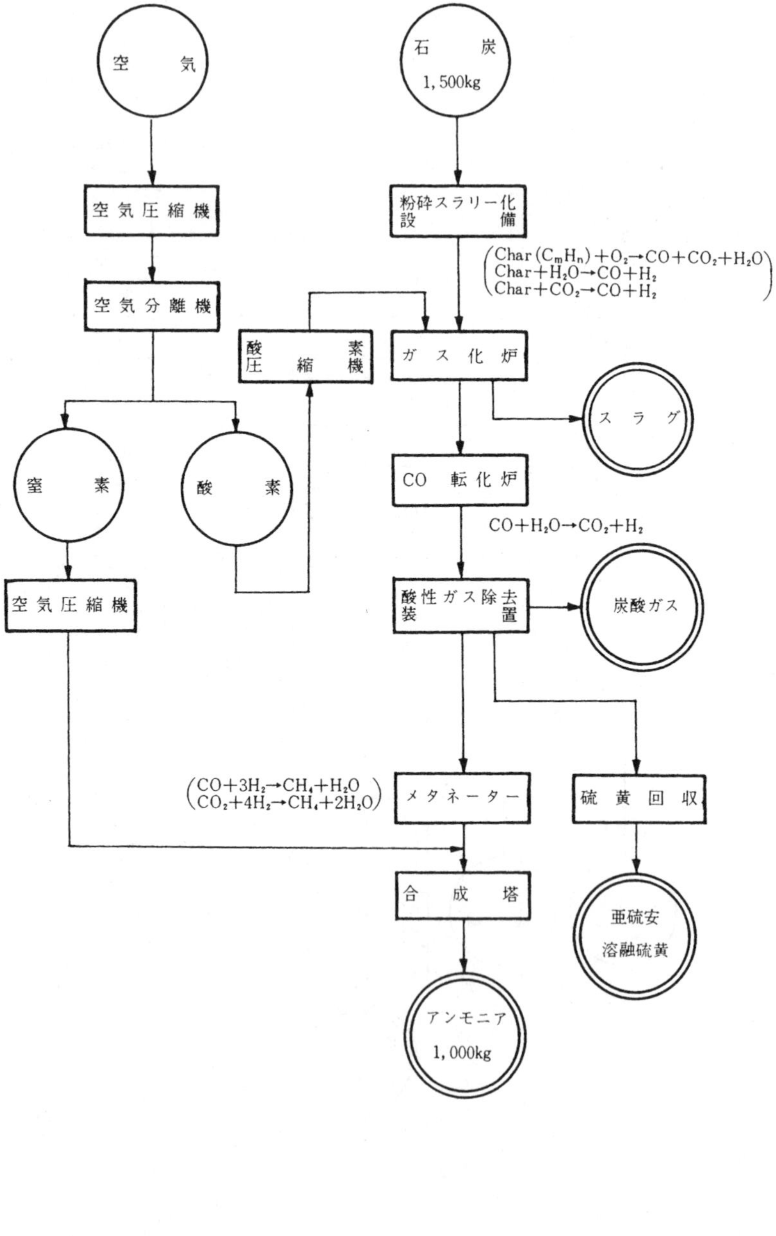

空　気
石　炭
1,500kg
空気圧縮機
粉砕スラリー化設備
$Char(C_mH_n)+O_2 \rightarrow CO+CO_2+H_2O$
$Char+H_2O \rightarrow CO+H_2$
$Char+CO_2 \rightarrow CO+H_2$
空気分離機
酸素圧縮機
ガス化炉
スラグ
窒　素
酸　素
CO転化炉
$CO+H_2O \rightarrow CO_2+H_2$
空気圧縮機
酸性ガス除去装置
炭酸ガス
$CO+3H_2 \rightarrow CH_4+H_2O$
$CO_2+4H_2 \rightarrow CH_4+2H_2O$
メタネーター
硫黄回収
合成塔
亜硫安
溶融硫黄
アンモニア
1,000kg

2. 尿　　素

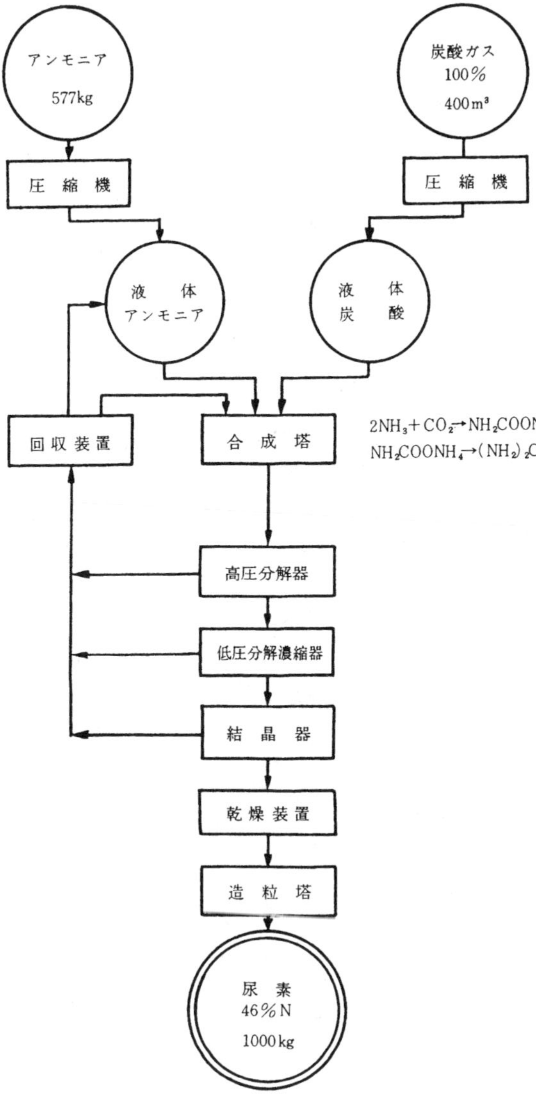

$$2NH_3 + CO_2 \rightarrow NH_2COONH_4$$
$$NH_2COONH_4 \rightarrow (NH_2)_2CO + H_2O$$

3．硫　安（カプロラクタム副産物）

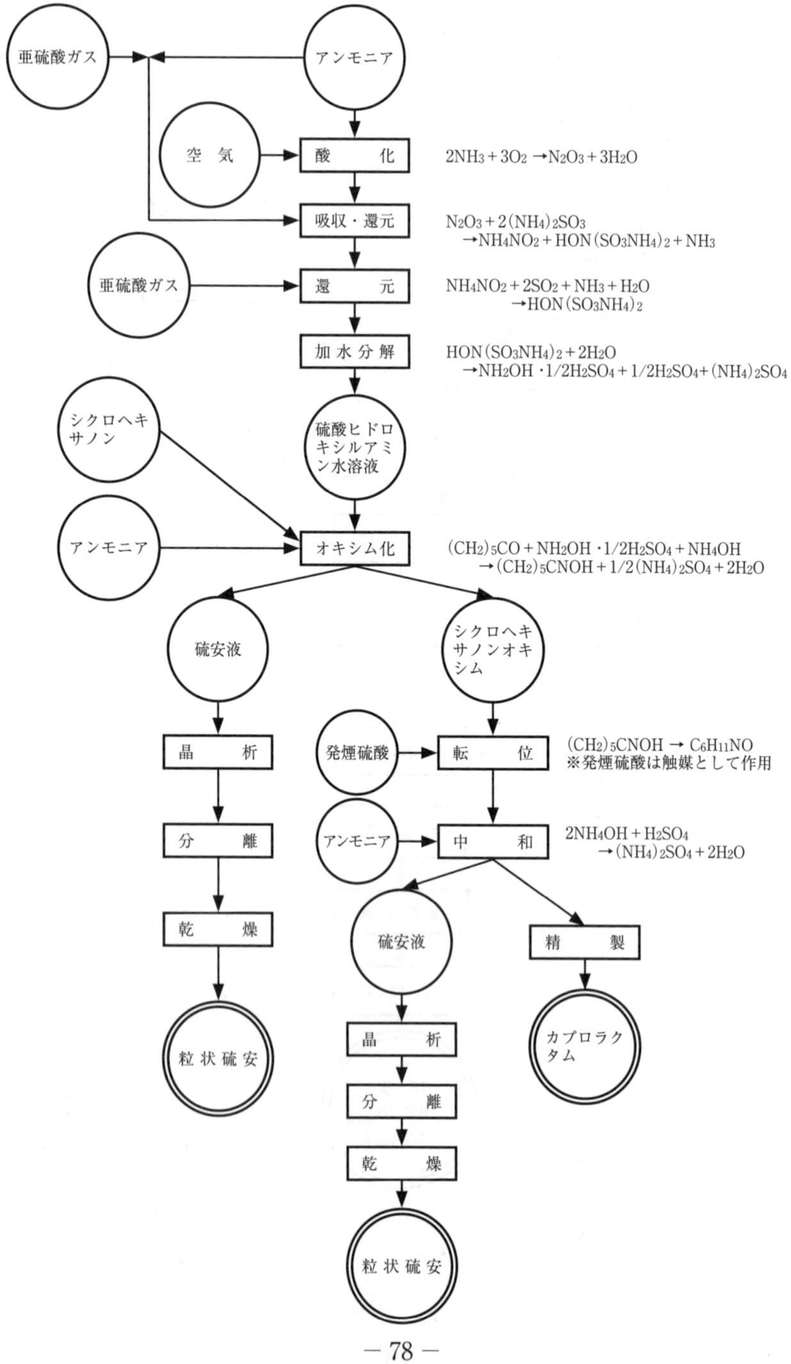

4. 石 灰 窒 素

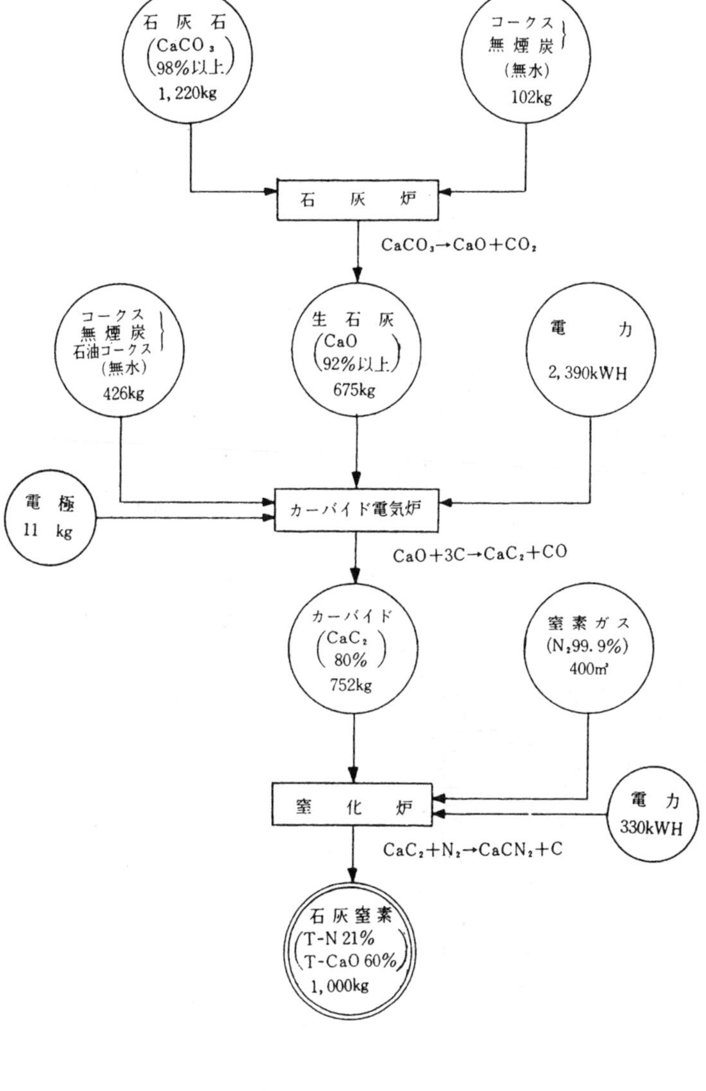
石 灰 石
($CaCO_3$ 98%以上)
1,220kg
コークス
無 煙 炭
(無水)
102kg
石 灰 炉
$CaCO_3 \rightarrow CaO + CO_2$
コークス
無 煙 炭
石油コークス
(無水)
426kg
生 石 灰
(CaO 92%以上)
675kg
電 力
2,390kWH
電 極
11 kg
カーバイド電気炉
$CaO + 3C \rightarrow CaC_2 + CO$
カーバイド
(CaC_2 80%)
752kg
窒素ガス
($N_2$99.9%)
400m³
窒 化 炉
電 力
330kWH
$CaC_2 + N_2 \rightarrow CaCN_2 + C$
石灰窒素
(T-N 21%
T-CaO 60%)
1,000kg

5. 過りん酸石灰

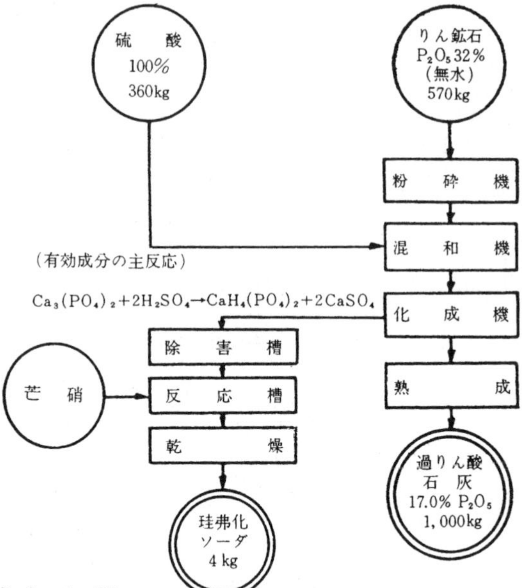

6. 熔成りん肥

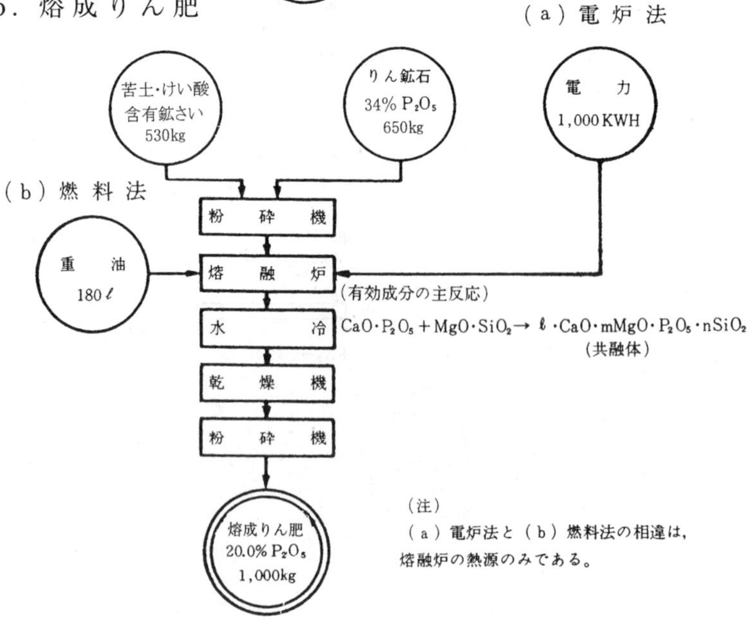

(注)
(a)電炉法と(b)燃料法の相違は,熔融炉の熱源のみである。

7. 苦土重焼りん

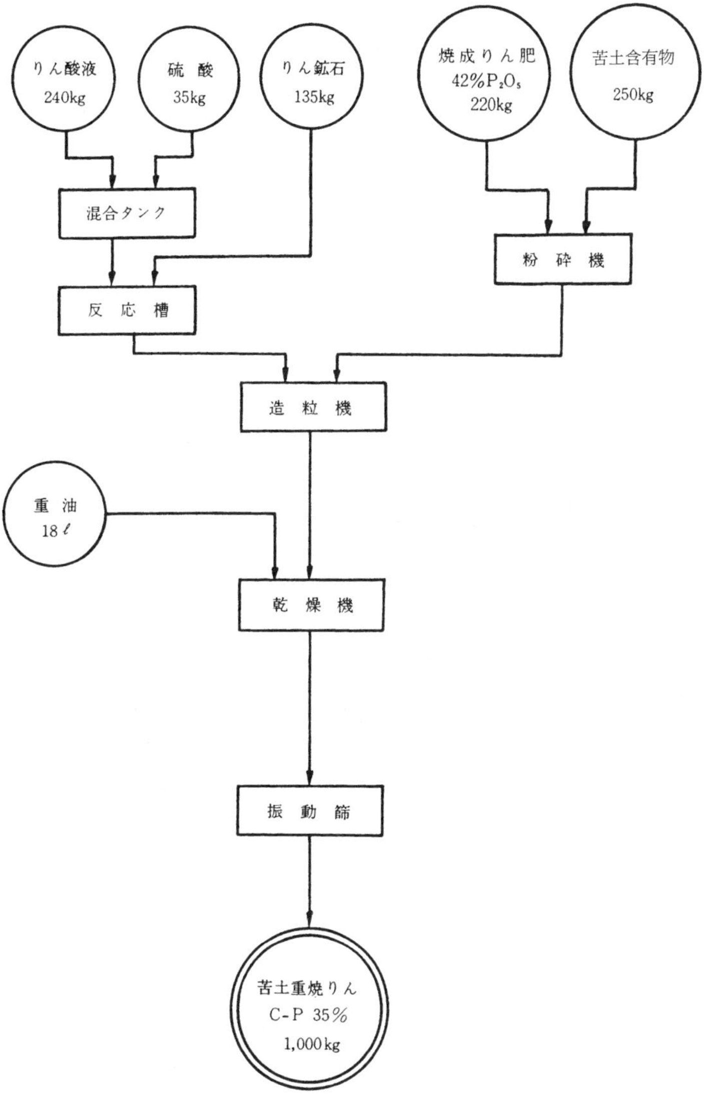

りん酸液
240kg
硫　酸
35kg
りん鉱石
135kg
焼成りん肥
42%P_2O_5
220kg
苦土含有物
250kg
混合タンク
反　応　槽
粉　砕　機
造　粒　機
重　油
18ℓ
乾　燥　機
振　動　篩
苦土重焼りん
C-P 35%
1,000kg

8. 高 度 化 成

(1) りん安系

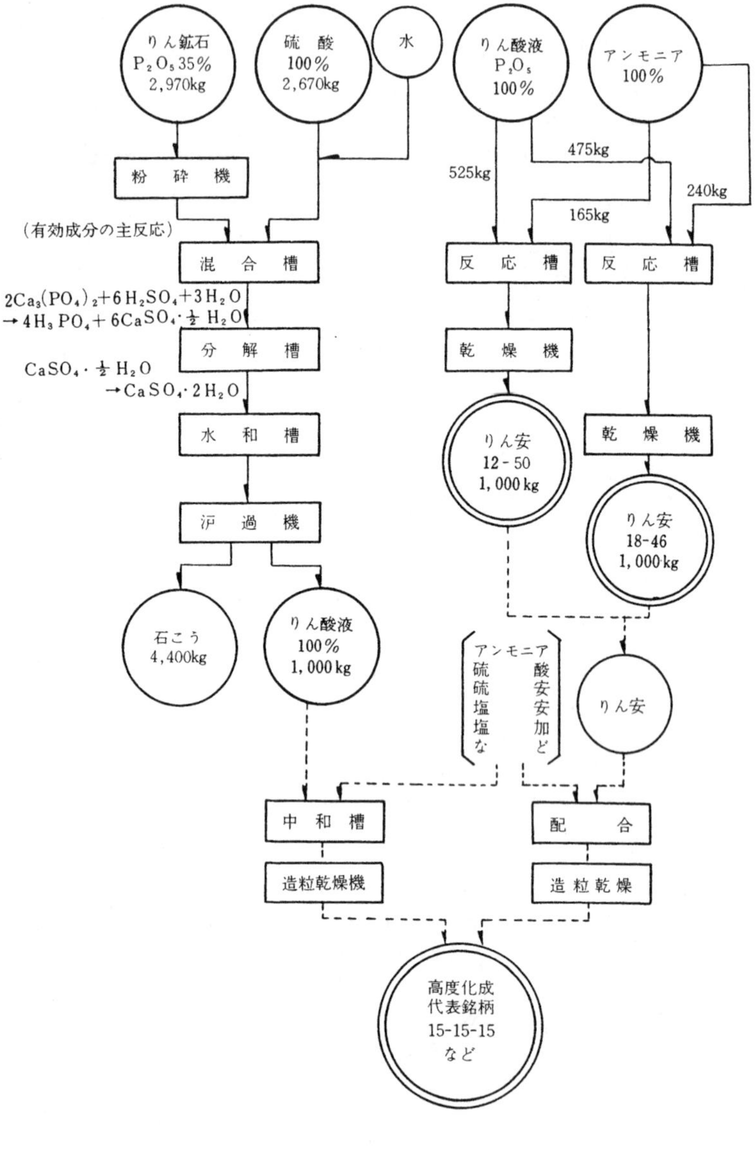

りん鉱石 P_2O_5 35% 2,970kg
硫酸 100% 2,670kg
水
りん酸液 P_2O_5 100%
アンモニア 100%
粉砕機
(有効成分の主反応)
混合槽
$2Ca_3(PO_4)_2+6H_2SO_4+3H_2O \rightarrow 4H_3PO_4+6CaSO_4\cdot\frac{1}{2}H_2O$
分解槽
$CaSO_4\cdot\frac{1}{2}H_2O \rightarrow CaSO_4\cdot 2H_2O$
水和槽
沪過機
石こう 4,400kg
りん酸液 100% 1,000kg
525kg
475kg
165kg
240kg
反応槽
反応槽
乾燥機
乾燥機
りん安 12-50 1,000kg
りん安 18-46 1,000kg
アンモニア
硫酸
硫安
塩安
塩加 など
りん安
中和槽
造粒乾燥機
配合
造粒乾燥
高度化成 代表銘柄 15-15-15 など

(2) りん硝安系

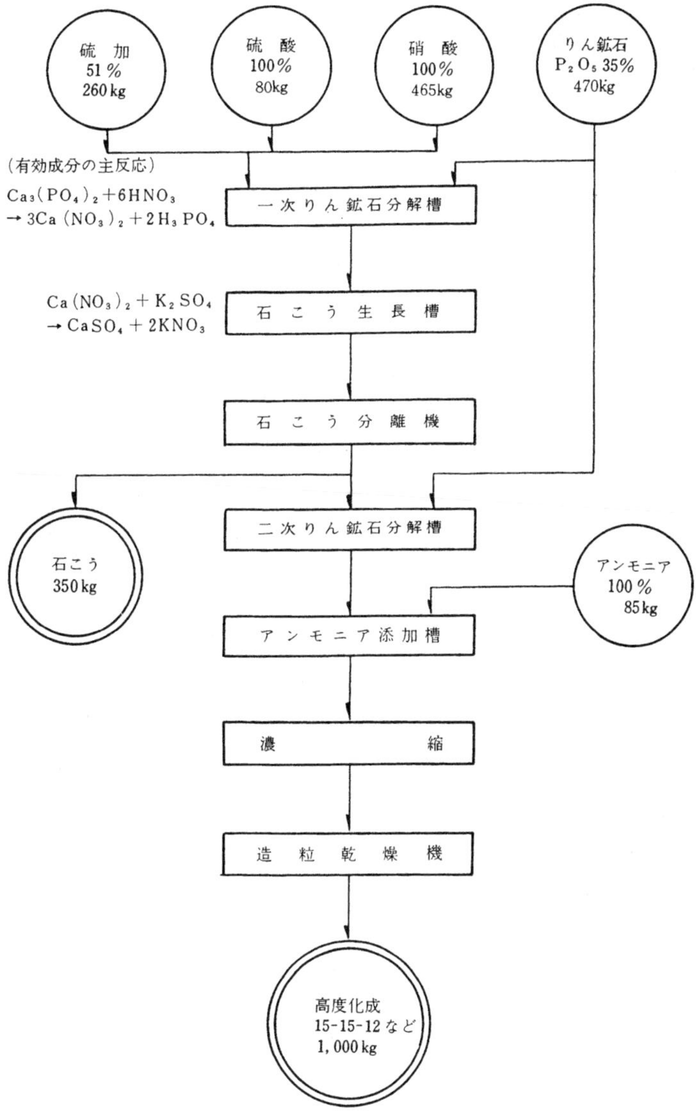
硫 加
51%
260kg
硫 酸
100%
80kg
硝 酸
100%
465kg
りん鉱石
P₂O₅ 35%
470kg
(有効成分の主反応)
$Ca_3(PO_4)_2+6HNO_3$
$\rightarrow 3Ca(NO_3)_2+2H_3PO_4$
一次りん鉱石分解槽
$Ca(NO_3)_2+K_2SO_4$
$\rightarrow CaSO_4+2KNO_3$
石こう生長槽
石こう分離機
石こう
350kg
二次りん鉱石分解槽
アンモニア
100%
85kg
アンモニア添加槽
濃縮
造粒乾燥機
高度化成
15-15-12など
1,000kg

II　土壌と肥料

1．土　　壌

(1)　我が国土壌の地質系統別面積比率

地質系統	花崗岩類土壌	火山岩類土壌	先石炭系土壌	古生層土壌	中生層土壌	第三紀層土壌	洪積層土壌	沖積層土壌
総面積に対する％	12.7	20.8	4.0	14.4	8.2	20.5	7.1	12.3
全耕地に対する％	9.0	11.5	2.5	8.0	3.5	15.5	12.0	38.0

資料：松本五楼「土壌肥料綜典」による。

(2)　我が国土壌の分析成績例（乾燥土中％）

	SiO_2	Al_2O_3	Fe_2O_3	TiO_2	MnO_2	CaO	MgO	K_2O	Na_2O	灼熱の損失
沖積層水田土	65.66	11.56	1.19	0.62	0.17	1.81	1.11	1.23	2.11	4.99
火山灰土壌	48.20	23.97	11.35	0.85	−	1.49	1.50	0.57	2.03	10.77
洪積層無火山灰土	53.22	22.19	9.79	0.93	−	1.68	1.31	0.62	1.59	9.38

資料：川村一水「農林土壌」による。

(3)　我が国耕地土壌の種類（土壌群別，地目別耕地面積）

（単位：100ha，％）

地目別／土壌群別	水田		普通畑		樹園地		合計	
	実数	割合	実数	割合	実数	割合	実数	割合
1　岩屑土	0	0	71	＜1	77	2	148	＜1
2　砂丘未熟土	0	0	223	1	19	＜1	242	＜1
3　黒ボク土	171	＜1	8,511	47	861	21	9,542	19
4　多湿黒ボク土	2,741	10	722	4	25	＜1	3,488	7
5　黒ボクグライ土	508	2	19	＜1	0	0	526	1
6　褐色森林土	66	＜1	2,875	16	1,490	37	4,431	9
7　灰色台地土	792	3	671	4	64	2	1,527	3
8　グライ台地土	401	1	43	＜1	0	0	445	＜1
9　赤色土	0	0	201	1	199	5	401	＜1
10　黄色土	1,443	5	990	6	760	19	3,192	6
11　暗赤色土	18	＜1	134	＜1	61	2	213	＜1
12　褐色低地土	1,418	5	2,277	13	353	9	4,048	8
13　灰色低地土	10,564	37	745	4	101	3	11,410	22
14　グライ土	8,879	31	131	＜1	21	＜1	9,031	18
15　黒泥土	759	3	17	＜1	1	＜1	778	2
16　泥炭土	1,095	4	323	2	1	＜1	1,419	3
計	28,855	100	17,952	100	4,033	100	50,841	100

資料：農林水産省農産振興課資料による。

2．肥　　料

(1) 有機質肥料の標準含有成分量

(単位：%)

肥料名＼項目	窒素全量			りん酸全量			加里全量		
	最多	最少	平均	最多	最少	平均	最多	最少	平均
にしん粕	11.78	5.99	9.82	7.80	3.08	4.33	0.55	0.45	0.51
いわし粕	9.26	6.93	8.02	8.34	3.67	6.93			
たら粕	9.54	6.34	8.32	14.90	5.92	11.43			
鰹荒粕	7.82	5.68	6.61	12.85	9.31	10.72			
いわし荒粕	8.78	8.46	8.62	9.08	7.12	8.18			
胴にしん	10.13	8.87	9.32	4.48	3.83	4.06			
すけそう粕	10.63	9.66	10.15	7.60	4.72	6.16			
鰹節出殻	12.72	6.35	10.80	1.33	0.48	0.83			
魚腸粕	10.22	2.08	5.85	4.23	0.43	2.99			
魚鱗	2.37	1.66	2.02	9.29	2.15	5.72			
蒸製骨粉	5.28	2.80	4.13	27.07	18.32	22.32			
生骨粉	4.59	2.64	4.02	27.27	19.37	23.27			
脱こう骨粉	1.96	0.14	1.11	33.73	26.31	31.19			
肉粕	11.95	4.76	8.20	6.53	0.34	2.19			0.34
にかわ粕	8.04	5.26	6.28	1.11	0.64	0.88			
蒸製てい角骨粉	12.59	5.01	10.46	18.47	4.08	8.39			
鯨釜底			5.29			15.14			
動物内臓粕			7.53			6.68			
タンケージ	10.11	3.97	6.91	17.94	3.96	12.07			
蒸製てい角粉	15.16	9.34	12.82	8.44	0.18	4.22			
乾血粉	14.18	4.55	11.55	2.20	0.29	1.07			
蒸製皮革粉	12.74	5.64	7.08						
羊毛屑	9.07	6.82	7.81	0.14	0.10	0.12			
蚕蛹油粕	10.88	6.84	8.72	2.04	0.62	1.46			
なたね油粕	6.72	3.77	5.06	3.39	1.30	2.48	1.62	0.81	1.30
からし油粕	6.28	4.54	5.53	3.96	1.91	2.52			
わたみ油粕	7.22	5.00	5.68	3.41	1.58	2.61			1.69
抽出大豆粕	8.00	7.06	7.52	1.88	1.66	1.77	2.36	2.18	2.27
落花生油粕	8.73	3.51	6.55	3.39	0.82	1.33	1.27	0.78	1.00
荏油粕	7.31	3.25	5.57	3.60	1.54	2.51	1.20	0.87	1.02
ごま油粕	7.35	3.19	5.79	4.13	1.49	2.81	1.50	1.05	1.27
あまに油粕	6.95	4.23	5.07	2.97	1.28	2.00			
ひまし油粕	6.82	3.63	4.98	3.19	1.35	2.06	2.51	0.98	1.90
椰子油粕	3.95	2.23	3.14	2.26	0.65	1.33	2.43	1.60	1.99
茶実油粕	1.22	1.11	1.14	0.50	0.47	0.48			
カポック油粕粉末	5.68	4.31	4.81	2.93	1.88	2.24	2.04	1.82	1.93
米ぬか油粕	2.96	1.25	2.14	5.49	2.65	4.23	2.35	1.11	1.60

(2) 自給肥料の標準含有成分量

(単位：%)

肥料名＼項目	成分量		
	窒素	りん酸	加里
鶏糞(風乾物)	3.0	3.1	1.3
〃(火力乾燥)	3.3	4.3	2.3
うずら糞(〃)	5.2	5.3	2.5
下肥(新鮮物)	0.6	0.1	0.3
堆肥(〃)	0.5	0.2	0.5
厩肥(〃)	0.5	0.3	0.6
紫雲英(〃)	0.4	0.1	0.2
草木灰		1.7	5.3
木灰		2.3	7.8

肥料名＼項目	成分量		
	窒素	りん酸	加里
稲わら(風乾物)	0.6	0.2	1.0
麦わら(〃)	0.4	0.2	1.0
籾がら(〃)	0.6	0.2	0.5
米ぬか	2.0	3.9	1.5
麦ぬか	1.3	1.3	0.7
大豆さや(風乾物)	0.8	0.2	2.3
海草(あおさ)(〃)	2.0	0.4	1.8
いか内蔵	3.4	2.1	
蚕糞(新鮮物)	1.6	0.4	1.2

(3) 植物必須要素一覧

				吸収形態	主な生理作用
十要素			酸素 (O)	H_2O, CO_2, O_2	1．呼吸作用上不可欠。 2．水，炭酸ガスの構成元素。 3．澱粉，脂肪，蛋白質，せん維など植物構成成分中の主要元素。
			水素 (H)	H_2O, H^+, OH^-	1．水として植物体内中のあらゆる生理作用に関与。 2．葉緑素体内で水を分解して作られる。 3．酸素と同様多くの有機化合物の構成元素。
			炭素 (C)	CO_2, $CO_3{}^{2-}$ $HCO_3{}^-$	1．空気中の炭酸ガスを吸収同化（光合成作用）。 2．酸素と同様有機化合物合成上不可欠。 3．一部呼吸作用の最終生成物炭酸ガスとして放出。
	四要素	三要素	窒素 (N)	$NH_4{}^+$ $NO_3{}^-$	1．原形質の主成分である蛋白質構成元素。 2．光合成に必要な葉緑素，各種体内代謝を促進する酵素，ホルモン，細胞分裂，遺伝にあずかる核酸など植物体中で重要な働きをする物質の構成元素。 3．生育を促進し，養分吸収，同化作用を盛んにする。
			りん (P)	$PO_4{}^{3-}$ $HPO_4{}^{2-}$ $H_2PO_4{}^-$	1．光合成，呼吸作用，糖代謝などの中間生成物として重要。 2．ATP，ADPとして植物体内エネルギー伝達に重要な役割を演ずる。 3．重要な生理作用に関与する核酸，酵素の構成元素。 4．一般に植物の生長，分けつ，根の伸長，開花，結実を促進。
			カリウム (K)	K^+	1．光合成や炭水化物の蓄積と関係を持ち，日照不足時施用効果が大きい。 2．硝酸の吸収，体内での還元，蛋白質合成に関係。 3．細胞の膨圧維持による水分調節（冷害抵抗性の増大）。 4．病害虫抵抗性の増大。 5．開花結実の促進。
			カルシウム (Ca)	Ca^{2+}	1．ペクチン酸と結合し，植物細胞膜の生成と強化に関係。 2．有機酸など有害物質の生体内中和。 3．炭水化物代謝に必要という説もある。 4．根の生育を促進する。
			マグネシウム (Mg)	Mg^{2+}	1．葉緑素の構成元素。 2．リン酸の呼吸，体内移動に関与する。 3．炭水化物代謝，リン酸代謝に関係する多くの酵素の活性化。また，酵素の構成元素でもある。
			硫黄 (S)	$SO_4{}^{2-}$, $SO_3{}^{2-}$	1．たんぱく質，アミノ酸，ビタミンなどの生理上重要な化合物をつくり，植物体中の酸化，還元，生長の調整などの生理作用に関与。 2．植物体中の特殊成分の形成（シニグリンなど）。 3．炭水化物代謝，葉緑素の生成に間接的に関与。
			鉄 (Fe)	Fe^{2+}, Fe^{3+}	1．葉緑素の生成に関与。 2．植物体内で銅，マンガンなどと拮抗作用。 3．鉄酵素として生体内の酸化，還元反応に関与。
微量要素			マンガン (Mn)	Mn^{2+}	1．葉緑素の生成，光合成，ビタミンCの合成に関与。 2．酸化還元酵素の活性化。
			ほう素 (B)	$BO_3{}^{3-}$	1．水分，炭水化物，窒素代謝に関与。 2．カルシウムの吸収，転流に関与し，細胞膜ペクチンの形成と通導組織の維持を図る。 3．酵素作用の活性化。
			亜鉛 (Zn)	Zn^{2+}	1．酵素の構成元素として，またその働きを活性化し生体内の酸化還元を触媒する。 2．オーキシン先駆物質トリプトファン生成に関与。 3．鉄，マンガンと拮抗作用。
			モリブデン (Mo)	$MoO_4{}^{2-}$	1．植物体内の酸化還元酵素の構成元素であり，根粒菌の窒素固定，硝酸還元に関与。 2．ビタミンCの生成に関与する。
			銅 (Cu)	Cu^+, Cu^{2+}	1．植物体内の酸化還元に関与する銅酵素の組成成分。 2．葉緑素の形成に間接的に関与。 3．鉄，亜鉛，マンガン，モリブデンと相互作用がある。
			塩素 (Cl)	Cl^-	1．光合成中明反応と密接な関連。 2．澱粉，セルロース，リグニンなど植物体内構成成分合成に関与。
けい素 (Si)				$SiO_4{}^{4-}$ コロイド状珪酸	1．イネ科植物，特にイネの珪化細胞が増加し，耐病，耐虫性が増大する。 2．茎葉が丈夫になり，耐倒伏性が増大する。

欠乏徴候	過剰徴候
1．施設園芸などでは炭酸ガス施用が効果のある場合がある。	
1．植物全体がおおむね一様に緑色が減じ，淡黄になる。 2．植物全体は矮生になり，分けつは減少する。 3．根の発達，伸長が鈍化する。 4．種実の収量は減じ，品質も落ちる場合が多い。	1．葉は暗緑色となり，多汁柔軟となり，病害虫，冷害などの抵抗性減少 2．茎は伸長し，分けつも増加し，耐倒伏性が弱まる。 3．根の伸長は旺盛となるが，細胞が少ない。 4．種実の成熟が遅延する。
1．欠乏症は一般に下葉より発生，上葉に及ぶ。 2．葉幅が狭くなり，その色は暗緑色，緑赤色，赤褐色，青緑色を呈する（アントシアン色素の生成)。 3．イネ科植物では分けつ低下が顕著。 4．着花数が減じ，開花結実も遅延する。 5．根毛が粗大になり，発育不良となる。	1．一般に過剰症はでにくい。 2．栄養生長がとまり，成熟が促進しすぎ，低収に導くことがある。 3．りん酸多量施用は亜鉛，鉄，マグネシウム欠乏を誘発する。
1．カリウムは移動しやすいので，欠乏症は古葉より発生。 2．新葉や古葉の中心部が暗緑色を呈し，ついで葉の先端や葉縁部が黄化，壊死し，この葉緑部と健全部との境界が明瞭。 3．葉にしわがよったり，ねじれを生ずることがある。 4．根は主根の付近のみに形成，側方の生長が制限される。	1．窒素と同様過剰吸収しやすいが，過剰症はでにくい。 2．土壌中カリウムの過剰はマグネシウム，カルシウムの吸収を抑制し，これらの欠乏症を促進する。
1．生体内で動きにくいので，欠乏症は新しい生長点より発生する。 2．生長組織の発育不全で，芽の先端は枯死し，また細根の少ない短い太い根を生ずる。 3．子実の充実が不充分で成熟が妨げられる。 4．トマトの尻ぐされ，セルリー，白菜などの心ぐされ病がカルシウム欠乏とされている。	1．カルシウムの過剰症はでにくい。 2．しかし多量の石灰施用はマグネシウム，カリウム，りん酸の吸収を抑制する。 3．高pHはマンガン，ほう素，鉄などの溶解性を減じ，作物の欠乏症を助長する。
1．葉緑素の形成が妨げられ，葉脈間が黄化。イネ科根物ではスジ状，広葉の植物では網目状の黄化。 2．黄化部の壊死はおこりにくい。 3．カリウムの偏用はマグネシウム欠乏を助長する。	1．土壌中のMg/Ca比が高いと作物生育阻害がおこる。
1．新葉よりも古い葉に顕著な黄化現象がみられる（窒素欠乏と類似)。 2．わが国では天然供給量が多く，また硫酸根肥料の施用により硫黄欠乏症はおこりにくい。	1．植物自体の過剰症はみられない。 2．硫酸根肥料の多施は土壌を酸性化する。 3．老朽化水田では硫化水素発生の原因となる。 4．近年煙害の一因として亜硫酸ガスが問題化。
1．葉緑素の生成が妨げられ，葉は黄化又は白色化する。しかし褐色壊死はおこりにくい。 2．欠乏症は上葉より発生する。 3．硫酸第一鉄溶液のスプレーで回復する。 4．リン，マンガン，銅の過剰吸収は鉄欠乏を助長。	1．イネの還元障害はFe^{2+}の吸収によるとの説あり。 2．多量の鉄資材の投与はりん酸固定が増大し，その肥効を減ずる。
1．イネ科根物では縞状の黄化，症状が進むと壊死に到る。広葉の植物では斑点状の黄化や壊死がおこる。 2．高pH土壌や有機物過多土壌はマンガン欠乏がおこりやすい。	1．根が褐変し，葉に褐色の斑点を生じたり，あるいは葉緑部が白色化，紫色になったりする。 2．果樹類の異常落葉，腐植質土壌　開田後生ずる赤枯れマンガン過剰とする説もある。 3．マンガン過剰は鉄欠乏を助長する。
1．植物体の矮生，茎葉の肥厚やねじれ，葉の紫色化。 2．茎の生長点の発育呈し，褐変などがおこる。 3．多数の側枝を出し，ロゼット状となる。 4．根の伸長阻害，細根の発生が減少する。	1．葉緑が黄化し，ついで褐変する。 2．微量要素中で施用許可範囲が狭く，過剰症がでやすい。
1．葉が小さくなったり(小葉病)，変形したり，更に葉脈間に黄色の斑点を生ずる（斑葉病)。 2．細根の発育不全。	1．新葉に黄化現象が生じ，さらに葉，葉柄に赤褐色の斑点が生ずる。 2．抵抗性は作物によって異なる。
1．葉が中助を残して鞭のようになる。 2．葉脈間が黄化する。 3．葉に黄色の大きな斑点を生ずる。 4．葉がまき，コップ状となる。 5．植物体の矮生化など植物によって多種多様。	1．植物は一般にモリブデン過剰症をあらわしにくい。 2．葉にクロロシスが現われる。 3．馬鈴薯では小枝が赤黄色、トマトでは黄金色を呈す。
1．麦類では葉は黄白化，褐変し，よじれる。穂は萎縮したり，止葉より完全に抽出せず稔実が悪い。(開こん地病)。 2．果樹の枝枯れは銅欠乏とされ，若枝に水ぶくれ状の斑点を生ずる。また葉に黄色斑点ができる。	1．主根の伸長阻害，分岐根の発生が短小。 2．銅過剰は鉄欠乏を誘発する。 3．生育不良となり，葉にクロロシスが現われる。
1．葉先端の萎凋，ついで葉にクロロシスをおこし，更に青銅色の壊死に進展する。	1．塩害は塩素の過剰吸収でなく，食塩の高濃度障害である。
1．生理的研究からイネでは生育の減衰，出穂の遅延，白穂の発生，稔実障害，籾の褐色小斑点などが症状として観察されている。 2．実際圃場では葉がたれ下り，病害虫にかかりやすく，また倒伏しやすくなる。	1．鉱さい類の多投は土壌pHを上げすぎ好ましくない。

(4) 緩効性肥料（化学合成緩効性窒素肥料，被覆肥料），硝酸化成抑制材

イ） 緩効性肥料

①化学合成緩効性窒素肥料

肥料名	含有主成分	製造法	摘要
イソブチルアルデヒド縮合尿素 (IBDU)	窒素全量 28〜30%	尿素とイソブチルアルデヒドを縮合反応させてつくる。	イソブチリデンジウレア$(CH_3)_2CH$ $CH(NHCONH_2)_2$を主体とする緩効性窒素肥料
アセトアルデヒド縮合尿素 (CDU) 又は (OMU)	窒素全量 28〜31%	尿素とアセトアルデヒドを縮合反応させてつくる。	右の構造式の物質を主体とする緩効性窒素肥料 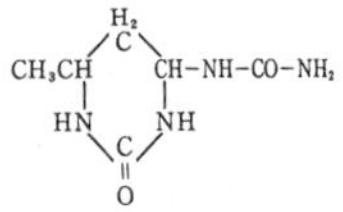
グリオキサール縮合尿素	窒素全量 38.0%	尿素とグリオサキール(ジアルデヒド)を縮合反応させてつくる。	構造式 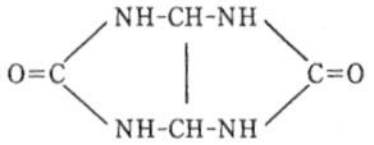 微生物分解型の緩効性窒素肥料である。
ホルムアルデヒド加工尿素肥料	窒素全量 35〜40%	尿素にホルマリンを反応せしめ尿素縮合物をつくる。	未反応の尿素と難溶性の尿素縮合物の混合物で，緩効性窒素肥料である。
メチロール尿素重合肥料	窒素全量 25.0%	尿素にホルムアルデヒドを加えて生成したメチロール尿素縮合物を重合させてつくる。	ホルムアルデヒド加工尿素肥料よりも窒素の無機化率が遅い微生物分解型の緩効性窒素肥料である。
硫酸グアニル尿素	窒素全量 32%	ジシアンジアミドを硫酸の存在下に加水反応させてつくる。	構造式 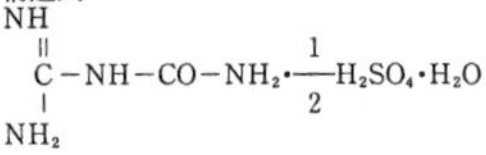
オキサミド	窒素全量 30〜32%	しゅう酸とアンモニアを縮合反応させてつくる。	構造式 $NH_2-CO-CO-NH_2$
石灰窒素	窒素全量 19〜24%	石灰石を焼成した生石灰にコークスや無煙炭を混合し，加熱熔融させてつくったカルシウムカーバイドに窒素を反応させてつくる。	構造式 $N \equiv C-N=Ca$

②被覆肥料

肥料名	摘要
被覆窒素肥料	窒素質肥料を硫黄その他の被覆原料で被覆したもの
被覆りん酸肥料	りん酸質肥料を硫黄その他の被覆原料で被覆したもの
被覆加里肥料	加里質肥料を硫黄その他の被覆原料で被覆したもの
被覆複合肥料	化成肥料又は液状複合肥料を硫黄その他の被覆原料で被覆したもの
被覆苦土肥料	苦土肥料を硫黄その他の被覆原料で被覆したもの

ロ） 硝酸化成抑制材

材料名	肥料中に混入する割合	構造式
AM（2－アミノ－4クロロ－6メチルピリミジン）	複合肥料中に約0.4%	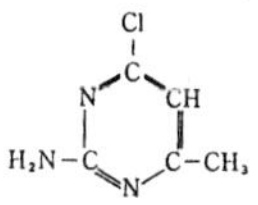
MBT（2－メルカプトベンゾチアゾール）	複合肥料中の窒素の量に対してMBTの窒素1％	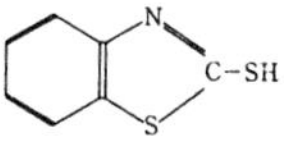
Dd（ジシアンジアミド）	複合肥料中の窒素の量に対して　ジシアンジアミド性窒素　10%	$NH{=}C(NH_2)-NH-CN$
ASU（1－アミジノ－2－チオウレア）	複合肥料中に約0.5%	$NH_2-C(=NH)-NH-C(=S)-NH_2$
ATC（4－アミノ－1，2，4－トリアゾール塩酸塩）	複合肥料中に0.1%～0.5%	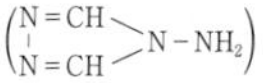 HCl
DCS(N－2，5－ジクロルフェニルスクシナミド酸)	尿素中に1％ 硝酸アンモニア中に0.5% 複合肥料中に約0.3%	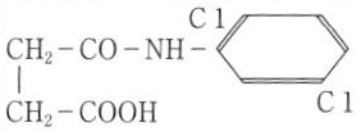
ST（2－スルファニルアミドチアゾール）	複合肥料中に0.3～0.5%	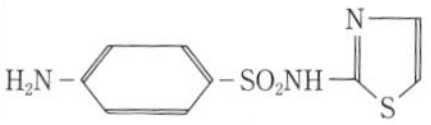

(5) 肥料等試験法

公定肥料等試験法（独立行政法人農林水産消費安全技術センターが定める肥料等試験法；農林水産省告示により肥料の公定規格の「附二」で定められている。）中，主な成分について，試験法の概要を記載する。

詳細は農林水産消費安全技術センターホームページを参照のこと。
http://www.famic.go.jp/ffis/fert/sub9.html

1．水分．乾燥器による乾燥減量法。水分計による乾燥減量法。
2．窒素（N）
　1）窒素全量．ケルダール法。燃焼法。デバルダ合金－ケルダール法及び還元鉄－ケルダール法。
　2）アンモニア性窒素．蒸留法。ホルムアルデヒド法。
　3）硝酸性窒素．デバルダ合金－蒸留法及び還元鉄－蒸留法。フェノール硫酸法。
3．りん酸（P_2O_5）
　1）りん酸全量（ケルダール分解，灰化－塩酸煮沸又は王水分解）．バナドモリブデン酸アンモニウム吸光光度法。キノリン重量法。
　2）可溶性りん酸（ペーテルマンくえん酸塩溶液可溶分）．測定法はりん酸全量に同じ。
　3）く溶性りん酸（２％くえん酸可溶分）．亜りん酸又はその塩を含む肥料においては，抽出液を王水分解。測定法はりん酸全量と同じまたはICP発光分光分析法。
　4）水溶性りん酸．亜りん酸又はその塩を含む肥料においては，抽出液を王水分解。測定法はく溶性りん酸に同じ。
4．加里（K_2O）
　1）加里全量（塩酸煮沸又は王水分解。但し，有機物を含むものは炭化・灰化後塩酸煮沸又は王水分解）．フレーム原子吸光法又はフレーム光度法。テトラフェニルほう酸ナトリウム重量法。
　2）く溶性加里（２％くえん酸可溶分）．フレーム原子吸光法又はフレーム光度法。テトラフェニルほう酸ナトリウム重量法。テトラフェニルほう酸ナトリウム容量法。ICP発光分光分析法。
　3）水溶性加里．測定法はく溶性加里に同じ。
5．けい酸（SiO_2）
　1）可溶性けい酸（0.5M塩酸可溶分）．ふっ化カリウム法，ふっ化カリウム法（シリカゲル肥料等）及びふっ化カリウム法（シリカゲル肥料を含む肥料）。過塩素酸法。
　2）水溶性けい酸．測定法は可溶性けい酸に同じ。
6．石灰（CaO），カルシウム（Ca）及びアルカリ分（AL）
　1）石灰全量（塩酸煮沸又は王水分解。但し，有機物を含むものは炭化・灰化後塩酸煮沸又は王水分解）．フレーム原子吸光法。
　2）可溶性石灰（0.5M塩酸可溶分）フレーム原子吸光法。
　3）く溶性石灰（２％くえん酸可溶分）．フレーム原子吸光法。ICP発光分光分析法。
　4）水溶性カルシウム．測定法はく溶性石灰に同じ。
　5）アルカリ分（可溶性石灰と可溶性苦土を石灰に換算したものの合計量）．エチレンジアミン四酢酸塩法。フレーム原子吸光法又はICP発光分光分析法からの算出。
7．苦土（MgO）
　1）苦土全量（塩酸煮沸又は王水分解。但し，有機物を含むものは炭化・灰化後塩酸煮沸又は王水分解）．フレーム原子吸光法。
　2）可溶性苦土（0.5M塩酸可溶分）．フレーム原子吸光法。
　3）く溶性苦土（２％クエン酸可溶分）．フレーム原子吸光法。ICP発光分光分析法。
　4）水溶性苦土（30分間煮沸）．測定法はく溶性苦土に同じ。
8．マンガン（MnO）
　1）可溶性マンガン（0.5M塩酸可溶分）．フレーム原子吸光法。
　2）く溶性マンガン（２％くえん酸可溶分）．フレーム原子吸光法。ICP発光分光分析法。
　3）水溶性マンガン．測定法はく溶性マンガンに同じ。
9．ほう素（B_2O_3）
　1）く溶性ほう素（２％くえん酸可溶分）．アゾメチンＨ法。ICP発光分光分析法。

2）水溶性ほう素（15分間煮沸）．測定法はく溶性ほう素に同じ。

10. 亜鉛（Zn）

1）亜鉛全量（塩酸煮沸又は王水分解。但し，有機物を含むものは炭化・灰化後塩酸煮沸又は王水分解）．フレーム原子吸光法。ICP発光分光分析法。

2）水溶性亜鉛．測定法は亜鉛全量に同じ。

11. 銅（Cu）

1）銅全量（塩酸煮沸又は王水分解。但し，有機物を含むものは炭化・灰化後塩酸煮沸又は王水分解）．フレーム原子吸光法。ICP発光分光分析法。

2）水溶性銅．測定法は銅全量に同じ。

12. 有機炭素及び炭素窒素比

1）有機炭素．二クロム酸酸化法。燃焼法。

2）炭素窒素比．有機炭素及び窒素全量による算出。

13. 硫黄（SO_3）硫黄分全量．過マンガン酸カリウム法。塩化バリウム法。透過光測定法。
14. 鉄（Fe）水溶性鉄．フレーム原子吸光法。ICP発光分光分析法。
15. モリブデン（Mo）水溶性モリブデン．チオシアン酸ナトリウム吸光光度法。ICP発光分光分析法。
16. コバルト（Co）水溶性コバルト．
17. 水銀（Hg）．還元気化原子吸光法。
18. ひ素（As）．水素化物発生原子吸光法。ジエチルジチオカルバミン酸銀吸光光度法。ICP質量分析法。
19. カドミウム（Cd）．フレーム原子吸光法。ICP発光分光分析法。ICP質量分析法。
20. ニッケル（Ni）．フレーム原子吸光法。ICP発光分光分析法。ICP質量分析法。
21. クロム（Cr）．フレーム原子吸光法。ICP発光分光分析法。ICP質量分析法。
22. 鉛（Pb）．フレーム原子吸光法。ICP発光分光分析法。ICP質量分析法。
23. スルファミン酸（アミド硫酸，$HO\cdot SO_2\cdot NH_2$）．イオンクロマトグラフ法。高速液体クロマトグラフ質量分析法。
24. チオシアン酸アンモニウム（硫青酸化物，NH_4NCS）．イオンクロマトグラフ法。高速液体クロマトグラフ法。
25. 亜硝酸（HNO_2）．高速液体クロマトグラフ法。
26. ビウレット性窒素（B-N）．高速液体クロマトグラフ法。
27. チタン（Ti）．ICP発光分光分析法。
28. 亜硫酸（H_2SO_3）．ヨウ素法。
29. ジシアンジアミド性窒素（Dd-N）．高速液体クロマトグラフ法。
30. 塩素（Cl）．イオンクロマトグラフ法。硝酸銀法。
31. 尿素性窒素（U-N）．ウレアーゼ法。高速液体クロマトグラフ法。*P*-ジメチルアミノベンズアルデヒド吸光光度法。
32. グアニジン性窒素（Gd-N）．高速液体クロマトグラフ法。
33. 冷緩衝液可溶性窒素（水に溶ける窒素）．冷緩衝液法。
34. 熱緩衝液可溶性窒素（熱水に溶ける窒素）．熱緩衝液法。
35. 窒素の活性係数．緩衝液法。
36. 初期溶出率　水中静置法。
37. 腐植酸（酸不溶アルカリ可溶分）．重量法。
38. 硫酸

1）硫酸イオン（SO_4^{2-}）．イオンクロマトグラフ法。

2）硫酸塩．塩化バリウム法。

39. 二酸化炭素（CO_2）．塩化バリウム法。
40. 硝酸化成抑制材（AM，ASU，ATC，DCS，Dd，ST）．高速液体クロマトグラフ法。
41. メラミン及びその関連物質．ガスクロマトグラフ質量分析法。高速液体クロマトグラフ法。
42. 残留農薬（多成分）．高速液体クロマトグラフタンデム質量分析法。ガスクロマトグラフ法。
43. ナトリウム（Na）（炭化・灰化後塩酸煮沸）．フレーム原子吸光法。
44. グアニル尿素性窒素（GU-N）．高速液体クロマトグラフ法。
45. 尿酸（U-acid）．高速液体クロマトグラフ法。

(6) 化合物中の成分含有量(%) (計算値)

化　合　物		成　分	含 有 量
H_3BO_3	ほう酸	B_2O_3	56.30
$Na_2B_4O_7 \cdot 10H_2O$	ほう砂	B_2O_3	36.51
$CaCO_3$	炭酸カルシウム	CaO	56 03
$Ca(OH)_2$	水酸化カルシウム(消石灰)	CaO	75.69
$Ca_3(PO_4)_2$	りん酸三カルシウム(りん酸三石灰)(BPL)	CaO	54.24
$CaHPO_4$	りん酸二カルシウム(りん酸二石灰)	CaO	41.22
$CaH_4(PO_4)_2$	りん酸一カルシウム(りん酸一石灰)	CaO	23.96
$CaSO_4$	硫酸カルシウム	CaO	41 19
$CaSO_4 \cdot 2H_2O$	石こう	CaO	32.57
KCl	塩化カリウム(塩化加里)	Cl	47.55
NH_4Cl	塩化アンモニウム(塩化アンモニア)	Cl	66 28
$KHCO_3$	重炭酸カリウム(重炭酸加里)	K_2O	47.05
KCl	塩化カリウム(塩化加里)	K_2O	63.18
K_2SO_4	硫酸カリウム(硫酸加里)	K_2O	54.06
KNO_3	硝酸カリウム(硝酸加里)	K_2O	46.59
$MgSO_4$	硫酸マグネシウム(硫酸苦土)	MgO	33.49
$MgSO_4 \cdot 7H_2O$		MgO	16.35
$MgNH_4PO_4$	りん酸マグネシウムアンモニウム(MAP)	MgO	29.35
$MnSO_4$	硫酸マンガン	MnO	46.98
$MnSO_4 \cdot 4H_2O$		MnO	31.80
$CO(NH_2)_2$	尿素	N	46.65
$Ca(NO_3)_2$	硝酸カルシウム(硝酸石灰)	N	17.07
$Ca(NO_3)_2 \cdot 4H_2O$		N	11.86
KNO_3	硝酸カリウム(硝酸加里)	N	13.85
$MgNH_4PO_4$	りん酸マグネシウムアンモニウム(MAP)	N	10.20
NH_3	アンモニア	N	82.24
NH_4Cl	塩化アンモニウム(塩化アンモニア)	N	26.18
NH_4NO_3	硝酸アンモニウム(硝酸アンモニア)	N	35.00
$(NH_4)_2HPO_4$	りん酸二アンモニウム(りん酸二安)	N	21.21
$NH_4H_2PO_4$	りん酸一アンモニウム(りん酸一安)	N	12.18
$(NH_4)_2SO_4$	硫酸アンモニウム(硫酸アンモニア)	N	21.20
$NaNO_3$	硝酸ナトリウム(硝酸ソーダ)	N	16.48
$Ca_3(PO_4)_2$	りん酸三カルシウム(りん酸三石灰)(BPL)	P_2O_5	45.76
$CaHPO_4$	りん酸二カルシウム(りん酸二石灰)	P_2O_5	52.16
$CaHPO_4 \cdot 2H_2O$		P_2O_5	41.24
$CaH_4(PO_4)_2$	りん酸一カルシウム(りん酸一石灰)	P_2O_5	60.65
$CaH_4(PO_4)_2 \cdot H_2O$		P_2O_5	56.31
$FePO_4$	りん酸鉄	P_2O_5	47.06
H_3PO_4	正りん酸	P_2O_5	72.42
$MgNH_4PO_4$	りん酸マグネシウムアンモニウム(MAP)	P_2O_5	51.69
$(NH_4)_2HPO_4$	りん酸二アンモニウム	P_2O_5	53.74
$NH_4H_2PO_4$	りん酸一アンモニウム	P_2O_5	61.70
$Na_5P_3O_{10}$	トリポリりん酸ナトリウム (トリポリりん酸ソーダ)	P_2O_5	57.88
K_2SO_4	硫酸カリウム(硫酸加里)	SO_3	45.94
$MgSO_4$	硫酸マグネシウム(硫酸苦土)	SO_3	66 51
$(NH_4)_2SO_4$	硫酸アンモニウム(硫酸アンモニア)	SO_3	60.59

Ⅲ　その他

1．普通肥料種類等別有効銘柄数一覧

（平成30年12月31日現在）

肥料の種類等	国内生産								外国生産				輸入			
	大臣				知事				28年	29年	30年		28年	29年	30年	
	28年	29年	30年		28年	29年	30年									
硫酸アンモニア	28	28	29	15					3	3	3	3	130	131	128	83
塩化アンモニア	4	3	3	3									31	32	31	28
硝酸アンモニア	2	2	2	1									20	19	19	16
硝酸アンモニアソーダ肥料													1	1	1	1
硝酸アンモニア石灰肥料													10	10	11	8
硝酸ソーダ	4	4	4	4									25	26	25	14
硝酸石灰	9	9	8	8					1	2	2	2	72	69	68	49
硝酸苦土肥料	2	2	2	2					1	1	1	1	17	19	19	19
腐植酸アンモニア肥料	5	5	5	5									3	3	3	3
尿素	7	7	9	6					1	1	1	1	124	131	136	111
アセトアルデヒド縮合尿素	9	9	9	1												
イソブチルアルデヒド縮合尿素	4	4	4	1												
硫酸グアニル尿素	2	2	3	2									2	2	2	2
オキサミド	2	4	4	2												
石灰窒素	20	20	20	3					1	1	1	1	34	32	31	24
被覆窒素肥料	215	216	216	7					2	2	3	2	90	98	111	47
グリオキサール縮合尿素																
ホルムアルデヒド加工尿素肥料	12	10	10	5					1	1	1	1	37	37	37	24
メチロール尿素重合肥料	5	5	5	2												
副産窒素肥料	12	12	12	9					1	1	1	1	50	51	62	39
液状副産窒素肥料	6	4	7	5												
液状窒素肥料	36	43	47	40						1	1	1	42	41	40	17
混合窒素肥料	17	16	15	10					5	5	5	2	34	34	36	25
過りん酸石灰	80	76	71	22					2	2	2	2	67	68	68	38
重過りん酸石灰	17	17	14	4					1	1	1	1	167	169	170	52
りん酸苦土肥料	1	1	1	1												
熔成りん肥	67	64	64	9					4	4	4	1	113	116	118	52
焼成りん肥	5	5	5	1												
腐植酸りん肥	7	7	7	2									2	2	2	2
被覆りん酸肥料	5	5	5	3												
液体りん酸肥料	5	6	6	6												
熔成けい酸りん肥	17	17	17	3												
加工りん酸肥料	87	86	83	24									12	12	11	7
加工鉱さいりん酸肥料	3	1	1	1												
鉱さいりん酸肥料	6	6	6	2												
副産りん酸肥料	39	39	40	26					6	6	6	3	67	63	57	24
混合りん酸肥料	263	256	256	72					1	1	1	1	23	26	25	15
硫酸加里	3	3	3	3					1	1	1	1	147	145	150	74

肥料の種類等	国内生産								外国生産				輸入			
	大臣				知事											
	28年	29年	30年		28年	29年	30年		28年	29年	30年		28年	29年	30年	
塩化加里	17	13	13	10	3	3	3	1	2	2	2	2	96	99	103	47
硫酸加里苦土													48	48	48	6
重炭酸加里	1	1	1	1									6	7	7	7
腐植酸加里肥料	2	2	2	2									1	2	3	3
けい酸加里肥料	5	5	6	1									11	11	11	8
粗製加里塩	3	3	3	3												
加工苦汁加里肥料	1	1	1	1												
被覆加里肥料	11	11	13	2									6	5	9	7
液体けい酸加里肥料	18	19	19	15									5	5	4	4
熔成けい酸加里肥料																
副産加里肥料	3	3	3	3									6	7	8	6
混合加里肥料	32	31	32	24									14	15	16	9
魚かす粉末					325	313	284	120	2	2	2	2	201	202	199	63
干魚肥料粉末					3	3	3	3					10	10	10	6
魚節煮かす					8	6	6	6								
甲殻類質肥料粉末					24	18	16	13	2	2	2	2	69	66	67	42
蒸製魚鱗及びその粉末					1	1										
肉かす粉末					30	28	25	19					6	5	5	2
肉骨粉					149	146	132	60					12	10	7	2
蒸製てい角粉					5	5	5	5					14	13	10	8
蒸製てい角骨粉					1	1										
蒸製毛粉					32	31	24	20					3	3	3	3
乾血及びその粉末					13	14	14	11					8	8	7	4
生骨粉					6	6	5	5								
蒸製骨粉					81	81	70	33					40	28	23	11
蒸製鶏骨粉					1											
蒸製皮革粉					10	9	6	3					46	44	41	20
干蚕蛹粉末					2	2	2	2	2	2	2	2	13	12	12	12
蚕蛹油かす及びその粉末													5	5	5	5
絹紡蚕蛹くず													2	2	1	1
とうもろこしはい芽及びその粉末					1	1	1	1								
大豆油かす及びその粉末					19	16	15	7					12	12	12	10
なたね油かす及びその粉末					118	103	92	65	3	3	3	3	85	82	78	47
わたみ油かす及びその粉末					4	1	1	1	2	2	2	2	19	19	20	14
落花生油かす及びその粉末					4	5	5	5					5	5	5	5
あまに油かす及びその粉末					2	3	3	2								
ごま油かす及びその粉末					14	15	12	11	1	1	1	1	12	12	11	7
ひまし油かす及びその粉末					10	10	12	7	1	1	1	1	48	56	60	26
米ぬか油かす及びその粉末					25	24	20	16					5	5	5	4
その他の草本性植物油かす及びその粉末					5	5	4	4					1	2	2	2

肥料の種類等	国内生産								外国生産				輸入			
	大臣				知事											
	28年	29年	30年		28年	29年	30年		28年	29年	30年		28年	29年	30年	
カポック油かす及びその粉末													14	14	15	15
とうもろこしはい芽油かす及びその粉末					2	2	2	2					2	2	2	2
たばこくず肥料粉末					1	1	1	1					2	2	2	2
甘草かす粉末																
豆腐かす乾燥肥料					3	4	6	6								
えんじゅかす粉末											1	1			3	2
窒素質グアノ													3	3	2	1
加工家きんふん肥料					110	113	110	76								
とうもろこし浸漬液肥料					17	16	14	9								
魚廃物加工肥料					58	50	46	28					3	3	2	1
乾燥菌体肥料					147	139	107	68					13	12	14	9
副産動物質肥料					94	89	80	44	1	1	1	1	9	7	8	6
副産植物質肥料	17	19	21	18	135	129	125	66	9	9	9	3	78	91	93	38
混合有機質肥料	3	3	2	2	564	521	437	129	3	3	3	3	54	54	53	17
熔成複合肥料	3	3	3	1												
化成肥料	7,024	7,146	7,084	264	30	32	26	15	26	27	25	6	1,929	1,902	1,909	218
(登録の有効期間が3年であるもの)	2,852	2,721	2,477	188	26	25	15	7	7	6	6	4	222	208	204	64
(登録の有効期間が6年であるもの)	4,172	4,425	4,607	219	4	7	11	10	19	21	19	6	1,707	1,694	1,705	207
配合肥料	1,134	1,110	1,093	155	93	92	81	32	17	18	17	5	442	439	440	85
(登録の有効期間が3年であるもの)	554	513	433	93	65	55	33	15	10	11	9	2	211	205	192	42
(登録の有効期間が6年であるもの)	580	597	660	109	28	37	48	20	7	7	8	5	231	234	248	63
混合動物排せつ物複合肥料																
混合堆肥複合肥料	40	47	61	12	4	5	6	3								
成形複合肥料	219	219	214	12									14	15	15	7
吸着複合肥料	7	6	6	5									6	6	6	4
被覆複合肥料	157	143	139	10							1	1	24	26	28	4
副産複合肥料	66	69	74	48					2	2	2	1	183	184	179	74
液状複合肥料	1,637	1,623	1,600	266	2	3	3	2	3	3	2	1	148	145	143	46
熔成汚泥灰複合肥料																
混合汚泥複合肥料	15	23	20	3												
家庭園芸用複合肥料	375	363	356	103	2	2	1	1	1	1	1	1	216	213	222	41
生石灰					158	141	134	73					6	6	6	5
消石灰					420	380	363	111	1	1	1	1	6	5	4	4
炭酸カルシウム肥料					536	514	486	141	1	1	1	1	9	11	11	8
貝化石肥料					28	29	24	21								
副産石灰肥料					204	177	174	91					4	5	3	3
混合石灰肥料					176	156	147	77					6	6	6	3
けい灰石肥料	1	1	1	1									1	1	1	1
鉱さいけい酸質肥料	205	206	212	67					1	1	1	1	10	10	11	8
軽量気泡コンクリート粉末肥料	12	12	12	9												

肥料の種類等	国内生産								外国生産				輸入			
	大臣				知事				28年	29年	30年		28年	29年	30年	
	28年	29年	30年		28年	29年	30年									
シリカゲル肥料	3	3	3	2									24	25	28	20
シリカヒドロゲル肥料	2	2	2	2												
硫酸苦土肥料	98	95	95	34	3	2	2	2	9	11	10	6	175	172	183	90
水酸化苦土肥料	8	8	9	7	4	4	4	3	3	3	3	3	50	53	60	36
酢酸苦土肥料	2	2	2	2										1	1	1
加工苦土肥料	9	7	7	4									5	5	4	4
腐植酸苦土肥料	9	9	9	5									23	24	23	19
炭酸苦土肥料	2	2	2	2												
リグニン苦土肥料	1	1	1	1												
被覆苦土肥料	5	5	5	2												
副産苦土肥料	10	10	9	8	4	4	4	3	3	4	4	3	101	99	111	54
混合苦土肥料	4	4	4	3									19	20	21	19
硫酸マンガン肥料	16	16	18	10					6	7	7	3	25	26	28	22
炭酸マンガン肥料	5	5	2	1												
加工マンガン肥料																
鉱さいマンガン肥料	20	21	21	13												
副産マンガン肥料																
液体副産マンガン肥料																
混合マンガン肥料	2	2	2	2												
ほう酸塩肥料	13	13	12	7					2	2	2	2	41	42	42	22
ほう酸肥料	2	2	2	2					1	1	1	1	10	10	10	10
熔成ほう素肥料	7	7	7	1												
加工ほう素肥料	2	2	2	1									2	2	2	2
熔成微量要素複合肥料	29	29	30	2										1	1	1
液体微量要素複合肥料	118	125	131	86									3	4	5	5
混合微量要素肥料	70	68	71	36					2	2	2	1	20	20	23	14
下水汚泥肥料	86	84	76	64												
し尿汚泥肥料	267	263	259	209												
工業汚泥肥料	139	143	140	121			1	1			1	1			1	1
混合汚泥肥料	20	20	19	16												
焼成汚泥肥料	45	46	39	36												
汚泥発酵肥料	927	917	886	704												
水産副産物発酵肥料	9	11	10	6												
硫黄及びその化合物	18	20	22	19									4	4	5	5
小　計	13, 962	14, 018	13, 881	2, 756	3, 691	3, 455	3, 144	1, 425	137	145	144	85	5, 813	5, 807	5, 879	2, 094
仮登録肥料																
合　計	13, 962	14, 018	13, 881	2, 756	3, 691	3, 455	3, 144	1, 425	137	145	144	85	5, 813	5, 807	5, 879	2, 094

（注）表中の右欄は，当該登録に係わる業者数。

2．肥料検査成績一覧

(1)　普通肥料分析検査成績

○平成29年

肥料の種類等	農林水産省				都道府県		合計	
	生産に係る肥料		輸入に係る肥料					
	検査点数	うち正常でないもの	検査点数	うち正常でないもの	検査点数	うち正常でないもの	検査点数	うち正常でないもの
窒素質肥料	2	0	2	0	0	0	4	0
りん酸質肥料	4	0	0	0	0	0	4	0
加里質肥料	0	0	0	0	0	0	0	0
有機質肥料	0	0	0	0	103	8	103	8
複合肥料	80	13	7	3	6	1	93	17
石灰質肥料	0	0	0	0	36	0	36	0
けい酸質肥料	2	0	0	0	0	0	2	0
苦土肥料	0	0	1	0	0	0	1	0
マンガン質肥料	0	0	0	0	0	0	0	0
ほう素質肥料	0	0	0	0	0	0	0	0
微量要素複合肥料	3	0	0	0	0	0	3	0
汚泥肥料等	138	1	0	0	0	0	138	1
小計	229	14	10	3	145	9	384	26
指定配合肥料	56	1	0	0	14	1	70	2
仮登録肥料	0	0	0	0	0	0	0	0
合計	285	15	10	3	159	10	454	28

資料：肥料取締関係資料による。

○平成30年

肥料の種類等	農林水産省				都道府県		合計	
	生産に係る肥料		輸入に係る肥料					
	検査点数	うち正常でないもの	検査点数	うち正常でないもの	検査点数	うち正常でないもの	検査点数	うち正常でないもの
窒素質肥料	4	0	3	0	0	0	7	0
りん酸質肥料	6	0	0	0	0	0	6	0
加里質肥料	0	0	0	0	0	0	0	0
有機質肥料	0	0	0	0	55	3	55	3
複合肥料	73	9	9	1	3	0	85	10
石灰質肥料	0	0	1	1	32	0	33	1
けい酸質肥料	3	0	0	0	0	0	3	0
苦土肥料	4	0	0	0	0	0	4	0
マンガン質肥料	1	0	0	0	0	0	1	0
ほう素質肥料	0	0	0	0	0	0	0	0
微量要素複合肥料	2	0	0	0	0	0	2	0
汚泥肥料等	123	2	0	0	0	0	123	2
小計	216	11	13	2	90	3	319	16
指定配合肥料	34	3	0	0	9	0	43	3
仮登録肥料	0	0	0	0	0	0	0	0
合計	250	14	13	2	99	3	362	19

資料：肥料取締関係資料による。

(2) 特殊肥料検査成績（都道府県）

指定名	平成29年 検査点数	平成30年 検査点数
魚かす	2	0
米ぬか	3	6
はっこう米ぬか	1	2
コーヒーかす	1	0
乾燥藻及びその粉末	0	1
草木灰	1	4
家きん加工くず肥料	1	0
動物の排せつ物	25	9
動物の排せつ物の燃焼灰	4	5
たい肥	357	303
グアノ	1	0
貝殻肥料	3	2
貝化石粉末	2	0
微粉炭燃焼灰	1	0
カルシウム肥料	1	0
合計	403	332

資料：肥料取締関係資料による。

Ⅳ　肥料関係用語の解説

○利用に当たって

1．用語の配列は，あいうえお順とし，一般の国語辞典の方式に準じた。

2．特殊肥料には「(特殊肥料)」，公定規格の定めのある普通肥料には「(普通肥料)」，地力増進法施行令で定められた種類の土壌改良資材には「(土壌改良資材)」と明記した。

3．「→」印は「次の用語・項目を参照せよ。」を示す略記号である。

4．肥料の種類等の解説は，最新肥料用語辞典（肥料協会新聞部発行）を参考とした。

〔あ〕

【IB】 Isobutyliden diurea（イソブチリデンジウレア）の略称で，商品名ともなっている。(→イソブチルアルデヒド縮合尿素)

【ア系肥料】 アンモニア系窒素肥料の略称。硫安，尿素，塩安，硝安，高度化成などの総称で，いずれも窒素成分がアンモニアを原料としているので，この名が付けられている。

【アセタミプリド】 化学名で(E)－N〔(6－クロロ－3－ピリジル）メチル〕－N'－シアノ－N・メチルアセトアミジンという農薬で，アブラムシ類の防除に使用される。農薬入り肥料として，化成肥料に混入が許されている。

【アセトアルデヒド縮合尿素】（普通肥料）尿素とアセトアルデヒドを酸性溶液中で反応させて得られる縮合物（2－オキソ－4－メチル－6－ウレイドヘキサヒドロピリミジン）をいう。窒素28～32％を含む白色結晶性粉末で，吸湿性が少なく，水に対する溶解度が少ない緩効性肥料である。OMUともいう。

【油かす】 大豆，なたね等の草本性植物の種子から圧搾法，抽出法等によって油を採ったかすをいう。食用油等の生産の際の副産物として製油工場から生産される。窒素4～7％，りん酸1～3％，加里1～2％を含む。良好な有機質肥料である。最近は飼料用に向けられるものが多い。

【あまに油かす及びその粉末】（普通肥料）　あまの種子から冷圧であまに油を採取したかすをいう。窒素5.0％，りん酸2.0％，加里1.5％程度を含む。複合肥料などの原料になるが，飼料に利用されるものが多い。

【アミノ酸かす】（特殊肥料）たん白質を塩酸で分解してアミノ酸を製造する際，塩酸に分解しないヒューマス状の残りかすをいう。窒素0.5％～2.5％を含む。

【アルカリ分（アルカリ度)】 肥料中に含まれる可溶性石灰（0.5Mの塩酸液にとける石灰をいう）の量又は可溶性石灰と可溶性苦土（0.5Mの塩酸液にとける苦土）の酸化カルシウムに換算された量の合計量をいい，石灰系肥料の土壌酸度矯正力を示すものである。現在石灰質肥料の最低保証成分量としては，生石灰80％，消石灰60％，炭酸カルシウム50％，貝化石肥料，副産石灰肥料，混合石灰肥料いずれも35％となっている。

【安息香酸デナトニウム】 化学名N－ベンジル－N，N－ジエチル－N－（2,6－キシリルカルバモイル）メチルアンモニウム塩という苦味剤であり，肥料の誤飲防止に添加される。

〔い〕

【硫黄及びその化合物】（普通肥料）土壌のpHを低下させることを目的とした肥料で，硫酸第一鉄（一水塩），硫酸と硫黄華の混合物，亜炭と硫酸の混合物が含まれる。

【一貫パレチゼーション】 包装貨物等をパレットに積み，フォークリフトなどで機械荷役し，パレット単位で輸送，保管することを「パレチゼーション」といい，発荷主から荷受けまで，同一のパレットに貨物を積載したまま輸送することを「一貫パレチゼーション」という。

【イソブチルアルデヒド縮合尿素】（普通肥料）尿素とイソブチルアルデヒドの縮合によって製造される単一化合物（イソブチリデンジウレア）をいう。

我が国で開発された水に難溶性の緩効性窒素肥料で，土壌中で主として加水分解して有効化する。

肥料への使用割合，粒径の大小，粒の硬度を変化させて肥効の発現を調整しやすい物質である。窒素全量28.0％以上，尿素性窒素3.0％以下に制限されている。

【イソプロチオラン】 化学名でジイソプロピル－１，３－ジチオラン－２－イリデンマロネートという農薬で，穂いもち病防除を目的とした殺菌剤である。農薬肥料として化成肥料に混入が許されている。

【イミダクロプリド】 化学名で１－（６－クロロ－３－ピリジルメチル）－N－ニトロイミダゾリジン－２－イリデンアミンという農薬で，イネの害虫であるウンカ，ツマグロヨコバイ又はアブラムシ等の防除に使用される。農薬入り肥料として化成肥料，配合肥料及び家庭園芸用複合肥料に混入が許されている。

【入れ目】 荷こぼれ等を考慮し，正味重量に加えて余分に入れる量。

【一次メーカー】（肥料の） アンモニア又はりん鉱石等を原料として肥料を生産するメーカーをいう。例えば硫安，尿素，塩安，過石，熔りん，りん安，スラリー高度化成のメーカーなどである。国内肥料の純成分需給バランス上ではこれらのメーカーを対象に集計をしている。

〔う〕

【ウニコナゾールP】 化学名で(E)－(S) １－（４－クロロフェニル）－４，４－ジメチル－２－（1H－１，２，４－トリアゾール－１－イル）ペンタ－１－エン－３－オールという農薬で，水稲の倒伏軽減を目的とした植物成長調整剤である。農薬肥料として化成肥料及び配合肥料に混入が許されている。

【ウレアホルム】（→ホルムアルデヒド加工尿素肥料）

【魚節煮かす】（普通肥料）料理店，うどん屋等で発生する鰹節その他ダシ干魚の「ダシがら」を取り出して乾燥したもので窒素全量9.0％以上のものをいう。

〔え〕

【液体けい酸加里肥料】（普通肥料） けい酸質肥料が基肥中心に施肥されるのに対し，液体けい酸加里肥料は，けい酸及び加里成分の追肥を狙って開発された。水溶性加里6.0％以上，水溶性けい酸は12.0％以上を含有し，速効性である。水田の取水口などに容器を取付け点滴施肥される。

【液状窒素肥料】（普通肥料） 硝酸石灰，尿素等の窒素質肥料を水に溶解して液状にしたもので，窒素5.0％以上を含有する窒素質肥料である。窒素成分のほか，苦土，マンガン，ほう素を含むものがある。主に葉面散布や養液栽培に使用される。

【液状複合肥料】（普通肥料） 窒素，りん酸又は加里のいずれか二以上を含み，かつ，その合計量が8.0％以上である液状の複合肥料をいう。上記成分のほかに苦土，マンガン又はほう素を含むものもある。液体のものは主に葉面散布用又は果樹園芸用に使用され，懸濁状又はペースト状のものは施肥田植機用の肥料に使用されるものもある。

【液体微量要素複合肥料】（普通肥料） マンガン及びほう素を主成分とした微量要素複合肥料のうち液状のものをいい，水溶性マンガンおよび水溶性ほう素の合計量0.30％以上を含む。このほかに水溶性苦土1.0％以上を含むものもある。

【液状副産窒素肥料】（普通肥料） 硫安や塩安等を含む回収物，副産物で，公定規格のそれぞれの肥料の品質規格まで精製することが技術的又は経済的に困難な液状の窒素肥料である。窒素5.0％以上を含有する。なお，公定規格は，食品工業、非鉄金属製造業及び化学工業において副産されるものに限定されている。

【液体副産マンガン肥料】（普通肥料） 化学工業等において副産された液体のマンガン質肥料である。公定規格では，水溶性マンガンを10.0％以上含むこととされている。

【液体りん酸肥料】（普通肥料） りん酸液と水酸化苦土を中和反応させ水で希釈した液体のりん酸質肥料をいい，水溶性りん酸17.0％以上，水溶性苦土3.0％以上を含む。

【SOP】 sulfate of potashの略称（→硫酸加里）

【NK化成肥料】 肥料の三要素のうち，窒素と加里だけを含有する化成肥料。化成肥料には，通常三要素が含まれるものが多いが，この肥料は，水稲，野菜，果樹などの追肥用として，窒素，加里だけを施用したいとき，火山灰土壌などで基肥りん酸を多用したときなどに使われる。水稲の窒素施肥が基肥から追肥重点に変化してきたことにともない消費量をのばしてきた。硫安，塩安などと塩化加里とを造粒又は，圧片して製造する。

【FAO】 国連食糧農業機関のこと。1945年創設された国連の専門機関の一つで，各国国民の生活水準向上，栄養改善，農林水産業の能率向上，農村繁栄等を目的とし，本部はローマにある。日本は1951年に加盟した。

【FOB】（free on board） 貿易上の契約条件の１つであって，積出港本船乗せ渡し価格である。売手は契約に定められた港で本船内に積込みまでの経費を負担し，本船の傭船と運賃の支払は買手で行う。積港におけるローカルな条件の熟知，運賃としての外貨の収入などから，輸出はC&F（→C&F）とするのが有利であり，輸入の場合は，外貨の節減から自国船によるFOB買付けとするのが有利となる。国内又は国際上における取引きにも用いられることがある。

【FTE】 熔成微量要素複合肥料の一種である。米国で考案されたもので，英国名（Fritted Trace Elements）の頭文字をとりFTE（商品名）と呼ばれている。我が国の製品はほう砂，マンガン鉱石，長石，ソーダ灰などを配合して熔融したものを急冷し，ガラス状化し粉砕して造られる。マンガン（17～20％），ほう素（7～9％）ともに緩効のく溶性の形になっており，これら微量要素の過剰害を少なくすることをねらったものである。

【MAP】 ① Mono-Ammonim Phosphate（りん酸一アンモニウム）の略称（→りん酸アンモニア

② Ammonium Magnesium Phosphate（りん酸マグネシウムアンモニウム）の略称。

【MMA】（→回収硫安）

【MOP】 muriate of potashの略称（→塩化加里）

【塩安】 塩化アンモニアの略称。（→塩化アンモニア）

【塩加】 塩化加里の略称。（→塩化加里）

【塩化アンモニア】（普通肥料） 食塩からソーダ灰を製造する際に発生する塩素をアンモニアと反応させたもの〔NH_4Cl〕をいう。白色，無臭の結晶，水に易溶，生理的酸性肥料で速効性である。アンモニア性窒素を主成分とし，理論上は26.18％の窒素を含有するが，市販品は25.0％保証のものが多い。

【塩化加里】（普通肥料） カーナリット，シルビニットなどの加里鉱石及び塩水から分離・精製されたカリウムの塩化物〔KCl〕をいう。加里肥料の主体をなすもので，カナダ，ロシア，フランス，アメリカなど加里鉱産出国より輸入されている。純品は白色の結晶で，加里63.2％を含むが，原料，製法により灰色，淡紅色のものがある。水には容易溶で速効性肥料である。市販品は加里60％のものが多い。トロナ加里はほう素を0.1～0.3％含んでいる。

【えんじゅかす粉末】（普通肥料） 中国原産の落葉高木でマメ科に属するえんじゅのつぼみを原料として医薬品（ルチン）を生産する際に発生するかすを加熱乾燥したものをいう。

窒素全量3.0％以上，りん酸全量1.0％以上，加里全量2.0％以上を含む。

〔お〕

【大谷石】 宇都宮市大谷町から産出されるのでこのように呼ばれているが，鉱物学的には流紋岩質凝灰岩である。（→流紋岩質凝灰石）

【オキサミド】（普通肥料） しゅう酸のジアミド〔$(CONH_2)_2$〕をいう。窒素31％程度（理論値31.81％）を含む白色針状結晶で，吸湿性がなく水に難溶性の緩効性窒素肥料である。土壌中では，微生物によって徐々にアンモニアと炭酸ガスに分解され無機化するが，造粒することによりその分解は抑制され，窒素の肥効はより緩効的になる。

【汚泥発酵肥料】（普通肥料）

① 下水汚泥肥料，し尿汚泥肥料，工業汚泥肥料又は混合汚泥肥料をたい積又は攪拌し，腐熟させたもの。

② ①に掲げる汚泥発酵肥料に植物質若しくは動物質の原料又は焼成汚泥肥料を混合したものをたい積又は攪拌し，腐熟させたもの。

をいう。

〔か〕

【貝化石肥料】（普通肥料） 貝化石粉末を造粒したものをいい，アルカリ分35%以上を含む。また，苦土肥料を混合して造粒したものは，アルカリ分のほか，く溶性苦土1.0%以上を含む。

【貝化石粉末】（特殊肥料） 古代に生息した貝類，また，貝類とひとで類その他の水生動物類とが混在して地中に埋没たい積し，風化又は化石化したものの粉末をいう。通常可溶性石灰30～50%を含む。

【貝殻肥料】（特殊肥料） 貝又は貝殻を粉砕したもの若しくは貝灰をいう。主成分は炭酸カルシウムで可溶性石灰30～50%であり，また貝の粉末は若干の窒素を含む。

【回収硫安】 肥料以外の製品製造工程で使用したアンモニア又は硫酸を回収して硫安としたもの。これらを回収硫安と称している。現在，カプロラクタム（ナイロン原料），青酸，メタアクリル酸エステル（MMA，アクリル繊維原料），チタン，スルファミン酸，メラミン，鉄鋼の酸洗などの製造工程から回収されており，日本の硫安の生産量の約80%を占める。

【界面活性剤】 界面活性剤とは物質表面，あるいは二相系界面に対して活性に働き，表面張力，界面張力を減ずる作用を顕著に現わしたり，また液面上に形成される皮膜によって浸透,浸潤,分散,洗滌,乳化,起泡等の物理的作用を助長するものに対していわれる名称である。この種の活性剤の例としては古くから石鹸が知られており，その他繊維工業の洗剤，浮遊選鉱剤なども使用されている。肥料では飛散防止材，固結防止材等に使用されている。

わが国で肥料に使用されている主なる界面活性剤は次のとおりである。

肥料の種類	界 面 活 性 剤	使 用 量
硫　安	アルキルアリルスルフォン酸ソーダ	約1万分の5以内
	ラウリル硫酸ソーダ	約1万分の5以内
塩　安	アルキルアミン塩酸塩	約1万分の5以内
硝　安	オクタデシルアミン硝酸塩	約1万分の5以内

【家きん加工くず肥料】（特殊肥料） にわとり等の家きんを加工する食品工場で生ずるくずを集めて蒸煮乾燥，粉砕等の加工を施したものをいうが，普通肥料の蒸製毛粉として扱われている羽の蒸製品は普通肥料の公定規格を設けて除外してある。含有成分量は，

混入する部分によって異なり一定しない。

【加工家きんふん肥料】（普通肥料）

① 家きんのふんに硫酸等を混合して火力乾燥したもの。

② 家きんのふんを加圧蒸煮した後乾燥したもの。

③ 家きんのふんについて熱風乾燥及び粉砕を同時に行ったもの。

④ 家きんのふんをはっこう乾燥させたもの。

をいう。水分は20％以下であること。窒素全量及びりん酸全量をそれぞれ2.5％以上並びに加里全量を1.0％以上含む。

【加工苦汁加里肥料】（普通肥料） 粗製加里塩に石灰を加えた肥料をいう。水溶性加里6.0％以上，く溶性苦土5.0％以上を含む。

【加工苦土肥料】（普通肥料） 蛇紋岩その他の塩基性マグネシウム含有物に硫酸を加えたものをいう。く溶性苦土23.0％以上，水溶性苦土3.0％以上を含む。

【加工鉱さいりん酸肥料】（普通肥料） 鉱さいにりん酸を混合し，これを反応させ，造粒したものであり，作物体のけい酸吸収利用率が従来の肥料より同等以上である。

【加工ほう素肥料】（普通肥料） ほう酸又はほう酸塩等のほう素含有物に蛇紋岩その他の塩基性苦土含有物を混合し，これに硫酸を加えたものをいう。

【加工マンガン肥料】（普通肥料） マンガン鉱石その他のマンガン含有物にかんらん岩その他のマグネシウム含有物を混合し，これに硫酸を加えたもの。水溶性マンガン３～４％，水溶性苦土13～16％含有する。

【加工りん酸肥料】（普通肥料） りん酸質肥料又はその原料等を加工したものであり，次に掲げる肥料を含む。

① 熔成りん肥に過りん酸石灰又は重過りん酸石灰を混合し，これにりん酸又は硫酸を加えたもの。

② 熔成りん肥，焼成りん肥又は焼成りん肥に塩基性苦土含有物等を混合したものに，りん鉱石にりん酸又は硫酸を加えた分解液を加えたもの。

③ 熔成りん肥に塩基性苦土含有物等及び炭酸マンガン鉱石又はほう酸塩を混合し，これにりん鉱石にりん酸又は硫酸を加えた分解液を加えたもの。

④ 過りん酸石灰又は重過りん酸石灰に塩基性苦土含有物等を混合し，これらにりん酸，硫酸又は硫りん酸を加えたもの。

⑤ 鉱さいにりん酸を加えたもの。

⑥ 鉱さいに苦土含有物等を混合し，りん酸及び硫酸若しくは塩酸又はりん鉱石にりん酸若しくは硫酸を加えた分解液を加えたもの。

【化成肥料】（普通肥料） 複合肥料の中で肥料若しくは肥料原料に化学的操作を加えて製造されるもの又は原料肥料を配合し，造粒若しくは成形したものをいう。製品のほとんどが粒状品である。現在流通している複合肥料の大部分を占めており取扱上，品質管理上及び含有成分量などに利点を有している。大別して低度化成肥料（過りん酸石灰系）

と高度化成肥料（りん安系，りん硝安系，重焼りん系など）に分類できるが，化学反応の程度，成分量は多種多様である。配合肥料に対応する用語。

【家庭園芸用肥料】 肥料の品質の確保等に関する法律施行規則では，容器又は包装の外部に，家庭園芸専用と明りょうに表示し，かつ，その正味重量が10kg以下の普通肥料を家庭園芸用肥料と呼んでいる。家庭園芸用肥料については，その目的の特殊性から，保証成分量の制限，保証票の記載事項等に特例的な緩和措置が講じられている。

【家庭園芸用複合肥料】（普通肥料） 熔成複合肥料，化成肥料，成形複合肥料，吸着複合肥料，被覆複合肥料，副産複合肥料，配合肥料，混合動物排せつ物複合肥料，混合堆肥複合肥料，液状複合肥料，熔成汚泥灰複合肥料及び混合汚泥複合肥料以外の複合肥料であって当該肥料又は包装の外部にその用途が専ら家庭園芸用である旨を表示したものであり，かつ，その正味重量は10kg以下のものをいう。

【活性係数】 尿素とホルムアルデヒドの縮合物は反応条件により生成物はまちまちであり窒素の肥効も異なるため，生成物の反応の程度を表す尺度として活性係数が使われる。

【カプロラクタム】（→回収硫安）

【カポック油かす及びその粉末】（普通肥料） カポックという熱帯性きょう木の種子を搾油したかすをいう。窒素4.5%，りん酸２%，加里１%程度を含む。

【可溶性成分】 植物が吸収利用できる肥料成分（土壌の酸土矯正に有効な成分を含む）の保証形態の一つであり，現在，りん酸，石灰，けい酸，苦土及びマンガンについて肥料公定規格の主成分に指定されている。（可溶性石灰については，アルカリ分として指定されている。）可溶性りん酸は，ペーテルマン氏くえん酸アンモニアに可溶のりん酸をいい，他はそれぞれ0.5M塩酸に可溶の成分をいう。ただし，シリカゲル肥料及びシリカヒドロゲル肥料のけい酸については，0.5M水酸化ナトリウムに可溶の成分をいう。

【過りん酸石灰】（普通肥料） りん鉱石に硫酸を作用させたりん酸質肥料をいう。通常，灰白色の粉末又は粒状で，主成分はりん酸一カルシウムである。ほかに約60%の硫酸カルシウムを含む。速効性の酸性肥料である。りん酸全量17～20%，可溶性りん酸15%以上，水溶性りん酸13%以上を含む。製造方法にはむろ式と連続式があるが，現在は後者が主である。過りん酸，過石と略す場合が多く，需給関係者などではSPと呼ぶことがある。

【カルシウム肥料】（特殊肥料） 主としてカルシウム分の供給を目的として，葉面散布に用いるカルシウム化合物をいう。トマトの尻腐れ病，りんごのピット病等のカルシウム欠乏による栄養障害防止に使用される。塩化カルシウム，ギ酸カルシウム，EDTAカルシウム等が含まれる。

【カルタップ】 化学名で１，３－ビス（カルバモイルチオ）－２－(N，Nジメチルアミノ）プロパン塩酸塩という農薬で，武田薬品工業社が開発したものである。イネの害虫であるイネミズゾウムシ，イネドロオイムシ等の防除に使用される。農薬肥料として化成肥料に混入が許されている。

【環境基準】 公害にかかわる環境上の条件について，人の健康を保護し，及び生活環境を保全するうえで維持されることが望ましい基準をいう。我が国の環境基本法では，大気の汚染，水質の汚濁，土壌の汚染及び騒音の４種について環境基準を定めるものとしている。

【干魚肥料】（特殊肥料）魚体をそのまま乾燥したもので粉砕すれば普通肥料の干魚肥料粉末になるものである。冷凍，輸送技術が不十分であった頃，大量の漁獲があった場合の処理の一方法として，この肥料化の道がとられた。含有成分量は魚荒かすより窒素は多いが油分が多いため土壌中の分解はやや遅い。

【干魚肥料粉末】（普通肥料）　主として生いわしを天日乾燥後粉砕したもので，窒素4.2％，りん酸4.2％程度を含む。油脂分15～20％を含んでいるので，土壌中での分解は魚かすに比べて遅い。なお，未粉砕のものは干魚肥料として特殊肥料に指定されている。

【乾血及びその粉末】（普通肥料）　家畜と殺の際の血液を加熱・凝固させ，脱水・乾燥させたものをいう。窒素12％程度を含む。

【緩効性窒素肥料】　速効性窒素肥料より分解の遅い，窒素の持続性を高めることを目的とした肥料である。尿素とアルデヒド類を低縮合させたものが考えられ，アルデヒド類としてはホルムアルデヒド，アセトアルデヒド，イソブチルアルデヒドが使用されている。また，しゅう酸とアンモニアを縮合させたオキサミドがある。これらは単体で使用されることは稀で，速効性窒素肥料と配合して使用される。

【干蚕蛹】（特殊肥料）　まゆから絹糸を製造したあとに残る蚕蛹をそのまま天日で乾燥したものである。粉末にすれば普通肥料の干蚕蛹粉末となる。油分が多くほとんど搾油工程に回される。

【干蚕蛹粉末】（普通肥料）　製糸工場から得られる蚕蛹を天日乾燥し，粉砕したものをいう。窒素7.0～8.0％，りん酸約１％を含む。乾物中には24～32％の油脂を含んでいるので，養魚・家畜の飼料にも使用される。

【乾式りん酸】　電炉りん酸ともいう。電気炉中で，りん鉱石をコークス，けい石とともに1,000℃以上に加熱し，揮発するりん（黄りんP_4）を燃焼して無水りん酸〔P_2O_5〕とし，水を吸収させて得るりん酸。高濃度（P_2O_5 54～65％）で不純物をほとんど含まないが，製造費が高いので主として工業用途に向けられる。

【乾燥菌体肥料】（普通肥料）　①培養によって得られる菌体又はこの菌体から脂質若しくは核酸を抽出したかすを乾燥したもの，②食品工業，パルプ工業，発酵工業又はゼラチン工業（なめし皮革くずを原料として使用しないものに限る。）の廃水を活性スラッジ法により浄化する際に得られる菌体を加熱乾燥したものをいう。窒素全量5.5％以上又は4.0％以上（りん酸又は加里を含有する場合）を含有する。

【甘草かす粉末】（普通肥料）　中国大陸，旧ソ連及び中近東に産する甘草の水抽出液に酸を加え，生ずる沈殿物からアルコールでグリシルリチン酸（調味料，医薬品等の原料。）を抽出したかすを水洗・乾燥したものいう。窒素全量９％程度を含む。

【乾燥藻及びその粉末】（特殊肥料）　海藻類を乾燥又は乾燥後粉末にしたものをいう。窒素全量1％程度，加里全量2～13％を含む。

【含鉄物】（特殊肥料）褐鉄鉱（沼鉄鉱含む。），鉱さい（鉄分を10％以上含有するもの。），鉄粉及び岩石の風化物（鉄分を10％以上含有するもの。）をいう。ただし，鉱さいのうち普通肥料の鉱さいけい酸質肥料，副産石灰肥料等に該当するものは除かれる。

【カンポテックス】（Canpotex；Canadian Potash Exporters，カナダ加里輸出組合）カナダ国内の7社の企業から成る塩化加里の輸出組合。設立1972年，本社サスカチュワン州サスカツーン市。世界の加里のプライスリーダーである。

〔き〕

【吸着複合肥料】（普通肥料） 窒素，りん酸又は加里を含有する水溶液を泥炭，ベントナイト，けいそう土，ゼオライト，くん炭，ぬか類，米ぬか油かす，よもぎかす，たばこくず，海草，ろう実かす，しょう油かす，脱脂アミノ酸かす，落綿くず又は綿実種皮を原料としたフルフラール抽出かす，キシロース抽出かすなどの吸着原料に吸着させた肥料をいう。窒素，水溶性りん酸，水溶性加里のいずれか二以上を含み，かつ，その合計量が5.0％以上の複合肥料である。

【生骨粉】（普通肥料）生骨をそのまま乾燥後粉砕したものをいう。窒素3～5％，りん酸16～20％を含む。

【木の実油かす及びその粉末】（特殊肥料） カポックの種子以外の木本性植物の種子を搾油したかすの総称である。分析例（％）を次に示す。

	N	P_2O_5	K_2O
桐の実油かす：	3.0	1.2	1.2
ろうみ油かす：	1.0	0.4	0.8
茶の実油かす：	1.0	0.4	0.8
オリーブ実油かす：	2.1	0.4	0.6

【牛毛くず】（特殊肥料） 牛の皮を皮革にする工程で発生するくずのうち，毛のくずのみを集めたものである。組成，性質等は羊毛くずと同様で遅効性である。

【魚荒かす粉末】 缶詰め，かつお節，かまぼこなどの魚の加工くずを水で煮沸して脱脂後乾燥し，粉砕したものをいう。魚の骨質部が多く，りん酸に富む。窒素5～8％，りん酸10％前後を含む。なお，公定規格上は魚かす粉末の種類に属する。

【魚かす】（特殊肥料） 魚かすの一般的な製法は，原料を煮沸し，これを圧搾して油分をとり乾燥する。これを粉砕すれば普通肥料の魚かす粉末となる。流通上は魚かすといえば，一般に身かすともいわれる肉質部が多いものを指し，魚荒かすとよばれるものは，かつお，さば，まぐろなどの可食部を除いた部分の骨質部の多いものをいう。

【魚かす粉末】（普通肥料） 生魚を煮沸したのち，圧搾して水分及び脂肪の大部分を除いたかすを乾燥粉砕したものをいう。肉質部が多く窒素成分に富む。窒素9～10％，りん酸4～6％を含む。にしん，いわし，雑魚などが原料になるが，最近は漁獲量の減少，飼料への需要増大などに関連して末端まで単独で流通するものがほとんどなく，肥料の原料と配合されたものが多い。なお，未粉末のものは，魚かすとして特殊肥料に指定されている。

【魚廃物加工肥料】（普通肥料） 魚荒，魚腸，魚汁又はいかの内臓を蒸製骨粉，蒸製皮革粉，かにがら粉末，ぬか類，米ぬか油かす，しょう油かす，たばこくず肥料若しくはその粉末，豆腐かす，とうもろこし穂しん粉末，落花生から粉末，もみがら粉末，発酵くえん酸抽出かす，泥炭などの吸着原料に吸着させて乾燥した肥料をいう。窒素全量4.0％以上，りん酸全量1.0％以上を含む。このほか，吸着材としてたばこくず肥料又はその粉末を使用したものは，加里全量1.0％以上を含む。

【魚鱗】（特殊肥料）魚のうろこを集めて乾燥したものをいう。窒素２～７％，りん酸２～18％を含む。土壌中での分解は遅い。なお，魚鱗を蒸製したものは，蒸製魚鱗及びその粉末として普通肥料の公定規格が設けられる。

【キレート化合物】 一般に二座以上の多座配位子が同一金属に配位し環状構造を有する化合物をいうが，有機化学では更に水素結合により環状をしている場合，これをキレート環状と言い，このような環をもつ化合物をキレート化合物に含めている。

近時肥料の分野にも，沈殿防止をねらって葉面散布肥料へのクエン酸の使用，肥効と同時に肥効増進をねらった肥料とニトロフミン酸あるいはフミン酸系物質との複合体の製造等，キレート化合物ないしキレート作用が意識的にとり上げられている。

〔く〕

【グアニル尿素】 グアニルウレアともいわれる。化学式$NH_2 \cdot C(NH) \cdot NH \cdot CO \cdot NH_2$で示されるシアナミド誘導体の化合物で，その硫酸塩（硫酸グアニル尿素）とりん酸塩（化成肥料）が知られ，ジシアンジアミド酸で加水分解して生産される。我が国では昭和の初めから研究され，硫酸塩については，昭和41年に硫酸グアニル尿素として公定規格が設定された。硫酸グアニル尿素は，窒素全量32％以上を含み，緩効性窒素肥料として用いられている。水には溶けるが，土壌に強く吸着されるので溶脱が少なく水田で緩効性を示す。この際土壌中における分解は微生物が関与し，易分解性有機物の存在，二価鉄の量，還元進行などと密接な関係があるといわれている。畑では分解が遅い。水稲乾田直播の試験では好成績が得られている。

【グアノ】 大別して，「窒素質グアノ」，「りん酸質グアノ」及び「バットグアノ」の三種に分れる。窒素質グアノは南米大陸沿岸の各島々に産し，海鳥の排泄物中に含まれる窒素成分が降雨量が極度に少ないため流出せず，窒素を多く含有しているものである。りん酸質グアノはこの反対に気温が高く降雨量が多く，母岩が炭酸石灰である南洋方面の島々に主として産する。この場合，含有成分が分解して流れる際，りん酸分だけは母岩の炭酸石灰に作用して難溶性のりん酸三石灰を沈殿堆積するためりん酸分が多い。

また，バットグアノは，こうもりの排せつ物とその死体がたい積したもので，りん酸を多く含有している。

「窒素質グアノ」は普通肥料として規格化されており，残りの２種は「グアノ」として特殊肥料に指定されている。

【くず植物油かす及びその粉末】（特殊肥料）　植物種子を搾油する工程中で，原料の精選作業中に排出されるくず植物種子や事故原料種子を別途に搾油したかすをいう。このものは植物の茎葉，雑草の種子，土砂などが含まれるので，品質は一定しない。

【くず大豆及びその粉末】（特殊肥料）　この肥料は，半割等くず大豆又は水ぬれ等により変質した大豆を搾油工程を経ないで加熱変性させ，フレーク状に圧ぺんしたもの又はこれを粉末にしたものである。主成分含有量は窒素全量６％，りん酸全量１％，加里全量２％程度である。無機化率は，油分を含めた大豆油かす粉末より劣る。

【く溶性成分】　植物が吸収利用できる肥料成分の保証形態の一つであり，現在，りん酸加里，苦土，マンガンおよびほう素について肥料公定規格の主成分に指定されている。それぞれ２％のくえん酸水溶液に可溶の成分をいい，水溶性成分に比較して一般にやや緩効性と考えられている。

【グリオキサール縮合尿素】（普通肥料）　尿素とグリオキサール（ジアルデヒド）を縮合反応させて製造される。化学名テトラヒドロイミダゾー(４，５－d)－イミダゾール－２，５（１H，３H)－ジオンという単一化合物で，窒素全量を38％以上含有する。微生物分解型の緩効性窒素肥料。

【黒ぼく土】（Andosol）　腐植を多量に含有するため暗色を呈している火山灰土壌の表層土あるいはこの表層を持つ土壌をいう。非常に軽しょうで，乾燥すると風で飛び，また霜柱が立ちやすい。酸性の度合は新しいものは弱いが，年代のたったものは強く，その矯正には多量の石灰を必要とする。従来低位生産地として原野のまま放置されていたが，石灰，りん酸肥料などを施用すれば，優良な耕地になり得るものである。

【クロルフタリム】　化学名　N－(４－クロロフェニル)－１－シクロヘキセン－１，２－ジカルボキシミドという農薬で，芝用除草剤である。農薬肥料として化成肥料に混入が許されている。

【くん炭肥料】（特殊肥料）　落葉及びじんあいなどをくん焼炭化したものをいう。これに人ぷん尿を吸収させたものも含む。窒素0.7％，りん酸0.4％，加里0.7％程度を含む。

〔け〕

【KEG】（Kali-Export Gesellschaft mbH., 加里輸出組合）　独，フランス，スペインの３社の企業から成る塩加・硫加の輸出組合。設立1974年，本社オーストリアのウィーン。カンポテックスと歩調を合わせるプライスリーダである。

【けい灰石肥料】（普通肥料）　けい灰石の粉末をいう。主組成はメタけい酸カルシウムであり可溶性けい酸20.0％以上，アルカリ分25.0％以上を含む。

【けい酸加里肥料】（普通肥料）　炭酸カリウム又は水酸化カリウムに石炭火力発電所に由

来する微粉炭燃焼灰と水酸化マグネシウム，ドロマイト又はコレマナイトを混合し，約900℃で焼成したものである。く溶性加里10.0％以上，可溶性けい酸25.0％以上，く溶性苦土3.0％以上（このほか，水溶性加里又はく溶性ほう素を含むものもある。）を含有し，加里を水に難溶性のけい酸塩とした緩効性加里肥料である。

【けいそう土焼成粒】（土壌改良資材）　けいそう土を造粒して焼成したもので，土壌の透水性の改善等を目的として，土壌改良資材として利用される。

【軽焼マグネシア】　マグネサイト鉱石〔$MgCO_3$〕を600～1000℃で燃成して粉砕したものをいい，く溶性苦土80％程度を含む。公定規格では副産苦土肥料に属する。

【絹紡蚕蛹くず】（普通肥料）絹糸紡績工場から廃出する絹糸くずと蛹皮，蛹粉などの混合したものの総称。窒素7～11％，りん酸0.4～1.8％を含む。

【軽量気泡コンクリート粉末肥料】（普通肥料）　建材の軽量気泡コンクリートを生産する際に副産されるもので，その主組成はトバモライト（$5CaO \cdot 6SiO_2 \cdot 5H_2O$）である。物理的には多孔質であり，化合形態が水和物であることがこの肥料の特徴とされる。可溶性けい酸25～15％，アルカリ分15～25％，水分5～30％を含有する。

【下水汚泥肥料】（普通肥料）

①　下水道の終末処理場から生じる汚泥を濃縮，消化，脱水又は乾燥したもの。

②　①に掲げる下水汚泥肥料に植物質若しくは動物質の原料を混合したもの又はこれを乾燥したもの。

③　①若しくは②に掲げる下水汚泥肥料を混合したもの又はこれを乾燥したもの。

をいう。

〔こ〕

【甲殻類質肥料】（特殊肥料）　かに，しゃこ，えびなどのからや，しおむしなどの甲殻類を乾燥したもの。あるいは，いか，たこなど軟体動物の加工かすなどがこの肥料に該当する。粉砕すれば普通肥料の甲殻類質肥料粉末になる。

【甲殻類質肥料粉末】（普通肥料）　魚類及び海獣以外の水産動物を処理した肥料で粉末のものをいう。かにがら，かにかす，えびがら，干えび，ひとでかす，塩虫かす，しゃこがら，いかかす，あみかす，などがある。成分は原料により差があるが，窒素3.0％以上，りん酸1.0％以上を含む。なお，粉末でないものは甲殻類質肥料として特殊肥料に指定されている。

【工業汚泥肥料】（普通肥料）

①　工場若しくは事業場の排水処理施設から生じた汚泥を濃縮，消化，脱水又は乾燥したもの。

②　①に掲げる工業汚泥肥料に植物質若しくは動物質の原料を混合したもの又はこれを乾燥したもの。

③　①若しくは②に掲げる工業汚泥肥料を混合したもの又はこれを乾燥したもの。

をいう。

【鉱さいけい酸質肥料】（普通肥料） 高炉，電気炉等により銑鉄，鋼，りん，合金鉄等を生産する際に発生する鉱さい及びこれらにほう素質肥料を混合して熔融したものを粉末にしたもので主組成は，メタけい酸カルシウムであるが，可溶性けい酸10.0％以上，アルカリ分20.0％以上を含み，このほかに苦土，マンガン，ほう素を含有するものもある。なお，可溶性けい酸20％未満の物は２ミリメートルの網ふるいを全通し，かつ，可溶性石灰を40％以上含有すること，アルカリ分が30％未満のものにあっては，アルカリ分を30％以上保証する鉱さいけい酸質肥料に赤鉄鉱を加えたものであること，との制限事項が設けられている。主として水稲のけい酸補給および水田の土壌改良のために施用される。

【鉱さいマンガン肥料】（普通肥料） マンガン鉄を製造する際に副産される鉱さい（フェロマンガン鉱さい）の粉末又はこの高熱状態の鉱さいに苦土含有物又は石灰，けい酸を加えて再熔融したもの（シリコンマンガン鉱さい）を冷却し，粉砕したものをいう。く溶性マンガン10～12％を含む。

【公定規格】（肥料の）肥料の品質の確保等に関する法律に基づき，普通肥料の種類ごとに農林水産大臣が定める規格。肥料の種類ごとに「含有すべき主成分の最小量（％）」，「含有を許される有害成分の最大量（％）」，「その他の制限事項」を規定してあり，肥料の生産登録及び輸入登録は，公定規格に適合するもののみについて行われる。

【高度化成肥料】 通常，肥料の３要素の合計成分量が30％以上の化成肥料を指す。

ただし，窒素肥料及びりん酸肥料の需要表に計上されている高度化成は，りん安（りん硝安を含む）を主体とした製品で，窒素源（アンモニア）又はりん酸源（りん酸液）のいずれか一方を生産する工場において製品化されたものをいい，りん安を購入したり，その他の方法で高成分となった化成肥料（高度配合式化成という。）は成分カウントの重複を避けるため，高度化成に含めていない。なお，高度配合式化成は消費地においては，高度化成の範ちゅうに入り，製品面でも，両者何ら異なるものではない。

【コーヒーかす】（特殊肥料） コーヒーを抽出した残りかすをいう。主としてインスタントコーヒーを製造する際の抽出かすを乾燥したものである。窒素約２％を含む。

【高炉（鉱）さい】 鉱高炉（特に製鉄では平炉に対して立型の高鉱炉をいう）からでるスラグで，高炉セメント，けい酸質肥料，土建用など広く利用されている。組成は操業条件により異なるが，CaO 39～50％，SiO_2 30～35％，MgO ２～６％，Al_2O_3 14～20％，FeO 0.2～1.5％，MnO 0.5～2.0％，TiO_2 1.0～1.5％，S 0.7～3.0％程度である。高炉スラグともいう。

【固型肥料】 原料肥料に水質泥炭を加えて練り混ぜ，成形又は造粒した肥料をいう。成形複合肥料に属し，窒素，りん酸，加里の三成分中いずれか二以上の主成分を含有する。大形のものはだんご肥料ともいい，15～16gの豆炭状を呈し，水稲，果樹等に施用される。直径が３～９㎜程度のものを粒状固形肥料と称し，畑作物用肥料として，主として野菜等に施用される。

【固結防止材】 肥料の固結を防止するために添加される物材をいう。けいそう土，滑石，大谷石，炭酸カルシウム，けい酸石灰など，被覆性が大きいものを乾燥し，微粉にして１～３％肥料に添加し，粒子の表面を被覆する。界面活性剤を固結防止材として使用することもある。

【骨炭粉末】（特殊肥料）動物の骨を，空気をしゃ断し熱分解して炭化させた後粉砕した肥料をいう。活性炭の一種である。製油，精糖工業などにおいて脱色剤として用いられた脱色骨炭粉末や回収骨炭粉末も含まれる。窒素1.2～1.6％，りん酸32～35％，炭素10～11％を含む。

【骨灰】（特殊肥料）骨を空気の流通下で燃焼した残りかすをいう。りん酸35％～38％を含む。骨灰磁器などの工業用の原料に使用されるものが多い。

【ごま油かす及びその粉末】（普通肥料） ごまの種子を搾油したかすをいう。窒素６～７％，りん酸１～３％，加里１～1.5％を含む。

【米ぬか油かす及びその粉末】（普通肥料） 精米のとき生ずる米の皮部，胚乳の一部及び胚の混合物（約20％の油脂分を含む）を搾油したかすをいう。窒素２～４％，りん酸４～６％，加里１～２％を含む。大半は飼料，製薬原料などに使用されるが，かんぴょう，西瓜などの肥料として一部の地域では賞用されている。

【混合汚泥肥料】（普通肥料）

① 下水汚泥肥料，し尿汚泥肥料若しくは工業汚泥肥料のいずれか二以上を混合したもの又はこれを乾燥したもの。

② ①に掲げる混合汚泥肥料に植物質若しくは動物質の原料を混合したもの又はこれを乾燥したもの。

③ ①若しくは②に掲げる混合汚泥肥料を混合したもの又はこれを乾燥したもの。

をいう。

【混合汚泥複合肥料】（普通肥料） 硫安，りん安，塩化加里等の原料肥料に，汚泥発酵肥料を混合し，造粒又は成形した肥料をいい，窒素，りん酸，加里のうち二成分の合計量が10.0％以上のものをいう。

【混合加里肥料】（普通肥料） 加里質肥料に，加里質肥料，石灰質肥料，けい酸質肥料，苦土肥料，マンガン質肥料，ほう素質肥料又は微量要素複合肥料を混合したものをいい，く溶性加里10.0％以上又は水溶性加里6.0％以上を含む。加里以外に保証できる成分は，アルカリ分，可溶性けい酸，く溶性苦土，水溶性苦土，可溶性マンガン，く溶性マンガン，水溶性マンガン，く溶性ほう素及び水溶性ほう素である。

【混合苦土肥料】（普通肥料） 苦土肥料を二以上混合したものをいい，く溶性苦土23.0％以上，水溶性苦土3.0％以上を含む。

【混合石灰肥料】（普通肥料） 石灰質肥料に，石灰質肥料，苦土肥料，ほう素質肥料又は微量要素複合肥料を混合したものをいい，アルカリ分35.0％以上を含む。

【混合微量要素肥料】（普通肥料）　マンガン質肥料，ほう素質肥料，微量要素複合肥料又は苦土肥料を混合したものをいい，マンガンとほう素の合計量8.0%以上のものをいう。

【混合マンガン肥料】（普通肥料）　マンガン質肥料にマンガン質肥料又は苦土肥料を混合したものをいい，水溶性マンガン2.0%以上，水溶性苦土12.0%以上を含む。

【混合堆肥複合肥料】（普通肥料）

① 窒素質肥料，りん酸質肥料，加里質肥料，有機質肥料，複合肥料，石灰質肥料，けい酸質肥料（シリカゲル肥料に限る。），苦土肥料，マンガン質肥料，ほう素質肥料又は微量要素複合肥料に堆肥（動物の排せつ物又は食品由来の有機質物を主原料とするものに限る。）を混合し，造粒又は成形後，加熱乾燥したもの

② 窒素質肥料，りん酸質肥料，加里質肥料，有機質肥料，複合肥料，石灰質肥料，けい酸質肥料（シリカゲル肥料に限る。），苦土肥料，マンガン質肥料，ほう素質肥料又は微量要素複合肥料に米ぬか，発酵米ぬか，乾燥藻及びその粉末，発酵乾ぷん肥料，よもぎかす，骨灰，動物の排せつ物（鶏ふんの炭化物に限る。）又は動物の排せつ物の燃焼灰（鶏ふん燃焼灰に限る。）のいずれか一以上及び堆肥（動物の排せつ物又は食品由来の有機質物を主原料とするものに限る。）を混合し，造粒又は成形後，加熱乾燥したもの）

をいう。

原料となる堆肥は，動物の排せつ物を主原料（５割以上使用すること）とするものについては，乾物としての窒素原料が2.0%以上であり，かつ，窒素全量，りん酸全量又は加里全量の合計量が5.0%以上であり，かつ，C/N比が15以下であるものを使用。また，食品由来の有機物を主原料（５割以上使用すること）とするものについては，乾物として窒素全量が3.0%以上であり，かつ，窒素全量，りん酸全量又は，加里全量の合計量が5.0%以上であり，かつ，C/N比が15以下であるものを使用するとされている。さらに，堆肥は，原料としての品質を確保するため，原則として特殊肥料の届出がされたものを使用するよう指導されている。

なお，堆肥の配合割合は50%以下とすることとされている。

【混合窒素肥料】（普通肥料）　窒素質肥料に窒素質肥料，苦土肥料，マンガン質肥料，ほう素質肥料又は微量要素複合肥料を混合したものをいい，窒素15.0%以上を含む。

【混合動物排せつ物複合肥料】（普通肥料）　窒素質肥料，りん酸質肥料，加里質肥料，有機質肥料，複合肥料，石灰質肥料，けい酸質肥料（シリカゲル肥料に限る。），苦土肥料，マンガン質肥料，ほう素質肥料又は微量要素複合肥料に動物の排せつ物（牛又は豚の排せつ物を加熱乾燥したものに限る。）を混合し，造粒又は成形したものをいう。動物の排せつ物は，乾物として窒素全量，りん酸全量又は加里全量の合計量が5.0%以上のものを使用し，配合割合は乾物として70%以下とすることとされている。

動物の排せつ物は，原料としての品質を確保するため，原則として特殊肥料の届出がされたものを使用するよう指導されている。

【混合有機質肥料】（普通肥料） 次に掲げる肥料をいう。

① 有機質肥料に有機質肥料又は米ぬか，発酵米ぬか，乾燥藻及びその粉末，よもぎかす若しくは動物の排せつ物（鶏ふん炭化物に限る。）混合したもの

② ①に掲げる混合有機質肥料の原料となる肥料に血液又は豆腐かすを混合し，乾燥したもの

で，窒素，りん酸又は加里のいずれか二以上を含み，かつ，その合計量6.0％及び窒素全量１％以上なければならない。また，りん酸全量，加里全量の最小保証量は１％である。

【混合りん酸肥料】（普通肥料） りん酸質肥料に，りん酸質肥料，石灰質肥料，けい酸質肥料，苦土肥料，マンガン質肥料，ほう素質肥料又は微量要素複合肥料を混合したものをいい，く溶性りん酸16.0％以上を含む。

〔さ〕

【酢酸苦土肥料】（普通肥料） 酢酸に酸化マグネシウム又は炭酸マグネシウムを作用させると水溶液から４水塩（$Mg(CH_3COO)_2 \cdot 4H_2O$）が得られる。４水塩の成分量は水溶性苦土18.8％を含有する。

【蚕蛹油かす及びその粉末】（普通肥料） 蚕の蛹の油をとったかすをいう。窒素9.0～9.5％，りん酸1.3～1.5％を含む。ほとんどが家畜の飼料，養魚用餌などに使用される。

【酸性土壌】 酸性反応を呈する土壌をいう。通常土壌のコロイド粒子は不溶性の酸とみなされ，これが塩基によって適当に中和されていれば，土壌の反応は中性付近にあるが，塩基に代わって水素イオンが入ると酸性反応を呈するようになる。本邦のような比較的高温・多雨の所では土壌が酸性化しやすい。土壌の酸性が強くなると，植生に種々の障害を与えるので，石灰の補給に留意が必要である。

〔し〕

【CIF】（cost, insurance and freight） 貿易上の契約条件の一つで，貨物そのものの価格（cost）に海上運賃（freight）と海上保険料（insurance）を含めた価格をいう。沖渡しともいわれるように，船から積み降ろすのに必要な経費は含まれていない。輸入はCIF建てとすることが多く，通関統計も，CIF建て価格で表示されている。なお，CIFから海上保険料のみを除いた契約条件をC&Fという。

【C&F】（→CIF）

【CDU】 Crotonyliden-Di-Ureaの略称で，２－オキソ－４－メチル－６－ウレイドヘキサヒドロピリミジンをいう。（→アセトアルデヒド縮合尿素）

【シアナジン】 化学名２－（４－クロロ－６－エチルアミノ－１，３，５－トリアジン－２－イルアミノ）－２－メチルプロピオノニトリルという農薬で，畑地一年生雑草に対して防除効果を示す土壌処理除草剤である。

【事故肥料】 普通肥料は登録又は，仮登録を受けており，かつ，保証票が付されていなければ譲渡出来ないこととなっているが，天災地変により規格に適合しなくなった場合及び省令（肥料の品質の確保等に関する法律施行規則）で定めるやむを得ない事由が発生した場合は，農林水産大臣又は都道府県知事の許可を受ければ譲渡できることとなっている。

このような肥料を事故肥料という。

省令では，やむを得ない事由として

① 吸湿，風化等の肥料の本質に基づく変質

② 火災，雨もり，生産設備の故障等の事故による変質

③ 荷粉又は容器の破損等の事故による異物混入

が定められている。(肥料の品質の確保等に関する法律参照)

【指定混合肥料】 肥料の品質の確保等に関する法律では，以下の①～④の肥料のうち，化学的変化による品質低下のおそれがないものをあわせて「指定混合肥料」と定義している。

① 登録済みの普通肥料同士を配合した肥料（水以外の材料を使用しない造粒等の極めて軽微な加工を行ったものを含む。）を「指定配合肥料」という。

② 登録済みの普通肥料同士を配合した肥料に水以外の材料を使用した造粒，成形等の一定の加工を行った肥料を「指定化成肥料」という。

③ 登録済みの普通肥料と，登録済みの汚泥肥料等（硫黄及びその化合物に限る。）若しくは届出済みの特殊肥料又はその両方を配合した肥料（当該肥料に一定の加工を行ったものを含む。）を「特殊肥料等入り指定混合肥料」という。

④ 登録済みの普通肥料若しくは届出済みの特殊肥料又はその両方に指定土壌改良資材を混入した肥料（当該肥料に一定の加工を行った肥料を含む。）を「土壌改良資材入り指定混合肥料」という。

【重過りん酸石灰】（普通肥料） りん鉱石にりん酸，又はりん酸と硫酸の混合液を作用させ，可溶性りん酸30％以上，水溶性りん酸28％以上にしたものをいう。りん酸一石灰が主体で，石こうの含有量は少ない。米国では，有効りん酸22～39％のものを強化過りん酸（enriched S.P.-superphosphateの略字），40％以上のものを濃厚過りん酸（concentrated S.P.），二重過りん酸（double S.P.），三重過りん酸（high analysis S.P.）と呼ぶこともある。また，22％以上のものを包括して濃厚過りん酸（concentrated S.P.）と称し，22％未満の普通過りん酸（石灰）と二大別することが多い。

【重炭酸加里】（普通肥料） 塩化加里とアミンの混合溶液又は，水酸化カリウム液と炭酸ガスを作用させて生成〔$KHCO_3$〕した肥料をいう。前者はフランスで工業化された輸入肥料，後者は国内産肥料の製法である。いずれもpH8程度の塩基性加里肥料で水溶性加里45％程度を含む。酸性肥料と配合する場合は注意が必要である。

【ジシアンジアミド】 石灰窒素はシアナミド石灰を主成分とし，土壌中で尿素に変化し

更に微生物の作用で炭酸アンモニウムになる。特に土壌との混合が不十分であったり，貯蔵管理が悪いとシアナミド２分子が重合してジシアンジアミドができる。これは水田では分解してアンモニアになるが，畑では分解されにくいので肥効が減ることがある。ジシアンジアミドは微量でも硝化作用を抑えるので水田には都合のよいこともある。石灰窒素中の制限量はジシアンジアミド性窒素として窒素全量の20.0％以下となっている。硝酸化成制御材としても使用される。工業的にはメラミン樹脂の原料になる。

【ジチオピル】　化学名でS，S'－ジメチル＝２－ジフルオロメチル－４－イソブチル－６－トリフルオロメチルピリジン－３，５－ジカルボチオアートという農薬で，水田及び畑地における１年生のイネ科雑草及び広葉雑草に有効である。農薬入り肥料として化成肥料に混入が許されている。

【湿式りん酸】　りん鉱石を硫酸又は塩酸で分解して得るりん酸。肥料用のりん酸は大半が製造コストの安い硫酸分解によるものである。

【し尿汚泥肥料】（普通肥料）

①　し尿処理施設，集落排水処理施設若しくは浄化槽から生じた汚泥又はこれらを混合したものを濃縮，消化，脱水又は乾燥したもの。

②　し尿又は動物の排せつ物に凝集を促進する材料又は悪臭を防止する材料を混合し，脱水又は乾燥したもの。

③　①若しくは②に掲げるし尿汚泥肥料に植物質若しくは動物質の原料を混合したもの又はこれを乾燥したもの。

④　①，②若しくは③に掲げるし尿汚泥肥料を混合したもの又はこれを乾燥したもの。

をいう。

【硝酸アンモニア】（普通肥料）　硝酸にアンモニアを加えて中和し，これを濃縮，結晶させたもの〔NH_4NO_3〕をいう。窒素32.0～34.0％を含み，その1/2量ずつがアンモニア性窒素と硝酸性窒素である。生理的中性の速効性肥料である。吸湿固結しやすいので，固結防止材が加えられているものがある。特定条件のもとで爆発性があるので，大量を取り扱うときは特に注意を要する。（消防法で危険物として指定されている。）

【硝酸アンモニア石灰肥料】（普通肥料）　硝酸アンモニアをプリリング或いは粒状化する直前に石灰石（ドロマイトを含む。）粉末を混合して作られる肥料をいう。硝酸アンモニアの吸湿性，爆発性を改良する目的で作られる。両者の混合により窒素の15～21％の各種のものがあり，ニトロチョーク，カルニトロなどと呼ばれている。硝酸カルシウムアンモニウム（CAN）と称されることもあるが，必ずしもこのような複塩になっているとは限らない。

【硝酸アンモニアソーダ肥料】（普通肥料）　アンモニアと硝酸を反応させた硝安スラリーに硫酸ナトリウム，苦土炭酸カルシウム及びほう酸塩を混合した肥料をいう。スウェーデンで工業化された輸入肥料でアンモニア性窒素９％以上及び硝酸性窒素９％以上を含有し，主として，てんさい用に使用される。

【硝酸化成抑制材（剤）】 土壌中の亜硝酸菌や硝酸菌の活動を抑え，肥料や土壌中の有機物から生成されるアンモニアの硝酸への変化（硝酸化成）を遅らせるために使われる薬剤をいう。硝酸化成を抑えることによってアンモニアは一定期間土壌中に保持され，また窒素肥料の効果が持続し，施肥の省力化も期待される。我が国では水稲の乾田直播栽培を対象に開発されたが，畑作への利用も進み，薬剤の種類も増している。硝酸化成抑制材としてはジシアンジアミド，ピリミジン系統のもの等がある。

【硝酸加里】 硝酸のカリウム塩〔KNO_3〕をいう。公定規格上化成肥料に属し，塩化カリウムと硝酸から生産される輸入品（米国SPC社），また，硝酸と水酸化カリウム，塩化カリウムと硝酸ナトリウムから生産されるものがあり，硝酸性窒素13%，水溶性加里44%程度を含有する。他の硝酸塩や塩化加里より吸湿性が少ない。たばこ用，園芸作物用の複合肥料の原料に使用されるが，火薬等の原料にもなり消防法で危険物に指定されている。米国（AAPFCO）では，少なくとも12%の可溶性加里を含有するものとされ，加里肥料に属する。

【硝酸加里ソーダ】 硝酸カリウムと硝酸ナトリウムの天然化合物をいう。カリウムとナトリウムの複硝酸塩で窒素15%以上，加里14%以上を含有する。

【硝酸苦土肥料】（普通肥料） 硝酸のマグネシウム塩〔$Mg(NO_3)_2 \cdot nH_2O$〕で，通例6水塩が得られる。6水塩は結晶中に硝酸性窒素10.9%，水溶性苦土15.7%が含有されている。公定規格上では窒素質肥料として扱われている。

【硝酸石灰】（普通肥料） 硝酸カルシウム塩〔$Ca(NO_3)_2 \cdot nH_2O$〕をいう。硝酸性窒素10.0～11.5%，水溶性石灰28%前後を含む。生理的塩基性肥料である。吸湿性が非常に強い。欧米では大量に消費されているが，我が国では吸湿・潮解しやすく貯蔵に不便であるためあまり使用されておらず，砂耕用に若干使用される程度である。電力の低廉なノルウェーで，電弧法によって空気から製造した希硝酸を石灰石で中和して製造し，発達したので，ノルウェー硝石ともいわれる。

【硝酸ソーダ】（普通肥料） 硝酸のナトリウム塩〔$NaNO_3$〕をいう。硝酸と炭酸ナトリウムより合成されるものと，天然産の鉱石を精製したものとがある。前者は欧米で，後者はチリをはじめ，南米の太平洋岸の乾燥地帯で生産される。火薬等の原料にもなり，消防法で危険物に指定されている。硝酸性窒素約16.0%，副成分としてナトリウム25.0～26.0%を含む。

【焼成汚泥肥料】（普通肥料） 下水汚泥肥料，し尿汚泥肥料，工業汚泥肥料又は混合汚泥肥料を焼成したものをいう。

【消費地最寄駅着貨車乗渡】 着駅オンレールともいう。肥料等の受渡条件のひとつで，工場から消費地最寄の貨物取扱駅までの運賃を含み，貨車から積み降ろすのに必要な経費は含まない。基準価格や建値は，通常この条件で取り決められている。

【重金属】 比重5以上の金属を重金属という。重金属としては，亜鉛（比重7.1），鉄（7.8），カドミウム（8.6），銅（8.9），鉛（11.3），金（19.3）等がある。鉄，銅，亜鉛等いくつかのものを除いて，植物にも動物にも必須でなく，かえって毒性を示すので，これらによる土壌汚染が問題となっている。銅，亜鉛についても，土壌中に多量に蓄積すると，農作物の生育を阻害することが明らかになっている。

【蒸製魚鱗及びその粉末】（普通肥料） 魚のうろこを集めて乾燥し，無機化を高めるため蒸製したものをいう。窒素は全量6.0％以上，りん酸全量18.0％以上を含む。

【蒸製鶏骨粉】（普通肥料） 鶏骨を原料として生産された蒸製骨粉をいう。窒素3.5～5.0％，りん酸13.0～21.5％を含む。

【蒸製骨】（特殊肥料） 動物の生骨を粗砕して加圧蒸製したものであり，これを粉砕したものは普通肥料の蒸製骨粉となる。生骨からにかわをとる目的で，更に加圧蒸製の条件を強くして得られる脱こう骨も蒸製骨に含まれる。

【蒸製骨粉】（普通肥料） 動物の生骨を加圧蒸煮し，骨油及びたん白質の一部を除去して乾燥・粉砕したものをいう。窒素3.0～4.0％，りん酸17.0～24.0％を含む。動物の種類，と殺年齢により成分に差がある。一般に若齢動物や小動物はりん酸成分が低い。なお，粉末でないものは蒸製骨として特殊肥料に指定されている。

【蒸製てい角】（特殊肥料） 牛・馬などのひづめや角は，そのままでは土壌中での分解が遅いが，これらを粗砕し，加圧蒸煮したものは分解が速くなる。これを更に粉砕したものは普通肥料の蒸製てい角粉となる。

【蒸製てい角骨粉】（普通肥料） 動物のひずめ及び角とともに骨を加圧蒸製後粉砕したもの又は蒸製てい角粉と蒸製骨粉とを混合したものをいう。窒素6.0％以上，りん酸7.0％以上を含む。

【蒸製てい角粉】（普通肥料） 動物のひずめや角又はそれらの加工くずを加圧蒸製後粉砕したものをいう。窒素10.0～14.0％を含む。なお，粉末でないものは蒸製てい角として特殊肥料に指定されている。

【蒸製皮革粉】（普通肥料） 製革工場及び皮革加工業者より廃出される皮革くずを加圧・蒸解して粉砕したものをいう。生皮のなめし方法により，タンニンなめし，クロムなめしの蒸製皮革粉ができる。タンニンなめしものは6.0～7.5％，クロムなめしものは11.0～12.5％の窒素を含む。通常皮革（かわこ）と称する。

【蒸製毛粉】（普通肥料） 動物の毛又は羽毛を加圧蒸製して粉砕したものをいう。窒素6.0～14.0％を含む。蒸製羽毛粉はフェザーミールといわれ，家畜のたん白質源として飼料に供される。

【焼成りん肥】（普通肥料） りん鉱石に各種原料（ソーダ灰，けい砂，ぼう硝，りん酸等）を混合して焼成した肥料。水溶性りん酸を含まないやや遅効性の肥料で，く溶性りん酸34～38％，石灰約40％，けい酸約10％を含む。加工りん酸肥料及び混合りん酸肥料の原料肥料で，飼料にも使用される。焼りんと略称される。

【消石灰】（普通肥料） 生石灰に水を加えて消化したものをいう。主成分は水酸化カルシウム〔$Ca(OH)_2$〕である。アルカリ分60.0％以上を保証する。有効苦土を含むものは苦土消石灰といい，く溶性苦土5.0～7.0％を含む。

【食品残さ加工肥料】（普通肥料）食品由来の有機質物（食品加工場等における食品の製造、加工又は調理の過程で発生した食用に供することができない残さを除く。）を加熱乾燥し、搾油機により搾油したかすをいう。

【食糧増産援助】 1964～1967年のGATTのケネディ・ラウンドに交渉を基に，1980年に締結された食糧援助規約による無償援助を第一KRと称するのに対し，第二KRと称する。発展途上国の食糧問題解決のため，自助努力による食糧増産を図るのに要する肥料，農薬，農機具などの資機材を無償で供与する日本政府の開発援助である。1977年にスタートしている。

【シリカゲル肥料】（普通肥料） 水ガラスのアルカリを中和し，ゲル化してから脱水したものをいう。日本工業規格（JISZ0701）に規定された包装用シリカゲル乾燥剤として生産されたものであること。また，検湿剤等他の原料を使用したもの及び他の用途に使用されたものを除く。

【シリカヒドロゲル肥料】（普通肥料） 水ガラスのアルカリを中和し，ゲル化したものをいう。180℃で３時間乾燥したものが日本工業規格（JISZ0701）に規定された包装用シリカゲル乾燥剤に該当するものであること。また，検湿剤等他の原料を使用したものを除く。可溶性けい酸17.0％以上を含む。

【深層施肥】 施肥の深さは，通常はせいぜい10cm程度であるが，肥料の利用効率を高めるため，もっと深い所に施肥することをいう。深層に施された肥料は比較的遅ぎきになるから，表層土壌が肥よくであるとき以外は一部の肥料を別に表層に施用する必要がある。施肥の深さは作物の種類により，すなわち根系の広がりにより決められる。深根系の作物に施す場合と，生育半ばに肥料をきかせるために行う場合とがある。りん酸肥料がその性質上主体となる場合が多く，また基肥として施されることが多い。水稲の深層追肥もこの方法の一つに入る。

【人ぷん尿】（特殊肥料） 人間の排せつしたふんと尿の混合物で下肥ともいう。人ぷん尿に凝集を促進する材料又は悪臭を防止する材料を加え，脱水又は乾燥したものは，し尿汚泥肥料に区分される。人ぷんは主として食物の不消化部分より成り，ほかに消化液，消化器の粘膜などが混じり，化学的成分はたん白質，炭水化物，脂肪，その他の有機物及び無機塩類である。尿は血液中の不要物質と水からなり，尿中の窒素の90％程度は尿素である。新鮮なふん尿は水分95％，窒素0.5～0.7％，りん酸0.11～0.13％，加里0.2～0.3％，塩分１％を含むが，作物に有害なため，貯蔵，腐熟させて施用される。

〔す〕

【水酸化苦土肥料】（普通肥料） 海水又は苦汁に消石灰を作用させたもので，マグネシウム水酸化合物である。く溶性苦土50～60％を含む。緩効性の塩基性肥料で，苦土肥料中最も成分が高い。

【水産副産物発酵肥料】（普通肥料）　魚介類の臓器に植物質又は動物質の原料を混合したものをたい積又は攪拌し，腐熟させたものをいう。イカの内臓，ホタテのウロ等を原料としたものが該当する。

【スーパーりん酸】　オルソりん酸〔H_3PO_4〕とポリりん酸（縮合又は重合りん酸ともいう。$H_{n+2}P_nO_{3n+1}$）が共存するりん酸〔P_2O_5〕を70％以上含有し常温では流動性のある濃厚なりん酸をいう。（通常本邦において肥料用に供されるりん酸液は，りん鉱石に硫酸を加え生産される湿式りん酸液でオルソりん酸をP_2O_5として20～35％の量を含むものである。）スーパーりん酸は米国等においては，電灯法，濃縮法（燃焼ガス法，真空濃縮法），溶剤抽出法により生産されるが，高価なため肥料用には未だ多量には使用されていない。含有されるポリりん酸のうち主なものは，ピロりん酸及びトリポリりん酸である。

【水溶性成分】　植物が吸収利用できる肥料成分の保証形態の一つであり，現在，りん酸，加里，けい酸，苦土，マンガン，及びほう素について肥料公定規格の主成分に指定されている。それぞれ水に可溶の成分をいい，植物に直接吸収されやすい形態であるため，速効性と考えられている。

【スルファミン酸】　分子式$HO \cdot SO_2 \cdot NH_2$で示されるもので，植生に有害であるため普通肥料の公定規格にその許される最大量が硫酸アンモニア等でアンモニア性窒素１％につき0.01％，複合肥料で主成分の合計量１％につき0.005％と規制されている。カプロラクタムを製造する際の廃液を用いて造った（回収）硫酸アンモニアにはスルファミン酸アンモニウムが少量含まれる場合もあるので，これを亜硝酸で分解し除去している。

〔せ〕

【成形複合肥料】（普通肥料）　硫安，りん安，塩化加里等の原料肥料に，木質泥炭，紙パルプ廃繊維，草炭質腐植，流紋岩質凝灰岩粉末又はベントナイトのいずれか一を加えて造粒又は成形した肥料をいい，窒素，りん酸，加里のうち二成分の合計量が10.0％以上のものをいう。

【生産能力】　生産設備が実際に生産できる能力。設備能力は，設備がもともと持っている固有の能力であるが，実際設備を運転する場合は，故障修理による休止，原料の種類による能力変動などがあって，生産可能な能力（実生産能力）は設備能力を下回るのが普通である。生産能力は，日産能力に年間操業日数（肥料工業では通常320～340日）を掛けて算出する。

【生石灰】（普通肥料）　生石灰（きせっかい）ともいう。粗砕した石灰石を立がまによって1000～1200℃に加熱処理したものをいう。主成分は酸化カルシウム〔CaO〕で，原石の品位によって主成分に差があるが，アルカリ分80％以上を含む。また苦土を含有するものはく溶性苦土７～30％を含む。強アルカリ性のため土壌の酸度矯正に効果がある。土木建築材料，医薬消毒，各種工業の基本原料，中和剤などにも使用される。

生石灰は水に触れると発熱反応を起し火災の原因になることがあるので，消防法では危険物に指定され，その取扱いに注意を要する。

【製糖副産石灰】（特殊肥料）　製糖工業の工程中で汁液の調整及びしょ糖の精製分離のため加えられた消石灰をろ別回収したものをいう。水分が多く成分の変動が大きい。

【生理的酸性肥料】　化学的には中性でありながら，植物に肥料成分が吸収されたあとに，酸性の副成分を残すような肥料を生理的酸性肥料という。このような肥料には硫安，塩安，硫酸加里，塩化加里などがある。これらの肥料が酸性に変化するのはNH_4^+やK^+が植物に吸収され，あとに残ったSO_4^{2-}やCl^-が硫酸，塩酸として作用するためである。これらの酸により土壌中のCa^{2+}やMg^{2+}その他の塩基が溶脱して土壌の酸性化を促す。

【製りん残さい】　電気炉を用い，乾式法でりんを製造するときに発生するスラグをいう。この粉末は，けい酸質肥料として利用されている。可溶性けい酸35％程度，アルカリ分45％程度を含む。

【ゼオライト】（土壌改良資材）　沸石族に属する鉱物と人工合成物があるが，農業面では現在後者のものは使用されていない。吹管で熱すると泡を出しながらとける。成分はアルカリ又はアルカリ土類の含水アルミノ珪酸塩で，多くの種類がある。火山岩の気孔や鉱脈中に白い結晶の固まりとして産出する。農業における利用としては，陽イオン交換容量が大きいので土壌改良材（土壌の保肥力の改善）にまた吸着力や脱臭力が強いので鶏ふんや家畜舎の悪臭除去に用いられる。

【石灰質肥料】　主として土壌の酸度矯正を目的とするアルカリ分を保証する肥料の種別で，生石灰，消石灰，炭酸カルシウム肥料，貝化石肥料，副産石灰肥料及び混合石灰肥料の６種類の肥料がある。

【石灰処理肥料】（特殊肥料）　果実加工かす，豆腐かす又は焼ちゅう蒸留廃液を石灰で処理したものであって，乾物１kgにつきアルカリ分含有量が250gを超えるものをいう。

【石灰窒素】（普通肥料）　石窒（せきちつ）と略称される。窒化炉でカーバイドと窒素とを反応させて製造するもので，炉出後酸化カルシウム又は炭酸カルシウムを使用するものである。主成分はカルシウムシアナミド〔$CaCN_2$〕で，副成分として石灰，炭素，けい酸，ジシアンジアミドを含む。原料カーバイドの品位により，窒素21～25％のものができるが，一般には21％ものが多い。含有する石灰は，アルカリ分として50～60％を含む。生理的アルカリ肥料である。カルシウムシアナミド，ジシアンジアミドは直接的には植物には有害であるので，基肥として使用し土壌中で分解させる必要がある。ジシアンジアミドは硝酸化成抑制材の一種でもあり，石灰窒素は硝酸化成抑制材入り肥料と同様な特性を有している。また，農薬としても使用される。

【石こう】　硫酸カルシウムに２分子の結晶水がついているもの〔$CaSO_4・2H_2O$〕をいう。天然のものと化学処理によってできた化学石こうがある。粒状化促進材，組成均一化促進材，成形促進材などの材料として使用されているとともに，りん酸を生産する際に副産される石こうについては，非アロフェン土壌におけるアルミニウム障害の減少効果から特殊肥料として指定されている。

【施肥】 作物は天然供給量のみでは高い収量をあげることは難しいので不足する栄養分を肥料として補給することが必要である。これを施肥という。施肥される成分は三要素が主であるが，近年は微量要素も含めて施肥する成分が多様化する傾向にある。作物の種類，目標とする収量の大きさ，土壌の状態などにより，施肥する肥料形態や施肥方法を選ばなければならない。

【施肥量】 耕地に施用される肥料の量で，普通は単位面積当たりの成分量で示される。作物の種類，土壌の肥よく度などにより施肥量は変わってくるが，品種改良，施肥技術の進歩，更には農薬の発達などで収量が増加しているものの，施肥量は横ばいないしは減少の傾向にある。

【セラックかす】（特殊肥料） ラック貝がら虫から天然樹脂セラックを製造したかすをいう。窒素4.0％前後を含む。

【全層施肥】 基肥の施用法の一つで，耕起前に肥料を全面に施し作土全体に混合する方法をいう。特に水田では，窒素肥料の損失を防ぎ肥効を高める施肥法として全層施肥が考え出された。水田の場合，表層施肥された窒素の利用率は30～40％であるのに対し，全層施肥をすると50～60％に高まる。

〔そ〕

【草本性植物種子皮殻油かす及びその粉末】（特殊肥料） 草本性の植物種子の皮殻を搾油して得られる油かすで，香辛料に使用する芥子（からし）粉の製造工場から得られるものが代表的な例であり，これは，芥子種子を圧搾粉砕後ふるいに残るもので，窒素３％，りん酸，加里をそれぞれ１％程度含む。

【草木灰】（特殊肥料） 植物体を燃焼させた残りかすをいう。一般には草本性，木本性植物の茎葉，種子皮殻を比較的低温で燃焼させて作られる。農家が自給肥料として作るものが多い。原料はさまざまで成分は一定しない。アルカリ性を示し，加里３～９％，りん酸３～４％，石灰１～２％，土砂・けい酸28～70％を含む。

【造粒促進材】 肥料を造粒する際に原料に適当な粘着性を持たせるため，水を添加したり，適度の熱を加えたりして，できるだけもどり粉を少なくし造粒効率をよくする必要がある。過りん酸石灰系化成肥料の場合は上記の操作だけでも造粒は容易であるが，熔成りん肥，塩化アンモニア，塩化加里などから造る化成肥料は塩類間に反応が起こりにくく造粒が困難なため，ベントナイト，パルプ廃液などの粘着性物質が造粒促進材として用いられる。

【側条施肥】 種子を条播する作物に対し，種子条と一定の間隔に，一定の深さに肥料を条施することをいう。種子条との間隔や深さは作物の種類や肥料によって変える。肥料による障害を回避することができ，部分的施肥の効果が期待でき，一般に肥効は高い。機械施肥によく用いられる施肥方法である。

【粗砕石灰石】（特殊肥料） 石灰石を粗砕したときのものをいう。牧野，干拓地などに施用されるもので，土壌の酸度矯正及び土壌改良のため，長期的な作用効果を目的として使用される。主成分は炭酸カルシウム〔$CaCO_3$〕である。

【粗製加里塩】（普通肥料） 苦汁を蒸発，濃縮させたのちに冷却して沈殿させたものをいう。塩化加里と塩化マグネシウムの複塩が主体で，粗製のカーナリットである。水溶性加里30％以上，ほかに水溶性苦土５％以上を含む。

【その他の草本性植物油かす及びその粉末】（普通肥料） 大豆，なたね，わたみ，落花生，あまに，ごま，米ぬか以外の草本性植物の種子を搾油したかすの総称である。ひまわり，ニガー，サフラワー，けし，へちまなどの種子を搾油したかすがある。窒素3.0％以上りん酸1.0％以上，加里1.0％以上を含む。

【粗大有機物】 稲わら，麦稈，緑肥，山野草，青刈作物，落葉，ほ場残さ，じんかい，樹皮，ピートモス，おがくずなど，堆肥の主原料になるような粗大な有機物をいう。

【速効性肥料】 いわゆる速ぎきの肥料で，土壌に施したとき速やかに吸収利用されて肥効を現す肥料をいう。速効性肥料の大部分は水溶性で，通常の無機質化学肥料はほとんどこれに属する。

〔た〕

【大豆油かす及びその粉末】（普通肥料） 大豆を搾油したかすをいう。窒素6.0～7.5％，りん酸1.0～2.0％，加里1.0～2.0％を含む。家畜の濃厚飼料の原料，みそ，しょう油の醸造用原料にも使用される。

【第二KR】（→食糧増産援助）

【堆肥】（特殊肥料） わら，もみがら，樹皮，動物の排せつ物その他の動植物質の有機質物（汚泥及び魚介類の臓器を除く。）をたい積又は攪拌し，腐熟させたものをいう。窒素0.30～0.65％，りん酸0.04～0.28％，加里0.38～1.38％，その他けい酸，石灰，苦土及び微量要素を含む。堆肥中の有機物は土壌中で分解されて腐植となるので，土壌の理化学的性質を良好にする。堆肥の効果は総合的で，施用年の効果よりも累積効果が大きいので，毎年施用する必要がある。積み肥（つみごえ）ともいう。

【脱こう骨粉】 粉砕した生骨に温湯を加えてにかわを加圧抽出したかすを乾燥させたものをいう。窒素0.7～1.5％，りん酸27～30％を含む。公定規格では蒸製骨粉に含まれる。

【たばこくず肥料粉末】（普通肥料） たばこ製造の際発生するくず及びたばこの茎葉からニコチンを抽出したかすを粉砕したものをいう。窒素1.0～2.0％，加里4.0～7.0％を含む。

なお，未粉砕のもの又は石灰硫黄合剤などを加えて喫煙できない状態に変性させたものは，たばこくず肥料及びその粉末とした特殊肥料に指定されている。

【炭酸カルシウム肥料】（普通肥料） 炭カルと略称する。石灰石などの炭酸カルシウムを主成分とする鉱石を微粉砕したもの及び石灰乳に炭酸ガスを吹き込んで生成した沈殿を乾燥後粉砕したもの（軽質炭カル）をいい，通常アルカリ分53.0～60.0％を含む。苦土を含むものは苦土炭カルともいい，上記成分以外にく溶性苦土3.5～15.0％を含む。

【炭酸苦土肥料】（普通肥料） 工業的に用いられているのは塩基性炭酸マグネシウム（Basic magnesium carbonate〔$3MgCO_3Mg(OH)_2 \cdot 3H_2O$〕）で，海水又は苦汁に消石灰を作用させた後，その沈殿物（水酸化マグネシウム）に水を加えて乳状化したものに炭酸ガスを作用させて生成したものなどがある。く溶性苦土30～40％を含む。塩基性肥料。

【炭酸マンガン肥料】（普通肥料） 天然の鉱物である菱マンガン鉱を微粉砕したものをいい，通常マンガンを40％以上含有している。公定規格では主成分の最少量として可溶性マンガン30.0％，く溶性マンガン10.0％，その他の制限事項として1.7ミリメートルの網ふるいを全通し，150マイクロメートルの網ふるいを80％以上通過することと規定されている。

【単肥】 複合肥料に対して用いられる用語。例えば硫酸アンモニア，過りん酸石灰，塩化アンモニアなどのように，通常N，P，Kの三要素のうち，一要素（一成分）のみを含む肥料をいう。

【団粒構造】 土壌の単一粒子を１次粒子という。単一粒子が集合して二次粒子になり，これが更に集合して三次・四次というように多次の集合体になっている構造を団粒構造という。団粒は丸味を帯び，これを圧すると低次の団粒に崩れる。有機物・石灰の多い表層土に見られ，孔げきは多く，保水力も大きく，空気の流通もよい。これは植物の生育にとって好ましい構造である。

〔ち〕

【チアメトキサム】 化学名３－（２－クロロ－１，３－チアゾール－５－イルメチル）－５－メチル－１，３，５－オキサジアジナン－４－イリデン（ニトロ）アミンという農薬で，アブラムシ類等の吸汁性害虫及びコナガ等のチョウ目に対して防除効果がある殺虫剤である。

【チオ硫酸アンモニウム】 硫酸アンモニウム水溶液に五硫化アンモニウムとアンモニウム水を加えた溶液をろ過して得られる。

【チタン硫安】 チタン（Ti）を含有する鉱物であるイルミナイトを濃硫酸によって蒸解して硫酸チタンを作り，これを加水分解して水酸化物とし，1,000℃程度に焙焼し，後処理を行って二酸化チタンを得る。この過程で出る硫酸をアンモニアで回収したものがチタン硫安である。

現在，日本の硫安の生産量のうち，このチタン硫安が１％程度を占めている。

なお，二酸化チタンは，ほとんどすべて顔料として用いられている。

【窒素質グアノ】（普通肥料） 比較的多量の窒素分を含有するグアノをいう。我が国では主として海鳥ふんが雨量の少ない高温，多照の乾燥地帯でたい積された窒素分の流亡の少ないペルー産グアノや南ア産グアノのことをいう。公定規格では主成分の最小量として窒素全量12.0％，アンモニア性窒素1.0％，りん酸全量8.0％，可溶性りん酸4.0％，加里全量1.0％の規制がある。

【着駅オンレール】（→消費地最寄駅貨車乗渡）

【地力】 作物の生産に関与する土壌の能力をいい，土壌の物理的・化学的・生物的にわたるすべての性質の総合されたものである。地力はその時代の農業技術により作物生産に貢献しえる力であって，その指標は時間的要因を加味した作物収量で表される。地力の低下を防ぎ，更に増強するような土壌改良，作付体系，肥培管理が最近農業生産性の面から望まれている。地力増進法では，地力を土壌の性質に由来する農地の生産力と定義している。

【地力増進基本指針】 地力増進法に基づき，地力の増進を図るための農業者等に対して農林水産大臣が定める基本的な指針をいい，昭和59年11月20日付けで公表された。この指針に定められる事項は次のとおりである。①土壌の性質の基本的な改善目標，②土壌の性質を改善するための資材の施用に関する基本的な事項，③耕うん整地その他地力の増進に必要な営農に関する基本的事項，④その他地力増進に関する重要事項

【地力増進法】 地力の増進を図るための基本的指針の策定及び地力増進地域の制度について定めるとともに，土壌改良資材の品質に関する表示の適性化のための措置を講ずることにより，農業生産力の増進と農業経営の安定を図ることを目的とした法律。

〔て〕

【DAP】（→りん安）

【DBN】 化学名2,6-ジクロロベンゾニトリルという農薬で，わが国ではイグサ，休耕田の雑草防除のほか，果樹園などの一年生および多年生雑草防除に使用される。

【泥炭】（土壌改良資材） 地質時代の植物遺体が堆積し，腐朽したもので，黄褐色又は褐色を呈し，それを構造する原植物の組成を肉眼的に識別しうる。原植物の種類，堆積の様式又は年代により種々の品質のものがある。土壌改良資材としては，堆肥等の代替物として土壌の膨軟化，保水性の改善等の用途に使用される。

【テトラピオン】 ２，２，３，３－テトラフルオルプロピオン酸ナトリウムをいう。フレノック（frenkck）（商品名）ともいわれる。ダイキン工業社と三共社で共同開発したふっ素を含む有機酸で，すすき，ささ類に優れた効果を示す林業用除草剤である。農

薬肥料として化成肥料に混入が許され，ひのき，杉の下刈り地，地ごしらえ地，開墾地で使用される。

〔と〕

【豆腐かす乾燥肥料】（普通肥料） 大豆を脱皮，水浸せき，摩砕，加熱したのち，豆乳と「おから」に分離して豆腐を製造するが，この際おからを乾燥したものをいう。インスタント豆腐又は豆腐の素として生産する際の副産物が多い。窒素全量4.5％程度，りん酸全量1.0％程度，加里全量1.5％程度を含む。

【動物の排せつ物】（特殊肥料） 牛，豚，馬，鶏，うずら等の家畜や家きんのふんを集めたもの又はこれらを天日又は火力乾燥したものである。家畜のふん尿に凝集促進材（農林省告示第177号で指定されたものに限る）も含まれる。一方、悪臭防止材を加え，脱水又は乾燥したものは，し尿汚泥肥料に区分される。含有成分量は動物の種類や水分状況によって大幅に異なる。

【動物の排せつ物の燃焼灰】（特殊肥料） 家畜家きんのふんをボイラーで燃焼したもの。家畜の場合は例は少ないが，ブロイラーけいふんの割合は多い。ブロイラー飼育は，床を35～36℃に加温して成長を促進しているがここで発生するものは水分が低く焼却は比較的容易である。

【とうもろこし浸漬液肥料】（普通肥料） 湿式製粉法によりコーンスターチを製造する際に副産される。とうもろこしを亜硫酸水で浸漬した液を発酵，濃縮したものをいう。コーンスチープリカーとして飼料用にも用いられる。

窒素全量3.0％以上，りん酸全量3.0％以上，加里全量2.0％以上，水溶性加里2.0％以上を含む。

【とうもろこしはい芽及びその粉末】（普通肥料） コーングリッツ，コーンフラワー等の製造の際に副産され，油分を多く含むことからマルチ栽培向けなど緩効的効果が必要とされる肥料の原料として使用される。窒素全量2.0％以上，りん酸全量2.0％以上，加里全量1.0％以上を含む。

【とうもろこしはい芽油かす及びその粉末】（普通肥料） とうもろこしはい芽からとうもろこしはい芽油を生産する際に発生する油かす（通称ジャームかす）をいう。窒素全量3.0％以上，りん酸全量1.0％以上を含む。

【特殊肥料】 肥料の品質の確保等に関する法律の用語。米ぬか，魚かすのような農家の経験と五感によって識別できる単純な肥料，たい肥のような肥料の価値又は施肥基準が必ずしも含有主成分量のみに依存しない肥料で，農林水産大臣が指定した肥料をいう。

特殊肥料については品質の保全及び公正な取引の確保のため特別な措置を要しないと認められることから，登録を受ける義務，保証票添付の義務等がなく，その生産又は輸入に際しては都道府県知事に届け出さえすればよいこととなっている。

特殊肥料のうち，その消費者が購入に際し品質を識別することが著しく困難であり，かつ，施用上その品質を識別することが特に必要であるためその品質に関する表示の適正化を図る必要があるものとして肥料の品質の確保等に関する法律施行令で定める種類のものについては，その種類ごとに表示事項，遵守事項が定められている。

【土壌汚染】 土壌が重金属，農薬，大気からの降下物，廃棄物などによって汚染され，有害物の蓄積量が増大することをいう。重金属としては，精練所，メッキ工場，電機機器工場，化学工場などから排出される水銀，カドミウム，鉛，ニッケル，クロム，銅，ひ素など数多い。このうち政令で定められた特定有害物質はカドミウム，銅及びひ素である。また農薬取締法では土壌残留性農薬を指定している。

【土壌改良】 植物の栽培に資するため，土壌の物理・化学的及び生物学的な性質を改善すること。その改善の対象項目（性質）として，団粒構造，通気・透水・保水・保肥の諸性質のほか，有用微生物の生育環境等があげられる。

【土壌の管理基準】「農用地における土壌中の重金属等の蓄積防止に係る管理基準」として昭和59年環境庁水質保全局長が示した値が一般的である。この中で，暫定値として，表層乾土１キログラムあたりZn120ミリグラムという基準値が示されている。

【トリアジフラム】 化学名（RS）－N－［2－（3，5－ジメチルフェノキシ）－1－メチルエチル］－6－（1－フルオロ－1－メチルエチル）－1，3，5－トリアジン－2，4－ジアミンという農薬で，イネ科雑草に対して防除効果を示す除草剤である。

〔な〕

【なたね油かす及びその粉末】（普通肥料） なたねの種子から油をとったかすをいう。搾油方法により次の３種類がある。① 圧搾かす：適度にせん熱して圧搾機にかけ搾油したかす（残油分が多い）。② 抽出かす：圧ぺん機にかけた原料をノルマルヘキサン，ベンジンなどの溶媒で抽出したかす。③ 圧抽かす：①，②を併用したもの。搾油方法により色状が異なるが肥効に差はない。窒素4.5%，りん酸2.0%，加里1.0%以上を含む。

〔に〕

【にかわかす】（特殊肥料） 皮革製品製造の際副産されるにべ及びセービングくずよりにかわを抽出した残りかすをいう。窒素４～５%を含む。

【肉かす】（特殊肥料） 食肉加工場において，皮を皮革原料とするため，主として豚の皮から肉質，脂肪質の部分をそぎとり，これから炒りとりによってラードを採り，さらに残った脂肪を圧搾法によって採取する。このかすは玉じめと称する塊状となっており，このものが肉かすといわれ，一部毛が混じることもある。これを粉砕すると普通肥料の肉かす粉末になる。

【肉かす粉末】（普通肥料） 食品工場，精肉店，料理屋より生ずる腐肉，皮革なめし工場の原皮に付着する肉及びと殺場で生ずる皮脂肪を集めて乾燥したもの又はそれをせん熱して搾油したかすを粉砕したものをいう。窒素8.0～10.0％を含む。なお，粉末でないものは，肉かすとして特殊肥料に指定されている。

【肉骨粉】（普通肥料） と殺場，水産工場及び缶詰め工場で廃出する肉片，雑骨類を集め蒸熱，圧搾して油脂分の大半を採った残りを粉砕したもの，又は肉かす粉末と骨粉を混合したものをいう。成分は混合の割合で異なるが，窒素5.0～9.0％，りん酸5.0～20.0％を含む。果樹地帯で賞用される。

【荷粉（にこ）】 倉庫などで発生する掃き寄せ肥料で，一般に「はきよせ」「ふみつけ」「二号品」ともいい，藁，土砂などが混入するため成分が低い。事故肥料として取扱われる。

【ニトレックスコンプレックス】（NITREX／COMPLEX） 西欧諸国（独，イギリス，フランス，イタリア，スペイン，オランダ，オーストリア，アイルランド，ノルウェー，フインランド）の11社の企業から成る窒素系肥料の輸出会社。コンプレックスはニトレックスの一部門として複合肥料を取り扱う。設立1962年（コンプレックスは1971年）。本社スイス・チューリッヒ。硝酸系窒素肥料のプライスリーダーである。

【尿素】（普通肥料） ①アンモニアと炭酸ガスを高温・高圧で反応させたもので，窒素約46.0％を含む。白色，無臭の結晶で水に易溶，吸湿性が強い。中性肥料であり，土壌中で微生物により分解されアンモニアと炭酸になるので，連用しても土壌が悪変しにくい。葉面散布による肥効もある。窒素質肥料中最も窒素含有量が高い。硝酸化成を受けやすい。②工業的に合成されたカルボン酸の酸アミドであって45％以上の窒素を含有するもの（AAPFOC）。

【尿素性窒素】 尿素態窒素ともいう。肥料に尿素〔$CO(NH_2)_2$〕の形で含まれている窒素をいい，尿素，尿素－アルデヒド系緩効性窒素肥料，尿素複合肥料などに含有されている。尿素はそのままの形でも葉面から作物体内に吸収されるが，土壌中ではウレアーゼにより容易に分解されてNH_3とCO_2になり吸収利用される。また速効性であるので，緩効性窒素肥料中に含有されている尿素性窒素の量は，公定規格中で制限されている。

〔の〕

【農薬取締法】 農薬について登録の制度を設け，販売及び使用の規制等を行うことにより，農薬の品質の適性化とその安全かつ適性な使用の確保を図り，もって農業生産の安定と国民の健康の保護に資するとともに，国民の生活環境の保全に寄与することを目的とした法律で，登録・表示・検査の制度が主要な柱となっている。なお，検査をする機関として独立行政法人農林水産消費安全技術センターがある。

【農薬肥料】 肥料であり，かつ，農薬でもあるもの。肥料と農薬を混合して製造するものと，石灰窒素のようにそのものが肥料であり，また，農薬であるものとがある。前者は農薬施用と施肥が一度でできるという労働力節約を第一の目的として製造されるものであるが，農薬と肥料の相乗効果を期待するものもある。肥料の品質の確保等に関する法律では異物混入肥料として取扱われ，同法と農薬取締法，更に農薬の種類によっては毒物及び劇物取締法の適用を受ける。

〔は〕

【バーク（樹皮）たい肥】（特殊肥料，土壌改良資材）　樹皮を主原料とし，家畜ふん尿等を加えて，たい積，腐熟させたものをいう。樹皮たい肥ともいう。政令指定土壌改良資材であるとともに，特殊肥料のたい肥に属する。未熟な製品は，植生を害することがあるため，品質には注意を要する。

【バーミキュライト】（土壌改良資材）　雲母系鉱物を600～1,000℃で加熱処理したものである。加熱処理すると結晶水が脱水し，雲母層が剥離してアコーディオン状に膨脹し，銀色又は金色の軽量多孔性物質となる。軽量性，断熱性，吸音性等を利用して建材等に使用される。土壌改良資材としてはその物理性から，土壌の透水性等の改善に使用される。

【パーライト】（土壌改良資材）　真珠岩，黒曜岩等の火山ガラスの粉末を約800～1,100℃で熱処理したものである。熱処理すると当初の体積の約15倍から20倍の多孔質軽石状となるため，軽量骨材等に多量に使用される。土壌改良資材としては，多孔質部分の水分保持力に着目して，土壌の保水性等の改善に使用される。

【配合肥料】（普通肥料）　一般に，硫酸アンモニア，過りん酸石灰，塩化加里などの無機質肥料及び魚かす粉末，なたね油かす粉末などの有機質肥料を原料として，単に物理的に混合して製造される複合肥料である。

【パクロブトラゾール】　化学名で（２RS，３RS）－１－（４－クロロフェニル－４，４－ジメチル－２－（１－H－１，２，４－トリアゾール－１－イル）ペンタン－３－オールという農薬で，水稲の倒伏軽減を目的とした植物成長調節剤である。農薬肥料として化成肥料に混入が許されている。

【発酵かす】（特殊肥料）　アルコールかす，ビールかす，焼ちゅうかす，ウイスキーかすなど，発酵法による残留かすの総称である。肥料成分としては加里を含んでいるが，原料により一定しない。

【発酵乾ぷん肥料】（特殊肥料）　人ぷん尿を調整槽内で発酵させた残留物を乾燥後粉末にした肥料をいう。窒素１～２％，りん酸５％程度を含む。主として果樹，野菜に使用される。

【発酵米ぬか】（特殊肥料）　米ぬかをたい積して発酵させたものをいう。特に北海道の亜麻栽培用として施用されていた。

【発泡消火剤製造かす】（特殊肥料）　てい角，蒸製毛粉などを原料として生産される化学消火剤（石油，ガソリンなどの火災の消火に卓効がある。）の製造かすをいう。黒褐色で粘土状を呈し，窒素4.0～6.0％，りん酸1.0～2.0％を含む。このほか多量のけいそう土を含む。

【バルクブレンディング方式】　米国において，食糧増産のための肥料の増施，農業労働力の不足，肥料生産及び流通の合理化等の諸事情から，1960年以降急激に発展した配合肥料（液状のものも含める。）の生産，販売方式。肥料の消費地の近くに配合機を備えた小規模な配合兼販売業者が，農家の注文又は土壌調査の結果に基づいて，農家と協議のうえ，栽培に適した施肥計画をたて肥料を処方し，その処方に基づき所要の肥料原料（粒状りん安等）を購入し，配合して，卸，小売商等の中間業者を通ずることなく，ばらのまま散布機付きトラックで，直接消費者の圃場に運び施肥する生産及び販売方式をいう。

〔ひ〕

【BPL】 Bone Phosphate of Limeのことで，りん鉱石のりん酸含有量を骨の主組成であるりん酸三石灰に換算したもの。BPL＝P_2O_5×2.1852で計算される。例えば，P_2O_5 35％のりん鉱石はBPL77％となる。取引き上のりん鉱石の品位を表すものとして，一般に用いられている。

【BB肥料】（→粒状配合肥料）

【ビウレット】 これは一種の尿素縮合体で，尿素を150°～160℃に加熱すると容易に生成され，尿素製造過程にも若干生成し尿素中に共存することがある。その化学式は，$NH_2CONHCONH_2$で尿素２分子が縮合してその中からアンモニア１分子が分離してできたものである。これは作物に有害であるので，肥料用の尿素の規格にはビウレットの含有はビウレット性窒素として窒素全量１％につき，0.02％以下という制限が付されている。

【ヒドロキシイソキサゾール】 化学名3-ヒドロキシ-5-メチルイソオキサゾールという農薬で，各種作物の苗立枯病の防除に適する土壌殺菌剤である。

【被覆加里肥料】（普通肥料） 加里質肥料の表面を大豆油とシクロペンタジエンの共重合物等で被覆（コーティング）し，加里供給の適切な調節を目的とした肥料である。水溶性加里30％以上を含み，加里の初期溶出率（24時間の静止水中溶出率）は50％以下であることと規制されている。加里以外に水溶性の苦土とほう素を保証することができる。

【被覆苦土肥料】（普通肥料） 苦土肥料を硫黄その他の被覆原料で被覆したものをいう。苦土の初期溶出率（24時間の静止水中溶出率）は50％以下であることと規制されている。

【被覆窒素肥料】（普通肥料） 窒素質肥料の表面をオレフィン系樹脂等で被覆（コーティング）し，窒素供給の適切な調節を目的とした肥料である。窒素10％以上を含み，窒素は水溶性であること及び窒素の初期溶出率（24時間の静止水中溶出率）は50％以下であることと規制されている。窒素以外に水溶性の苦土，マンガン，ほう素を保証することができる。

【被覆複合肥料】（普通肥料） 粒状複合肥料の表面をフェノール系若しくはオレフィン系樹脂，硫黄等で被覆（コーティング）し，土壌中における肥料成分の溶出速度を調節して肥効の持続，緩効化，肥料成分流亡の防止等をねらった肥料である。窒素の初期溶出率（24時間の静止水中溶出率）は50％以下であることと規定されている。コーティング肥料ともいう。

【被覆りん酸肥料】（普通肥料） りん酸質肥料を硫黄その他の被覆原料で被覆したものをいう。りん酸の初期溶出率（24時間静止水中溶出率）は50％以下であることと規制されている。

【微粉炭燃焼灰】（特殊肥料） 火力発電所において微粉炭を燃焼する際に生ずる熔融された灰で，煙道の気流中から採取されるものおよび燃焼室の底にたまるもののうち3ミリメートルの網ふるいを全通するものをいう。く溶性ほう素200～5000ppmを含む。集じん装置により特に微粉のものは，フライアッシュといい，セメントの材料に使用されるものもあるが，肥料用のものは，比較的粒度の粗いものやフライアッシュとの混合物が使用される。微粉のものほどほう素の含有量は多いが，微粉炭の品質，燃料方法などにより組成は不均一である。グリーンアッシュ，コールドアッシュ等はこの商品名である。

【ひまし油かす及びその粉末】（普通肥料） ひましの種子よりひまし油を搾油したかすをいう。窒素4.0～6.3％，りん酸2.0％，加里1.2～2.0％を含む。製品中に含まれる残油分は家畜を下痢させるので，飼料には使用されない。灰黒色の粉末で，種皮は比較的厚くて（0.15～0.31㎝）硬い。原料種子はタイ，インドより輸入されて，他の食用油との混合を避けるため，特定の搾油業者によって搾油される。油は下剤，潤滑油，整髪剤などとなる。

【ピリダフェンチオン】（O，O－ジエチル－O－（3－オキソ－2－フェニル－2Hピリダジン－6－イル） ホスホロチオエートをいう。三井東圧化学㈱が開発した殺虫剤で，タマネギの害虫であるタマネギバエのほか，ニカイチュウ，イネドロオイムシ等の防除に使用される。農薬肥料として化成肥料に混入が許されている。オフナック（商品名）ともいわれる。

【肥料】 肥料の品質の確保等に関する法律では，次のように定義されている。①植物の栄養に供することを目的として土地に施される物，②植物の栽培に資するため土壌に化学的変化をもたらすことを目的として土地に施される物，③植物の栄養に供することを目的として植物に施される物。なお，OECDでは1963年に農業委員会から肥料取引きの促進に対する勧告を加盟各国に提案したが，それによると，肥料とは，作物の生育，収穫物の質的改良又は収量増加に有効な形態及び量の窒素，りん又はカリウムを含有する物と定義されている。

【ピロキロン】 化学名で1，2，5，6－テトラヒドロピロロ〔3，2，1－ij〕キノリン－4－オンという農薬である。水稲のいもち病防除を目的とした殺菌剤で，農薬肥料として化成肥料及び配合肥料に混入が許されている。商品名は「コラトップ」である。

〔ふ〕

【VA菌根菌資材】（土壌改良資材） VA菌根菌は，内生菌根菌の一種であり，嚢状体（Vesicle）及び樹枝状体（Arbuscule）を植物根内に形成する。土壌のりん酸供給能を改善する効果を有することから土壌改良資材に分類され，共生率が5％以上のものについては，地力増進法に基づき表示の基準が定められている。

【フェロニッケル鉱さい】 ガーニエライト鉱，石灰石，コークス等を原料として粗フェロニッケルを造るときにできるスラグをいう。その組成はCaO 20%，SiO_2 44%，MgO 26%，Al_2O_3 7%，FeO 1%，MnO 0.2%程度である。けい酸質肥料として利用されるほか苦土含有量が多いことからりん酸質肥料等の苦土供給原料として使用される。

【フォスケーム】（PHOSCHEM；Phosphate Chemicals Export Association Inc., 米国りん酸肥料輸出組合） 米国の4社の企業から成るりん安，りん酸液の輸出組合。設立1975年，本社イリノイ州シカゴ。世界市場に圧倒的な支配力を有する。

【フォスロック】（PHOSROCK；Phosphate Rock Export Association，フロリダ燐鉱石輸出組合） 米国の7社の企業から成る燐鉱石の輸出組合。設立1970年，本社フロリダ州タンパ市。世界市場に圧倒的な支配力を有する。

【副生硫安】 石炭乾留によるコークス製造の際の副産物であるアンモニア又は石油精製（重油脱流）の際副生するアンモニアを利用してつくられる硫安である。

現在，日本の硫安の生産量のうち，約25%を占めているが，そのほとんどが，コークス副生硫安である。

【副産加里肥料】（普通肥料） 食品工業，繊維工業又は化学工業から副産されるものであって，く溶性加里を25.0%以上及び水溶性加里を9.0%以上，又はこの他にく溶性苦土を3.0%以上含有するものをいう。アルコール発酵廃液の焼却灰，羊毛洗浄廃液を乾燥したもの，アルコール発酵終了液から沈降する固形分を分離したものなどが含まれる。

【副産苦土肥料】（普通肥料） 食品工業，パルプ工業，化学工業，窯業，鉄鋼業又は非鉄金属製造業において副産されるものであって，次に掲げる肥料を含む。

① 粗製水酸化マグネシウム，マグネシアクリンカー副産物（軽焼マグネシアを含む。），普通鋼製鋼用転炉のドロマイトれんがさい若しくはフェロニッケル鉱さいの粉末，ドロマイトれんがを生産する際のマグネシウム含有ダスト又はパルプ工業の排水を海水及び消石灰で処理して得られるマグネシウム含有物を乾燥し，又は焼却したもの。

② 粗製水酸化マグネシウム又はパルプ工業の排水を海水及び消石灰で処理して得られるマグネシウム含有物を乾燥し，又は焼成したもの。

【副産植物質肥料】（普通肥料） 食品工業又は発酵工業において副産されるものであって，植物質の原料に由来するものをいう。つぎに掲げる肥料を含む。

① 天然醸造法によりしょう油を製造する際のしぼりかす。しょう油かすは窒素3.5～4.5%，みそかす（たまりしょう油かす）は窒素5.0～6.5%を含む。

② とうもろこし，小麦等の植物性たん白質を塩酸で分解して生成するアミノ酸液を精製して味液を製造する際に生ずるアミノ酸を主体とした泥状物を乾燥したもの。窒素5.5～7.0%を含む。

③ ウィスキー蒸留廃液，廃糖蜜アルコール発酵廃液又は酵母の抽出液から核酸を精製分離した廃液を濃縮，乾燥したもの。窒素全量及びりん酸全量又は加里全量の合計量

を5.0%以上含む。

【副産石灰肥料】（普通肥料） 非金属鉱業，食品工業，パルプ工業，化学工業，鉄鋼業又は非鉄金属製造業において副産されるもので，各種鉱さい類の粉末のほか，卵殻（マヨネーズ生産副産物）等がある。アルカリ分35.0%以上を含有し，このほか，く溶性苦土1.0%以上を含有するものがある。

【副産窒素肥料】（普通肥料） 食品工業又は化学工業において副産されるものおよび化石燃料又はその排煙の脱硫又は脱硝に伴い副産されるものであって，次に掲げる肥料を含む。

① 硫酸マグネシウムと硫酸アンモニウムの複塩〔$(NH_4)_2SO_4 \cdot MgSO_4 \cdot 6H_2O$〕で，酸化チタンを製造する際に排出される鉄，アルミニウム，マグネシウム，マンガン，クロムを含有した廃硫酸をアンモニア中和法によって，溶解度，pHの差を利用し，廃酸中の硫酸分と苦土分をアンモニアと反応させて同時に複塩として析出させたもの又は合成乳酸廃液等酸性硫酸アンモニウムを含有する液に水酸化マグネシウムを加えて生産されたもの。

無色の結晶粉末，水溶性で，成分はアンモニウム性窒素8%，水溶性苦土11%である。

② 石油，石炭等の化石燃料の燃焼ガスから，電子ビーム法脱硫・脱硝設備により回収される硫安，硫硝安またはその混合物。

③ 精製すれば，公定規格にある硫安，塩安，尿素などと同一の品質になるもの。組成は複雑であるが，硫安を主体とするものに糖化酵素，メタアクリル樹脂，塩ビ発泡剤の製造副産物・塩安を主体とするものに発酵法によるグルタミン酸ソーダ，りん酸トリエステルの副産物などがある。いずれも窒素10%以上を含む。

【副産動物質肥料】（普通肥料） 食品工業，繊維工業，ゼラチン工業又はなめしかわ製造業において副産されるものをいい，次に掲げる肥料を含む。

① すりみ製造等の水産加工業の排水を加圧浮上法により処理し，排水中の魚体くずを凝集分離したのち乾燥したもの。窒素全量８～９%，りん酸全量６～７%を含む。

② 脱塩した原皮の石灰づけ脱毛処理廃液を浄化処理するため，これに硫酸を加えてたん白質等を凝集沈殿させ，この沈殿物を乾燥したもの。窒素全量を９%程度含有する。

③ オセイン（獣骨を塩酸で処理し，無機質を溶解除去したもので，主成分はコラーゲンたん白質である。）を石灰乳で処理した後，熱水抽出によりゼラチンを製造する際に得られる残渣を乾燥，粉砕したもの。窒素全量11%程度を含有する。

【副産複合肥料】（普通肥料） 食品工業又は化学工業において副産されるもの等があり，次に掲げる肥料を含む。

発酵工業の廃液を濃縮・乾燥したものや，パームやし空果房・果実油かすの燃焼灰（パームアッシュ）を含む。窒素，りん酸又は加里のいずれか二以上の主成分の合計量5.0%以上を含有するもの。なお，発酵工業の廃液を濃縮・乾燥したもので，含有される窒素成分等が動植物質のものに由来する場合は，副産動物（植物）質肥料（有機質肥料）となる。

【副産マンガン肥料】（普通肥料）　化学工業において副産されるもので，電解二酸化マンガンの製造時に副産される副産ケーキを乾燥させたもの等があり，く溶性マンガン8.0％以上，水溶性マンガン2.0％以上を含む。

【副産りん酸肥料】（普通肥料）　食品工業，化学工業又は下水道の終末処理場その他の排水の脱りん処理に伴い副産されるものをいい，次に掲げる肥料を含む。

① 粉砕したりん鉱石の硫酸分解液に石灰を添加し，りん酸二カルシウム（りん酸三カルシウムも含まれる）として沈殿させたもの。（沈殿りん酸石灰）ベルギーで生産され，その商品名をFertiphosという。

② 骨粉を酸処理して得た酸性溶液に石灰を加えて生じた沈殿を乾燥後粉砕したもの。主成分はりん酸二カルシウム，リン酸三カルシウムといわれ，く溶性りん酸30％以上を含む。

③ 発酵工業の排水を海水及び水酸化ナトリウム液で処理して得られるりん酸含有物を乾燥したもの。く溶性りん酸25％以上，く溶性苦土13％程度を含む。

④ トリポリりん酸ソーダ（洗剤の原料）の原料になる湿式りん酸液を精製する際に副産される沈殿かす，又はこれにりん酸を反応させたものをろ別・乾燥後粉砕したもの。く溶性りん酸20.0％以上，水溶性りん酸2.0％以上を含む。

⑤ 下水処理場における放流水中に含まれる正りん酸イオンを，りん酸カルシウムとして晶析させて回収したもの。く溶性りん酸15％以上を含む。

【浮上防止材】　たん水状態の水田に施肥すると，比重の小さい粒状の肥料が沈下しないで水面に浮遊したり，沈下した粒状の肥料が水面に再浮上することがある。このような現象を防止するために使用する材料である。前者の場合には主に界面活性剤が，後者の場合にはかんらん岩粉末のような比重の大きい物質が使用される。なお，粒状の高度化成肥料が再浮上する現象は，可溶性の成分が溶出したあとの形骸だけが浮上する場合が多く，肥効上は問題ないといわれている。

【腐植】　広義には土壌中に存在する有機物をいうが，狭義には暗（褐）黒色の非晶質の分解途上又は分解残留有機物を指す。腐植は有機物が主として微生物の作用により分解生成した有機物質である。腐植を機能的に分けると栄養腐植と耐久腐植とになり，前者は微生物により分解されやすく，作物の養分となり，後者は土壌団粒の構成成分で分解しがたい。

【腐植酸アンモニア肥料】（普通肥料）　石炭又は亜炭を硝酸又は硝酸及び硫酸で分解して生成する腐植酸に，アンモニアを反応させた肥料をいう。アンモニア性窒素4.0～5.0％，腐植酸60％前後を含む。

【腐植酸加里肥料】（普通肥料）　石炭又は亜炭を硝酸又は硝酸及び硫酸で分解して生成する腐植酸に，重炭酸カリウム等の塩基性のカリウム又は水酸化マグネシウム等の塩基性のマグネシウムを反応させた肥料をいう。市販品は黒褐色の粒状品で，pH7.3，水溶性加里約11％，腐植酸75％程度を含む。このほかに水溶性加里８％以上，く溶性苦土２％以上，水溶性苦土１％以上含むものもある。

【腐植酸苦土肥料】（普通肥料）　石炭又は亜炭を硝酸で分解し，これに水酸化マグネシウム等の塩基性のマグネシウム含有物を加えた肥料をいう。く溶性苦土3.0～10.0％，水溶性苦土1.0～3.0％，腐植酸60.0％以上を含む。腐植酸系肥料の腐植酸は，土壌改良効果やキレート効果が期待されるといわれている。

【腐植酸質資材】（土壌改良資材）　石炭又は亜炭を硝酸又は硝酸及び硫酸で分解し，カルシウム化合物又はマグネシウム化合物で中和した土壌改良資材をいう。このうち，マグネシウム化合物で中和した物は腐植酸苦土肥料である。土壌改良資材としては，腐植酸の土壌改良効果に着目して土壌の保肥力の改善等に使用されている。

【腐植酸りん肥】（普通肥料）　石炭又は亜炭を硝酸で分解して生ずる腐植酸に熔成りん肥，焼成りん肥，りん鉱石又は塩基性のマグネシウム含有物及び硫酸又はりん酸を加えた肥料をいう。く溶性りん酸15.0％以上，水溶液性りん酸1.0％以上，腐植酸15～30％含む。また，く溶性の苦土3.0％以上，マンガン0.10％以上，く溶性ほう素0.05％以上含むものもある。

【普通化成肥料】　窒素，りん酸，加里の三成分の合計量が30％未満の化成肥料をいう。高度化成肥料の対語で，低度化成肥料ともいう。製造原料，特にりん酸原料として過りん酸石灰を用いることが多い。また有機物を原料とする化成肥料もおおむね普通化成肥料である。

【普通肥料】　農林水産大臣が指定した特殊肥料以外の肥料はすべて普通肥料としている。

普通肥料は，窒素，りん酸，加里等の主成分量によって評価される性格の肥料及び汚泥を原料として生産され，その原料の特性からみて銘柄ごとの主要な成分が著しく異なり，有害成分を含有するおそれが高いものとして肥料の品質の確保等に関する法律施行規則で定められる肥料であり，品質保全の必要性から一定の規格（公定規格）が定められ，この規格に基づいて登録を受けなければならないこととなっているほか（ただし，指定配合肥料にあってはこの限りでない。），保証成分量（主要な成分の含有量）や正味重量を記載した保証票の添付等が義務づけられている。化成肥料等，主要な肥料がこの普通肥料に該当している。

【フレート】（→CIF）

【フレコン】（flexible containerの略称）　肥料等を輸送するための柔軟な資材（ナイロン製等）を用いた大型袋で，200kg入及び500kg入のものが中心である。通常の20kgポリ袋包装のものに比べ，包装や輸送等に要する経費を削減できる。

【プロジアミン】　化学名で５－ジプロピルアミノ－α，α，α－トリフルオロ－４，６－ジニトロ－O－トルイジンという農薬で，除草剤として用いられる。農薬肥料として化成肥料に混入が許されている。

【プロベナゾール】　化学名３－アリルオキシ－１，２－ベンゾイソチアゾール－１，

1－ジオキシドという農薬で，水稲のいもち病等の防除剤。農薬入り肥料として，化成肥料に混入が許されている。

〔へ〕

【ペンディメタリン】 化学名N-(1-エチルプロピル)-3,4-ジメチル-2,6-ジニトロアニリンという農薬で，広範囲の畑地一年生イネ科および広葉雑草に対して防除効果を示す土壌処理除草剤である。

【ベントナイト】（土壌改良資材） モンモリロナイトを主成分とする膨潤性の粘土，アメリカのワイオミング州フォート・ベントトン層中に賦存するものを最初発見記載したのでこの名がある。ベントナイトは，その物性から鋳物，農薬工業，ボーリング，土木基礎等多方面に利用されている。土壌改良資材としては，その膨潤性等を利用して，漏水田の改良等に使用されている。

【ベンフラカルブ】 化学名でエチル＝N－〔2，3－ジヒドロ－2，2－ジメチルベンゾフラン－7－イルオキシカルボニル（メチル）アミノチオ〕－N－イソプロピル－β－アラニナートという農薬で，イネミズゾウムシ，イネドロオイムシの防除を目的として用いられる。農薬肥料として化成肥料及び配合肥料に混入が許されている。

〔ほ〕

【ほう酸塩肥料】（普通肥料） アメリカでトロナ加里を生産する際に，その塩化加里の結晶を除いた液を20℃に冷却して得られるほう砂〔$Na_2B_4O_7 \cdot 10H_2O$〕と，ギリシアのイスケレー鉱区で採掘されるコレマナイト等のほう酸塩を粉砕したものとがある。前者はほう酸のナトリウム塩で水溶性ほう素34％以上を含有する。後者はカルシウム塩でく溶性ほう素38～43％，水溶性ほう素7～36％（ナトリウム塩も混在するため）を含み，その他ロシア，イスラエル等からも産出される。またトルコ産のティンカルはほう砂にドロマイトが混入したもので，水溶性ほう素30％程度含む。

【ほう酸肥料】（普通肥料） ほう砂を硫酸で処理して得られ，ほう酸を主成分とする肥料をいう。水溶性で，ほう素〔H_3BO_3〕55～56％を含有し，あぶらな科植物などのほう素欠乏症に施用すると卓効がある。

【保証成分量】（肥料の） 肥料の品質の確保等に関する法律に基づき，肥料の生産業者，輸入業者又は販売業者が，その生産し，輸入し又は販売する普通肥料について，保証票で保証する主成分の最少量をいう。

【保証票】（肥料の） 肥料の品質の確保等に関する法律に基づき，肥料の生産業者，輸入業者又は販売業者が，自己の生産し，輸入し又は販売する肥料に添付する証票をいい，記載事項は肥料名称，保証成分量等で，法律によって定められている。保証票添付者にとっては，責任をもって自己の肥料の品質を表示する証票であり，農家にとっては，施肥の目安となる重要な根拠である。

【ポリエチレンイミン系資材】（土壌改良資材） アクリル酸とメタクリル酸ジメチルアミノエチルとの共重合物のマグネシウム塩にポリエチレンイミンを反応させた合成高分子化合物系土壌改良資材である。カチオン性であるため水中においても土壌を凝集させる能力を有し，土壌の団粒形成促進の用途に使用される。

【ホルムアルデヒド加工尿素肥料】（普通肥料） 尿素とホルムアルデヒドの縮合反応によって生ずるメチレン尿素を主成分とする混合物である。水に難溶性の窒素化合物が多く含まれ，土壌中では主として微生物によって分解有効化する緩効性窒素肥料である。窒素全量35.0％以上，窒素全量の50％以上が水溶性のものにあっては，尿素性窒素は20％以下であること，水に溶けないものが50％を超えるものにあっては窒素の活性係数が40％以上であることとされている。

〔む〕

【無硫酸根肥料】 硫酸分を含んでいない肥料で，窒素肥料では，尿素，石灰窒素，塩安，硝安など，りん酸肥料では熔成りん肥，焼成りん肥など，加里原料では，塩化加里などで，水田では硫化水素発生の原因とならないので，秋落ち水田に適している。

〔め〕

【メチロール尿素重合肥料】（普通肥料） 尿素にホルムアルデヒドを加えて生成したメチロール尿素縮合物を重合したジメチロール尿素を主体とする。窒素全量を25％以上含有する。ホルムアルデヒド加工尿素よりも窒素の無機化が遅い微生物分解型の緩効性窒素肥料。

〔も〕

【木炭】（土壌改良資材） 木材質を炭化したもので，従来から家庭用，農業用，工業用等まで広い範囲にわたって使用されてきた。土壌改良資材としては，粉状のものが使用され，やし殻，もみ殻等の植物性の殻を炭化したものを包含しており，その多孔性に着目して土壌の透水性等の改善に使用される。

〔ゆ〕

【有害成分】（肥料の） 肥料の製造の過程で，製品中に含有されてくる植生上有害な成分をいう。たとえば，硫青酸化物，ひ素，スルファミン酸，亜硝酸，ビウレット性窒素，カドミウム，ニッケル，クロム，チタンなど。普通肥料の公定規格により肥料の種類ごとに含有を許される最大量が規定されている。

【有機質肥料】 肥料の品質の確保等に関する法律では，魚粉類，骨粉類，草木性植物油かす類等の動植物質の普通肥料をいう。土壌中での有機物の分解過程に応じて，窒素，りん酸等の肥料成分に無機化されるため，肥料は一般に緩効性である。また，窒素，りん酸，加里以外の微量要素を含有する。肥料の種類ごとに公定規格が定められている。なお，一般には生わらたい肥等のような土壌改良が主目的の粗大有機物も広義に有機質肥料に含めることもある。

【輸入承認方式】 化学肥料の輸入は昭和39年10月から，チリ硝石，りん酸鉱石，グアノ，骨粉及び獣骨はA.A制（自動承認制度），窒素肥料，りん酸肥料，加里肥料がAIQ制（自動輸入割当制度）の適用を受けてきたが，後者については昭和47年２月からAIQ制の廃止に伴いAA制に移行した。

また，なたね油かすはIQ制（輸入割当制度）がとられてきたが昭和46年６月30日でAA制となり，現在は肥料の輸入は総て自由化されている。なお，関税も無税となっている。

【輸出承認制度】

肥料の輸出は昭和24年12月から，輸出貿易管理令に基づく通商産業大臣の承認が必要とされていたが，平成８年９月からは自由化されている。

〔よ〕

【熔成汚泥灰けい酸りん肥】（普通肥料） 下水道の終末処理場から生じる汚泥を焼成したものに肥料又は肥料原料を混合し、熔融したものをいう。

【熔成汚泥灰複合肥料】（普通肥料） 下水道の終末処理場から生じる汚泥を焼成したものに肥料又は肥料原料を混合し，熔融した肥料をいい，く溶性の成分を多く含む塩基性の肥料である。

【熔成けい酸加里肥料】（普通肥料） カリウム含有物に製鋼鉱さいを混合し，熔融したものをいう。

【熔成けい酸りん肥】（普通肥料）

① りん鉱石に、けい石、石灰石及び塩基性のマグネシウム含有物を混合し、熔融したもの

② ①の熔成けい酸りん肥の原料にマンガン含有物又はほう酸塩を混合し、熔融したもの

をいう。

【熔成微量要素複合肥料】（普通肥料） マンガン，ほう素又はマグネシウム含有物に長石等を混合し，熔融したものをいう。一般にFTEとして知られている。主成分はマンガンとほう素であるが，苦土を含むものもある。く溶性マンガン17～20%，く溶性ほう素７～９%，苦土を含むものはく溶性苦土10%程度である。各成分とも緩効性で過剰害になりにくい。たばこ，果樹，園芸肥料の原料に使用される。

【熔成複合肥料】（普通肥料） 鉱さいけい酸質肥料，副産苦土肥料，りん鉱石，炭酸加里等の肥料及び肥料原料を配合し，熔融したものをいう。く溶性の成分を多く含み，塩基性の緩効性肥料である。

【熔成ほう素肥料】（普通肥料）　ほう酸塩及び炭酸マグネシウムその他の塩基性マグネシウム含有物に長石等を混合し，熔融したものをいう。く溶性ほう素15.0％以上，く溶性苦土10.0％以上を含む。微量要素であるほう素の肥効を緩効化し，その過剰害を少なくすることをねらった肥料である。

【熔成りん肥】（普通肥料）　りん鉱石に苦土含有物を混合したものを1350～1500℃で熔融し，これに高圧の冷水を接触させて急冷・水砕したものをいう。原料の種類により緑色，黒褐色，灰色を呈するが，いずれも重いガラス状の粉末で，りん酸，苦土石灰，けい酸の固溶体である。原料の一部にマンガン鉱又はほう砂を加えたものはBM熔りんと呼ばれる。塩基性肥料でく溶性りん酸17～26％，く溶性苦土15～18％，可溶性けい酸20～27％，アルカリ分40％以上を，BM熔りんではこのほかく溶性マンガン1.0～5.0％，く溶性ほう素0.5～1.5％を含有する。

【葉面散布】　植物による栄養分の吸収が根によるほか，葉からも吸収されることを利用して，作物の正常な発育をさせるために必要な栄養分を葉面に散布する方法である。微量要素の欠乏に対する葉面散布は古くから行なわれているが，この方法は，土壌施肥に比べて土壌の理化学的性質，根の生理的状態に影響をうけることが少ないために，土壌の性状によって肥料成分が根から吸収されにくい場合，病虫害や秋落水田によって根に障害ができた場合に効果がある。また果樹や花弁のように味，色の商品性を重んずるもの，そ菜のように葉面積の大きいものにも効果がある。

葉面散布によって施用できる量は，濃度による障害などの制限があって，特に三要素では，これのみによって供給することは実用的に困難で，根からの吸収を第一義的に考えねばならない。

葉面散布剤には，窒素，りん酸，加里の成分以外にマンガン，ほう素を含むものがある。

【羊毛くず】（特殊肥料）　羊毛加工の際生ずるくずの総称。窒素５～９％を含むが，腐敗分解が遅く肥効は劣る。

【よもぎかす】（特殊肥料）　みぶよもぎからベンゼンでサントニンを抽出したかす又はよもぎを加工してもぐさを製造したかすを乾燥したものをいう。窒素2.5％，加里3.5％程度。

〔ら〕

【落棉分離かす肥料】（特殊肥料）　紡績工場から廃出される綿くずを集めたものをいう。窒素0.5～1.5％を含み，温床の保温材や堆肥の材料に使用される。

【落花生油かす及びその粉末】（普通肥料）　落花生の種子から落花生油を搾油したかすを粉砕したものをいう。原料の75％はかすとなる。窒素7.5％，りん酸1.3％，加里1.0％を含む。高たん白質のため飼料用として供されるものが多い。

〔り〕

【リグニン苦土肥料】（普通肥料）　亜硫酸パルプ廃液中のリグニンスルホン酸に硫酸マグ

ネシウムを加えた肥料をいう。水溶性苦土5.0％以上を含む。

【硫酸アンモニア】（普通肥料） 硫酸アンモニウム塩〔$(NH_4)_2SO_4$〕で一般に硫安と呼ばれる。製法により合成硫安，回収硫安，副生硫安，変成硫安，石こう法硫安，亜硫酸法硫安などがある。一般には白色の斜法晶系の結晶でアンモニア性窒素20.5～21.0％を含む。水に溶けやすく速効性肥料である。吸湿性は窒素質肥料中で低いほうに属する。硫酸根を持つので酸性土壌，秋落水田に対して好まれない。

【硫酸加里】（普通肥料） 硫加と略称する硫酸のカリウム塩〔K_2SO_4〕で，主としてフランス，ドイツの加里鉱床より産出するが，大部分は塩化加里を硫酸マグネシウム，硫酸加里苦土，硫酸ナトリウム，又は硫酸で処理して製造される。白色又は淡黄色の結晶で吸湿性はほとんどない。水溶性加里45～52.5％を含有し，たばこ用肥料の原料として賞用される。

【硫酸加里苦土】（普通肥料） 硫酸加里と硫酸マグネシウムの複塩である。アメリカ産のラングバイナイト鉱を水洗精製したもの（サルポマグ〔$K_2SO_4 \cdot 2MgSO_4$〕という。）とドイツ産のハートザルツ鉱又は塩化加里にキーゼライトを反応させたもの（パテントカリという。）とがある。水溶性加里16～22％，水溶性苦土８～18％を含み，果樹や野菜に使用される。

【硫酸グアニル尿素】（普通肥料） グアニル尿素の硫酸塩〔$NH_2NHCNHCONH_2 \cdot 1/2 H_2SO \cdot H_2O$〕で，ジシアンジアミドに硫酸を作用させて生産される。水に対する溶解度は大であるが，土壌吸着力の強い緩効性窒素肥料である。また土壌での硝酸化成抑制作用も若干あるといわれている。窒素32～33％を含み，主として水稲用の複合肥料の原料として使用される。

【硫酸苦土肥料】（普通肥料） マグネシウムの硫酸塩〔$MgSO_4 \cdot nH_2O$〕を主体とした肥料をいう。苦土含有物，かんらん岩，水酸化マグネシウムに硫酸を作用させて造るものや，キーゼライトを精製したものがある。製法により成分含量が異なるが，水溶性苦土11～32％を含有する。硫酸苦土は結晶水の付加状態により組成が異なり，キーゼライトに硫酸を作用させたものは１水塩が主体である。

【硫酸製造】 接触式と硝酸式に２大別される。接触式は，二酸化硫黄を五酸化バナジウムを触媒として三酸化硫黄とし，これを吸収塔で濃硫酸に吸収させる方法であるが，近年は，転化器－中間吸収塔－転化器の工程で，二酸化硫黄の再転化を行う２段接触式が多く採用されている。転化率は，99％以上である。硝酸式は，一酸化窒素を触媒として酸化する方法で，建築費も安く，操業も容易などの利点があるが，製品濃度が60～80％で，一般に不純物が多く，現在我が国では行われていない。

【硫酸マンガン肥料】（普通肥料） マンガン硫酸塩を主体とした肥料で，マンガン鉱石を硫酸で処理したものと，アニリン，二酸化マンガン及び硫酸からヒドロキノンを生産する際に副産されるものとがある。水溶性マンガン10～33％を含む。速効性で，マンガンの欠乏地帯に単肥として使用されるか，複合肥料等の原料として使用される。

【粒状配合肥料】 配合肥料の中で粒状のりん安，硫安，塩化加里等の肥料どうしを物理的に混合して製造されるものをいう。通常BB肥料と呼ばれているが本来の意味でのバルクブレンディング方式の肥料とは異なる。(→バルクブレンディング方式)

【流紋岩質凝灰岩】 緑灰色の火山灰が固結してできた岩石で広く建材として用いられている。ゼオライト質で陽イオン交換容量が大きいので，肥料中に保肥材としてその粉砕品を25～35％混入することが認められている。

【りん鉱石】 りんを含有する鉱石で，成因上，たい積りん鉱石（phosphorite）と，火成りん鉱石（igneousapatite）とに大別される。前者は，主として海成のりん鉱石で，海水中のりんが微生物などの作用で浅い海底に生化学的に濃縮沈殿，たい積したものといわれる。後者はりんを含むマグマが噴出してできた火成岩質のもので，特にりん石灰と呼ばれる。このほか海鳥ふんに由来するグアノ質りん鉱石もある。主成分はりん酸カルシウムではなく，不純物の混じったふっ素アパタイト〔$Ca_5F(PO_4)_3$〕である。日本には産出せず輸入する。中国，アメリカ，モロッコが三大産地である。りん酸P_2O_5として20～40％にわたり，不純物は少ないほど良質で，鉄，アルミナの合計量が３％を超えるのは通常原料に適さない。

【りん酸アンモニウム】 りん酸一アンモニウム〔$NH_4H_2PO_4$〕(MAP)，りん酸二アンモニウム〔$(NH_4)_2HPO_4$〕（DAP）などの総称でりん安と略称される場合が多い。りん酸のアンモニウムによる中和化合物で，中和の度合いがpH４程度ならりん酸一安（N12％，P_2O_5 61％)，pH８程度ならりん酸二安（N21％，P_2O_5 53％）ができる。ともに水によく溶ける。肥料としてのりん安は，純粋な二安の結晶に近い20.5－53－０をはじめ，18－46－０，12－53－０，12－48－０など，やや低成分で，窒素，りん酸の比率が異なった各種がある。これは製造条件に応じ割合の異なったりん酸一安，りん酸二安の混合物（1.5安とか，1.7安とか呼ばれる。）ができること，不純物が混じっていること，銘柄によっては，硫酸を添加し，またりん酸中の硫酸分によって硫安が若干生成することなどによる。りん酸三アンモニウム〔$(NH_4)_3PO_4$〕は不安定なので肥料としては使用しない。公定規格上は化成肥料として扱われる。

【りん酸苦土肥料】（普通肥料） りん酸一マグネシウムの四水和物及び三水和物で，水酸化マグネシウムとりん酸を水中で中和反応させて，りん酸一マグネシウムの結晶を析出させ乾燥して生産する。水への溶解性が高い（水100mℓに対し約100g溶解)。水溶性りん酸45.0％以上，水溶性苦土13.0％以上含有する。

【りん酸の固定】 水溶性のりん酸が土壌に固定され，難溶性となる現象をいう。りん酸の固定には鉄，アルミニウム，カルシウムとの化合による沈殿形成，土壌粒子表面における水酸基・けい酸イオンとの交換による吸収，植物・土壌微生物による同化の３種類がある。

〔れ〕

【レナシル】 化学名で３－シクロヘキシル－５，６－トリメチレンウラシルという農薬で，芝用除草剤である。農薬入り肥料として，クロルフタリムと共に化成肥料に混入が許されている。

〔わ〕

【わたみ油かす及びその粉末】（普通肥料） わたの種子を搾油したかすをいう。窒素５～６％，りん酸１～２％，加里1.5％程度を含有する。原料種子は輸入品で，主としてナイジェリアより輸入される。産地によりりん酸成分に若干の差があるが，油分は25％程度を含み，サラダ油やマーガリンの原料となる。わたみ油かすの中には有毒成分であるゴシポールがあるので飼料としての大量使用は不適当である。

〔法令・制度〕

Ⅰ　肥料の品質の確保等に関する法律

昭和２５年５月１日　法律第１２７号
改正昭和２９年４月２６日　法律第７５号
改正昭和３１年６月１１日　法律第１４５号
改正昭和３６年１０月２６日　法律第１６１号
改正昭和３７年９月１５日　法律第１６１号
改正昭和５３年４月２４日　法律第２７号
改正昭和５３年７月５日　法律第８７号
改正昭和５７年７月２３日　法律第６９号
改正昭和５８年５月１７日　法律第４０号
改正昭和５８年５月２５日　法律第５７号
改正昭和５８年１２月２日　法律第７８号
改正平成５年１１月１２日　法律第８９号
改正平成６年１１月１１日　法律第９７号
改正平成１１年７月１６日　法律第８７号
改正平成１１年７月２８日　法律第１１１号
改正平成１１年１２月２２日　法律第１６０号
改正平成１１年１２月２２日　法律第１８６号
改正平成１２年５月３１日　法律第９１号
改正平成１５年６月１１日　法律第７３号
改正平成１６年１２月１日　法律第１５０号
改正平成１９年３月３０日　法律第８号
改正平成２３年８月３０日　法律第１０５号
改正平成２６年６月１３日　法律第６９号
改正令和元年１２月４日　法律第６２号

（目的）

第一条　この法律は、肥料の生産等に関する規制を行うことにより、肥料の品質等を確保するとともに、その公正な取引と安全な施用を確保し、もつて農業生産力の維持増進に寄与するとともに、国民の健康の保護に資することを目的とする。

（定義）

第二条　この法律において「肥料」とは、植物の栄養に供すること又は植物の栽培に資するため土壌に化学的変化をもたらすことを目的として土地に施される物及び植物の栄養に供することを目的として植物に施される物をいう。

2　この法律において「特殊肥料」とは、農林水産大臣の指定する米ぬか、堆肥その他の肥料をいい、「普通肥料」とは、特殊肥料以外の肥料をいう。

3　この法律において「保証成分量」とは、生産業者、輸入業者又は販売業者が、その生産し、輸入し、又は販売する普通肥料につき、それが含有しているものとして保証する主成分の最小量を百分比で表したものをいう。

4　この法律において「生産業者」とは、肥料の生産（配合、加工及び採取を含む。以下同じ。）を業とする者をいい、「輸入業者」とは、肥料の輸入を業とする者をいい、「販売業者」とは、肥料の販売を業とする者であつて生産業者及び輸入業者以外のものをいう。

（公定規格）

第三条　農林水産大臣は、普通肥料につき、その種類ごとに、次の各号に掲げる区分に応じ、それぞれ当該各号に定める事項についての規格（以下「公定規格」という。）を定める。

一　次条第一項第一号、第二号、第四号、第六号及び第七号に掲げる普通肥料（次号に掲げるものを除く。）　含有すべき主成分の最小量又は最大量、含有を許される植物に

とつての有害成分の最大量その他必要な事項

二　次条第一項第一号、第二号、第四号、第六号及び第七号に掲げる普通肥料のうち、その原料の範囲を限定しなければ品質の確保が困難なものとして農林水産省令で定めるもの　含有すべき主成分の最小量又は最大量、使用される原料、含有を許される植物にとつての有害成分の最大量その他必要な事項

三　次条第一項第三号及び第五号に掲げる普通肥料　使用される原料、含有を許される植物にとつての有害成分の最大量その他必要な事項

2　農林水産大臣は、公定規格を設定し、変更し、又は廃止しようとするときは、その期日の少なくとも三十日前までに、これを公告しなければならない。

（登録を受ける義務）

第四条　普通肥料を業として生産しようとする者は、当該普通肥料について、その銘柄ごとに、次の区分に従い、第一号から第六号までに掲げる肥料にあつては農林水産大臣の、第七号に掲げる肥料にあつては生産する事業場の所在地を管轄する都道府県知事の登録を受けなければならない。

一　化学的方法によつて生産される普通肥料（第三号から第五号までに掲げるもの及び石灰質肥料を除く。）

二　化学的方法以外の方法によつて生産される普通肥料であつて、窒素、りん酸、加里、石灰及び苦土以外の成分を主成分として保証するもの（第四号に掲げるものを除く。）

三　汚泥を原料として生産される普通肥料その他のその原料の特性からみて銘柄ごとの主成分が著しく異なる普通肥料であつて、植物にとつての有害成分を含有するおそれが高いものとして農林水産省令で定めるもの（第五号に掲げるものを除く。）

四　含有している成分である物質が植物に残留する性質（以下「残留性」という。）からみて、施用方法によつては、人畜に被害を生ずるおそれがある農産物が生産されるものとして政令で定める普通肥料（以下「特定普通肥料」といい、次号に掲げるものを除く。）

五　特定普通肥料であつて、第三号の農林水産省令で定める普通肥料に該当するもの

六　前各号に掲げる普通肥料の一種以上が原料として配合される普通肥料（前三号に掲げるものを除く。）

七　前各号に掲げる普通肥料以外の普通肥料（石灰質肥料を含む。）

2　前項の規定は、次に掲げる肥料については、適用しない。

一　普通肥料で公定規格が定められていないもの

二　専ら登録を受けた普通肥料（前項第三号から第五号までに掲げるものを除く。）が原料として配合される普通肥料（配合に伴い農林水産大臣が定める方法により加工さ

れるものを含む。）であつて、配合又は加工に伴い化学的変化により品質が低下するおそれがないものとして農林水産省令で定めるもの

三　専ら登録を受けた普通肥料（前項第四号及び第五号に掲げるものを除く。）及び登録を受けた普通肥料（同項第三号に掲げるものに限る。）若しくは特殊肥料（第二十二条第一項の規定による届出がされたものに限る。次号において同じ。）又はその双方が原料として配合される普通肥料（配合に伴い農林水産大臣が定める方法により加工されるものを含む。）であつて、配合又は加工に伴い化学的変化により品質が低下するおそれがないものとして農林水産省令で定めるもの

四　登録を受けた普通肥料（前項第四号及び第五号に掲げるものを除く。）若しくは特殊肥料又はその双方に、地力増進法（昭和五十九年法律第三十四号）第十一条第一項に規定する土壌改良資材（肥料であるものを除く。）のうち農林水産省令で定めるもの（以下「指定土壌改良資材」という。）が混入される普通肥料（混入に伴い農林水産大臣が定める方法により加工されるものを含む。）であつて、混入又は加工に伴い化学的変化により品質が低下するおそれがないものとして農林水産省令で定めるもの

3　都道府県の区域を超えない区域を地区とする農業協同組合その他政令で定める者（第十六条の二第二項において「農業協同組合等」という。）は、公定規格が定められている第一項第六号に掲げる普通肥料（同項第三号から第五号までに掲げる普通肥料の一種以上が原料として配合されるものを除く。）を業として生産しようとする場合には、同項の規定にかかわらず、当該肥料を生産する事業場の所在地を管轄する都道府県知事の登録を受けなければならない。

4　普通肥料を業として輸入しようとする者は、当該普通肥料について、その銘柄ごとに、農林水産大臣の登録を受けなければならない。ただし、第二項各号に掲げる普通肥料及び第三十三条の二第一項の規定による登録を受けた普通肥料については、この限りでない。

（仮登録を受ける義務）

第五条　普通肥料で公定規格が定められていないもの（前条第二項第二号から第四号までに掲げる普通肥料（以下「指定混合肥料」という。）及び第三十三条の二第一項の規定による仮登録を受けた普通肥料を除く。）を業として生産し、又は輸入しようとする者は、当該普通肥料について、その銘柄ごとに、農林水産大臣の仮登録を受けなければならない。

（登録及び仮登録の申請）

第六条　登録又は仮登録を受けようとする者は、農林水産省令で定める手続に従い、次の事項を記載した申請書に登録又は仮登録を受けようとする肥料の見本を添えて、農林水

産大臣又は都道府県知事に提出しなければならない。

一　氏名及び住所（法人にあつてはその名称、代表者の氏名及び主たる事務所の所在地）

二　肥料の種類及び名称（仮登録の場合には肥料の名称）

三　保証成分量その他の規格（第四条第一項第三号及び第五号に掲げる肥料にあつては、使用される原料その他の規格。第十条第五号及び第十六条第一項第三号において同じ。）

四　生産業者にあつては生産する事業場の名称及び所在地

五　保管する施設の所在地

六　原料、生産の方法等からみて、植物に害がないことを明らかにするために特に必要があるものとして農林水産省令で定める肥料の登録にあつては、植物に対する害に関する栽培試験の成績

七　特定普通肥料の登録にあつては、適用植物の範囲

八　農作物が適用植物の範囲に含まれている特定普通肥料の登録にあつては、施用方法及び残留性に関する栽培試験の成績

九　仮登録にあつては施用方法及び栽培試験の成績

十　特定普通肥料の仮登録にあつては、適用植物の範囲

十一　その他農林水産省令で定める事項

2　農林水産大臣の登録又は仮登録の申請をする者は、その申請に対する調査に要する実費の額を考慮して政令で定める額の手数料を納付しなければならない。

（登録）

第七条　前条第一項の規定により登録の申請があつたときは、農林水産大臣は独立行政法人農林水産消費安全技術センター（以下「センター」という。）に、都道府県知事はその職員に、申請書の記載事項及び肥料の見本について調査をさせ、当該肥料が公定規格に適合し、かつ、当該肥料の名称が第二十六条第二項の規定に違反しないことを確認したときは、当該肥料を登録しなければならない。ただし、調査の結果、前条第一項第六号の農林水産省令で定める肥料については、通常の施用方法に従い当該肥料を施用する場合に、植物に害があると認められるとき、農作物が適用植物の範囲に含まれている特定普通肥料については、申請書に記載された適用植物の範囲及び施用方法に従い当該特定普通肥料を施用する場合に、人畜に被害を生ずるおそれがある農産物が生産されると認められるときは、この限りでない。

2　調査項目、調査方法その他前項の調査の実施に関して必要な事項は、農林水産省令で定める。

3　農林水産大臣は、特定普通肥料について第一項の規定による登録をしようとするときは、厚生労働大臣及び環境大臣に協議しなければならない。

（仮登録）

第八条　第六条第一項の規定により仮登録の申請があつたときは、農林水産大臣は、センターに申請書の記載事項及び肥料の見本について調査をさせなければならない。ただし、申請に係る肥料が次条第三項の規定により仮登録を取り消されたものと同一のもの（名称が異なる場合を含む。）であるときは、調査をさせないでその申請を却下することができる。

2　前条第二項の規定は、前項の調査について準用する。

3　農林水産大臣は、第一項の規定による調査の結果、当該肥料の主成分の含有量及びその効果その他その品質が公定規格の定めがある類似する種類の肥料と同等であると認められ、当該肥料の名称が第二十六条第二項の規定に違反しないことを確認したときは、当該肥料の仮登録をしなければならない。ただし、申請書に記載された施用方法に従い当該肥料を施用する場合に、植物に害があると認められるとき、及び農作物が適用植物の範囲に含まれている特定普通肥料について、申請書に記載された適用植物の範囲及び施用方法に従い当該特定普通肥料を施用する場合に、人畜に被害を生ずるおそれがある農産物が生産されると認められるときは、この限りでない。

4　前条第三項の規定は、前項の規定による特定普通肥料の仮登録について準用する。

第九条　農林水産大臣は、仮登録をされている肥料につきセンターに肥効試験を行わせた結果、申請書に記載された栽培試験の成績が真実であると認めたときは、遅滞なく、第三条の規定により公定規格を定めるとともに、当該肥料を登録しなければならない。

2　第七条第二項の規定は、前項の肥効試験について準用する。

3　第一項の試験の結果、申請書に記載された栽培試験の成績が真実でないと認めたときは、農林水産大臣は、有効期間中であつても、当該肥料の仮登録を取り消さなければならない。

4　前項の規定により仮登録を取り消された者は、遅滞なく、仮登録証を農林水産大臣に返納しなければならない。

（登録証及び仮登録証）

第十条　農林水産大臣又は都道府県知事は、登録又は仮登録をしたときは、当該登録又は当該仮登録を受けた者に対し、次に掲げる事項を記載した登録証又は仮登録証を交付しなければならない。

一　登録番号及び登録年月日（仮登録の場合には仮登録番号及び仮登録年月日）

二　登録又は仮登録の有効期限

三　氏名又は名称及び住所

四　肥料の種類及び名称（仮登録の場合には肥料の名称）

五　保証成分量その他の規格

六　特定普通肥料にあつては、適用植物の範囲

七　農作物が適用植物の範囲に含まれている特定普通肥料にあつては、施用方法

第十一条　登録又は仮登録を受けた者は、登録証又は仮登録証を主たる事務所に備え付け、且つ、生産業者にあつては、その写を当該肥料を生産する事業場に備え付けて置かなければならない。

（登録及び仮登録の有効期間）

第十二条　登録の有効期間は、三年（農林水産省令で定める種類の普通肥料にあつては、六年）とし、仮登録の有効期間は、一年とする。

2　前項の登録の有効期間は、申請により更新することができる。但し、公定規格の変更により公定規格に適合しなくなつた普通肥料又は公定規格の廃止により当該種類につき公定規格の定がなくなつた普通肥料については、この限りでない。

3　第一項の仮登録の有効期間は、その有効期間内に第九条第一項の肥効試験に基く肥料の効果の判定を行うことができない場合に限り、申請により更新することができる。

4　登録又は仮登録の有効期間の更新を受けようとする者は、農林水産省令で定める手続に従い、第六条第一項第一号から第五号まで及び第十一号に掲げる事項を記載した申請書に登録証又は仮登録証を添えて、農林水産大臣又は都道府県知事に提出しなければならない。

5　農林水産大臣の登録又は仮登録の有効期間の更新を受けようとする者は、その申請に対する調査に要する実費の額を考慮して政令で定める額の手数料を納付しなければならない。

（登録又は仮登録を受けた者の届出義務）

第十三条　登録又は仮登録を受けた者は、次に掲げる事項に変更を生じたときは、その日から二週間以内に、農林水産省令で定める手続に従い、変更があつた事項及び変更の年月日を農林水産大臣又は都道府県知事に届け出、かつ、変更があつた事項が登録証又は仮登録証の記載事項に該当する場合にあつては、その書替交付を申請しなければならない。

一　氏名又は住所（法人にあつてはその名称、代表者の氏名又は主たる事務所の所在地）

二　生産業者にあつては生産する事業場の名称又は所在地

三　保管する施設の所在地

2　相続又は法人の合併若しくは分割により登録又は仮登録を受けた者の地位を承継した者は、その日から二週間以内に、農林水産省令で定める手続に従い、その旨を農林水産大臣又は都道府県知事に届け出て、登録証又は仮登録証の書替交付（分割により一の普通肥料の生産又は輸入の事業の一部を承継した者にあつては、登録証又は仮登録証の交付）を申請しなければならない。

3　登録証又は仮登録証を滅失し、又は汚損した者は、農林水産省令で定める手続に従い、農林水産大臣又は都道府県知事にその旨を届け出て、その再交付を申請しなければならない。

4　登録又は仮登録を受けた生産業者又は輸入業者が当該普通肥料の名称を変更しようとするときは、農林水産省令で定める手続に従い、農林水産大臣又は都道府県知事に届け出、且つ、登録証又は仮登録証の書替交付を申請しなければならない。

（申請による適用植物の範囲等の変更の登録又は仮登録）

第十三条の二　特定普通肥料の登録又は仮登録を受けた者は、その登録又は仮登録に係る適用植物の範囲又は施用方法を変更する必要があるときは、農林水産省令で定める事項を記載した申請書、登録証又は仮登録証及び特定普通肥料の見本を農林水産大臣に提出して、変更の登録又は仮登録を申請することができる。

2　農林水産大臣は、前項の規定による申請を受けたときは、センターに申請書の記載事項及び特定普通肥料の見本について調査をさせ、その調査の結果、当該申請に係る適用植物の範囲及び施用方法に従い当該特定普通肥料を施用する場合には、人畜に被害を生ずるおそれがある農産物が生産されると認められるときを除き、遅滞なく、変更の登録又は仮登録をし、かつ、登録証又は仮登録証を書き替えて交付しなければならない。

3　第一項の規定により変更の登録又は仮登録の申請をする者については第六条第二項の規定を、前項の調査については第七条第二項の規定を、前項の規定による変更の登録又は仮登録については第七条第三項の規定を準用する。

（職権による施用方法の変更の登録又は仮登録及び登録又は仮登録の取消し）

第十三条の三　農林水産大臣は、現に登録又は仮登録を受けている特定普通肥料が、その登録又は仮登録に係る適用植物の範囲及び施用方法に従い施用される場合に、人畜に被害を生ずるおそれがある農産物が生産されると認められるに至つた場合において、その事態の発生を防止するため必要があるときは、当該特定普通肥料につき、その登録若しくは仮登録に係る施用方法を変更する登録若しくは仮登録をし、又はその登録若しくは仮登録を取り消すことができる。

2　第七条第三項の規定は、前項の規定による変更の登録若しくは仮登録又は登録若しくは仮登録の取消しについて準用する。

3　農林水産大臣は、第一項の規定により変更の登録若しくは仮登録をし、又は登録若しくは仮登録を取り消したときは、遅滞なく、当該処分の相手方に対し、その旨及び理由を通知し、かつ、変更の登録又は仮登録の場合にあつては変更後の施用方法を記載した登録証又は仮登録証を交付しなければならない。

（登録及び仮登録の失効）

第十四条　次の各号のいずれかに該当するときは、登録又は仮登録は、その効力を失う。

一　登録又は仮登録を受けた法人が解散した場合においてその清算が結了したとき。

二　登録又は仮登録を受けた者が当該肥料の生産又は輸入の事業を廃止したとき。

三　都道府県知事に登録をした生産業者が当該肥料を生産する事業場を他の都道府県に移転したとき。

四　当該肥料の保証成分量又は登録証若しくは仮登録証に記載されたその他の規格を変更したとき。

五　当該肥料が第四条第一項第四号の規定に基づく政令の改正により新たに特定普通肥料となつたとき。

（登録又は仮登録の失効の届出等）

第十五条　登録若しくは仮登録の有効期間が満了したとき、又は前条（第五号を除く。）の規定により登録若しくは仮登録がその効力を失つたときは、当該登録又は仮登録を受けていた者（同条第一号の場合には清算人）は、遅滞なく、登録証又は仮登録証を添えて、効力を失つた事由及びその年月日を農林水産大臣又は都道府県知事に届け出なければならない。

2　次の各号に掲げる場合には、当該各号に定める者は、遅滞なく、登録証又は仮登録証（第一号に該当する場合には、変更前の施用方法を記載した登録証又は仮登録証）を農林水産大臣又は都道府県知事に返納しなければならない。

一　第十三条の三第一項の規定により変更の登録又は仮登録がされたとき　当該変更に係る登録又は仮登録を受けていた者

二　第十三条の三第一項の規定により登録又は仮登録が取り消されたとき　当該取消しに係る登録又は仮登録を受けていた者

三　前条第五号の規定により登録又は仮登録がその効力を失つたとき　当該失効に係る登録又は仮登録を受けていた者

（登録及び仮登録に関する公告）

第十六条　農林水産大臣又は都道府県知事は、登録若しくは仮登録をしたとき、登録若しくは仮登録の有効期間を更新したとき、第九条第三項の規定により仮登録を取り消したとき、第十三条の三第一項若しくは第三十一条第一項から第三項までの規定により登録若しくは仮登録を取り消したとき、又は第十四条の規定により登録若しくは仮登録が失効したときは、次に掲げる事項を公告しなければならない。

一　登録番号又は仮登録番号

二　肥料の種類及び名称（仮登録の場合には肥料の名称）

三　保証成分量その他の規格

四　特定普通肥料にあつては、適用植物の範囲

五　農作物が適用植物の範囲に含まれている特定普通肥料にあつては、施用方法

六　生産業者又は輸入業者の氏名又は名称及び住所

2　農林水産大臣又は都道府県知事は、第十三条第一項又は第四項の規定により前項第二号の肥料の名称又は同項第六号の事項に係る変更の届出があつたときは、当該変更に係る事項を公告しなければならない。

3　農林水産大臣は、第十三条の二第二項又は第十三条の三第一項の規定により変更の登録又は仮登録をしたときは、当該変更に係る事項を公告しなければならない。

4　都道府県知事は、その公告した事項を速やかに農林水産大臣及びすべての都道府県知事に通知しなければならない。

（指定混合肥料の生産業者及びその輸入業者の届出）

第十六条の二　指定混合肥料の生産業者又はその輸入業者は、その事業を開始する一週間前までに、輸入業者及び第四条第一項第一号から第三号までに掲げる普通肥料の一種以上が原料として配合される指定混合肥料の生産業者にあつては農林水産大臣に、その他の生産業者にあつてはその生産する事業場の所在地を管轄する都道府県知事に、次に掲げる事項を届け出なければならない。

一　氏名及び住所（法人にあつてはその名称、代表者の氏名及び主たる事務所の所在地）

二　肥料の名称

三　第四条第二項第二号から第四号までに掲げる普通肥料のいずれに該当するかの別

四　生産業者にあつては生産する事業場の名称及び所在地

五　保管する施設の所在地

2　農業協同組合等が第四条第一項第一号又は第二号に掲げる普通肥料の一種以上が原料として配合される指定混合肥料（同項第三号に掲げる普通肥料が原料として配合されるものを除く。）の生産業者である場合には、前項の規定にかかわらず、当該肥料を生産する事業場の所在地を管轄する都道府県知事に、同項各号に掲げる事項を届け出なければならない。

3　指定混合肥料の生産業者又はその輸入業者は、第一項の届出事項に変更を生じたとき

は、その日から二週間以内に、その旨を農林水産大臣又は都道府県知事に届け出なければならない。その事業を廃止したときも、同様とする。

（生産業者保証票及び輸入業者保証票）

第十七条　生産業者又は輸入業者は、普通肥料を生産し、又は輸入したときは、農林水産省令の定めるところにより、遅滞なく、当該肥料の容器又は包装の外部（容器及び包装を用いないものにあつては各荷口又は各個。以下同じ。）に次の事項を記載した生産業者保証票又は輸入業者保証票を付さなければならない。当該肥料が自己の所有又は管理に属している間に、当該保証票が滅失し、又はその記載が不明となつたときも、また同様とする。ただし、輸入業者が第三十三条の二第一項の規定による登録又は仮登録を受けた普通肥料を輸入したときは、この限りでない。

一　生産業者保証票又は輸入業者保証票という文字

二　肥料の種類及び名称（仮登録の場合又は指定混合肥料の場合には肥料の名称）

三　保証成分量（第四条第一項第三号及び第五号並びに同条第二項第三号及び第四号に掲げる普通肥料にあつては、その種類ごとに農林水産大臣が定める主成分の含有量）

四　生産業者又は輸入業者の氏名又は名称及び住所

五　生産し、又は輸入した年月

六　生産業者にあつては生産した事業場の名称及び所在地

七　正味重量

八　指定混合肥料以外の肥料にあつては、登録番号又は仮登録番号

九　特定普通肥料にあつては、登録又は仮登録に係る適用植物の範囲及び施用方法

十　第二十五条ただし書の規定により異物を混入した場合（同条第一号に掲げる場合に限る。）にあつては、その混入した物の名称及び混入の割合

十一　仮登録を受けた肥料又は指定混合肥料にあつてはその旨の表示

十二　第四条第二項第三号に掲げる普通肥料にあつては、その配合した普通肥料（同条第一項第三号に掲げるものに限る。）又は特殊肥料の種類及び配合の割合

十三　第四条第二項第四号に掲げる普通肥料にあつては、その配合した普通肥料（同条第一項第三号に掲げるものに限る。）又は特殊肥料の種類及び配合の割合並びにその混入した指定土壌改良資材の種類及び混入の割合

十四　その他農林水産省令で定める事項

2　第三十三条の二第一項の規定による登録又は仮登録を受けた普通肥料の輸入業者は、当該肥料の容器若しくは包装を開き、若しくは変更したとき、又は容器若しくは包装のない当該肥料を容器に入れ、若しくは包装したときは、農林水産省令の定めるところにより、遅滞なく、当該肥料の容器又は包装の外部に次の事項を記載した輸入業者保証票

を付さなければならない。生産業者保証票が付されていないか、又はその記載が不明となつた当該肥料を輸入したとき、及び輸入した当該肥料が自己の所有又は管理に属している間に、生産業者保証票が滅失し、又はその記載が不明となつたときも、同様とする。

一　輸入業者保証票という文字

二　輸入業者の氏名又は名称及び住所

三　輸入した年月

四　前項第二号、第三号、第七号から第十号まで及び第十四号に掲げる事項

五　生産した者の氏名又は名称及び住所

六　生産した年月

七　生産した事業場の名称及び所在地

八　第三十三条の二第一項の規定による登録又は仮登録を受けた普通肥料である旨の表示

3　前項第五号から第七号までの事項その他農林水産省令で定める事項は、同項の輸入業者が知らないときは、同項の輸入業者保証票に記載しなくてもよい。

（販売業者保証票）

第十八条　販売業者は、普通肥料の容器若しくは包装を開き、若しくは変更したとき、又は容器若しくは包装のない普通肥料を容器に入れ、若しくは包装したときは、農林水産省令の定めるところにより、遅滞なく、当該肥料の容器又は包装の外部に次の事項を記載した販売業者保証票を付さなければならない。生産業者保証票、輸入業者保証票及び販売業者保証票（以下「保証票」という。）が付されていないか、又はその記載が不明となつた普通肥料の引渡しを受けたとき、及び引渡しを受けた普通肥料が自己の所有又は管理に属している間に、その保証票が滅失し、又はその保証票の記載が不明となつたときも、また同様とする。

一　販売業者保証票という文字

二　販売業者の氏名又は名称及び住所

三　前条第一項第二号、第三号、第五号から第七号まで及び第九号から第十四号までに掲げる事項

四　販売業者保証票を付した年月

五　生産業者又は輸入業者（第三十三条の二第一項の規定による登録又は仮登録を受けた普通肥料にあつてはその生産した者）の氏名又は名称及び住所

六　第三十三条の二第一項の規定による登録又は仮登録を受けた普通肥料にあつてはその旨の表示

2　前条第一項第五号及び第六号並びに前項第五号の事項その他農林水産省令で定める事

項は、販売業者が知らないときは、前項の販売業者保証票に記載しなくてもよい。

（譲渡等の制限又は禁止）

第十九条　生産業者、輸入業者又は販売業者は、普通肥料（指定混合肥料を除く。）については、登録又は仮登録を受けており、かつ、保証票が付されているもの、指定混合肥料については、保証票が付されているものでなければ、これを譲り渡してはならない。

2　天災地変により肥料が登録証又は仮登録証に記載された規格に適合しなくなつた場合及び農林水産省令で定めるやむを得ない事由が発生した場合において、命令の定めるところにより、農林水産大臣又は都道府県知事の許可を受けたときは、生産業者、輸入業者又は販売業者は、前項の規定にかかわらず、普通肥料を譲り渡すことができる。

3　農林水産大臣は、第十三条の三第一項（第三十三条の二第六項において準用する場合を含む。）の規定により変更の登録若しくは仮登録をし、又は登録若しくは仮登録を取り消した場合その他の場合において、特定普通肥料を施用することにより、人畜に被害を生ずるおそれがある農産物が生産されることとなる事態の発生を防止するため必要があるときは、農林水産省令をもつて、生産業者、輸入業者又は販売業者に対し、当該特定普通肥料につき、保証票の記載を変更しなければその譲渡若しくは引渡しをしてはならないことその他の譲渡若しくは引渡しの制限をし、又はその譲渡若しくは引渡しを禁止することができる。

（保証票の記載事項の制限）

第二十条　保証票には、第十七条第一項各号若しくは第二項各号又は第十八条第一項各号に掲げる事項、商標及び商号並びに荷口番号及び出荷年月以外の事項を記載し、又は虚偽の記載をしてはならない。

（普通肥料の表示の基準）

第二十一条　農林水産大臣は、普通肥料について、その消費者が施用上若しくは保管上の注意を要すると認めるとき、又はその消費者が購入に際し品質若しくは効果を明確に識別することが著しく困難であり、かつ、施用上その品質若しくは効果を明確に識別することが特に必要であると認めるときは、次に掲げる事項を内容とする表示の基準を定め、これを告示するものとする。

一　施用上若しくは保管上の注意事項として表示すべき事項又は原料の使用割合その他その品質若しくは効果を明確にするために表示すべき事項

二　表示の方法その他前号に掲げる事項の表示に際して生産業者、輸入業者又は販売業者が遵守すべき事項

2　都道府県知事は、その登録した普通肥料又はその届出に係る指定混合肥料について、前項の表示の基準を定めるべき旨を農林水産大臣に申し出ることができる。

（施用の制限）

第二十一条の二　肥料を施用する者は、特定普通肥料については、保証票が付されているもの（第十九条第三項の規定によりその譲渡又は引渡しが禁止されているものを除く。）でなければ、これを施用してはならない。ただし、試験研究の目的で施用する場合その他の農林水産省令で定める場合は、この限りでない。

（特定普通肥料の施用の規制）

第二十一条の三　農林水産大臣は、第四条第一項第四号の規定により特定普通肥料が定められたときは、特定普通肥料の種類ごとに、農林水産省令をもつて、その施用の時期及び方法その他の事項について当該特定普通肥料を施用する者が遵守すべき基準を定めなければならない。

2　農林水産大臣は、必要があると認められる場合には、前項の基準を変更することができる。

3　特定普通肥料は、第一項の基準（前項の規定により当該基準が変更された場合には、その変更後の基準）に違反して、施用してはならない。

4　農林水産大臣は、第一項の農林水産省令を制定し、又は改廃しようとするときは、厚生労働大臣及び環境大臣の意見を聴かなければならない。

（特殊肥料の生産業者及びその輸入業者の届出）

第二十二条　特殊肥料の生産業者又はその輸入業者は、その事業を開始する一週間前までに、その生産する事業場の所在地又は輸入の場所を管轄する都道府県知事に、次に掲げる事項を届け出なければならない。

一　氏名及び住所（法人にあつてはその名称、代表者の氏名及び主たる事務所の所在地）

二　肥料の種類及び名称

三　生産業者にあつては生産する事業場の名称及び所在地

四　保管する施設の所在地

2　特殊肥料の生産業者又はその輸入業者は、前項の届出事項に変更を生じたときは、その日から二週間以内に、その旨を当該都道府県知事に届け出なければならない。その事業を廃止したときも、また同様とする。

（特殊肥料の表示の基準）

第二十二条の二　農林水産大臣は、特殊肥料のうち、その消費者が施用上若しくは保管上の注意を要するため、又はその消費者が購入に際し品質を識別することが著しく困難であり、かつ、施用上その品質を識別することが特に必要であるため、その表示の適正化を図る必要があるものとして政令で定める種類のものについて、次に掲げる事項を内容とする表示の基準を定め、これを告示するものとする。

一　施用上若しくは保管上の注意事項として表示すべき事項又は主成分の含有量、原料その他品質に関し表示すべき事項

二　表示の方法その他前号に掲げる事項の表示に際して生産業者、輸入業者又は販売業者が遵守すべき事項

2　都道府県知事は、特殊肥料の種類を示して、前項の表示の基準を定めるべき旨を農林水産大臣に申し出ることができる。

（指示等）

第二十二条の三　農林水産大臣は、第二十一条第一項の規定により告示された同項第一号に掲げる事項若しくは前条第一項の規定により告示された同項第一号に掲げる事項（以下「表示事項」と総称する。）を表示せず、又は第二十一条第一項の規定により告示された同項第二号に掲げる事項若しくは前条第一項の規定により告示された同項第二号に掲げる事項（以下「遵守事項」と総称する。）を遵守しない生産業者、輸入業者又は販売業者があるときは、当該生産業者、輸入業者又は販売業者に対して、表示事項を表示し、又は遵守事項を遵守すべき旨の指示をすることができる

2　農林水産大臣は、前項の指示に従わない生産業者、輸入業者又は販売業者があるときは、その旨を公表することができる。

3　農林水産大臣は、第一項の指示を受けた者が当該指示に従わなかつた場合において、当該指示に係る表示事項又は遵守事項が、消費者の利益に資するため特に表示の適正化を図る必要があるものとして農林水産大臣が定めるものに該当するときは、その者に対し、当該指示に係る措置をとるべきことを命ずることができる。

4　農林水産大臣は、前項の規定による命令を受けた者（販売業者、都道府県知事の登録した普通肥料若しくはその届出に係る指定混合肥料の生産業者又は特殊肥料の生産業者若しくは輸入業者に限る。）が、当該命令に従わなかつた場合には、その旨を当該肥料の販売若しくは生産の業務を行う事業場の所在地又は輸入の場所を管轄する都道府県知事に通知しなければならない。

（販売業務についての届出）

第二十三条　生産業者、輸入業者又は販売業者は、販売業務を行う事業場ごとに、当該事業場において販売業務を開始した後二週間以内に、次に掲げる事項をその所在地を管轄する都道府県知事に届け出なければならない。

一　氏名及び住所（法人にあつてはその名称、代表者の氏名及び主たる事務所の所在地）

二　販売業務を行う事業場の所在地

三　当該都道府県の区域内にある保管する施設の所在地

2　生産業者、輸入業者又は販売業者は、前項の届出事項に変更を生じたときは、その日から二週間以内に、その旨を当該都道府県知事に届け出なければならない。その販売業務を廃止したときも、同様とする。

（不正使用等の禁止）

第二十四条　何人も、保証票を偽造し、変造し、若しくは不正に使用し、又は偽造し、若しくは変造した保証票その他保証票に紛らわしいものを自己の販売する肥料若しくはその容器若しくは包装に附してはならない。

2　他の生産業者、輸入業者若しくは販売業者の氏名、商標若しくは商号又は他の肥料の名称若しくは成分を表示した容器又は包装は、その表示を消さなければ、何人も自己の販売する肥料の容器又は包装として使用してはならない。

（異物混入の禁止）

第二十五条　生産業者、輸入業者又は販売業者は、その生産し、輸入し、又は販売する肥料に、その品質が低下するような異物を混入してはならない。ただし、次に掲げる場合は、この限りでない。

一　政令で定める種類の普通肥料の生産業者が当該普通肥料につき公定規格で定める農薬その他の物を公定規格で定めるところにより混入する場合

二　第四条第二項第四号に掲げる普通肥料の生産業者が当該普通肥料を生産するに当たつて指定土壌改良資材を混入する場合

（虚偽の宣伝等の禁止）

第二十六条　生産業者、輸入業者又は販売業者は、その生産し、輸入し、又は販売する肥料の主成分若しくはその含有量、効果、原料又は生産の方法に関して虚偽の宣伝をしてはならない。

2　生産業者、輸入業者又は販売業者は、その生産し、輸入し、又は販売する肥料について、その主成分若しくはその含有量、効果、原料又は生産の方法に関して誤解を生ずるおそれのある名称を用いてはならない。

（帳簿の備付）

第二十七条　肥料の生産業者又は輸入業者は、その生産又は輸入の業務を行う事業場ごとに帳簿を備え、肥料を生産し、又は輸入したときは、農林水産省令で定めるところにより、その名称、数量及び原料その他の農林水産省令で定める事項を記載しなければならない。

2　肥料の生産業者、輸入業者又は販売業者は、その生産、輸入又は販売の業務を行う事業場ごとに帳簿を備え、肥料を購入し、又は生産業者、輸入業者若しくは販売業者に販売したときは、農林水産省令で定めるところにより、その名称、数量、年月日及び相手方の氏名又は名称を記載しなければならない。

3　前二項の帳簿は、二年間保存しなければならない。

第二十八条　削　除

（報告の徴収）

第二十九条　農林水産大臣又は都道府県知事は、この法律の施行に必要な限度において、生産業者若しくは輸入業者、肥料の運送業者、運送取扱業者若しくは倉庫業者又は肥料を施用する者からその業務又は肥料の施用に関し報告を徴することができる。

2　農林水産大臣は、第十九条第三項、第二十二条の三、第三十一条第四項又は第三十一条の二の規定の施行に必要な限度において、販売業者からその業務に関し報告を徴することができる。

3　都道府県知事は、この法律の施行に必要な限度において、販売業者からその業務に関し報告を徴することができる。

4　都道府県知事は、第一項又は前項の規定による報告を徴した場合において、生産業者、輸入業者若しくは販売業者が表示事項を表示せず、若しくは遵守事項を遵守していないこと、又は第十九条第一項若しくは第三項若しくは第三十一条第四項の規定に違反して肥料を譲渡し、若しくは引き渡していることが判明したときは、その旨を農林水産大臣に報告しなければならない。

（立入検査等）

第三十条　農林水産大臣又は都道府県知事は、この法律の施行に必要な限度において、その職員に、生産業者若しくは輸入業者、肥料の運送業者、運送取扱業者若しくは倉庫業者又は肥料を施用する者の事業場、倉庫、車両、ほ場その他肥料の生産、輸入、販売、輸送若しくは保管の業務又は肥料の施用に関係がある場所に立ち入り、肥料、その原料若しくは業務若しくは肥料の施用の状況に関する帳簿書類その他必要な物件を検査させ、関係者に質問させ、又は肥料若しくはその原料を、検査のため必要な最小量に限り、無償で収去させることができる。

2　農林水産大臣は、第十九条第三項、第二十二条の三、第三十一条第四項又は第三十一条の二の規定の施行に必要な限度において、その職員に、販売業者の事業場、倉庫その他肥料の販売の業務に関係がある場所に立ち入り、肥料若しくは業務に関する帳簿書類（その作成、備付け又は保存に代えて電磁的記録（電子的方式、磁気的方式その他人の知覚によつては認識することができない方式で作られる記録であつて、電子計算機による情報処理の用に供されるものをいう。）の作成、備付け又は保存がされている場合における当該電磁的記録を含む。次項、第三十三条の三第一項及び第二項並びに第三十三条の五第一項第六号において同じ。）を検査させ、又は関係者に質問させることができる。

3　都道府県知事は、この法律の施行に必要な限度において、その職員に、販売業者の事業場、倉庫その他肥料の販売の業務に関係がある場所に立ち入り、肥料若しくは業務に関する帳簿書類を検査させ、関係者に質問させ、又は肥料を、検査のため必要な最小量に限り、無償で収去させることができる。

4　都道府県知事は、第一項又は前項の規定による立入検査又は質問を行つた場合において、生産業者、輸入業者若しくは販売業者が表示事項を表示せず、若しくは遵守事項を遵守していないこと、又は第十九条第一項若しくは第三項若しくは第三十一条第四項の規定に違反して肥料を譲渡し、若しくは引き渡していることが判明したときは、その旨を農林水産大臣に報告しなければならない。

5　第一項から第三項までの規定による立入検査、質問及び収去の権限は、犯罪捜査のために認められたものと解してはならない。

6　第一項から第三項までの場合には、その職務を行う農林水産省又は都道府県の職員は、その身分を示す証明書を携帯し、関係人の請求があつたときは、これを提示しなければならない。

7　農林水産大臣又は都道府県知事は、第一項又は第三項の規定により肥料又はその原料を収去させたときは、当該肥料又はその原料の検査の結果の概要を新聞その他の方法により公表する。

（センターによる立入検査等）

第三十条の二　農林水産大臣は、前条第一項又は第二項の場合において必要があると認めるときは、センターに、同条第一項に規定する者又は販売業者の事業場、倉庫、車両、ほ場その他肥料の生産、輸入、販売、輸送若しくは保管の業務又は肥料の施用に関係がある場所に立ち入り、肥料、その原料若しくは業務若しくは肥料の施用の状況に関する帳簿書類その他必要な物件を検査させ、関係者に質問させ、又は肥料若しくはその原料を、検査のため必要な最小量に限り、無償で収去させることができる。

2　農林水産大臣は、前項の規定によりセンターに立入検査、質問又は収去（以下「立入検査等」という。）を行わせる場合には、センターに対し、当該立入検査等の期日、場所その他必要な事項を示してこれを実施すべきことを指示するものとする。

3　センターは、前項の指示に従つて第一項の立入検査等を行つたときは、農林水産省令の定めるところにより、その結果を農林水産大臣に報告しなければならない。

4　前条第五項及び第六項の規定は第一項の規定による立入検査等について、同条第七項の規定は第一項の規定による収去について、それぞれ準用する。

（行政処分）

第三十一条　農林水産大臣は、生産業者又は輸入業者がこの法律又はこの法律に基づく命令の規定に違反したときは、次項の場合を除き、これらの者に対し、その違反に係る肥料の譲渡若しくは引渡しを制限し、若しくは禁止し、又は当該肥料の登録若しくは仮登録を取り消すことができる。

2　都道府県知事は、その届出に係る販売業者、その登録した普通肥料若しくはその届出に係る指定混合肥料の生産業者又はその届出に係る特殊肥料の生産業者若しくは輸入業者がこの法律又はこの法律に基づく命令の規定に違反したときは、これらの者に対し、当該肥料の譲渡若しくは引渡しを制限し、若しくは禁止し、又は生産業者について当該肥料の登録を取り消すことができる。

3　農林水産大臣又は都道府県知事は、登録若しくは仮登録をした普通肥料、指定混合肥料又は特殊肥料を通常の施用方法に従い施用する場合に、植物に害があると認められるに至つた場合において、その被害の発生を防止するため必要があるときは、当該肥料について、農林水産大臣にあつてはその登録若しくは仮登録をした普通肥料又はその届出に係る指定混合肥料の生産業者又は輸入業者に対し、都道府県知事にあつては前項に規定する生産業者、輸入業者又は販売業者に対し、その譲渡若しくは引渡しを制限し、若しくは禁止し、又はその登録若しくは仮登録を取り消すことができる。

4　農林水産大臣は、その定める検査方法に従い、センターに肥料を検査させた結果、肥料の品質が不良となつたため、人畜に被害を生ずるおそれがある農産物が生産されると認められるに至つた場合において、その事態の発生を防止するため必要があるときは、当該肥料の譲渡若しくは引渡し又は施用を制限し、又は禁止することができる。

5　農林水産大臣は、第二十五条の規定に違反して異物が混入されたことにより植物に害があると認められるに至つた肥料又は通常の施用方法に従い施用する場合に植物に害があると認められるに至つた肥料を販売業者が販売している場合において、その被害の発生が広域にわたるのを防止するため必要があるときは、当該肥料の販売業務を行う事業場の所在地を管轄する都道府県知事に対し、第二項及び第三項の規定による販売業者に対する処分をすべきことを指示することができる。

6　第一項から第三項までの規定により登録又は仮登録を取り消された者は、遅滞なく、登録証又は仮登録証を農林水産大臣又は都道府県知事に返納しなければならない。

7　第一項から第四項までの処分（登録又は仮登録の取消しを除く。）をしたときは、農林水産大臣にあつては全ての都道府県知事に、都道府県知事にあつては農林水産大臣及び全ての都道府県知事に、速やかにその旨を通知しなければならない。

（回収命令等）

第三十一条の二　農林水産大臣は、生産業者、輸入業者又は販売業者が第十九条第一項若しくは第三項又は前条第四項の規定に違反して肥料を譲渡し、又は引き渡した場合において、当該肥料を施用することにより人畜に被害を生ずるおそれがある農産物が生産されることとなる事態の発生を防止するため必要があるときは、これらの者に対し、当該肥料の回収を図ることその他必要な措置をとるべきことを命ずることができる。

（登録及び仮登録の制限）

第三十二条　第三十一条第一項から第三項までの規定により登録又は仮登録を取り消された者は、取消しの日から一年間は、当該普通肥料と同一のもの（名称が異なる場合を含む。）について更に登録又は仮登録を受けることができない。

（聴聞の特例）

第三十三条　農林水産大臣又は都道府県知事は、第十三条の三第一項の規定による変更の登録若しくは仮登録、第三十一条第三項の規定による肥料の譲渡若しくは引渡しの制限若しくは禁止又は同条第四項の規定による肥料の譲渡若しくは引渡し若しくは施用の制限若しくは禁止の処分をしようとするときは、行政手続法（平成五年法律第八十八号）第十三条第一項の規定による意見陳述のための手続の区分にかかわらず、聴聞を行わなければならない。

2　第九条第三項、第十三条の三第一項若しくは第三十一条第一項から第三項までの規定による登録若しくは仮登録の取消し、第十三条の三第一項の規定による変更の登録若しくは仮登録、第三十一条第三項の規定による肥料の譲渡若しくは引渡しの制限若しくは禁止又は同条第四項の規定による肥料の譲渡若しくは引渡し若しくは施用の制限若しくは禁止の処分に係る聴聞の期日における審理は、公開により行わなければならない。

（外国生産肥料の登録及び仮登録）

第三十三条の二　外国において本邦に輸出される普通肥料（指定混合肥料を除く。）を業として生産する者は、当該普通肥料について、その銘柄ごとに、公定規格が定められている普通肥料については農林水産大臣の登録を、公定規格が定められていない普通肥料については農林水産大臣の仮登録を受けることができる。

2　前項の規定による登録又は仮登録を受けようとする者は、本邦内において品質の不良な肥料の流通の防止に必要な措置を採らせるための者を、本邦内に住所を有する者（外国法人で本邦内に事務所を有するものの当該事務所の代表者を含む。）のうちから、当該登録又は仮登録の申請の際選任しなければならない。

3　第一項の規定による登録又は仮登録を受けた者（以下「登録外国生産業者」という。）は、前項の規定により選任した者（以下「国内管理人」という。）を変更したとき、又は国内管理人につき、その氏名若しくは名称若しくは住所に変更があつたときは、その日から三十日以内に、農林水産省令で定める手続に従い、その旨を農林水産大臣に届け出なければならない。

4　登録外国生産業者は、その生産又は販売の業務を行う事業場ごとに帳簿を備え、農林水産省令で定めるところにより、第一項の規定による登録又は仮登録を受けた普通肥料であつて本邦に輸出されるものを生産したときは、その名称、数量及び原料その他の農林水産省令で定める事項を、当該肥料を販売したときは、その名称、数量、年月日及び相手方の氏名又は名称を記載し、その記載した事項をその国内管理人に通知するとともに、その帳簿を二年間保存しなければならない。

5　国内管理人は、その住所地又は主たる事務所に、帳簿を備え付け、これに前項の規定により通知を受けた事項を記載し、その帳簿を二年間保存しなければならない。

6　第六条から第八条まで、第九条第一項から第三項まで、第十条、第十二条、第十四条（第三号を除く。）並びに第十六条第一項から第三項までの規定は第一項の規定による登録又は仮登録に、第九条第四項、第十一条、第十三条、第十三条の二、第十五条、第十七条第一項本文（第十二号及び第十三号を除く。）、第二十条、第二十一条第一項、第二十二条の三第一項から第三項まで及び第二十五条（第二号を除く。）の規定は登録外国生産業者に、第十三条の三の規定は第一項の規定による登録又は仮登録に係る特定普通肥料に、第二十六条の規定は登録外国生産業者及びその国内管理人に、第二十九条第一項の規定は国内管理人に準用する。この場合において、これらの規定中「農林水産大臣又は都道府県知事」とあるのは「農林水産大臣」と、第六条第一項第一号中「氏名及び住所」とあるのは「第三十三条の二第一項の規定による登録又は仮登録を受けようとする者及びその者が同条第二項の規定により選任した者の氏名並びに住所」と、同項第四号中「生産業者にあつては生産する」とあるのは「生産する」と、第十一条中「生産業者にあつては、その写」とあるのは「その写し」と、第十三条第一項中「二週間」とあるのは「三十日」と、同項第二号中「生産業者にあつては生産する」とあるのは「生産する」と、同条第二項中「二週間」とあるのは「三十日」と、第十四条第二号中「生産又は輸入」とあるのは「生産」と、第十六条第一項中「第三十一条第一項から第三項まで」とあるのは「第三十三条の五第一項」と、同項第六号中「生産業者又は輸入業者」とあるのは「第三十三条の二第一項の規定による登録若しくは仮登録を受けた者及びその者が同条第二項の規定により選任した者」と、同条第二項中「第十三条第一項又は第四項」とあるのは「第十三条第一項若しくは第四項又は第三十三条の二第三項」と、第十七条第一項中「普通肥料を生産し、又は輸入した」とあるのは「第三十三条の二第一項の規定による登録又は仮登録を受けた普通肥料であつて本邦に輸出されるものを生産した」と、「生産業者保証票又は輸入業者保証票」とあるのは「生産業者保証票」と、同項第五号中「生産し、又は輸入した」とあるのは「生産した」と、同項第六号中「生産業者にあつては生産した」とあるのは「生産した」と、同項第十一号中「仮登録を受けた肥料又は指定混合肥料にあつてはその旨」とあるのは「第三十三条の二第一項の規定による登録又は仮登録を受けた普通肥料である旨」と、第二十条中「第十七条第一項各号若しくは第二項各号又は第十八条第一項各号」とあるのは「第十七条第一項各号」と、第二十二条の三第三項中「命ずる」とあるのは「請求する」と、第二十五条及び第二十六条中「その生産し、輸入し、又は販売する肥料」とあるのは「第三十三条の二第一項の規定による登録又は仮登録を受けた普通肥料であつて本邦に輸出されるもの」と読み替えるものとする。

（国内管理人に係る立入検査等）

第三十三条の三　農林水産大臣は、この法律の施行に必要な限度において、その職員に、国内管理人の事務所その他その業務に関係がある場所に立ち入り、業務に関する帳簿書類を検査させ、関係者に質問させることができる。

2　農林水産大臣は、前項の場合において必要があると認めるときは、センターに、国内管理人の事務所その他その業務に関係がある場所に立ち入り、業務に関する帳簿書類を検査させ、関係者に質問させることができる。

3　第三十条第五項及び第六項の規定は第一項の規定による立入検査又は質問について、第三十条の二第二項から第四項までの規定は第二項の規定による立入検査又は質問について、それぞれ準用する。

（外国生産肥料の輸入）

第三十三条の四　第三十三条の二第一項の規定による登録又は仮登録を受けた普通肥料の輸入業者は、その事業を開始する一週間前までに、農林水産大臣に、次に掲げる事項を届け出なければならない。ただし、当該輸入業者が当該肥料の登録外国生産業者又はその国内管理人である場合は、この限りでない。

一　氏名及び住所（法人にあつてはその名称、代表者の氏名及び主たる事務所の所在地）

二　輸入する肥料の登録番号又は仮登録番号

三　保管する施設の所在地

2　前項の規定による届出をした輸入業者は、同項の届出事項に変更を生じたときは、その日から二週間以内に、その旨を農林水産大臣に届け出なければならない。その事業を廃止したときも、同様とする。

3　輸入業者は、不正に使用された保証票又は偽造され、若しくは変造された保証票その他保証票に紛らわしいものが付された肥料（その容器若しくは包装にこれらのものが付してある場合における当該肥料を含む。）で輸入に係るものを譲り渡してはならない。

4　輸入業者は、他人の氏名、商標若しくは商号又は他の肥料の名称若しくは成分を表示した容器又は包装を使用した肥料で輸入に係るものを、その表示を消さなければ、譲り渡してはならない。

（外国生産肥料の登録の取消し等）

第三十三条の五　農林水産大臣は、次の各号のいずれかに該当するときは、登録外国生産業者に対し、その登録又は仮登録を取り消すことができる。

一　第三十三条の二第一項の規定による登録又は仮登録を受けた普通肥料（本邦に輸出されるものに限る。）であつて生産業者保証票が付されていないものを譲り渡したとき。

二　第三十三条の二第六項において読み替えて準用する第二十二条の三第三項の規定による請求に応じなかつたとき。

三　第三十三条の二第一項の規定による登録若しくは仮登録を受けた普通肥料であつて本邦に輸出されるものに係る保証票を偽造し、変造し、若しくは不正に使用し、又は偽造し、若しくは変造した保証票その他保証票に紛らわしいものを当該肥料若しくはその容器若しくは包装に付したとき。

四　他人の氏名、商標若しくは商号又は他の肥料の名称若しくは成分を表示した容器又は包装を、その表示を消さないで、第三十三条の二第一項の規定による登録又は仮登録を受けた普通肥料であつて本邦に輸出されるものの容器又は包装として使用したとき。

五　農林水産大臣がこの法律の施行に必要な限度において、登録外国生産業者に対しその業務に関して報告を求めた場合において、その報告がされず、又は虚偽の報告がされたとき。

六　農林水産大臣が、この法律の施行に必要な限度において、その職員又はセンターに、登録外国生産業者の事業場、倉庫その他第三十三条の二第一項の規定による登録又は仮登録を受けた普通肥料であつて本邦に輸出されるものの生産又は販売の業務に関係がある場所において、当該肥料、その原料若しくは業務に関する帳簿書類についての検査をさせ、関係者に質問をさせ、又は検査のため必要な最小量の当該肥料若しくはその原料を無償で提供するよう要請をさせようとした場合において、その検査若しくは要請が拒まれ、妨げられ、若しくは忌避され、又は質問に対し答弁がされず、若しくは虚偽の答弁がされたとき

七　第三十一条第三項に規定する場合に相当すると認められるとき。

八　農林水産大臣が、第三十一条第四項に規定する検査方法に従い、センターに第三十

三条の二第一項の規定による登録又は仮登録を受けた普通肥料を検査させた結果、肥料の品質が不良となつたため、人畜に被害を生ずるおそれがある農産物が生産されると認められるに至つた場合において、その事態の発生を防止するため、登録外国生産業者に対し、当該肥料の譲渡又は引渡しの制限又は停止を請求したにもかかわらず、当該登録外国生産業者がこれに応じなかつたとき。

九　第三十三条の二第一項の規定による登録又は仮登録を受けるに当たつて不正行為をしたとき。

十　国内管理人が欠けた場合において新たに国内管理人を選任しなかつたとき。

十一　登録外国生産業者又はその国内管理人がこの法律又はこの法律に基づく命令の規定に違反したとき。

2　前項の規定により登録又は仮登録を取り消された者は、遅滞なく、登録証又は仮登録証を農林水産大臣に返納しなければならない。

3　第一項の規定により登録又は仮登録を取り消された者は、取消しの日から一年間は、当該普通肥料と同一のもの（名称が異なる場合を含む。）について更に登録又は仮登録を受けることができない。

4　第三十三条第一項の規定は第三十三条の二第六項において準用する第十三条の三第一項の規定による変更の登録又は仮登録の処分について、第三十三条第二項の規定は第三十三条の二第六項において準用する第九条第三項若しくは第十三条の三第一項の規定若しくは第一項の規定による登録若しくは仮登録の取消し又は第三十三条の二第六項において準用する第十三条の三第一項の規定による変更の登録若しくは仮登録の処分に係る聴聞について、第三十四条第二項及び第三項の規定は第三十三条の二第六項において準用する第十三条の二第一項の規定による変更の登録又は仮登録の申請に対する処分又はその不作為について準用する。

（センターに対する命令）

第三十三条の六　農林水産大臣は、第七条第一項、第八条第一項及び第十三条の二第二項（これらの規定を第三十三条の二第六項において準用する場合を含む。）の調査、第九条第一項（第三十三条の二第六項において準用する場合を含む。）の肥効試験、第三十条の二第一項の立入検査等、第三十一条第四項の検査並びに第三十三条の三第二項の立入検査及び質問の業務の適正な実施を確保するため必要があると認めるときは、センターに対し、当該業務に関し必要な命令をすることができる。

（審査請求）

第三十四条　第六条第一項の規定により都道府県知事の登録を申請した者は、都道府県知事がその申請をした日から五十日以内にこれに対するなんらの処分をしないときは、都道府県知事がその申請を却下したものとみなして、審査請求をすることができる。

2　登録若しくは仮登録の申請に対する処分若しくはその不作為、第十三条の二第一項の規定による変更の登録若しくは仮登録の申請に対する処分若しくはその不作為、第三十一条第一項若しくは第二項の規定による肥料の譲渡若しくは引渡しの制限若しくは禁止の処分又は第三十一条の二の規定による命令の処分についての審査請求に対する裁決は、行政不服審査法（平成二十六年法律第六十八号）第二十四条の規定により当該審査請求を却下する場合を除き、審査請求人に対して、同法第十一条第二項に規定する審理員が公開による意見の聴取をした後にしなければならない。

3　前項に規定する審査請求については、行政不服審査法第三十一条の規定は適用せず、同項の意見の聴取については、同条第二項から第五項までの規定を準用する。

（適用の除外）

第三十五条　肥料を輸出するために生産し、輸入し、譲渡し、輸送し、又は保管する場合及び農林水産大臣の指定する肥料を工業用又は飼料用に供するために生産し、輸入し、譲渡し、輸送し、又は保管する場合には、農林水産省令の定めるところにより、この法律は、適用しない。都道府県知事の指定する肥料を工業用又は飼料用に供するため、当該都道府県の区域内において、生産し、輸入し、譲渡し、輸送し、又は保管する場合も、また同様とする。

2　都道府県知事は、前項の規定による指定をしたときは、速やかに、その旨を農林水産大臣に通知しなければならない。

（権限の委任）

第三十五条の二　この法律に規定する農林水産大臣の権限は、農林水産省令の定めるところにより、その一部を地方農政局長に委任することができる。

（事務の区分）

第三十五条の三　この法律の規定により都道府県が処理することとされている事務のうち、次に掲げるものは、地方自治法（昭和二十二年法律第六十七号）第二条第九項第一号に規定する第一号法定受託事務とする。

一　第四条第一項及び第三項、第六条第一項、第七条第一項、第十条、第十二条第四項、第十三条、第十五条、第十六条第一項、第二項及び第四項、第十六条の二、第二十二条、第二十九条第一項並びに第三十条第一項の規定により都道府県が処理することとされている事務

二　第二十九条第四項、第三十条第四項及び第七項、第三十一条第三項並びに第三十三条第一項の規定により都道府県が処理することとされている事務（販売業者に係るものを除く。）

三　第三十一条第二項の規定により都道府県が処理することとされている事務のうち次に掲げるもの以外のもの

イ　第十九条第二項の規定の違反に関する処分

ロ　その届出に係る販売業者に対する処分（イに掲げるものを除く。）

四　第三十一条第六項の規定による登録証の返納の受理（前号イに掲げる処分に係るものを除く。）

五　第三十一条第七項の規定による通知（第三号イ及びロに掲げる処分に係るものを除く。）

（経過措置）

第三十五条の四　この法律の規定に基づき命令を制定し、又は改廃する場合においては、その命令で、その制定又は改廃に伴い合理的に必要と判断される範囲内において、所要の経過措置（罰則に関する経過措置を含む。）を定めることができる。

（罰則）

第三十六条　次の各号のいずれかに該当する者は、三年以下の懲役若しくは百万円以下の罰金に処し、又はこれを併科する。

一　第四条若しくは第五条の規定による登録若しくは仮登録を受けないで、普通肥料を業として生産し、若しくは輸入し、又は第四条、第五条若しくは第三十三条の二第一項の規定による登録若しくは仮登録を受けるに当たつて不正行為をした者

二　第十九条第一項、第二十一条の二、第二十一条の三第三項、第二十五条又は第三十三条の四第三項の規定に違反した者

三　第十九条第三項の農林水産省令の規定による制限又は禁止に違反した者

四　第二十条の規定に違反して、保証票に虚偽の記載をした者

五　第二十四条第一項の規定に違反して、保証票を不正に使用し、又は保証票に紛らわしいものを自己の販売する肥料若しくはその容器若しくは包装に付した者

六　第三十一条第三項又は第四項の規定による肥料の譲渡若しくは引渡し又は施用の制限又は禁止に違反した者

七　第三十一条の二の規定による命令に違反した者

第三十七条　次の各号のいずれかに該当する者は、一年以下の懲役若しくは五十万円以下の罰金に処し、又はこれを併科する。

一　第十六条の二第一項若しくは第二項、第二十二条第一項又は第三十三条の四第一項の規定による届出をしないで事業を開始し、又は虚偽の届出をした者

二　第十六条の二第三項、第二十二条第二項、第二十三条又は第三十三条の四第二項の規定による届出をせず、又は虚偽の届出をした者

三　第二十四条第二項、第二十六条（第三十三条の二第六項において準用する場合を含む。）又は第三十三条の四第四項の規定に違反した者

第三十八条　次の各号のいずれかに該当する者は、五十万円以下の罰金に処する。

一　第十三条第一項又は第二項の規定による届出若しくは申請をせず、又は虚偽の届出をした者

二　第十三条第四項の規定による届出若しくは申請をしないで名称を変更し、又は虚偽の届出をした者

三　第十五条第一項の規定による届出をせず、又は虚偽の届出をした者

四　第十七条第一項若しくは第二項又は第十八条第一項の規定に違反した者

五　第二十条の規定に違反して、保証票に法定の事項以外の事項を記載した者

第三十九条　次の各号のいずれかに該当する者は、三十万円以下の罰金に処する。

一　第十一条の規定に違反した者

二　第十三条第三項の規定による届出若しくは申請をせず、又は虚偽の届出をした者

三　第二十二条の三第三項の規定による命令に違反した者

四　第二十七条第一項又は第二項の規定に違反して、帳簿を備え付けず、記載をせず、又は虚偽の記載をした者

五　第二十九条第一項（第三十三条の二第六項において準用する場合を含む。）、第二項又は第三項の規定による命令に対し報告をせず、又は虚偽の報告をした者

六　第三十条第一項若しくは第三項若しくは第三十条の二第一項の規定による立入り、検査若しくは収去を拒み、妨げ、若しくは忌避し、又はこれらの規定による質問に対し答弁をせず、若しくは虚偽の答弁をした者

七　第三十条第二項若しくは第三十三条の三第一項若しくは第二項の規定による立入り若しくは検査を拒み、妨げ、若しくは忌避し、又はこれらの規定による質問に対し答弁をせず、若しくは虚偽の答弁をした者

第四十条　法人の代表者又は法人若しくは人の代理人、使用人その他の従業者がその法人又は人の業務に関して、第三十六条から前条までの違反行為をしたときは、行為者を罰するほか、その法人に対して次の各号に定める罰金刑を、その人に対して各本条の罰金刑を科する。

一　第三十六条第一号、第二号（第十九条第一項に係る部分に限る。）、第三号、第四号及び第七号　一億円以下の罰金刑

二　第三十六条（前号に係る部分を除く。）及び第三十七条から第三十九条まで　各本条の罰金刑

第四十一条　第三十三条の六の規定による命令に違反した場合には、その違反行為をした

センターの役員は、二十万円以下の過料に処する。

第四十二条　第九条第四項、第十五条第二項、第二十七条第三項、第三十一条第六項又は第三十三条の二第五項の規定に違反した者は、十万円以下の過料に処する。

附　則

（施行期日）

第一条　この法律は、公布の日から起算して一年を超えない範囲内において政令で定める日から施行する。ただし、次の各号に掲げる規定は、当該各号に定める日から施行する。

一　第八条第一項ただし書、第三十二条並びに第三十三条の五第三項及び第四項の改正規定並びに附則第三条、第四条第二項から第五項まで、第七条及び第九条の規定　公布の日

二　第二条、第三条、第四条第一項第三号、第六条第一項及び第七条第一項ただし書の改正規定、第十七条第一項第三号の改正規定（「主要な成分」を「主成分」に改める部分に限る。）、第二十一条（見出しを含む。）の改正規定（「指定配合肥料」を「指定混合肥料」に改める部分を除く。）、第二十二条の二、第二十二条の三、第二十六条及び第二十七条の改正規定、第三十一条第二項の改正規定（「（表示事項を表示せず、又は遵守事項を遵守しない場合を除く。）」を削る部分に限る。）、第三十三条の二第四項の改正規定、同条第六項の改正規定（「第二十一条及び」を「第二十一条第一項、第二十二条の三第一項から第三項まで及び」に、「第二十一条中」を「第二十二条の三第三項中」に改める部分に限る。）並びに第三十三条の五第一項第二号、第三十五条の三第三号イ及び第三十九条第三号の改正規定並びに次条及び附則第六条の規定並びに附則第十一条中地方自治法（昭和二十二年法律第六十七号）別表第一肥料取締法（昭和二十五年法律第百二十七号）の項第三号イの改正規定　公布の日から起算して二年を超えない範囲内において政令で定める日

（登録等に関する経過措置）

第二条　前条第二号に掲げる規定の施行の日（以下「第二号施行日」という。）前にされたこの法律による改正前の肥料取締法（以下「旧法」という。）第六条第一項（旧法第三十三条の二第六項において準用する場合を含む。次条において同じ。）の登録の申請又は肥料取締法第十二条第二項（旧法第三十三条の二第六項において準用する場合を含む。）の登録の有効期間の更新の申請であって、同号に掲げる規定の施行の際、登録又は登録の有効期間の更新をするかどうかの処分がされていないものについてのこれらの処分については、なお従前の例による。

第三条　附則第一条第一号に掲げる規定の施行の日（附則第七条において「第一号施行日」という。）前にされた旧法第六条第一項の登録又は仮登録の申請であって、同号に掲げる規定の施行の際、登録又は仮登録をするかどうかの処分がされていないものについてのこれらの処分については、この法律による改正後の肥料の品質の確保等に関する法律（以下「新法」という。）第八条、第三十二条及び第三十三条の五第三項の規定にかかわらず、なお従前の例による。

（届出に関する経過措置等）

第四条　この法律の施行の日（以下「施行日」という。）前に旧法第二条第二項に規定する特殊肥料又は旧法第四条第一項ただし書に規定する指定配合肥料の生産又は輸入の事業を開始した者が、施行日前に旧法第十六条の二第一項若しくは第二項又は第二十二条第一項の規定によりした届出は、新法第十六条の二第一項若しくは第二項又は第二十二条第一項の規定によりした届出とみなす。

2　施行日以後に、新法第二条第二項に規定する特殊肥料若しくは新法第五条に規定する指定混合肥料の生産若しくは輸入又は新法第三十三条の二第一項の規定による登録若しくは仮登録を受けた普通肥料の輸入の事業を開始しようとする者は、施行日前においても、新法第十六条の二第一項若しくは第二項、第二十二条第一項又は第三十三条の四第一項の規定の例により、農林水産大臣又は都道府県知事に届け出ることができる。

3　前項の規定による届出について虚偽の届出をした者は、一年以下の懲役若しくは五十万円以下の罰金に処し、又はこれを併科する。

4　法人の代表者又は法人若しくは人の代理人、使用人その他の従業者がその法人又は人の業務に関して、前項の違反行為をしたときは、行為者を罰するほか、その法人又は人に対して同項の罰金刑を科する。

5　第二項の規定による届出がされた場合における新法第三十七条第一号の規定の適用については、当該届出の時に、新法第十六条の二第一項若しくは第二項、第二十二条第一項又は第三十三条の四第一項の規定による届出がされたものとみなす。

（保証票に関する経過措置）

第五条　旧法第四条第一項ただし書に規定する指定配合肥料に使用される容器又は包装であって、この法律の施行の際現に旧法に適合する生産業者保証票、輸入業者保証票又は販売業者保証票が付されているものが、施行日から起算して一年以内に新法第四条第二項第二号に掲げる肥料（施行日前に旧法第十六条の二第一項又は第二項の規定による届出がされたものに限る。）の容器又は包装として使用されたときは、新法に適合する生産業者保証票、輸入業者保証票又は販売業者保証票が付されているものとみなす。

（帳簿に関する経過措置）

第六条　新法第二十七条第一項及び第二項並びに第三十三条の二第四項の規定は、第二号施行日以後に輸入し、購入し、又は販売する肥料について適用し、第二号施行日前に輸入し、購入し、又は販売した肥料については、なお従前の例による。

（審査請求に関する経過措置）

第七条　旧法の規定に基づく行政庁の処分又は不作為についての審査請求であって、第一号施行日前にされた行政庁の処分又は第一号施行日前にされた申請に係る行政庁の不作為に係るものについては、なお従前の例による。

（罰則に関する経過措置）

第八条　この法律（附則第一条第二号に掲げる規定にあっては、当該規定）の施行前にした行為及び附則第六条の規定によりなお従前の例によることとされる場合における第二号施行日以後にした行為に対する罰則の適用については、なお従前の例による。

（政令への委任）

第九条　この附則に規定するもののほか、この法律の施行に関し必要な経過措置は、政令で定める。

（検討）

第十条　政府は、附則第一条第二号に掲げる規定の施行後五年を目途として、この法律による改正後の規定の施行の状況について検討を加え、必要があると認めるときは、その結果に基づいて所要の措置を講ずるものとする。

食品の安全性の確保のための農林水産省関係法律の整備等に関する法律（平成１５年法律第７３号）（抄）

（肥料等の安全性の確保のための措置）

第六条　農林水産大臣は、肥料、動物用の医薬品、医薬部外品及び医療機器並びに農薬の生産又は製造から販売及び使用に至る一連の国の内外における行程におけるあらゆる要素が食品の安全性に影響を及ぼすおそれがあることにかんがみ、肥料、動物用の医薬品、医薬部外品及び医療機器並びに農薬の安全性の確保のために必要な措置を講ずるよう努めなければならない。

附　則

（施行期日）

第一条　この法律は、公布の日から起算して三月を超えない範囲内において政令で定める日から施行する。以下（略）

（検討）

第二条　政府は、この法律の施行後五年を経過した場合において、第一条から第五条までの規定による改正後の規定の施行の状況等について検討を加え、必要があると認めるときは、その結果に基づいて所要の措置を講ずるものとする。

（罰則の適用に関する経過措置）

第四条　この法律の施行前にした行為に対する罰則の適用については、なお従前の例による。

（政令への委任）

第五条　この附則に規定するもののほか、この法律の施行に関して必要な経過措置は、政令で定める。

民間事業者等が行う書面の保存等における情報通信の技術の利用に関する法律（平成１６年法律第１４９号）（抄）

（電磁的記録による保存）

第三条　民間事業者等は、保存のうち当該保存に関する他の法令の規定により書面により行わなければならないとされているもの（主務省令で定めるものに限る。）については、当該法令の規定にかかわらず、主務省令で定めるところにより、書面の保存に代えて当該書面に係る電磁的記録の保存を行うことができる。

2　前項の規定により行われた保存については、当該保存を書面により行わなければならないとした保存に関する法令の規定に規定する書面により行われたものとみなして、当該保存に関する法令の規定を適用する。

（電磁的記録による作成）

第四条　民間事業者等は、作成のうち当該作成に関する他の法令の規定により書面により行わなければならないとされているもの（当該作成に係る書面又はその原本、謄本、抄本若しくは写しが法令の規定により保存をしなければならないとされているものであって、主務省令で定めるものに限る。）については、当該他の法令の規定にかかわらず、主務省令で定めるところにより、書面の作成に代えて当該書面に係る電磁的記録の作成を行うことができる。

2　前項の規定により行われた作成については、当該作成を書面により行わなければならないとした作成に関する法令の規定に規定する書面により行われたものとみなして、当該作成に関する法令の規定を適用する。

3　第一項の場合において、民間事業者等は、当該作成に関する他の法令の規定により署名等をしなければならないとされているものについては、当該法令の規定にかかわらず、氏名又は名称を明らかにする措置であって主務省令で定めるものをもって当該署名等に代えることができる。

附　則

この法律は、平成十七年四月一日から施行する。

農林水産省の所管する法令に係る民間事業者等が行う書面の保存等における情報通信の技術の利用に関する法律施行規則（平成１７年農林水産省令第５６号）（抄）

（法第三条第一項の主務省令で定める保存）

第三条　法第三条第一項の主務省令で定める保存は、別表第一の上欄に掲げる法令の同表の下欄に掲げる規定による書面の保存とする。

（電磁的記録による保存）

第四条　民間事業者等は、法第三条第一項の規定により別表第一の上欄に掲げる法令の同表の下欄に掲げる規定による書面の保存に代えて当該書面に係る電磁的記録の保存を行う場合においては、次に掲げる方法により保存を行わなければならない。

一　作成された電磁的記録を民間事業者等の使用に係る電子計算機に備えられたファイルに記録する方法又は磁気ディスク、シー・ディー・ロムその他これらに準ずる方法により一定の事項を確実に記録しておくことができる物（以下「磁気ディスク等」という。）をもって調製するファイルにより保存する方法

二　書面に記載された情報をスキャナ（これに準ずる画像読取装置を含む。）により読み取ってできた電磁的記録を民間事業者等の使用に係る電子計算機に備えられたファイルに記録する方法又は磁気ディスク等をもって調製するファイルにより保存する方法

2　前項各号に掲げる方法は、電磁的記録により記録された事項を必要に応じ民間事業者等の使用に係る電子計算機の映像面及び紙面に直ちに表示できるものでなければならない。

3　別表第一の上欄に掲げる法令の同表の下欄に掲げる規定により同一内容の書面を二以上の事務所等（事務所、事業所その他これらに準ずるものをいう。以下同じ。）に保存をしなければならないとされている民間事業者等が、第一項の規定により、当該二以上の事務所等のうち、一の事務所等に当該書面に係る電磁的記録の保存を行うとともに、当該電磁的記録に記録されている事項を他の事務所等に備え付けた電子計算機の映像面及び紙面に表示できる措置を講じた場合は、当該他の事務所等に当該書面の保存が行われたものとみなす。

（法第四条第一項の主務省令で定める作成）

第五条　法第四条第一項の主務省令で定める作成は、別表第二の上欄に掲げる法令の同表の下欄に掲げる規定による書面の作成とする。

（電磁的記録による作成）

第六条　民間事業者等は、法第四条第一項の規定により別表第二の上欄に掲げる法令の同表の下欄に掲げる規定による書面の作成に代えて当該書面に係る電磁的記録の作成を行

う場合においては、民間事業者等の使用に係る電子計算機に備えられたファイルに記録する方法又は磁気ディスク等をもって調製する方法により作成を行わなければならない。

（作成において氏名等を明らかにする措置）

第七条　別表第二の上欄に掲げる法令の同表の下欄に掲げる規定による書面の作成において記載すべき事項とされた署名等に代わるものであって、法第四条第三項に規定する主務省令で定めるものは、電子署名（電子署名及び認証業務に関する法律（平成十二年法律第百二号）第二条第一項の電子署名をいう。）とする。

附　則（平成１８年3月1日農林水産省令第１７号）

この省令は、平成十八年三月一日から施行する。

別表第一（第三条関係）

肥料取締法（昭和25年法律第127号）	第二十七条第一項、第二項及び第三項並びに第三十三条の二第四項及び第五項

別表第二（第五条関係）

肥料取締法（昭和25年法律第127号）	第二十七条第一項及び第二項並びに第三十三条の二第四項及び第五項

肥料の品質の確保等に関する法律施行令

昭和２５年　６月２０日　政令第１９８号
改正昭和２９年　５月１８日　政令第１０４号
改正昭和３１年１０月　１日　政令第３０８号
改正昭和３５年１１月１４日　政令第２８６号
改正昭和３６年１０月３０日　政令第３３２号
改正昭和３７年１２月２５日　政令第４５７号
改正昭和３８年１１月３０日　政令第３７１号
改正昭和３９年１１月１７日　政令第３５１号
改正昭和４０年１１月　１日　政令第３４５号
改正昭和４７年１１月　１日　政令第３９３号
改正昭和５３年　７月　５日　政令第２８２号
改正昭和５３年１０月１７日　政令第３５３号
改正昭和５９年　１月３１日　政令第　　５号
改正昭和６２年　３月２５日　政令第　６０号
改正平成　元年　３月２２日　政令第　５８号
改正平成　３年　３月１９日　政令第　４０号
改正平成　６年　３月２４日　政令第　７３号
改正平成　９年　３月２６日　政令第　７６号
改正平成１２年　３月２４日　政令第　９６号
改正平成１２年　６月　７日　政令第３１０号
改正平成１２年　８月　４日　政令第４０４号
改正平成１５年　６月２０日　政令第２６９号
改正平成１６年　３月１７日　政令第　３７号
改正平成１８年　３月２３日　政令第　５１号
改正平成２７年１１月２６日　政令第３９２号
改正平成２８年　３月２４日　政令第　７３号
改正令和　２年　８月　５日　政令第２３５号

（法の施行期日）

第一条　肥料取締法の施行の期日は、昭和二十五年六月二十日とする。

（主成分の指定）

第二条　肥料の品質の確保等に関する法律（昭和二十五年法律第百二十七号。以下「法」という。）第二条第三項の政令で定める主要な成分は、次のとおりとする。

種　　別		主　要　な　成　分
三要素系肥料	窒素質肥料（有機質肥料（動植物質のものに限る。以下同じ。）を除く。）	⑴　窒素（窒素全量、アンモニア性窒素又は硝酸性窒素をいう。以下同じ。） ⑵　窒素及びアルカリ分等（アルカリ分（農林水産大臣の指定する有効石灰又は農林水産大臣の指定する有効石灰及び有効苦土をいう。以下同じ。）又は農林水産大臣の指定する有効けい酸、有効苦土、有効マンガン若しくは有効ほう素をいう。以下同じ。）
	りん酸質肥料（有機質肥料を除く。）	⑴　りん酸（りん酸全量又は農林水産大臣の指定する有効りん酸をいう。以下同じ。） ⑵　りん酸及びアルカリ分等
	加里質肥料（有機質肥料を除く。）	⑴　加里（加里全量又は農林水産大臣の指定する有効加里をいう。以下同じ。） ⑵　加里及びアルカリ分等
	有機質肥料	窒素、りん酸又は加里
	複合肥料	⑴　窒素、りん酸及び加里 ⑵　窒素及びりん酸 ⑶　窒素及び加里 ⑷　りん酸及び加里 ⑸　窒素、りん酸及び加里並びにアルカリ分等 ⑹　窒素及びりん酸並びにアルカリ分等 ⑺　窒素及び加里並びにアルカリ分等 ⑻　りん酸及び加里並びにアルカリ分等
その他の肥料	石灰質肥料	⑴　アルカリ分 ⑵　アルカリ分及び農林水産大臣の指定する有効苦土、有効マンガン又は有効ほう素
	けい酸質肥料	⑴　農林水産大臣の指定する有効けい酸 ⑵　農林水産大臣の指定する有効けい酸及びアルカリ分又は農林

		水産大臣の指定する有効苦土、有効マンガン若しくは有効ほう素
	苦土肥料	農林水産大臣の指定する有効苦土
	マンガン質肥料	(1) 農林水産大臣の指定する有効マンガン (2) 農林水産大臣の指定する有効マンガン及び有効苦土
	ほう素質肥料	(1) 農林水産大臣の指定する有効ほう素 (2) 農林水産大臣の指定する有効ほう素及び有効苦土
	微量要素複合肥料	(1) 農林水産大臣の指定する有効マンガン及び有効ほう素 (2) 農林水産大臣の指定する有効マンガン、有効ほう素及び有効苦土

（都道府県知事の登録を受ける普通肥料の生産業者）

第三条　法第四条第三項の政令で定める者は、次に掲げる者で都道府県の区域を超えない区域を地区とするものとする。

一　農業協同組合連合会

二　地区たばこ耕作組合

三　たばこ耕作組合連合会

（手数料）

第四条　法第六条第二項（法第三十三条の二第六項において準用する場合を含む。）の政令で定める手数料の額は、三万八千百円（行政手続等における情報通信の技術の利用に関する法律（平成十四年法律第百五十一号。次項において「情報通信技術利用法」という。）第三条第一項の規定により同項に規定する電子情報処理組織を使用して申請する場合にあつては、三万二千八百円）とする。

2　法第十二条第五項（法第三十三条の二第六項において準用する場合を含む。）の政令で定める手数料の額は、八千円（情報通信技術利用法第三条第一項の規定により同項に規定する電子情報処理組織を使用して申請する場合にあつては、五千七百円）とする。

（都道府県知事の許可する事故肥料）

第五条　法第十九条第二項の規定により都道府県知事が譲渡を許可する事故肥料は、次に掲げる肥料とする。

一　法第四条第一項第七号又は第三項の規定により都道府県知事の登録を受けた普通肥料

二　法第四条第一項第一号から第三号まで若しくは第六号若しくは第四項本文、第五条又は第三十三条の二第一項の規定により農林水産大臣の登録又は仮登録を受けた普通肥料であつて販売業者の所有するもの

三　法第十六条の二第一項又は第二項の規定による都道府県知事への届出に係る指定混合肥料

四　法第十六条の二第一項の規定による農林水産大臣への届出に係る指定混合肥料であつて販売業者の所有するもの

（事故肥料の譲渡許可の申請）

第六条　法第十九条第二項の規定により前条の肥料の譲渡の許可を受けようとする者は、次の事項を記載した事故肥料譲渡許可申請書を当該肥料の所在地を管轄する都道府県知事に提出しなければならない。

一　氏名及び住所（法人にあつては、その名称、代表者の氏名及び主たる事務所の所在地）

二　肥料の種類及び名称（仮登録の場合又は指定混合肥料の場合には肥料の名称）

三　肥料の所在地

四　事故肥料発生前の肥料の数量及び保証成分量（法第四条第一項第三号に掲げる普通肥料にあつては事故肥料発生前の肥料の数量及び含有を許される有害成分の最大量とし、同条第二項第三号及び第四号に掲げる普通肥料（同条第一項第三号に掲げる普通肥料が原料として配合されたものを除く。）にあつては事故肥料発生前の肥料の数量及び法第十七条第一項第三号の農林水産大臣が定める主要な成分（以下この号、次号及び第八条第一項第三号において単に「主要な成分」という。）の含有量とし、法第四条第二項第三号及び第四号に掲げる普通肥料（同条第一項第三号に掲げる普通肥料が原料として配合されたものに限る。）にあつては事故肥料発生前の肥料の数量、主要な成分の含有量及び原料として配合した同条第一項第三号に掲げる普通肥料の種類とする。）

五　譲渡しようとする肥料の数量及び含有主成分量（法第四条第一項第三号に掲げる普通肥料にあつては譲渡しようとする肥料の数量及び有害成分の含有量とし、同条第二項第三号及び第四号に掲げる普通肥料（同条第一項第三号に掲げる普通肥料が原料として配合されたものを除く。）にあつては譲渡しようとする肥料の数量及び主要な成分の含有量とし、同条第二項第三号及び第四号に掲げる普通肥料（同条第一項第三号に掲げる普通肥料が原料として配合されたものに限る。）にあつては譲渡しようとする肥料の数量、主要な成分の含有量及び有害成分の含有量とする。）

六　事故の概要

（事故肥料譲渡許可証）

第七条　都道府県知事は、法第十九条第二項の規定により肥料の譲渡を許可したときは、当該許可を受けた者に対し、次の事項を記載した事故肥料譲渡許可証を交付しなければならない。

一　許可番号及び許可年月日

二　氏名又は名称及び住所

三　肥料の種類及び名称（仮登録の場合又は指定混合肥料の場合には肥料の名称）

四　譲渡許可数量

（事故肥料成分票の添付命令）

第八条　都道府県知事は、法第十九条第二項の規定による許可をするに際して、申請者に対し、当該肥料の容器又は包装の外部（容器及び包装を用いないものにあつては、各荷口又は各個）に次の事項を記載した事故肥料成分票を付すべき旨を命ずることができる。

一　事故肥料成分票という文字

二　肥料の名称

三　含有主成分量（法第四条第一項第三号並びに第二項第三号及び第四号に掲げる普通肥料にあつては、主要な成分の含有量）

四　事故肥料成分票を付した者の氏名又は名称及び住所

五　許可の年月日及び許可番号

2　前項の事故肥料成分票の様式は、農林水産省令で定める。

（表示の基準を定めるべき特殊肥料）

第九条　法第二十二条の二第一項の政令で定める種類の特殊肥料は、次に掲げるものとする。

一　堆肥（汚泥又は魚介類の臓器を原料として生産されるものを除く。）

二　動物の排せつ物

三　専ら特殊肥料が原料として配合される肥料

（異物の混入が認められる普通肥料の種類）

第十条　法第二十五条第一号（法第三十三条の二第六項において準用する場合を含む。）の政令で定める種類の普通肥料は、次のとおりとする。

一　尿素

二　石灰窒素

三　尿素を含有する肥料（複合肥料を除く。）であつて、農林水産大臣が定める種類のもの

四　過りん酸石灰

五　重過りん酸石灰

六　複合肥料であつて、農林水産大臣が定める種類のもの

七　石灰質肥料であつて、農林水産大臣が定める種類のもの

八　微量要素複合肥料であつて、農林水産大臣が定める種類のもの

（行政不服審査法施行令の準用）

第十一条　法第三十四条第二項の意見の聴取については、行政不服審査法施行令（平成二十七年政令第三百九十一号）第八条の規定を準用する。この場合において、同条中「総務省令」とあるのは、「農林水産省令」と読み替えるものとする。

附　則（令和２年８月５日　政令第235号）

（施行期日）

1　この政令は、肥料取締法の一部を改正する法律の施行の日（令和二年十二月一日）から施行する。

（公益通報者保護法別表第八号の法律を定める政令及び行政不服審査法施行令の一部改正）

2　次に掲げる政令の規定中「肥料取締法」を「肥料の品質の確保等に関する法律」に改める。

一　公益通報者保護法別表第八号の法律を定める政令（平成十七年政令第百四十六号）第七十三号

二　行政不服審査法施行令（平成二十七年政令第三百九十一号）第十五条第二項第二号

肥料の品質の確保等に関する法律施行規則

　　昭和２５年　６月２０日農林省令第　６４号
改正昭和２５年　７月２４日農林省令第　８３号
改正昭和２５年１１月　１日農林省令第１２３号
改正昭和２６年１２月２６日農林省令第　８３号
改正昭和２８年　６月１５日農林省令第　２５号
改正昭和２９年　５月１８日農林省令第　２８号
改正昭和３１年１０月　１日農林省令第　５０号
改正昭和３２年１２月２０日農林省令第　５３号
改正昭和３６年１１月２５日農林省令第　５５号
改正昭和３７年　４月１０日農林省令第　２１号
改正昭和３８年　１月１８日農林省令第　　１号
改正昭和３８年１１月３０日農林省令第　６７号
改正昭和３９年１１月１７日農林省令第　５２号
改正昭和４０年１１月　１日農林省令第　５４号
改正昭和４１年１０月２０日農林省令第　５３号
改正昭和４２年１１月　９日農林省令第　５４号
改正昭和４３年１１月１１日農林省令第　６５号
改正昭和４４年１０月２８日農林省令第　４９号
改正昭和４５年１０月２４日農林省令第　５６号
改正昭和４６年１０月２５日農林省令第　６４号
改正昭和４８年１０月２４日農林省令第　６３号
改正昭和４９年１０月２４日農林省令第　４７号
改正昭和５３年　３月２３日農林省令第　１１号
改正昭和５３年　４月２８日農林省令第　３１号
改正昭和５３年　７月　５日農林省令第　４９号
改正昭和５７年　５月　１日農林水産省令第　１７号
改正昭和５７年　７月２３日農林水産省令第　２５号
改正昭和５９年　３月１６日農林水産省令第　　５号
改正昭和５９年　６月２９日農林水産省令第　２５号
改正昭和６１年　２月２２日農林水産省令第　　３号
改正平成　元年　６月　６日農林水産省令第　２７号
改正平成　元年　６月２７日農林水産省令第　２８号
改正平成　２年１２月　５日農林水産省令第　４５号
改正平成　３年１２月　２日農林水産省令第　５３号
改正平成　５年　４月　１日農林水産省令第　１２号
改正平成　５年１２月２４日農林水産省令第　６８号
改正平成　６年１１月１１日農林水産省令第　７６号
改正平成　６年１２月２６日農林水産省令第　８７号
改正平成　８年　４月　８日農林水産省令第　１４号
改正平成　９年　１月３０日農林水産省令第　　３号
改正平成１１年　１月１１日農林水産省令第　　１号
改正平成１１年　５月１３日農林水産省令第　３０号
改正平成１２年　１月２７日農林水産省令第　　２号
改正平成１２年　１月３１日農林水産省令第　　５号
改正平成１２年　２月　１日農林水産省令第　　８号
改正平成１２年　８月３１日農林水産省令第　８１号
改正平成１２年　９月　１日農林水産省令第　８２号
改正平成１３年　３月２２日農林水産省令第　５９号
改正平成１３年　３月３０日農林水産省令第　７６号
改正平成１３年　５月１０日農林水産省令第　９８号
改正平成１５年　６月２５日農林水産省令第　６３号
改正平成１６年　３月１８日農林水産省令第　１８号
改正平成１６年　４月２３日農林水産省令第　４０号
改正平成１８年１１月　１日農林水産省令第　８４号
改正平成１９年　３月３０日農林水産省令第　２９号
改正平成２０年　２月２９日農林水産省令第　１１号
改正平成２４年　８月　８日農林水産省令第　４４号
改正平成２５年１２月　５日農林水産省令第　７１号
改正平成２６年　９月　１日農林水産省令第　４７号
改正平成２８年　３月２４日農林水産省令第　１６号
改正平成２８年　３月３１日農林水産省令第　２３号
改正平成２８年１２月１９日農林水産省令第　７７号
改正平成３０年　１月２２日農林水産省令第　　４号
改正平成３０年　３月　６日農林水産省令第　　９号
改正令和　２年　９月２８日農林水産省令第　６３号

（有害成分を含有するおそれが高い普通肥料）

第一条　肥料の品質の確保等に関する法律（昭和二十五年法律第百二十七号。以下「法」という。）第四条第一項第三号の農林水産省令で定める普通肥料は、次のとおりとする。

一　下水汚泥肥料

二　し尿汚泥肥料

三　工業汚泥肥料

四　混合汚泥肥料

五　焼成汚泥肥料

六　汚泥発酵肥料

七　水産副産物発酵肥料

八　硫黄及びその化合物

（指定混合肥料）

第一条の二　法第四条第二項第二号の農林水産省令で定める普通肥料は、専ら登録を受けた普通肥料（同条第一項第三号から第五号までに掲げるものを除く。）が原料として配合される普通肥料のうち、別表に掲げるもの以外のもの（家庭園芸用肥料（当該肥料の容器又は包装の外部に、農林水産大臣が定めるところにより、その用途が専ら家庭園芸用である旨を表示したもので、かつ、その正味重量が十キログラム以下のものをいう。以下同じ。）にあつては、同表第一号から第三号までに掲げる普通肥料以外のもの）とする。

2　法第四条第二項第三号の農林水産省令で定める普通肥料は、専ら登録を受けた普通肥料（同条第一項第四号及び第五号に掲げるものを除く。）及び登録を受けた普通肥料（同項第三号に掲げるものに限る。）若しくは特殊肥料（法第二十二条第一項の規定による届出がされたものに限る。以下この項及び次項において同じ。）又はその双方が原料として配合される普通肥料のうち、別表に掲げるもの以外のもの（家庭園芸用肥料にあつては、同表第一号から第三号までに掲げる普通肥料以外のもの）とする。

3　法第四条第二項第四号の農林水産省令で定める普通肥料は、専ら登録を受けた普通肥料（同条第一項第四号及び第五号に掲げるものを除く。）若しくは特殊肥料又はその双方に同条第二項第四号に規定する指定土壌改良資材が混入される普通肥料のうち、別表に掲げるもの以外のもの（家庭園芸用肥料にあつては、同表第一号から第三号までに掲げる普通肥料以外のもの）とする。

（指定土壌改良資材）

第一条の三　法第四条第二項第四号の農林水産省令で定める土壌改良資材は、地力増進法施行令（昭和五十九年政令第二百九十九号）第一号及び第三号から第十号までに掲げる種類の土壌改良資材（同令に規定する基準に適合しないものを除き、かつ、同令第三号に掲げる種類の土壌改良資材にあつては、普通肥料に該当するものを除く。）とする。

（登録又は仮登録の申請書の様式）

第一条の四　法第六条第一項（法第三十三条の二第六項において準用する場合を含む。第五条第一項、第七条の二第一項及び第七条の三第一項において同じ。）の規定により提出する申請書の様式は、登録の申請にあつては別記様式第一号、仮登録の申請にあつては別記様式第二号によらなければならない。

（保証成分量の記載方法）

第二条　法第六条第一項第三号（法第三十三条の二第六項において準用する場合を含む。）の規定により申請書に記載すべき保証成分量は、百分の一以上を保証する主成分に限るものとし、かつ、千分の一未満の表示をしてはならない。ただし、可溶性マンガン、く溶性マンガン、水溶性マンガン、く溶性ほう素及び水溶性ほう素並びに家庭園芸用複合肥料の主成分については、この限りでない。

（植物に対する害に関する栽培試験の成績を要する肥料）

第二条の二　法第六条第一項第六号（法第三十三条の二第六項において準用する場合を含む。次条において同じ。）の農林水産省令で定める肥料は、次に掲げる種類に属する普通肥料（農林水産大臣が指定するものを除く。）とする。

一　副産窒素肥料

二　液状副産窒素肥料

三　熔《よう》成汚泥灰けい酸りん肥

四　副産りん酸肥料

五　乾燥菌体肥料

六　吸着複合肥料

七　副産複合肥料

八　熔《よう》成汚泥灰複合肥料

九　副産苦土肥料

十　副産マンガン肥料

十一　液体副産マンガン肥料

（植物に対する害に関する栽培試験の成績）

第二条の三　法第六条第一項第六号の植物に対する害に関する栽培試験の成績を申請書に記載する場合には、次に掲げる事項を記載しなければならない。

一　試験機関の名称及び所在地

二　試験担当者の氏名

三　試験の目的

四　試験の設計

イ　供試肥料及び対照肥料の種類及び名称並びに分析成績

ロ　供試土壌の土性及び沖積土又は洪積土の別

ハ　供試作物の種類及び品種

ニ　施肥の設計

ホ　試験区の名称

ヘ　栽培方法

五　管理の状況

六　試験結果

イ　発芽調査成績

ロ　生育調査成績

ハ　異常症状

七　考察

八　当該試験機関の責任者の証明

2　前項第四号ホの試験区には対照区を設け、同項第六号の試験結果にはそれを証明する供試作物の写真を添付しなければならない。

（仮登録の申請に要する栽培試験の成績）

第三条　法第六条第一項第九号（法第三十三条の二第六項において準用する場合を含む。）の栽培試験の成績を申請書に記載する場合には、次に掲げる事項を記載しなければならない。

一　試験機関の名称及び所在地

二　試験担当者の氏名

三　試験の目的

四　試験の設計

イ　供試肥料の名称及び分析成績並びに対照肥料の種類（第十一条第八項第二号に規定する指定配合肥料又は同項第四号に規定する指定化成肥料の場合にはその旨）及び名称並びに分析成績

ロ　ほ場試験の場合にあつてはその位置、田畑の別、地質、土性及び耕土の深さ、容器内試験の場合にあつては供試土壌の土性及び沖積土又は洪積土の別

ハ　供試作物の種類及び品種

ニ　施肥の設計

ホ　試験区の名称及び配置図

ヘ　栽培方法

五　管理の状況

六　試験結果

イ　発芽調査成績

ロ　生育調査成績

ハ　異常症状

ニ　収量調査成績

七　考察

八　当該試験機関の責任者の証明

2　前条第二項の規定は、前項の栽培試験の成績について準用する。

（申請書の記載事項）

第四条　法第六条第一項第十一号（法第三十三条の二第六項において準用する場合を含む。）の農林水産省令で定める事項は、次に掲げる事項とする。

一　法第四条第一項第一号、第二号、第六号及び第七号に掲げる普通肥料であつて農林水産大臣が指定するものにあつては、生産工程の概要

二　第一条に定める普通肥料にあつては、原料の使用割合及び生産工程の概要

三　肥料の固結、飛散、吸湿、沈殿、浮上、腐敗若しくは悪臭を防止し、その粒状化、成形、展着、組成の均一化、脱水、乾燥、凝集、発酵若しくは効果の発現を促進し、それを着色し、若しくはその土壌中における分散を促進し、反応を緩和し、若しくは硝酸化成を抑制する材料又は別表第一号ホの摂取の防止に効果があると認められる材料を使用した普通肥料にあつては、その材料の種類及び名称並びに使用量

四　公定規格の定めのない普通肥料にあつては、原料の使用割合並びに生産工程及びその工程における化学反応の概要

（見本の提出）

第五条　法第六条第一項の規定により提出すべき肥料の見本の量は、登録又は仮登録を受けようとする肥料一件ごとに五百グラム以上でなければならない。

2　前項の肥料の見本には、その容器の外部に次に掲げる事項を記載した票紙を付けなければならない。

一　申請者の氏名又は名称及び住所

二　肥料の種類及び名称（仮登録の場合には肥料の名称）

三　含有主成分量（第一条に定める普通肥料にあつては、有害成分の含有量）

3　農林水産大臣は、第一条及び第二条の二に定める普通肥料の登録の申請に係る普通肥料であつて植物に対する害に関する栽培試験の必要があると認めるもの並びに仮登録の申請に係る普通肥料であつて栽培試験の必要があると認めるものについては、当該試験に必要な最少量の見本の追加提出を命ずることがある。

（申請書の経由）

第六条　法第六条第一項の規定により農林水産大臣に提出する申請書及び肥料の見本は独立行政法人農林水産消費安全技術センター（以下「センター」という。）を経由することができる。

2　法第三十三条の二第六項において準用する法第六条第一項の規定により農林水産大臣に提出する申請書及び肥料の見本は、国内管理人を経由しなければならない。

3　前項の規定により国内管理人を経由して農林水産大臣に提出する申請書及び肥料の見本は、センターを経由することができる。

（手数料の納付方法）

第七条　法第六条第二項及び第十二条第五項（これらの規定を法第三十三条の二第六項において準用する場合を含む。）の規定による手数料は、収入印紙で納付しなければならない。

ただし、行政手続等における情報通信の技術の利用に関する法律（平成十四年法律第百五十一号）第三条第一項の規定により同項に規定する電子情報処理組織を使用して法第六条第一項及び第十二条第四項（これらの規定を法第三十三条の二第六項において準用する場合を含む。）の規定による申請をするときは、当該申請により得られた納付情報により、現金をもつて納付することができる。

（登録の申請に係る調査）

第七条の二　法第七条第一項（法第三十三条の二第六項において準用する場合を含む。次項において同じ。）の規定による調査は、次に掲げる事項について、書面による調査又は法第六条第一項の規定により提出された肥料の見本の分析、鑑定及び試験により行う。

一　申請書の記載事項の適否に関する事項

二　法第三条第一項に規定する公定規格との適合性に関する事項

三　名称の妥当性に関する事項

四　植物に対する有害性の有無に関する事項

2　センターは、法第七条第一項の規定による調査を行つたときは、遅滞なく、その結果を別記様式第二号の二により農林水産大臣に報告しなければならない。

（仮登録の申請に係る調査）

第七条の三　法第八条第一項（法第三十三条の二第六項において準用する場合を含む。次項において同じ。）の規定による調査は、次に掲げる事項について、書面による調査又は法第六条第一項の規定により提出された肥料の見本の分析、鑑定及び試験により行う。

一　申請書の記載事項の適否に関する事項

二　主成分の含有量及び効果その他の品質に関する事項

三　名称の妥当性に関する事項

四　植物に対する有害性の有無に関する事項

2　センターは、法第八条第一項の規定による調査を行つたときは、遅滞なく、その結果を別記様式第二号の三により農林水産大臣に報告しなければならない。

（仮登録されている肥料の肥効試験）

第七条の四　法第九条第一項（法第三十三条の二第六項において準用する場合を含む。次項において同じ。）の規定による肥効試験は、申請書に記載された栽培試験の成績の信頼性に関する事項について、仮登録されている肥料の分析、鑑定及び試験により行う。

2　センターは、法第九条第一項の規定による肥効試験を行つたときは、遅滞なく、その結果を別記様式第二号の四により農林水産大臣に報告しなければならない。

（登録証及び仮登録証の交付の経由）

第七条の五　法第十条（法第三十三条の二第六項において準用する場合を含む。第十一条第六項において同じ。）の規定による登録証又は仮登録証の交付は、センターを経由して行うものとする。

（登録の有効期間が六年である普通肥料の種類）

第七条の六　法第十二条第一項（法第三十三条の二第六項において準用する場合を含む。）の農林水産省令で定める種類の普通肥料は、次のとおりとする。

一　硫酸アンモニア、塩化アンモニア、硝酸アンモニア、硝酸アンモニアソーダ肥料、硝酸アンモニア石灰肥料、硝酸ソーダ、硝酸石灰、硝酸苦土肥料、腐植酸アンモニア肥料、尿素、アセトアルデヒド縮合尿素、イソブチルアルデヒド縮合尿素、硫酸グアニル尿素、オキサミド、石灰窒素、グリオキサール縮合尿素、ホルムアルデヒド加工尿素肥料、メチロール尿素重合肥料、被覆窒素肥料（農林水産大臣が指定するものに限る。）及び混合窒素肥料（農林水産大臣が指定するものに限る。）

二　過りん酸石灰、重過りん酸石灰、りん酸苦土肥料、熔《よう》成りん肥、焼成りん肥、腐植酸りん肥、被覆りん酸肥料（農林水産大臣が指定するものに限る。）、熔《よう》成けい酸りん肥、鉱さいりん酸肥料、加工鉱さいりん酸肥料、加工りん酸肥料（農林水産大臣が指定するものに限る。）及び混合りん酸肥料（農林水産大臣が指定するものに限る。）

三　硫酸加里、塩化加里、硫酸加里苦土、重炭酸加里、腐植酸加里肥料、けい酸加里肥料、粗製加里塩、加工苦汁加里肥料、被覆加里肥料（農林水産大臣が指定するものに限る。）、液体けい酸加里肥料、熔《よう》成けい酸加里肥料、副産加里肥料及び混合加里肥料（農林水産大臣が指定するものに限る。）

四　魚かす粉末、干魚肥料粉末、魚節煮かす、甲殻類質肥料粉末、蒸製魚鱗及びその粉末、肉かす粉末、肉骨粉、蒸製てい角粉、蒸製てい角骨粉、蒸製毛粉、乾血及びその粉末、生骨粉、蒸製骨粉、蒸製鶏骨粉、蒸製皮革粉、干蚕蛹《よう》粉末、蚕蛹《よう》油かす及びその粉末、絹紡蚕蛹《よう》くず、とうもろこしはい芽及びその粉末、大豆油かす及びその粉末、なたね油かす及びその粉末、わたみ油かす及びその粉末、落花生油かす及びその粉末、あまに油かす及びその粉末、ごま油かす及びその粉末、ひまし油かす及びその粉末、米ぬか油かす及びその粉末、その他の草本性植物油かす及びその粉末、カポック油かす及びその粉末、とうもろこしはい芽油かす及びその粉末、たばこくず肥料粉末、甘草かす粉末、豆腐かす乾燥肥料、えんじゆかす粉末、窒素質グアノ、加工家きんふん肥料、とうもろこし浸漬液肥料、副産植物質肥料並びに混合有機質肥料（農林水産大臣が指定するものに限る。）

五　熔《よう》成複合肥料、化成肥料（農林水産大臣が指定するものに限る。）、成形複合肥料（農林水産大臣が指定するものに限る。）、被覆複合肥料（農林水産大臣が指定するものに限る。）及び配合肥料（農林水産大臣が指定するものに限る。）

六　生石灰、消石灰、炭酸カルシウム肥料、貝化石肥料、副産石灰肥料及び混合石灰肥料（農林水産大臣が指定するものに限る。）

七　けい灰石肥料、鉱さいけい酸質肥料、軽量気泡コンクリート粉末肥料、シリカゲル肥料及びシリカヒドロゲル肥料

八　硫酸苦土肥料、水酸化苦土肥料、酢酸苦土肥料、加工苦土肥料、腐植酸苦土肥料、炭酸苦土肥料、リグニン苦土肥料、被覆苦土肥料（農林水産大臣が指定するものに限る。）、副産苦土肥料（農林水産大臣が指定するものに限る。）及び混合苦土肥料（農林水産大臣が指定するものに限る。）

九　硫酸マンガン肥料、炭酸マンガン肥料、加工マンガン肥料、鉱さいマンガン肥料及び混合マンガン肥料（農林水産大臣が指定するものに限る。）

十　ほう酸塩肥料、ほう酸肥料、熔《よう》成ほう素肥料及び加工ほう素肥料

十一　熔《よう》成微量要素複合肥料、液体微量要素複合肥料及び混合微量要素肥料（農林水産大臣が指定するものに限る。）

（登録又は仮登録の有効期間の更新の申請手続）

第八条　法第十二条第四項（法第三十三条の二第六項において準用する場合を含む。）の規定により登録又は仮登録の有効期間の更新を受けようとする者は、有効期間満了の三十日前までに別記様式第三号による申請書を提出しなければならない。

2　前項の申請書であつて、法第三十三条の二第六項において準用する法第十二条第四項の規定により農林水産大臣に提出するものについては第六条第二項の規定を準用する。

第九条　削除

（登録又は仮登録を受けた者の届出手続）

第十条　法第十三条第一項各号（法第三十三条の二第六項において準用する場合を含む。）に掲げる事項に変更を生じた場合において、変更があつた事項のすべてが登録証又は仮登録証の記載事項に該当しないときにおける法第十三条第一項（法第三十三条の二第六項において準用する場合を含む。以下この項及び第十一条第二項及び第六項において同じ。）の規定による届出は別記様式第四号による変更届を、変更があつた事項のいずれかが登録証又は仮登録証の記載事項に該当するときにおける法第十三条第一項の規定による届出及び書替交付の申請は別記様式第五号による変更届及び書替交付申請書を提出してしなければならない。

2　法第十三条第二項（法第三十三条の二第六項において準用する場合を含む。第十一条

第六項において同じ。）の規定による届出並びに書替交付及び交付の申請は、別記様式第六号による申請書を提出してしなければならない。

3　法第十三条第三項（法第三十三条の二第六項において準用する場合を含む。）の規定による届出及び再交付の申請は、別記様式第七号による再交付申請書を提出してしなければならない。

4　法第十三条第四項（法第三十三条の二第六項において準用する場合を含む。第十一条第六項において同じ。）の規定による届出及び書替交付の申請は、別記様式第八号による書替交付申請書を提出してしなければならない。

5　第一項、第二項及び第四項の規定による書替交付申請書には、当該登録証又は仮登録証を添附しなければならない。第三項の場合において、当該申請が登録証又は仮登録証の汚損に係るときも、また同様とする。

6　第一項から第四項までに規定する書面であつて、法第三十三条の二第六項において準用する法第十三条第一項から第四項までの規定により農林水産大臣に提出するものについては第六条第二項の規定を準用する。

（登録又は仮登録の失効の届出）

第十条の二　法第十五条第一項（法第三十三条の二第六項において準用する場合を含む。）の規定による届出は、別記様式第八号の二による失効届を提出してしなければならない。

2　前項の書面であつて、法第三十三条の二第六項において準用する法第十五条第一項の規定により農林水産大臣に提出するものについては、第六条第二項の規定を準用する。

（指定混合肥料の生産業者及び輸入業者の届出様式）

第十条の三　法第十六条の二第一項、第二項又は第三項の規定による届出は、別記様式第八号の三による届出書を提出してしなければならない。

（保証票の様式及び添付方法）

第十一条　法第十七条第一項（法第三十三条の二第六項において準用する場合を含む。次項及び第六項において同じ。）若しくは第二項又は第十八条第一項の規定により付さなければならない保証票の様式は、生産業者保証票にあつては別記様式第九号、輸入業者保証票にあつては別記様式第十号、販売業者保証票にあつては別記様式第十一号によらなければならない。

2　法第十七条第一項若しくは第二項又は第十八条第一項の規定により保証票に記載しなければならない生産した事業場の名称及び所在地については、次のいずれかの表記により記載しなければならない。

一　法第四条第一項若しくは第三項、第五条若しくは第三十三条の二第一項の規定による登録若しくは仮登録に係る当該事業場の名称及び所在地（当該名称又は所在地を法

第十三条第一項の規定により変更した場合は、変更後の名称及び所在地）又は法第十六条の二第一項、第二項若しくは第三項の規定により届け出た当該事業場の名称及び所在地と同一の表記

二　当該事業場について生産業者（法第三十三条の二第一項の規定による登録又は仮登録を受けた者を含む。）があらかじめ農林水産大臣に届け出た名称及び所在地に係る略称

三　当該事業場について第一号と同一の表記により名称及び所在地を掲載したウェブサイト（農林水産大臣が認めるウェブサイトに限る。第十一条の二第三項及び第十二条において同じ。）のアドレス（二次元コードその他のこれに代わるものを含む。第十一条の二第三項及び第十二条において同じ。）

3　前項の規定による略称の届出は、別記様式第十一号の二による届出書を提出してしなければならない。

4　法第三十三条の二第一項の規定による登録又は仮登録を受けた普通肥料についての第二項の略称の届出については、第六条第二項の規定を準用する。

5　農林水産大臣は、法第四条第一項第七号若しくは第三項の規定による都道府県知事の登録を受けた普通肥料又は法第十六条の二第一項若しくは第二項の規定による都道府県知事への届出に係る指定混合肥料について第二項の規定による略称の届出があつたときは、当該届出に係る事項を当該普通肥料につき法第四条第一項第七号若しくは第三項の規定による登録をした都道府県知事又は当該指定混合肥料につき法第十六条の二第一項若しくは第二項の規定による届出を受けた都道府県知事に通知するものとする。

6　登録又は仮登録を受けた普通肥料について法第十七条第一項若しくは第二項又は第十八条第一項の規定により保証票に記載しなければならない肥料の種類及び名称、保証成分量、生産業者、輸入業者又は生産した者の氏名又は名称及び住所並びに登録番号又は仮登録番号は、法第十条の規定により交付を受けた登録証又は仮登録証（法第十三条第一項、第二項又は第四項の規定により書替交付を受けたものを含む。）に記載されたものと同一でなければならない。

7　指定混合肥料について法第十七条第一項又は第十八条第一項の規定により保証票に記載しなければならない肥料の名称並びに生産業者又は輸入業者の氏名又は名称及び住所は、法第十六条の二第一項、第二項又は第三項の規定により届け出た事項と同一でなければならない。

8　法第四条第二項第二号に掲げる普通肥料について法第十七条第一項又は第十八条第一項の規定により保証票に記載しなければならない保証成分量については、次に定めるところによらなければならない。ただし、農林水産大臣が別に定める場合にあつては、こ

の限りでない。

一　原料として使用した普通肥料において保証された主成分は全て保証するものとする。ただし、次号に規定する指定配合肥料に該当する場合（当該指定配合肥料の生産業者が当該指定配合肥料の主成分の含有量を当該指定配合肥料のロットごとに確認した場合に限る。）又は第四号に規定する指定化成肥料に該当する場合にあつては、当該主成分に加えて、原料として使用した当該普通肥料の公定規格で定める含有すべき主成分とされているものを保証することができるものとする。

二　法第四条第二項第二号に掲げる普通肥料のうち第四号に規定する指定化成肥料以外の普通肥料（以下この号において「指定配合肥料」という。）において保証する主成分の保証成分量の数値は、原料として使用した普通肥料のうち当該主成分を保証したものごとに当該主成分の保証成分量に当該肥料の配合割合を乗じて得た値を合算した値の百分の八十以上（合算した値が五未満の値の場合には百分の五十以上）で、かつ、次のいずれかの値を超えない範囲内で定めるものとする。

イ　当該合算した値

ロ　当該指定配合肥料の生産業者が当該指定配合肥料の原料として使用した普通肥料の主成分の含有量（当該生産業者が当該普通肥料のロットごとに確認したものに限る。）に、当該普通肥料の配合割合を乗じて得た値を合算した値

ハ　当該指定配合肥料の主成分の含有量（当該生産業者が当該指定配合肥料のロットごとに確認したものに限る。）

三　前号の保証成分量の数値の上限値については、次に掲げる主成分ごとに、同号イからハまでのいずれかを選択しなければならない。

イ　窒素

ロ　りん酸

ハ　加里

ニ　アルカリ分

ホ　有効けい酸

ヘ　有効苦土

ト　有効マンガン

チ　有効ほう素

四　法第四条第二項第二号に掲げる普通肥料のうち造粒（水のみを用いる造粒を除く。）その他の農林水産大臣が定める方法により加工された普通肥料（以下この号において「指定化成肥料」という。）において保証する主成分の保証成分量の数値は、原料として使用した普通肥料のうち当該主成分を保証したものごとに当該主成分の保証成分量

に当該肥料の配合割合を乗じて得た値を合算した値の百分の八十以上（合算した値が五未満の値の場合には百分の五十以上）で、かつ、当該指定化成肥料の生産業者が当該指定化成肥料のロットごとに確認した当該指定化成肥料の主成分の含有量を超えない範囲内で定めるものとする。

五　第一号の規定にかかわらず、次の表の上欄に掲げる主成分についてその保証成分量の数値がそれぞれ同表の中欄（家庭園芸用肥料にあつては、下欄）に掲げる量に満たない場合には、当該主成分を保証してはならない。

主成分	百分比	
窒素、りん酸、加里	1	0.1
有効苦土	1	0.01
アルカリ分、有効けい酸	5	5
有効マンガン	0.1	0.001
有効ほう素	0.05	0.001

六　保証成分量に、次の表の上欄に掲げる主成分ごとに、それぞれ同表の中欄（家庭園芸用肥料にあつては、下欄）に掲げる量に満たない端数がある場合には、当該端数を切り捨てて表示しなければならない。

主成分	百分比	
窒素、りん酸、加里	0.1	0.01
有効苦土	0.1	0.001
アルカリ分、有効けい酸	0.1	0.1
有効マンガン、有効ほう素	0.01	0.0001

9　法第四条第二項第三号に掲げる普通肥料（第二号において「特殊肥料等入り指定混合肥料」という。）について法第十七条第一項又は第十八条第一項の規定により保証票に記載しなければならない主要な成分の含有量については、次に定めるところによらなければならない。ただし、農林水産大臣が別に定める場合にあつては、この限りでない。

一　原料として使用した普通肥料（法第四条第一項第三号に掲げる普通肥料を除く。）において保証された主成分は、主要な成分として全て記載するものとする。ただし、当該成分に加えて、当該普通肥料の公定規格で定める含有すべき主成分とされているものを主要な成分として記載することができる。

二　原料として使用した普通肥料（法第四条第一項第三号に掲げる普通肥料に限る。）及び特殊肥料において表示すべき主要な成分は全て記載するものとする。ただし、当該成分に加えて、当該特殊肥料等入り指定混合肥料が含有する次号の表の上欄に掲げる主要な成分を記載することができる。

三　第一号ただし書及び前号ただし書の規定にかかわらず、次の表の上欄に掲げる主要な成分についてその含有量の数値がそれぞれ同表の中欄（家庭園芸用肥料にあつては、下欄）に掲げる量に満たない場合には、当該成分を記載してはならない。

主要な成分	百分比	
窒素、りん酸、加里	1	0.1
有効苦土	1	0.01
アルカリ分、有効けい酸	5	5
有効マンガン	0.1	0.001
有効ほう素	0.05	0.001

10　前項の規定は、法四条第二項第四号に掲げる普通肥料（以下この項において「土壌改良資材入り指定混合肥料」という。）の主要な成分の含有量について準用する。この場合において、「当該特殊肥料等入り指定混合肥料」とあるのは「当該土壌改良資材入り指定混合肥料」と読み替えるものとする。

11　保証票は、容器又は包装を用いる場合にあつては、その外部の見やすい場所に、はり付け、縫い付け、針金、麻糸等で縛り付け、その他容器又は包装から容易に離れない方法で付し、容器及び包装を用いない場合にあつては、その見やすい場所に付さなければならない。

（保証票の記載事項）

第十一条の二　法第十七条第一項第十二号及び第十三号（法第三十三条の二第六項において準用する場合を含む。）に掲げる事項の保証票の記載については、農林水産大臣の定めるところによらなければならない。

2　法第十七条第一項第十四号（法第三十三条の二第六項において準用する場合を含む。）の農林水産省令で定める事項は、次に掲げる事項とする。

一　農林水産大臣の指定する普通肥料にあつては、原料の種類若しくは配合の割合又は

炭素窒素比

二　農林水産大臣の指定する材料が使用された普通肥料にあつては、その材料の種類及び名称又は使用量のうち農林水産大臣が定めるもの

3　前項第一号に規定する原料の種類又は配合の割合のうち農林水産大臣が定めるものについては、農林水産大臣の定めるところにより、当該事項を表示したウェブサイトのアドレスにより記載することができる。

4　第二項に掲げる事項の保証票への記載については、前項の規定によるほか、農林水産大臣の定めるところによらなければならない。

（書面の交付）

第十二条　第十一条第二項の規定により生産した事業場の名称及び所在地を同項に規定するウェブサイトのアドレスにより保証票に記載した生産業者、輸入業者又は販売業者は、当該保証票を付した肥料の容器又は包装（容器又は包装を用いないものにあつては、その見やすい場所）に電話番号その他の連絡先を併せて表示するとともに、肥料を施用する者その他の者から当該事業場の名称及び所在地を記載した書面の交付を求められたときは、遅滞なく、当該書面を交付しなければならない。

2　前項の規定は、前条第三項の規定により同条第二項第一号に規定する原料の種類又は配合の割合を同条第三項に規定するウェブサイトのアドレスにより保証票に記載した生産業者、輸入業者又は販売業者に準用する。

第十三条　削除

（やむを得ない事由）

第十四条　法第十九条第二項の農林水産省令で定めるやむを得ない事由は、左の各号に掲げる場合とする。

一　吸湿、風化等の肥料の本質に基いて変質した場合

二　火災、雨もり、生産設備の故障その他これらに準ずる事故により変質した場合

三　荷粉又は容器の破損その他これに準ずる事故により異物が混入した場合

（農林水産大臣の許可する事故肥料）

第十五条　法第十九条第二項の規定により農林水産大臣が譲渡を許可する事故肥料は、法第四条第一項第一号から第三号まで若しくは第六号若しくは同条第四項本文、第五条若しくは第三十三条の二第一項の規定により農林水産大臣の登録若しくは仮登録を受けた普通肥料又は法第十六条の二第一項の規定による農林水産大臣への届出に係る指定混合肥料であつて生産業者又は輸入業者の所有しているものとする。

（事故肥料譲渡許可の申請）

第十六条　前条に掲げる肥料について法第十九条第二項の規定により許可を受けようとす

る者は、次の事項を記載した事故肥料譲渡許可申請書を農林水産大臣に提出しなければならない。

一　氏名及び住所（法人にあつては、その名称、代表者の氏名及び主たる事務所の所在地）

二　肥料の種類及び名称（仮登録の場合又は指定混合肥料の場合には肥料の名称）

三　肥料の所在地

四　事故肥料発生前の肥料の数量及び保証成分量（法第四条第一項第三号に掲げる普通肥料にあつては事故肥料発生前の肥料の数量及び含有を許される有害成分の最大量とし、同条第二項第三号及び第四号に掲げる普通肥料（同条第一項第三号に掲げる普通肥料が原料として配合されたものを除く。）にあつては事故肥料発生前の肥料の数量及び法第十七条第一項第三号の農林水産大臣が定める主要な成分（以下この号、次号及び第十八条第一項第三号において単に「主要な成分」という。）の含有量とし、同条第二項第三号及び第四号に掲げる普通肥料（同条第一項第三号に掲げる普通肥料が原料として配合されたものに限る。）にあつては事故肥料発生前の肥料の数量、主要な成分の含有量及び原料として配合した同条第一項第三号に掲げる普通肥料の種類とする。）

五　譲渡しようとする肥料の数量及び含有主成分量（法第四条第一項第三号に掲げる普通肥料にあつては譲渡しようとする肥料の数量及び有害成分の含有量とし、同条第二項第三号及び第四号に掲げる普通肥料（同条第一項第三号に掲げる普通肥料が原料として配合されたものを除く。）にあつては譲渡しようとする肥料の数量及び主要な成分の含有量とし、同条第二項第三号及び第四号に掲げる普通肥料（同条第一項第三号に掲げる普通肥料が原料として配合されたものに限る。）にあつては譲渡しようとする肥料の数量、主要な成分の含有量及び有害成分の含有量とする。）

六　事故の概要

2　前項及び肥料取締法施行令（昭和二十五年政令第百九十八号。以下「令」という。）第三条の規定により提出すべき事故肥料譲渡許可申請書の様式は、別記様式第十二号によらなければならない。

3　第一項の場合には、第六条第一項の規定を準用する。

（事故肥料譲渡許可証）

第十七条　農林水産大臣は、法第十九条第二項の規定による許可をしたときは、当該許可を受けた者に対し、次の事項を記載した事故肥料譲渡許可証を交付するものとする。

一　許可番号及び許可年月日

二　氏名又は名称及び住所

三　肥料の種類及び名称（仮登録の場合又は指定混合肥料の場合には肥料の名称）

四　譲渡許可数量

（事故肥料成分票の添付命令）

第十八条　農林水産大臣は、法第十九条第二項の規定による許可をするときは、申請者に対し、当該肥料の容器又は包装の外部（容器及び包装を用いないものにあつては、各荷口又は各個。以下同じ。）に次の事項を記載した事故肥料成分票を付すべき旨を命ずることがある。

一　事故肥料成分票という文字

二　肥料の名称

三　含有主成分量（法第四条第一項第三号並びに同条第二項第三号及び第四号に掲げる普通肥料にあつては、主要な成分の含有量）

四　事故肥料成分票を付した者の氏名又は名称及び住所

五　許可番号及び許可年月日

（事故肥料成分票の様式）

第十九条　前条及び令第五条第一項の規定により付すべき事故肥料成分票の様式は、別記様式第十三号によらなければならない。

2　前条の事故肥料成分票には、他の事項又は虚偽の記載をしてはならない。

（表示命令）

第十九条の二　農林水産大臣の定める普通肥料（法第四条第一項第七号若しくは同条第三項の規定による都道府県知事の登録を受けた普通肥料若しくは法第十六条の二第一項若しくは第二項の規定による都道府県知事への届出に係る指定混合肥料又は法第三十三条の二第一項の規定による登録若しくは仮登録を受けた普通肥料を除く。）の生産業者又は輸入業者は、当該普通肥料を生産し、又は輸入したときは、遅滞なく、その容器又は包装の外部に農林水産大臣の定める表示事項を表示しなければならない。

2　前項の農林水産大臣の定める普通肥料であつて法第三十三条の二第一項の規定による登録又は仮登録を受けたものの輸入業者は、当該肥料の容器若しくは包装を変更したとき、又は容器若しくは包装のない当該肥料を容器に入れ、若しくは包装したときは、遅滞なく、その容器又は包装の外部に前項の農林水産大臣の定める表示事項を表示しなければならない。当該表示事項が表示されていないか、又は当該表示事項が不明となつた当該肥料を輸入したとき、及び輸入した当該肥料が自己の所有又は管理に属している間に、当該表示事項が不明となつたときも、同様とする。

（特殊肥料生産業者及び輸入業者の届出様式）

第二十条　法第二十二条第一項又は第二項の規定による届出は、別記様式第十四号による届出書を提出してしなければならない。

（販売業務の届出様式）

第二十一条　法第二十三条第一項又は第二項の規定による届出は、別記様式第十五号による届出書を提出してしなければならない。

第二十二条　削除

第二十三条　削除

（普通肥料の生産数量等の報告義務）

第二十四条　法第四条第一項第一号から第三号まで若しくは第六号若しくは第五条の規定により農林水産大臣の登録若しくは仮登録を受けた普通肥料又は法第十六条の二第一項の規定による農林水産大臣への届出に係る指定混合肥料の生産業者は、毎年二月末日までに、当該普通肥料の銘柄別に前年における生産数量及び販売数量を、当該普通肥料（登録を受けたものに限る。）の種類別に前年において当該普通肥料の生産に使用した原料及び材料並びに当該普通肥料に混入した異物の種類及び数量を農林水産大臣に報告しなければならない。

（普通肥料の輸入数量等の報告義務）

第二十五条　普通肥料の輸入業者は、毎年二月末日までに、普通肥料の銘柄別に、前年における輸入数量及び販売数量を農林水産大臣に報告しなければならない。

（職員の証明書）

第二十六条　法第三十条第六項（法第三十三条の三第三項において準用する場合を含む。）の規定による職員の証明書は、別記様式第十六号とする。

2　法第三十条の二第四項において準用する法第三十条第六項の規定によるセンターの職員の証明書は、別記様式第十六号の二とする。

（報告）

第二十七条　法第三十条の二第三項（法第三十三条の三第三項において準用する場合を含む。）の規定による報告は、遅滞なく、別記様式第十六号の三による報告書を提出してしなければならない。

（国内管理人の届出様式）

第二十八条　法第三十三条の二第三項の規定による届出は、別記様式第十七号による届出書を提出してしなければならない。

2　前項の届出には、第六条第二項の規定を準用する。

（登録外国生産業者の通知手続）

第二十九条　法第三十三条の二第四項の規定による国内管理人への通知は、毎年一月二十日までに、その年の前年分について、別記様式第十八号によりしなければならない。

（国内管理人の報告義務）

第三十条　国内管理人は、前条の規定により通知を受けた事項を取りまとめ、毎年二月末日までに、登録外国生産業者の法第三十三条の二第一項の規定による登録又は仮登録を受けた普通肥料の銘柄別に、前年における生産数量及び販売数量（本邦に輸出されるものに限る。）を農林水産大臣に報告しなければならない。

2　前項の報告には、第六条第二項の規定を準用する。

（外国生産肥料の輸入業者の届出様式）

第三十一条　法第三十三条の四第一項又は第二項の規定による届出は、別記様式第十九号による届出書を提出してしなければならない。

（映像等の送受信による通話の方法による意見の聴取）

第三十二条　令第十一条において読み替えて準用する行政不服審査法施行令（平成二十七年政令第三百九十一号）第八条に規定する方法によつて法第三十四条第二項の意見の聴取の期日における審理を行う場合には、審理関係人（行政不服審査法（平成二十六年法律第六十八号）第二十八条に規定する審理関係人をいう。以下この条において同じ。）の意見を聴いて、当該審理に必要な装置が設置された場所であつて行政不服審査法第十一条第二項に規定する審理員が相当と認める場所を、審理関係人ごとに指定して行う。

（法の適用の除外）

第三十三条　法第三十五条第一項の規定により法を適用しない肥料は、当該肥料の容器又は包装の外部にその種類及び輸出用、工業用又は飼料用に供する旨を表示したものに限る。

（権限の委任）

第三十四条　法第二十二条の三第一項に規定する農林水産大臣の権限で、その生産する事業場の所在地が一の地方農政局の管轄区域内のみにある生産業者、輸入の場所が一の地方農政局の管轄区域内のみにある輸入業者又は販売業務を行う事業場が一の地方農政局の管轄区域内のみにある販売業者に関するものは、当該地方農政局長に委任する。ただし、農林水産大臣が自らその権限を行うことを妨げない。

2　法第二十九条第一項に規定する報告の徴収に関する農林水産大臣の権限（法第二十二条の三第一項の規定の施行に関し必要と認められる場合に限る。）は、生産業者又は輸入業者の主たる事務所の所在地を管轄する地方農政局長に委任する。ただし、農林水産大臣が自らその権限を行うことを妨げない。

3　法第二十九条第二項に規定する報告の徴収に関する農林水産大臣の権限（法第二十二条の三第一項の規定の施行に関し必要と認められる場合に限る。）は、販売業者の主たる事務所の所在地を管轄する地方農政局長に委任する。ただし、農林水産大臣が自らその権限を行うことを妨げない。

4　法第三十条第一項に規定する立入検査等に関する農林水産大臣の権限（法第二十二条の三第一項の規定の施行に関し必要と認められる場合に限る。）は、生産業者又は輸入業者の事業場、倉庫その他肥料の生産、輸入、販売又は保管の業務に関係がある場所の所在地を管轄する地方農政局長に委任する。ただし、農林水産大臣が自らその権限を行うことを妨げない。

5　法第三十条第二項に規定する立入検査等に関する農林水産大臣の権限（法第二十二条の三第一項の規定の施行に関し必要と認められる場合に限る。）は、販売業者の事業場、倉庫その他肥料の販売の業務に関係がある場所の所在地を管轄する地方農政局長に委任する。ただし、農林水産大臣が自らその権限を行うことを妨げない。

6　法第三十五条第二項の規定による農林水産大臣の権限は、地方農政局長に委任する。

（提出書類の通数等）

第三十五条　第一条の四又は第八条第一項の規定による申請書、第十条第一項から第四項まで又は第十条の二第一項の規定により提出する書面、第十条の三の規定による届出書、第十一条第三項の規定による届出書、第十六条第一項又は令第三条の規定による申請書、第二十条又は第二十一条の規定による届出書、第二十四条第一項又は第二十五条第一項の規定による報告書、第二十八条第一項の規定による届出書、第三十条第一項の規定による報告書及び第三十一条の規定による届出書は、正副各一通を提出しなければならない。

2　第七条の二第二項、第七条の三第二項、第七条の四第二項及び第二十七条の規定による報告書は、一通を提出しなければならない。

3　第一項に掲げる書面には、当該書面を提出する者が法人であるときにあつては、その代表者の氏名をその名称とともに併記しなければならない。

別表（第一条の二関係）

一　次に掲げる肥料（第一条の二第一項に規定する肥料にあつては、ヘ及びトを除く。）のいずれかを原料の一つとして配合したもの

イ　事故肥料

ロ　肥料の品質を低下させるような異物が混入された肥料

ハ　土壌中における硝酸化成を抑制する材料（農林水産大臣が指定するものを除く。）が使用された肥料

ニ　液状の肥料（当該肥料を原料として配合した普通肥料がその配合又は加工に伴い化学的変化により品質が低下するおそれがないものとして農林水産大臣が定める要

件を満たすものを除く。）

ホ　牛、めん羊又は山羊由来の原料（牛の皮に由来するゼラチン及びコラーゲンを除く。）を使用して生産された肥料（牛、めん羊、山羊及び鹿による当該肥料の摂取に起因して生ずるこれらの家畜の伝達性海綿状脳症の発生を予防するため、農林水産大臣が定めるところにより、当該摂取の防止に効果があると認められる材料（農林水産大臣が指定するものに限る。）若しくは原料の使用又は当該疾病の発生の予防に効果があると認められる方法による原料の加工その他必要な措置が行われたものを除く。）

へ　第一条第一号から第七号までに掲げる普通肥料

ト　農林水産大臣が指定する特殊肥料（液状のものを除く。）

二　次の表の各項の上欄に掲げる肥料の区分に応じ、それぞれ当該各項の下欄各号に掲げる肥料のいずれかを原料として配合したもの（配合若しくは混入又は加工に伴い化学的変化により品質が低下するおそれがないものとして農林水産大臣が定める要件を満たすものを除く。）

	上　欄	下　欄
一	石灰質肥料（農林水産大臣が指定するものを除く。）又はけい酸質肥料（シリカゲル肥料を除く。）に属する普通肥料	一　当該肥料の属する種別と異なる種別に属する普通肥料（アルカリ分を保証するもの（混合りん酸肥料を除く。以下この表において同じ。）又は苦土肥料に属するもの（水溶性苦土を保証するものを除く。以下この表において同じ。）を除く。第二項において「石灰質肥料等と異なる種別の普通肥料」という。） 二　第一条第八号に掲げる普通肥料 三　特殊肥料（農林水産大臣が指定する特殊肥料を除く。）
二	石灰質肥料等と異なる種別の普通肥料	特殊肥料（農林水産大臣が指定する特殊肥料に限る。）

備考

第一条の二第一項に規定する肥料にあつては、この表の第一項上欄に掲げる肥料と同項下欄第一号に掲げる肥料を原料として配合した肥料に限る。

三　配合若しくは混入又は加工に当たつて肥料の品質を低下させるような異物を混入したもの（第一条の二第三項に規定する肥料にあつては、第一条の三に規定する土壌改良資材を除く。）

四　配合若しくは混入又は加工に当たつて第四条第三号に規定する材料（農林水産大臣が指定するものを除く。）を使用したもの

附　則（令和２年９月28日農林水産省令第63号）

（施行期日）

第一条　この省令は、肥料取締法の一部を改正する法律（第二条第二項において「改正法」という。）の施行の日（令和二年十二月一日）から施行する。

（肥料取締法施行規則の一部改正に伴う経過措置）

第二条　この省令の施行の際現にある第一条の規定による改正前の肥料取締法施行規則の様式（第三項において「旧様式」という。）により使用されている書類は、同条の規定による改正後の肥料の品質の確保等に関する法律施行規則（次項において「新規則」という。）の様式によるものとみなす。

２　この省令の施行の際現に改正法による改正前の肥料取締法第四条第一項若しくは第二項、第五条若しくは第三十三条の二第一項の規定による登録又は仮登録を受け、又は同法第十六条の二第一項若しくは第二項の規定による届出がされた普通肥料の保証票については、当分の間、新規則別記様式第九号から第十一号までに規定する文字及び数字の大きさによらないことができる。

３　この省令の施行の際現にある旧様式による用紙については、当分の間、これを取り繕って使用することができる。

別記
様式第１号（日本産業規格Ａ４）（第１条の４関係）

肥　料　登　録　申　請　書

収入印紙
（消印をしないこと）

年　　月　　日

農林水産大臣（都道府県知事）　　　殿

住所
氏名（名称及び代表者の氏名）

下記により生産業者（輸入業者、登録外国生産業者）として肥料の登録を受けたいので、肥料の品質の確保等に関する法律第６条第１項（肥料の品質の確保等に関する法律第33条の２第６項において準用する同法第６条第１項）の規定により肥料の見本を添えて登録を申請します。

記

1　氏名及び住所（法人にあつてはその名称、代表者の氏名及び主たる事務所の所在地）
2　国内管理人の氏名及び住所（法人にあつてはその名称、代表者の氏名及び主たる事務所の所在地）
3　肥料の種類
4　肥料の名称
5　保証成分量その他の規格（肥料の品質の確保等に関する法律施行規則第１条に定める普通肥料にあつては、含有を許される有害成分の最大量その他の規格）
6　生産する事業場の名称及び所在地
7　保管する施設の所在地
8　植物に対する害に関する栽培試験の成績（別紙のとおり）
9　肥料の品質の確保等に関する法律施行規則第４条第１号から第３号までに掲げる事項（別紙のとおり）

備考
1　収入印紙は、正本にのみ付すること。
2　生産業者にあつては２を、輸入業者にあつては２及び６を記載しなくてよい。
3　第１条及び第２条の２に掲げる肥料以外の肥料にあつては８を記載しなくてよい。

様式第２号（日本産業規格Ａ４）（第１条の４関係）

肥　料　仮　登　録　申　請　書

収入印紙
（消印をしないこと）

年　　月　　日

農林水産大臣　　　　　殿

住所
氏名（名称及び代表者の氏名）

下記により生産業者（輸入業者、登録外国生産業者）として肥料の仮登録を受けたいので、肥料の品質の確保等に関する法律第６条第１項（肥料の品質の確保等に関する法律第33条の２第６項において準用する同法第６条第１項）の規定により肥料の見本を添えて仮登録を申請します。

記

1　氏名及び住所（法人にあつてはその名称、代表者の氏名及び主たる事務所の所在地）
2　国内管理人の氏名及び住所（法人にあつてはその名称、代表者の氏名及び主たる事務所の所在地）
3　肥料の名称
4　保証成分量その他の規格
5　生産する事業場の名称及び所在地
6　保管する施設の所在地
7　施用方法（別紙のとおり）
8　栽培試験の成績（別紙のとおり）
9　肥料の品質の確保等に関する法律施行規則第４条第３号及び４号に掲げる事項（別紙のとおり）

備考
1　収入印紙は、正本にのみ付すること。
2　生産業者にあつては２を、輸入業者にあつては２及び５を記載しなくてよい。

様式第２号の２（日本産業規格Ａ４）（第７条の２関係）

肥料登録申請書（見本）調査結果報告書

年　　月　　日

農林水産大臣　殿

独立行政法人農林水産消費安全技術センター理事長

下記により肥料登録申請書（見本）に係る調査の結果を報告します。

登録申請年月日	肥料の種類	肥料の名称	申請者の氏名又は名称	調査結果			
				申請書の記載事項の適否に関する事項	公定規格との適合性に関する事項	名称の妥当性に関する事項	植物に対する有害性の有無に関する事項

備考

調査結果の欄は不適合等が認められる場合にその概要を記載すること。

様式第２号の３（日本産業規格Ａ４）（第７条の３関係）

肥料仮登録申請書（見本）調査結果報告書

年　　月　　日

農林水産大臣　殿

独立行政法人農林水産消費安全技術センター理事長

下記により肥料仮登録申請書（見本）に係る調査の結果を報告します。

			調　査　結　果			
仮登録申請年月日	肥料の名称	申請者の氏名又は名称	申請書の記載事項の適否に関する事項	主成分の含有量及び効果その他の品質に関する事項	名称の妥当性に関する事項	植物に対する有害性の有無に関する事項

備考

調査結果の欄は不適合等が認められる場合にその概要を記載すること。

様式第２号の４（日本産業規格Ａ４）（第７条の４関係）

仮登録肥料肥効試験結果報告書

年　　月　　日

農林水産大臣　殿

独立行政法人農林水産消費安全技術センター理事長

下記により仮登録肥料の肥効試験の結果を報告します。

1　肥効試験の結果

仮登録番号		
肥料の名称		
調査結果	申請書に記載された栽培試験の成績の信頼性に関する事項	
その他		

2　公定規格の設定に関する意見

様式第３号（日本産業規格Ａ４）（第８条関係）

肥料登録（仮登録）有効期間更新申請書

収入印紙
（消印をしないこと）

年　　月　　日

農林水産大臣（都道府県知事）　　　殿

住所
氏名（名称及び代表者の氏名）

下記により肥料の登録（仮登録）の更新を受けたいので、肥料の品質の確保等に関する法律第12条第４項（肥料の品質の確保等に関する法律第33条の２第６項において準用する同法第12条第４項）の規定により登録証（仮登録証）を添えて有効期間の更新を申請します。

記

1　登録番号（仮登録番号）
2　登録年月日（仮登録年月日）
3　氏名及び住所（法人にあつてはその名称、代表者の氏名及び主たる事務所の所在地）
4　国内管理人の氏名及び住所（法人にあつてはその名称、代表者の氏名及び主たる事務所の所在地）
5　肥料の種類
6　肥料の名称
7　保証成分量その他の規格（肥料の品質の確保等に関する法律施行規則第１条に定める普通肥料にあつては、含有を許される有害成分の最大量その他の規格）
8　生産する事業場の名称及び所在地
9　保管する施設の所在地
10　肥料の品質の確保等に関する法律施行規則第４条各号に掲げる事項（別紙のとおり）

備考
　1　収入印紙は、正本にのみ付すること。
　2　生産業者にあつては４を、輸入業者にあつては４及び８を記載しなくてよい。
　3　仮登録にあつては５を記載しなくてよい。

様式第４号（日本産業規格Ａ４）（第10条関係）

肥料登録（仮登録）事項変更届

年　　月　　日

農林水産大臣（都道府県知事）　　　　殿

住所
氏名（名称及び代表者の氏名）

下記のとおり登録（仮登録）事項に変更を生じたので、肥料の品質の確保等に関する法律第13条第１項（肥料の品質の確保等に関する法律第33条の２第６項において準用する同法第13条第１項）の規定により届け出ます。

記

登録番号（仮登録番号）	肥料の種類	肥料の名称	変更した年月日	変更した事項	変更した理由

備考
仮登録にあつては肥料の種類を記載しなくてよい。

様式第５号（日本産業規格Ａ４）（第10条関係）

肥料登録（仮登録）事項変更届及び記載事項変更に基づく肥料登録証（仮登録証）の書替交付申請書

年　月　日

農林水産大臣（都道府県知事）　　　殿

住所
氏名（名称及び代表者の氏名）

下記のとおり登録（仮登録）事項に変更を生じたので、肥料の品質の確保等に関する法律第13条第１項（肥料の品質の確保等に関する法律第33条の２第６項において準用する同法第13条第１項）の規定により届出及び登録証（仮登録証）の書替交付の申請をします。

記

登録番号（仮登録番号）	肥料の種類	肥料の名称	変更した年月日	変更した事項		変更した理由
				登録証（仮登録証）の記載事項に該当するもの	その他	

備考
仮登録にあつては肥料の種類を記載しなくてよい。

様式第６号（日本産業規格Ａ４）（第10条関係）

相続（合併、分割）に基づく肥料登録証
（仮登録証）の書替交付（交付）申請書

年　　月　　日

農林水産大臣（都道府県知事）　　　　殿

住所
氏名（名称及び代表者の氏名）

下記のとおり相続（合併、分割）により登録（仮登録）を受けた者の地位を承継したので、肥料の品質の確保等に関する法律第13条第２項（肥料の品質の確保等に関する法律第33条の２第６項において準用する同法第13条第２項）の規定により登録証（仮登録証）の書替交付（交付）を申請します。

記

1　承継した年月日
2　国内管理人の氏名及び住所（法人にあつてはその名称、代表者の氏名及び主たる事務所の所在地）
3　登録（仮登録）を受けた者の氏名及び住所（法人にあつてはその名称、代表者の氏名及び主たる事務所の所在地）
4　承継した肥料の登録番号（仮登録番号）、種類及び名称

登録番号 （仮登録番号）	肥料の種類	肥料の名称

備考
1　生産業者及び輸入業者にあつては２を記載しなくてもよい。
2　仮登録にあつては肥料の種類を記載しなくてよい。

様式第７号（日本産業規格Ａ４）（第10条関係）

肥料登録証（仮登録証）再交付申請書

年　　月　　日

農林水産大臣（都道府県知事）　　　　殿

住所
氏名（名称及び代表者の氏名）

下記の登録証（仮登録証）を滅失（汚損）したので、肥料の品質の確保等に関する法律第13条第３項（肥料の品質の確保等に関する法律第33条の２第６項において準用する同法第13条第３項）の規定により登録証（仮登録証）の再交付を申請します。

記

1　登録番号（仮登録番号）
2　登録年月日（仮登録年月日）
3　登録（仮登録）の有効期限
4　肥料の種類
5　肥料の名称
6　保証成分量その他の規格（肥料の品質の確保等に関する法律施行規則第１条に定める肥料にあつては、含有を許される有害成分の最大量その他の規格）

備考
仮登録にあつては４を記載しなくてよい。

様式第８号（日本産業規格Ａ４）（第10条関係）

肥料名称変更に基づく登録証（仮登録証）書替交付申請書

年　　月　　日

農林水産大臣（都道府県知事）　　　　　殿

住所
氏名（名称及び代表者の氏名）

１　登録番号（仮登録番号）
２　肥料の種類
３　肥料の名称

上記の肥料についてその名称を下記のように変更したいので、肥料の品質の確保等に関する法律第13条第４項（肥料の品質の確保等に関する法律第33条の２第６項において準用する同法第13条第４項）の規定により登録証（仮登録証）の書替交付を申請します。

記

１　新しい名称
２　変更する理由

備考
仮登録にあつては肥料の種類を記載しなくてよい。

様式第８号の２（日本産業規格Ａ４）（第10条の２関係）

肥料登録（仮登録）失効届

年　　月　　日

農林水産大臣（都道府県知事）　　　　殿

住所
氏名（名称及び代表者の氏名）

年　　月　　日から下記の肥料の登録（仮登録）は有効期間の満了（生産（輸入）の廃止）により失効したので、肥料の品質の確保等に関する法律第15条第１項（肥料の品質の確保等に関する法律第33条の２第６項において準用する同法第15条第１項）の規定により登録証（仮登録証）を添えて届け出ます。

記

登録番号 （仮登録番号）	肥料の種類	肥料の名称

備考
仮登録にあつては肥料の種類を記載しなくてよい。

様式第８号の３（日本産業規格Ａ４）（第10条の３関係）

（イ）指定混合肥料生産業者（輸入業者）届出書

年　　月　　日

農林水産大臣（都道府県知事）　　　　　殿

住所
氏名（名称及び代表者の氏名）

下記により指定混合肥料を生産（輸入）したいので、肥料の品質の確保等に関する法律第16条の２第１項（肥料の品質の確保等に関する法律第16条の２第２項）の規定により届け出ます。

記

1　氏名及び住所（法人にあつてはその名称、代表者の氏名及び主たる事務所の所在地）
2　肥料の名称
3　肥料の品質の確保等に関する法律第４条第２項第２号から第４号までに掲げる普通肥料のいずれかに該当するかの別
4　生産する事業場の名称及び所在地
5　保管する施設の所在地

備考

1　肥料の品質の確保等に関する法律第４条第２項第２号から第４号までに掲げる普通肥料のいずれかに該当するかの別については、「肥料の品質の確保等に関する法律第４条第２項第２号に掲げる普通肥料（指定配合肥料）」、「肥料の品質の確保等に関する法律第４条第２項第２号に掲げる普通肥料（指定化成肥料）」、「肥料の品質の確保等に関する法律第４条第２項第３号に掲げる普通肥料（特殊肥料等入り指定混合肥料）」又は「肥料の品質の確保等に関する法律第４条第２項第４号に掲げる普通肥料（土壌改良資材入り指定混合肥料）」のいずれかを記載すること。
2　輸入肥料にあつては４を記載しなくてよい。

（ロ）指定混合肥料生産業者（輸入業者）届出事項変更届出書

年　　月　　日

農林水産大臣（都道府県知事）　　　　　殿

住所
氏名（名称及び代表者の氏名）

さきに　　年　　月　　日付けで肥料の品質の確保等に関する法律第16条の２第１項（肥料の品質の確保等に関する法律第16条の２第２項）の規定により届け出た事項に下記のとおり変更を生じたので、同条第３項の規定により届け出ます。

記

1　変更した年月日
2　変更した事項
3　変更した理由

（ハ）指定混合肥料生産（輸入）事業廃止届出書

年　　月　　日

農林水産大臣（都道府県知事）　　　　　殿

住所
氏名（名称及び代表者の氏名）

さきに　　年　　月　　日付けで肥料の品質の確保等に関する法律第16条の２第１項（肥料の品質の確保等に関する法律第16条の２第２項）の規定により届け出た指定混合肥料の生産（輸入）事業を下記のとおり廃止したので、同条第３項の規定により届け出ます。

記

1　廃止した年月日
2　生産（輸入）していた指定混合肥料の名称

様式第９号（第11条関係）

（イ）登録肥料（法第４条第１項第３号に定める普通肥料の登録を受けたもの及び法第33条の２第１項の規定による登録を受けたものを除く。）の場合

○

2センチメートル以上

生　産　業　者　保　証　票

登録番号
肥料の種類
肥料の名称
保証成分量（％）
原料の種類
材料の種類、名称及び使用量
混入した物の名称及び混入の割合（％）
正味重量
生産した年月
生産業者の氏名又は名称及び住所
生産した事業場の名称及び所在地

備考

1　保証票には、日本産業規格Ｚ8305に規定する８ポイント以上の大きさの文字及び数字を用いるものとする。

2　保証票を第11条第11項の規定により容器又は包装の外部に縛り付け、又は縫い付ける場合を除き、最上部２センチメートルの部分は、付けなくてもよい。

3　肥料の正味重量が６キログラム以下の場合に付する保証票の文字及び数字の大きさは、適宜のものとする。

4　原料の種類の記載は、第11条の２第２項第１号に規定する農林水産大臣の指定する普通肥料に限る。

5　材料の種類、名称及び使用量の記載は、第11条の２第２項第２号に規定する農林水産大臣の指定する材料が使用された普通肥料に限る。この場合において、「材料の種類、名称及び使用量」の字句は、農林水産大臣の定めるところにより、「材料の種類及び名称」、「材料の種類及び使用量」又は「材料の種類」とすることができる。

6　原料の種類又は材料の種類、名称及び使用量をこの様式に従い記載することが困難な場合には、この様式の「原料の種類」又は「材料の種類、名称及び使用量」の欄に記載箇所を表示の上、他の箇所に記載することができる。

7　混入した物の名称及び混入の割合の記載は、法第25条第１号の規定により異物を混入した場合に限る。

8　生産した年月をこの様式に従い記載することが困難な場合には、「生産した年月」を「登録番号」の上部に記載するか、又はこの様式の「生産した年月」の欄に記載箇所を表示の上、他の箇所に記載することができる。

9　生産した事業場の名称及び所在地をこの様式に従い記載することが困難な場合には、「生産した事業場の名称及び所在地」を「登録番号」の上部に記載するか、又はこの様式の「生産した事業場の名称及び所在地」の欄に記載箇所を表示の上、他の箇所に記載することができる。

10　荷口番号又は出荷年月を記載する場合には、荷口番号又は出荷年月の前に「荷口番号」又は「出荷年月」の文字を付して記載するものとする。

（ロ）法第４条第１項第３号に定める普通肥料の登録を受けた普通肥料の場合

○

２センチメートル以上

生 産 業 者 保 証 票

登録番号
肥料の種類
肥料の名称
原料の種類
材料の種類、名称及び使用量
正味重量
生産した年月
生産業者の氏名又は名称及び住所
生産した事業場の名称及び所在地

主要な成分の含有量
炭素窒素比

備考

1　（イ）の備考第１号から第６号まで及び第８号から第10号までの規定は、法第４条第１項第３号に定める普通肥料の登録を受けた普通肥料の場合における生産業者保証票について準用する。

2　主要な成分の含有量については、生産した事業場における平均的な測定値をもつて記載することができる。この場合において、その旨を併せて記載するものとする。

(ハ) 仮登録肥料（法第33条の２第１項の規定による仮登録を受けたものを除く。）の場合

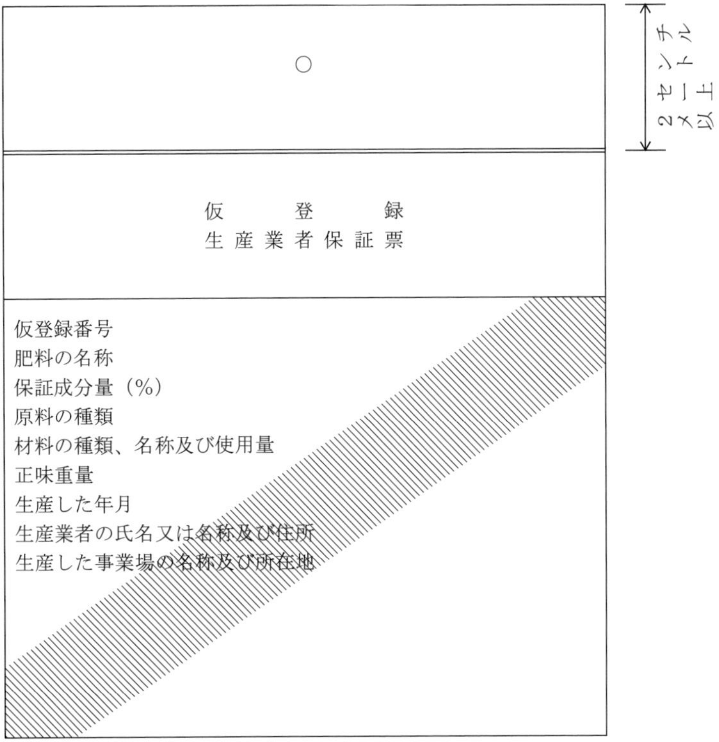

備考

1　仮登録の文字及び斜線の部分は、赤色とし、その幅は、おおむね1.7センチメートルとすること。

2　（イ）の備考第１号から第６号まで及び第８号から第10号までの規定は、仮登録生産業者保証票について準用する。この場合において、（イ）の備考第８号中及び第９号「「登録番号」」とあるのは「「仮登録番号」」と読み替えるものとする。

（ニ）第11条第８項第２号に規定する指定配合肥料の場合

○

（2センチメートル以上）

指　定　配　合　肥　料
生　産　業　者　保　証　票

肥料の名称
保証成分量（％）
原料の種類
材料の種類、名称及び使用量
正味重量
生産した年月
生産業者の氏名又は名称及び住所
生産した事業場の名称及び所在地

備考　（イ）の備考第１号から第６号まで及び第８号から第10号までの規定は、指定配合肥料生産業者保証票について準用する。この場合において、（イ）の備考第８号及び第９号中「「登録番号」」とあるのは「「肥料の名称」」と読み替えるものとする。

（ホ）第11条第８項第４号に規定する指定化成肥料の場合

（２センチメートル以上）

○

指　定　化　成　肥　料
生　産　業　者　保　証　票

肥料の名称
保証成分量（%）
原料の種類
材料の種類、名称及び使用量
正味重量
生産した年月
生産業者の氏名又は名称及び住所
生産した事業場の名称及び所在地

備考　（イ）の備考第１号から第６号まで及び第８号から第10号までの規定は、指定化成肥料生産業者保証票について準用する。この場合において、（イ）の備考第８号及び第９号中「「登録番号」」とあるのは「「肥料の名称」」と読み替えるものとする。

（ヘ）第11条第９項に規定する特殊肥料等入り指定混合肥料の場合

○

2センチメートル以上

特 殊 肥 料 等 入 り 指 定 混 合 肥 料
生 産 業 者 保 証 票

肥料の名称
原料の種類及び配合割合
材料の種類、名称及び使用量
正味重量
生産した年月
生産業者の氏名又は名称及び住所
生産した事業場の名称及び所在地

主要な成分の含有量

備考

１　（イ）の備考第１号から第６号まで及び第８号から第10号までの規定は、特殊肥料等入り指定混合肥料の場合における生産業者保証票について準用する。

２　主要な成分の含有量については、生産した事業場における平均的な測定値をもつて記載することができる。この場合において、その旨を併せて記載するものとする。

（ト）第11条第10項に規定する土壌改良資材入り指定混合肥料の場合

（2センチメートル以上）

○

土壌改良資材入り指定混合肥料
生産業者保証票

肥料の名称
原料の種類及び配合割合
材料の種類、名称及び使用量
混入した指定土壌改良資材の種類及び混入割合
正味重量
生産した年月
生産業者の氏名又は名称及び住所
生産した事業場の名称及び所在地

主要な成分の含有量

備考

1　（イ）の備考第１号から第６号まで及び第８号から第10号までの規定は、土壌改良資材入り指定混合肥料の場合における生産業者保証票について準用する。

2　主要な成分の含有量については、生産した事業場における平均的な測定値をもつて記載することができる。この場合において、その旨を併せて記載するものとする。

（チ）法第33条の２第１項の規定による登録を受けた普通肥料（法第４条第１項第３号に定める普通肥料の登録を受けたものを除く。）の場合

○

（2センチメートル以上）

登 録 外 国 生 産 肥 料
生 産 業 者 保 証 票

登録番号
肥料の種類
肥料の名称
保証成分量（%）
原料の種類
材料の種類、名称及び使用量
混入した物の名称及び混入の割合（%）
正味重量
生産した年月
登録外国生産業者の氏名又は名称及び住所
生産した事業場の名称及び所在地

備考　（イ）の備考第１号から第10号までの規定は、登録外国生産肥料生産業者保証票について準用する。この場合において、（イ）の備考第７号中「法第25条第１号」とあるのは「法第33条の２第６項において準用する法第25条第１号」と読み替えるものとする。

(リ) 法第33条の２第１項の規定による登録を受けた法第４条第１項第３号に定める普通肥料の場合

○

2センチメートル以上

登 録 外 国 生 産 肥 料
生 産 業 者 保 証 票

登録番号
肥料の種類
肥料の名称
原料の種類
材料の種類、名称及び使用量
正味重量
生産した年月
登録外国生産業者の氏名又は名称及び住所
生産した事業場の名称及び所在地

主要な成分の含有量
炭素窒素比

備考

1 (イ)の備考第１号から第６号まで及び第８号から第10号までの規定は、法第33条の２第１項の規定による登録を受けた法第４条第１項第３号に定める普通肥料の場合における登録外国生産肥料生産業者保証票について準用する。

2 主要な成分の含有量については、生産した事業場における平均的な測定値をもつて記載することができる。この場合において、その旨を併せて記載するものとする。

（ヌ）法第33条の２第１項の規定による仮登録を受けた普通肥料の場合

○

2センチメートル以上

仮登録外国生産肥料
生 産 業 者 保 証 票

仮登録番号
肥料の名称
保証成分量（%）
原料の種類
材料の種類、名称及び使用量
正味重量
生産した年月
登録外国生産業者の氏名又は名称及び住所
生産した事業場の名称及び所在地

備考　（イ）の備考第１号から第６号まで及び第８号から第10号まで並びに（ハ）の備考第１号の規定は、仮登録外国生産肥料生産業者保証票について準用する。この場合において、（イ）の備考第８号及び第９号中「「登録番号」」とあるのは「「仮登録番号」」と読み替えるものとする。

様式第10号（第11条関係）

（イ）登録肥料（法第４条第１項第３号に定める普通肥料の登録を受けたもの及び法第33条の２第１項の規定による登録を受けたものを除く。）の場合

○

2センチメートル以上

輸 入 業 者 保 証 票

登録番号
肥料の種類
肥料の名称
保証成分量（%）
原料の種類
材料の種類、名称及び使用量
混入した物の名称及び混入の割合（%）
正味重量
輸入した年月
輸入業者の氏名又は名称及び住所

備考

1　様式第９号（イ）の備考第１号から第６号まで、第８号及び第10号の規定は、輸入業者保証票について準用する。この場合において、様式第９号（イ）の備考第８号中「「生産した年月」」とあるのは「「輸入した年月」」と読み替えるものとする。

2　混入した物の名称及び混入の割合の記載は、公定規格で定める農薬その他の物が公定規格で定めるところにより混入された場合に限る。

（ロ）法第４条第１項第３号に定める普通肥料の登録を受けた普通肥料の場合

○

（２センチメートル以上）

輸 入 業 者 保 証 票

登録番号
肥料の種類
肥料の名称
原料の種類
材料の種類、名称及び使用量
正味重量
輸入した年月
輸入業者の氏名又は名称及び住所

主要な成分の含有量
炭素窒素比

備考

1　様式第９号(イ)の備考第１号から第６号まで、第８号及び第10号の規定は、法第４条第１項第３号に定める普通肥料の登録を受けた普通肥料の場合における輸入業者保証票について準用する。この場合において、様式第９号(イ)の備考第８号中「「生産した年月」」とあるのは「「輸入した年月」」と読み替えるものとする。

2　主要な成分の含有量については、生産した事業場における平均的な測定値をもつて記載することができる。この場合において、その旨を併せて記載するものとする。

(ハ) 仮登録肥料（法第33条の２第１項の規定による仮登録を受けたものを除く。）の場合

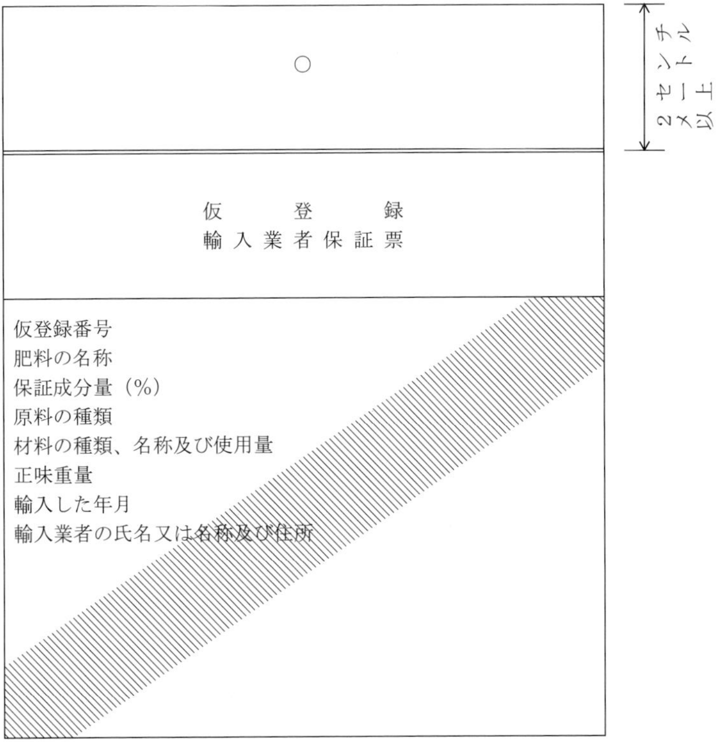

備考　様式第９号（イ）の備考第１号から第６号まで、第８号及び第10号並びに様式第９号（ハ）の備考第１号の規定は、仮登録輸入業者保証票について準用する。この場合において、様式第９号(イ)の備考第８号中「「生産した年月」」とあるのは「「輸入した年月」」と、「「登録番号」」とあるのは「「仮登録番号」」と読み替えるものとする。

（ニ）第11条第８項第２号に規定する指定配合肥料の場合

○

２センチメートル以上

指　定　配　合　肥　料
輸　入　業　者　保　証　票

肥料の名称
保証成分量（%）
原料の種類
材料の種類、名称及び使用量
正味重量
輸入した年月
輸入業者の氏名又は名称及び住所

備考　様式第９号（イ）の備考第１号から第６号まで、第８号及び第10号の規定は、指定配合肥料輸入業者保証票について準用する。この場合において、様式第９号（イ）の備考第８号中「「生産した年月」」とあるのは「「輸入した年月」」と、「「登録番号」」とあるのは「「肥料の名称」」と読み替えるものとする。

（ホ）第11条第８項第４号に規定する指定化成肥料の場合

○

2センチメートル以上

指　定　化　成　肥　料
輸　入　業　者　保　証　票

肥料の名称
保証成分量（%）
原料の種類
材料の種類、名称及び使用量
正味重量
輸入した年月
輸入業者の氏名又は名称及び住所

備考　様式第９号（イ）の備考第１号から第６号まで、第８号及び第10号の規定は、指定化成肥料輸入業者保証票について準用する。この場合において、様式第９号（イ）の備考第８号中「「生産した年月」」とあるのは「「輸入した年月」」と、「「登録番号」」とあるのは「「肥料の名称」」と読み替えるものとする。

（ヘ）第11条第９項に規定する特殊肥料等入り指定混合肥料の場合

○

2センチメートル以上

特殊肥料等入り指定混合肥料
輸入業者保証票

肥料の名称
原料の種類及び配合割合
材料の種類、名称及び使用量
正味重量
輸入した年月
輸入業者の氏名又は名称及び住所

主要な成分の含有量

備考

１　様式第９号(イ)の備考第１号から第６号まで、第８号及び第10号の規定は、特殊肥料等入り指定混合肥料の登録を受けた普通肥料の場合における輸入業者保証票について準用する。この場合において、様式第９号(イ)の備考第８号中「「生産した年月」」とあるのは「「輸入した年月」」と読み替えるものとする。

２　主要な成分の含有量については、生産した事業場における平均的な測定値をもつて記載することができる。この場合において、その旨を併せて記載するものとする。

（ト）第11条第10項に規定する土壌改良資材入り指定混合肥料の場合

○

2センチメートル以上

土壌改良資材入り指定混合肥料
輸入業者保証票

肥料の名称
原料の種類及び配合割合
材料の種類、名称及び使用量
混入した指定土壌改良資材の種類及び混入割合
正味重量
輸入した年月
輸入業者の氏名又は名称及び住所

主要な成分の含有量

備考

1　様式第９号(イ)の備考第１号から第６号まで、第８号及び第10号の規定は、土壌改良資材入り指定混合肥料の登録を受けた普通肥料の場合における輸入業者保証票について準用する。この場合において、様式第９号(イ)の備考第８号中「「生産した年月」」とあるのは「「輸入した年月」」と読み替えるものとする。

2　主要な成分の含有量については、生産した事業場における平均的な測定値をもつて記載することができる。この場合において、その旨を併せて記載するものとする。

（チ）法第33条の２第１項の規定による登録を受けた普通肥料（法第４条第１項第３号に定める普通肥料の登録を受けたものを除く。）の場合

○

2センチメートル以上

登録外国生産肥料
輸入業者保証票

登録番号
肥料の種類
肥料の名称
保証成分量（%）
原料の種類
材料の種類、名称及び使用量
混入した物の名称及び混入の割合（%）
正味重量
生産した年月
登録外国生産業者の氏名又は名称及び住所
生産した事業場の名称及び所在地
輸入した年月
輸入業者の氏名又は名称及び住所

備考

１　様式第９号（イ）の備考第１号から第６号まで、第９号及び第10号並びに（イ）の備考第２号の規定は、登録外国生産肥料輸入業者保証票について準用する。

２　生産した年月又は輸入した年月をこの様式に従い記載することが困難な場合には、「生産した年月」若しくは「輸入した年月」を「登録番号」の上部に記載するか、又はこの様式の「生産した年月」若しくは「輸入した年月」の欄に記載箇所を表示の上、他の箇所に記載することができる。ただし、生産した年月及び輸入した年月を他の箇所に記載する場合には、生産した年月及び輸入した年月の前にそれぞれ「生産年月」及び「輸入年月」の文字を付して記載するものとする。

（リ）法第33条の２第１項の規定による登録を受けた法第４条第１項第３号に定める普通肥料の場合

○

（2センチメートル以上）

登録外国生産肥料
輸入業者保証票

登録番号
肥料の種類
肥料の名称
原料の種類
材料の種類、名称及び使用量
正味重量
生産した年月
登録外国生産業者の氏名又は名称及び住所
生産した事業場の名称及び所在地
輸入した年月
輸入業者の氏名又は名称及び住所

主要な成分の含有量
炭素窒素比

備考

1　様式第９号（イ）の備考第１号から第６号まで、第９号及び第10号の規定は、法第33条の２第１項の規定による登録を受けた法第４条第１項第３号に定める普通肥料の場合における登録外国生産肥料輸入業者保証票について準用する。

2　生産した年月又は輸入した年月をこの様式に従い記載することが困難な場合には、「生産した年月」若しくは「輸入した年月」を「登録番号」の上部に記載するか、又はこの様式の「生産した年月」若しくは「輸入した年月」の欄に記載箇所を表示の上、他の箇所に記載することができる。ただし、生産した年月及び輸入した年月を他の箇所に記載する場合には、生産した年月及び輸入した年月の前にそれぞれ「生産年月」及び「輸入年月」の文字を付して記載するものとする。

3　主要な成分の含有量については、生産した事業場における平均的な測定値をもつて記載することができる。この場合において、その旨を併せて記載するものとする。

（ヌ）法第33条の２第１項の規定による仮登録を受けた普通肥料の場合

○

2センチメートル以上

仮登録外国生産肥料
輸 入 業 者 保 証 票

仮登録番号
肥料の名称
保証成分量（%）
原料の種類
材料の種類、名称及び使用量
正味重量
生産した年月
登録外国生産業者の氏名又は名称及び住所
生産した事業場の名称及び所在地
輸入した年月
輸入業者の氏名又は名称及び住所

備考

１　様式第９号（イ）の備考第１号から第６号まで、第９号及び第10号並びに様式第９号(ハ)の備考第１号の規定は、仮登録外国生産肥料輸入業者保証票について準用する。この場合において、様式第９号（イ）の備考第９号中「「登録番号」」とあるのは「「仮登録番号」」と読み替えるものとする。

２　生産した年月又は輸入した年月をこの様式に従い記載することが困難な場合には、「生産した年月」若しくは「輸入した年月」を「仮登録番号」の上部に記載するか、又はこの様式の「生産した年月」若しくは「輸入した年月」の欄に記載箇所を表示の上、他の箇所に記載することができる。ただし、生産した年月及び輸入した年月を他の箇所に記載する場合には、生産した年月及び輸入した年月の前にそれぞれ「生産年月」及び「輸入年月」の文字を付して記載するものとする。

様式第11号（第11条関係）

（イ）登録肥料（法第４条第１項第３号に定める普通肥料の登録を受けたもの及び法第33条の２第１項の規定による登録を受けたものを除く。）の場合

○

（2センチメートル以上）

販　売　業　者　保　証　票

肥料の種類
肥料の名称
保証成分量（%）
原料の種類
材料の種類、名称及び使用量
混入した物の名称及び混入の割合（%）
正味重量
生産（輸入）した年月
生産業者（輸入業者）の氏名又は名称及び住所
生産した事業場の名称及び所在地
販売業者保証票を付した年月
販売業者の氏名又は名称及び住所

備考

1　様式第９号（イ）の備考第１号から第６号まで及び第９号並びに様式第10号（イ）の備考第２号の規定は、販売業者保証票について準用する。この場合において、様式第９号（イ）の備考第９号中「「登録番号」」とあるのは「「肥料の種類」」と読み替えるものとする。

2　生産（輸入）した年月又は販売業者保証票を付した年月をこの様式に従い記載することが困難な場合には、「生産（輸入）した年月」若しくは「販売業者保証票を付した年月」を「肥料の種類」の上部に記載するか、又はこの様式の「生産（輸入）した年月」若しくは「販売業者保証票を付した年月」の欄に記載箇所を表示の上、他の箇所に記載することができる。ただし、生産（輸入）した年月及び販売業者保証票を付した年月を他の箇所に記載する場合には、生産（輸入）した年月及び販売業者保証票を付した年月の前にそれぞれ「生産（輸入）年月」及び「添付年月」の文字を付して記載するものとする。

3　荷口番号又は出荷年月を記載する場合には、荷口番号又は出荷年月の前に「荷口番号」又は「出荷年月」の文字を付して記載するものとする。

（ロ）法第４条第１項第３号に定める普通肥料の登録を受けた普通肥料の場合

○

2センチメートル以上

販 売 業 者 保 証 票

肥料の種類
肥料の名称
原料の種類
材料の種類、名称及び使用量
正味重量
生産（輸入）した年月
生産業者（輸入業者）の氏名又は名称及び住所
生産した事業場の名称及び所在地
販売業者保証票を付した年月
販売業者の氏名又は名称及び住所

主要な成分の含有量
炭素窒素比

備考

１　様式第９号（イ）の備考第１号から第６号まで及び第９号の規定は、法第４条第１項第３号に定める普通肥料の登録を受けた普通肥料の場合における販売業者保証票について準用する。この場合において、様式第９号（イ）の備考第９号中「「登録番号」」とあるのは「「肥料の種類」」と読み替えるものとする。

２　生産（輸入）した年月又は販売業者保証票を付した年月をこの様式に従い記載することが困難な場合には、「生産（輸入）した年月」若しくは「販売業者保証票を付した年月」を「肥料の種類」の上部に記載するか、又はこの様式の「生産（輸入）した年月」若しくは「販売業者保証票を付した年月」の欄に記載箇所を表示の上、他の箇所に記載することができる。ただし、生産（輸入）した年月及び販売業者保証票を付した年月を他の箇所に記載する場合には、生産（輸入）した年月及び販売業者保証票を付した年月の前にそれぞれ「生産（輸入）年月」及び「添付年月」の文字を付して記載するものとする。

３　荷口番号又は出荷年月を記載する場合には、荷口番号又は出荷年月の前に「荷口番号」又は「出荷年月」の文字を付して記載するものとする。

４　主要な成分の含有量については、生産した事業場における平均的な測定値をもつて記載することができる。この場合において、その旨を併せて記載するものとする。

(ハ) 仮登録肥料（法第33条の２第１項の規定による仮登録を受けたものを除く。）の場合

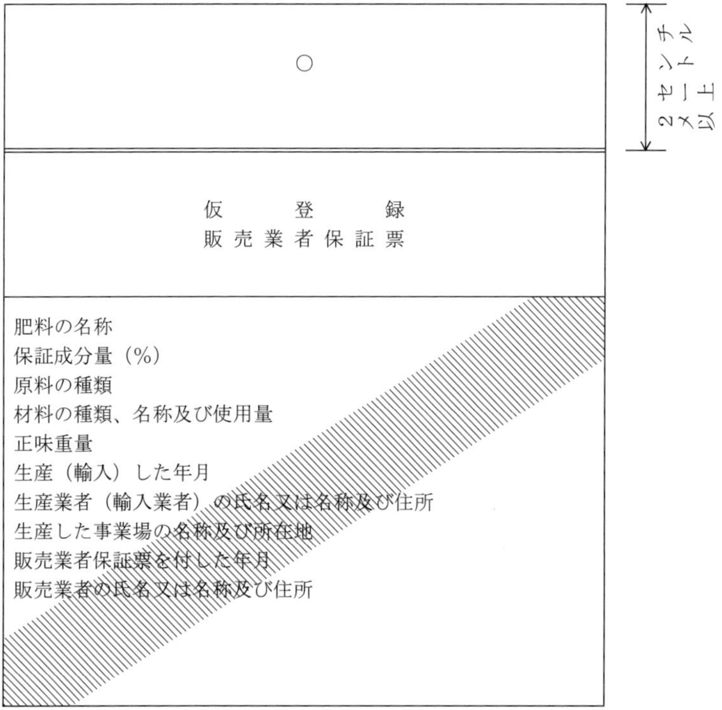

備考

1　様式第９号（イ）の備考第１号から第６号まで及び第９号並びに様式第９号（ハ）の備考第１号の規定は、仮登録販売業者保証票について準用する。この場合において、様式第９号（イ）の備考第９号中「「登録番号」」とあるのは「「肥料の名称」」と読み替えるものとする。

2　生産（輸入）した年月又は販売業者保証票を付した年月をこの様式に従い記載することが困難な場合には、「生産（輸入）した年月」若しくは「販売業者保証票を付した年月」を「肥料の名称」の上部に記載するか、又はこの様式の「生産（輸入）した年月」若しくは「販売業者保証票を付した年月」の欄に記載箇所を表示の上、他の箇所に記載することができる。ただし、生産（輸入）した年月及び販売業者保証票を付した年月を他の箇所に記載する場合には、生産（輸入）した年月及び販売業者保証票を付した年月の前にそれぞれ「生産（輸入）年月」及び「添付年月」の文字を付して記載するものとする。

3　荷口番号又は出荷年月を記載する場合には、荷口番号又は出荷年月の前に「荷口番号」又は「出荷年月」の文字を付して記載するものとする。

（ニ）第11条第８項第２号に規定する指定配合肥料の場合

○
指　定　配　合　肥　料 販　売　業　者　保　証　票
肥料の名称 保証成分量（%） 原料の種類 材料の種類、名称及び使用量 正味重量 生産（輸入）した年月 生産業者（輸入業者）の氏名又は名称及び住所 生産した事業場の名称及び所在地 販売業者保証票を付した年月 販売業者の氏名又は名称及び住所

2センチメートル以上

備考

1　様式第９号（イ）の備考第１号から第６号まで及び第９号の規定は、指定配合肥料販売業者保証票について準用する。この場合において、様式第９号（イ）の備考第９号中「「登録番号」」とあるのは「「肥料の名称」」と読み替えるものとする。

2　生産（輸入）した年月又は販売業者保証票を付した年月をこの様式に従い記載することが困難な場合には、「生産（輸入）した年月」若しくは「販売業者保証票を付した年月」を「肥料の名称」の上部に記載するか、又はこの様式の「生産（輸入）した年月」若しくは「販売業者保証票を付した年月」の欄に記載箇所を表示の上、他の箇所に記載することができる。ただし、生産（輸入）した年月及び販売業者保証票を付した年月を他の箇所に記載する場合には、生産（輸入）した年月及び販売業者保証票を付した年月の前にそれぞれ「生産（輸入）年月」及び「添付年月」の文字を付して記載するものとする。

3　荷口番号又は出荷年月を記載する場合には、荷口番号又は出荷年月の前に「荷口番号」又は「出荷年月」の文字を付して記載するものとする。

(ホ) 第11条第８項第４号に規定する指定化成肥料の場合

○

2センチメートル以上

指　定　化　成　肥　料
販　売　業　者　保　証　票

肥料の名称
保証成分量（%）
原料の種類
材料の種類、名称及び使用量
正味重量
生産（輸入）した年月
生産業者（輸入業者）の氏名又は名称及び住所
生産した事業場の名称及び所在地
販売業者保証票を付した年月
販売業者の氏名又は名称及び住所

備考

1　様式第９号（イ）の備考第１号から第６号まで及び第９号の規定は、指定化成肥料販売業者保証票について準用する。この場合において、様式第９号（イ）の備考第９号中「「登録番号」」とあるのは「「肥料の名称」」と読み替えるものとする。

2　生産（輸入）した年月又は販売業者保証票を付した年月をこの様式に従い記載することが困難な場合には、「生産（輸入）した年月」若しくは「販売業者保証票を付した年月」を「肥料の名称」の上部に記載するか、又はこの様式の「生産（輸入）した年月」若しくは「販売業者保証票を付した年月」の欄に記載箇所を表示の上、他の箇所に記載することができる。ただし、生産（輸入）した年月及び販売業者保証票を付した年月を他の箇所に記載する場合には、生産（輸入）した年月及び販売業者保証票を付した年月の前にそれぞれ「生産（輸入）年月」及び「添付年月」の文字を付して記載するものとする。

3　荷口番号又は出荷年月を記載する場合には、荷口番号又は出荷年月の前に「荷口番号」又は「出荷年月」の文字を付して記載するものとする。

(へ) 第11条第9項に規定する特殊肥料等入り指定混合肥料の場合

○

2センチメートル以上

特殊肥料等入り指定混合肥料
販売業者保証票

肥料の名称
原料の種類及び配合割合
材料の種類、名称及び使用量
正味重量
生産(輸入)した年月
生産業者(輸入業者)の氏名又は名称及び住所
生産した事業場の名称及び所在地
販売業者保証票を付した年月
販売業者の氏名又は名称及び住所

主要な成分の含有量

備考

1 様式第9号(イ)の備考第1号から第6号まで及び第9号の規定は、特殊肥料等入り指定混合肥料の場合における販売業者保証票について準用する。この場合において、様式第9号(イ)の備考第9号中「「登録番号」」とあるのは「「肥料の種類」」と読み替えるものとする。

2 生産(輸入)した年月又は販売業者保証票を付した年月をこの様式に従い記載することが困難な場合には、「生産(輸入)した年月」若しくは「販売業者保証票を付した年月」を「肥料の種類」の上部に記載するか、又はこの様式の「生産(輸入)した年月」若しくは「販売業者保証票を付した年月」の欄に記載箇所を表示の上、他の箇所に記載することができる。ただし、生産(輸入)した年月及び販売業者保証票を付した年月を他の箇所に記載する場合には、生産(輸入)した年月及び販売業者保証票を付した年月の前にそれぞれ「生産(輸入)年月」及び「添付年月」の文字を付して記載するものとする。

3 荷口番号又は出荷年月を記載する場合には、荷口番号又は出荷年月の前に「荷口番号」又は「出荷年月」の文字を付して記載するものとする。

4 主要な成分の含有量については、生産した事業場における平均的な測定値をもつて記載することができる。この場合において、その旨を併せて記載するものとする。

（ト）第11条第10項に規定する土壌改良資材入り指定混合肥料の場合

○
土壌改良資材入り指定混合肥料 販売業者保証票
肥料の名称 原料の種類及び配合割合 材料の種類、名称及び使用量 混入した指定土壌改良資材の種類及び混入割合 正味重量 生産（輸入）した年月 生産業者（輸入業者）の氏名又は名称及び住所 生産した事業場の名称及び所在地 販売業者保証票を付した年月 販売業者の氏名又は名称及び住所
主要な成分の含有量

2センチメートル以上

備考

1　様式第９号（イ）の備考第１号から第６号まで及び第９号の規定は、土壌改良資材入り指定混合肥料の場合における販売業者保証票について準用する。この場合において、様式第９号（イ）の備考第９号中「「登録番号」」とあるのは「「肥料の種類」」と読み替えるものとする。

2　生産（輸入）した年月又は販売業者保証票を付した年月をこの様式に従い記載することが困難な場合には、「生産（輸入）した年月」若しくは「販売業者保証票を付した年月」を「肥料の種類」の上部に記載するか、又はこの様式の「生産（輸入）した年月」若しくは「販売業者保証票を付した年月」の欄に記載箇所を表示の上、他の箇所に記載することができる。ただし、生産（輸入）した年月及び販売業者保証票を付した年月を他の箇所に記載する場合には、生産（輸入）した年月及び販売業者保証票を付した年月の前にそれぞれ「生産（輸入）年月」及び「添付年月」の文字を付して記載するものとする。

3　荷口番号又は出荷年月を記載する場合には、荷口番号又は出荷年月の前に「荷口番号」又は「出荷年月」の文字を付して記載するものとする。

4　主要な成分の含有量については、生産した事業場における平均的な測定値をもつて記載することができる。この場合において、その旨を併せて記載するものとする。

（チ）法第33条の２第１項の規定による登録を受けた普通肥料（法第４条第１項第３号に定める普通肥料の登録を受けたものを除く。）の場合

○

2センチメートル以上

登　録　外　国　生　産　肥　料
販　売　業　者　保　証　票

肥料の種類
肥料の名称
保証成分量（％）
原料の種類
材料の種類、名称及び使用量
混入した物の名称及び混入の割合（％）
正味重量
生産した年月
登録外国生産業者の氏名又は名称及び住所
生産した事業場の名称及び所在地
販売業者保証票を付した年月
販売業者の氏名又は名称及び住所

備考

1　様式第９号（イ）の備考第１号から第６号まで及び第９号並びに様式第10号（イ）の備考第２号の規定は、登録外国生産肥料販売業者保証票について準用する。この場合において、様式第９号（イ）の備考第９号中「「登録番号」」とあるのは「「肥料の種類」」と読み替えるものとする。

2　生産した年月又は販売業者保証票を付した年月をこの様式に従い記載することが困難な場合には、「生産した年月」若しくは「販売業者保証票を付した年月」を「肥料の種類」の上部に記載するか、又はこの様式の「生産した年月」若しくは「販売業者保証票を付した年月」の欄に記載箇所を表示の上、他の箇所に記載することができる。ただし、生産した年月及び販売業者保証票を付した年月を他の箇所に記載する場合には、生産した年月及び販売業者保証票を付した年月の前にそれぞれ「生産年月」及び「添付年月」の文字を付して記載するものとする。

3　荷口番号又は出荷年月を記載する場合には、荷口番号又は出荷年月の前に「荷口番号」又は「出荷年月」の文字を付して記載するものとする。

(リ) 法第33条の２第１項の規定による登録を受けた法第４条第１項第３号に定める普通肥料の場合

○

2センチメートル以上

登録外国生産肥料
販売業者保証票

肥料の種類
肥料の名称
原料の種類
材料の種類、名称及び使用量
正味重量
生産した年月
登録外国生産業者の氏名又は名称及び住所
生産した事業場の名称及び所在地
販売業者保証票を付した年月
販売業者の氏名又は名称及び住所

主要な成分の含有量
炭素窒素比

備考

1 様式第９号（イ）の備考第１号から第６号まで及び第９号の規定は、法第33条の２第１項の規定による登録を受けた法第４条第１項第３号に定める普通肥料の場合における登録外国生産肥料販売業者保証票について準用する。この場合において、様式第９号（イ）の備考第９号中「「登録番号」」とあるのは「「肥料の種類」」と読み替えるものとする。

2 生産した年月又は販売業者保証票を付した年月をこの様式に従い記載することが困難な場合には、「生産した年月」若しくは「販売業者保証票を付した年月」を「肥料の種類」の上部に記載するか、又はこの様式の「生産した年月」若しくは「販売業者保証票を付した年月」の欄に記載箇所を表示の上、他の箇所に記載することができる。ただし、生産した年月及び販売業者保証票を付した年月を他の箇所に記載する場合には、生産した年月及び販売業者保証票を付した年月の前にそれぞれ「生産年月」及び「添付年月」の文字を付して記載するものとする。

3 荷口番号又は出荷年月を記載する場合には、荷口番号又は出荷年月の前に「荷口番号」又は「出荷年月」の文字を付して記載するものとする。

4 主要な成分の含有量については、生産した事業場における平均的な測定値をもつて記載することができる。この場合において、その旨を併せて記載するものとする。

（ヌ）法第33条の２第１項の規定による仮登録を受けた普通肥料の場合

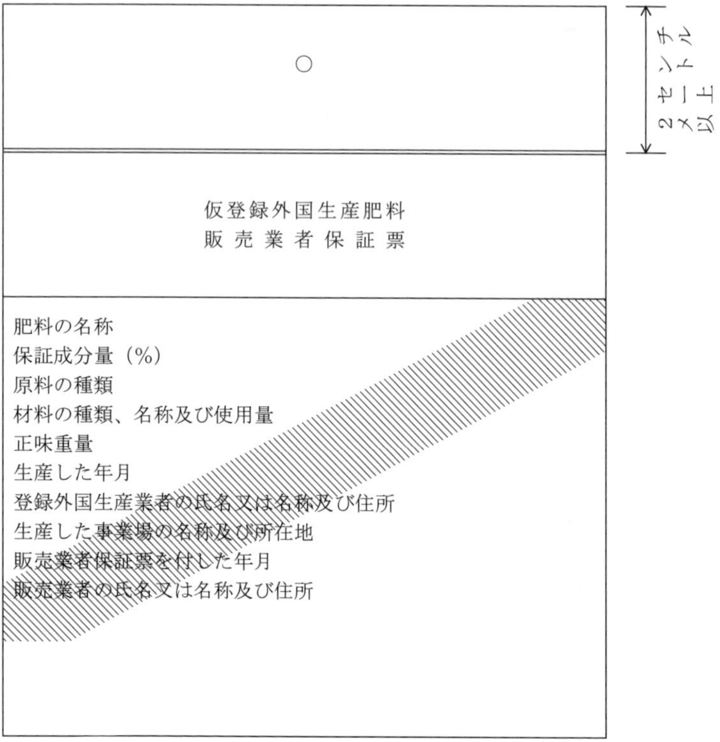

備考

1　様式第９号（イ）の備考第１号から第６号まで及び第９号並びに様式第９号（ハ）の備考第１号の規定は、仮登録外国生産肥料販売業者保証票について準用する。この場合において、様式第９号（イ）の備考第９号中「「登録番号」」とあるのは「「肥料の名称」」と読み替えるものとする。

2　生産した年月又は販売業者保証票を付した年月をこの様式に従い記載することが困難な場合には、「生産した年月」若しくは「販売業者保証票を付した年月」を「肥料の名称」の上部に記載するか、又はこの様式の「生産した年月」若しくは「販売業者保証票を付した年月」の欄に記載箇所を表示の上、他の箇所に記載することができる。ただし、生産した年月及び販売業者保証票を付した年月を他の箇所に記載する場合には、生産した年月及び販売業者保証票を付した年月の前にそれぞれ「生産年月」及び「添付年月」の文字を付して記載するものとする。

3　荷口番号又は出荷年月を記載する場合には、荷口番号又は出荷年月の前に「荷口番号」又は「出荷年月」の文字を付して記載するものとする。

様式第11号の２（日本産業規格Ａ４）（第11条関係）

（イ）肥料生産事業場に係る略称届出書

年　　月　　日

農林水産大臣　　　　　殿

住所
氏名（名称及び代表者の氏名）

当社の肥料に付す保証票の記載事項中「生産した事業場の名称及び所在地」を下記の略称により記載することとしたいので、肥料の品質の確保等に関する法律施行規則第11条第２項の規定により届け出ます。

記

生産する事業場の名称及び所在地並びにこれらの略称

名　　称	所　在　地	略　　称

（ロ）肥料生産事業場に係る略称届出事項変更届出書

年　　月　　日

農林水産大臣　　　　　殿

住所
氏名（名称及び代表者の氏名）

さきに　　年　　月　　日付けで肥料の品質の確保等に関する法律施行規則第11条第２項の規定により届け出た事項を下記のとおり変更したいので、届け出ます。

記

1　変更する年月日
2　変更する事項

様式第12号（日本産業規格Ａ４）（第16条関係）

事故肥料譲渡許可申請書

年　　月　　日

農林水産大臣（都道府県知事）　　　殿

住所
氏名（名称及び代表者の氏名）

下記により事故肥料を譲渡したいので、肥料の品質の確保等に関する法律第19条第２項の規定により許可を申請します。

記

1　氏名及び住所（法人にあつてはその名称、代表者の氏名及び主たる事務所の所在地）
2　肥料の種類
3　肥料の名称
4　肥料の所在地
5　事故肥料発生前の肥料の数量及び保証成分量（法第４条第１項第３号に掲げる普通肥料にあつては事故肥料発生前の肥料の数量及び含有を許される有害成分の最大量、同条第２項第３号及び第４号に掲げる普通肥料（同条第１項第３号に掲げる普通肥料が原料として配合されたものを除く。）にあつては事故肥料発生前の肥料の数量及び法第17条第１項第３号の農林水産大臣が定める主要な成分（以下単に「主要な成分」という。）の含有量、同条第２項第３号及び第４号に掲げる普通肥料（同条第１項第３号に掲げる普通肥料が原料として配合されたものに限る。）にあつては事故肥料発生前の肥料の数量、主要な成分の含有量及び原料として配合した同条第１項第３号に掲げる普通肥料の種類）
6　譲渡しようとする肥料の数量及び含有主成分量（法第４条第１項第３号に掲げる普通肥料にあつては譲渡しようとする肥料の数量及び有害成分の含有量、同条第２項第３号及び第４号に掲げる普通肥料（同条第１項第３号に掲げる普通肥料が原料として配合されたものを除く。）にあつては譲渡しようとする肥料の数量及び主要な成分の含有量、同条第２項第３号及び第４号に掲げる普通肥料（同条第１項第３号に掲げる普通肥料が原料として配合されたものに限る。）にあつては譲渡しようとする肥料の数量、主要な成分の含有量及び有害成分の含有量）
7　事故の概要

備考
仮登録肥料及び指定混合肥料にあつては２を記載しなくてよい。

様式第13号（第19条関係）

○

2センチメートル以上

事　故　肥　料　成　分　票

許可番号

許可年月日

肥料の名称

含有主成分量（法第４条第１項第３号並びに同条第２項第３号及び第４号に掲げる普通肥料にあつては、法第17条第１項第３号の農林水産大臣が定める主要な成分の含有量）（％）

事故肥料成分票を付した者の氏名又は名称及び住所

備考

1　事故肥料成分票を容器又は包装の外部に縛り付け、又は縫い付ける場合を除き、最上部２センチメートルの部分は、付けなくてもよい。

2　様式第９号（イ）の備考第１号及び第３号の規定は、事故肥料成分票について準用する。

様式第14号（日本産業規格Ａ４）（第20条関係）

（イ）特殊肥料生産業者（輸入業者）届出書

年　　月　　日

都道府県知事　　　　　殿

住所
氏名（名称及び代表者の氏名）

下記により特殊肥料を生産（輸入）したいので、肥料の品質の確保等に関する法律第22条第１項の規定により届け出ます。

記

1　氏名及び住所（法人にあつてはその名称、代表者の氏名及び主たる事務所の所在地）
2　肥料の種類
3　肥料の名称
4　生産する事業場の名称及び所在地
5　保管する施設の所在地

備考
輸入業者にあつては４を記載しなくてよい。

（ロ）特殊肥料生産業者（輸入業者）届出事項変更届出書

年　　月　　日

都道府県知事　　　殿

住所
氏名（名称及び代表者の氏名）

さきに　　年　　月　　日付けで肥料の品質の確保等に関する法律第22条第１項の規定により届け出た事項に下記のとおり変更が生じたので、同条第２項の規定により届け出ます。

記

1　変更した年月日
2　変更した事項
3　変更した理由

（ハ）特殊肥料生産（輸入）事業廃止届出書

年　　月　　日

都道府県知事　　　　　殿

住所
氏名（名称及び代表者の氏名）

さきに　　年　　月　　日付けで肥料の品質の確保等に関する法律第22条第１項の規定により届け出た特殊肥料の生産（輸入）事業を下記のとおり廃止したので、同条第２項の規定により届け出ます。

記

1　廃止した年月日
2　生産（輸入）していた特殊肥料の名称

様式第15号（日本産業規格Ａ４）（第21条関係）

（イ）肥料販売業務開始届出書

年　　月　　日

都道府県知事　　　　　殿

住所

氏名（名称及び代表者の氏名）

下記のとおり肥料の販売業務を行いたいので、肥料の品質の確保等に関する法律第23条第１項の規定により届け出ます。

記

1　氏名及び住所（法人にあつてはその名称、代表者の氏名及び主たる事務所の所在地）
2　販売業務を行う事業場の所在地
3　本都道府県内にある保管する施設の所在地

（ロ）肥料販売業務開始届出事項変更届出書

年　　月　　日

都道府県知事　　　殿

住所

氏名（名称及び代表者の氏名）

さきに　　年　　月　　日付けで肥料の品質の確保等に関する法律第23条第１項の規定により届け出た事項に下記のとおり変更が生じたので、同条第２項の規定により届け出ます。

記

1　変更した年月日
2　変更した事項
3　変更した理由

（ハ）肥料販売業務廃止届出書

年　　月　　日

都道府県知事　　　殿

住所

氏名（名称及び代表者の氏名）

さきに　　年　　月　　日付けで肥料の品質の確保等に関する法律第23条第１項の規定により届け出た肥料販売業務を　　年　　月　　日に廃止したので、同条第２項の規定により届け出ます。

様式第十六号（日本産業規格Ａ６）（第二十六条関係）

（表面）

写　真

第　　　号

職　名

氏　名

年　月　日生

肥料の品質の確保等に関する法律の規定により立入検査等を行う職員の身分証明書

令和　年　月　日発行

農林水産大臣（地方農政局長）
又は都道府県知事

（裏面）

肥料の品質の確保等に関する法律（抄）

（立入検査等）

第三十条　農林水産大臣又は都道府県知事は、この法律の施行に必要な限度において、その職員に、生産業者若しくは輸入業者、肥料の運送業者、運送取扱業者若しくは倉庫業者又は肥料を施用する者の事業場、倉庫、車両、ほ場その他肥料の生産、輸入、販売、輸送若しくは保管の業務又は肥料の施用に関係がある場所に立ち入り、肥料、その原料若しくは業務若しくは肥料の施用の状況に関する帳簿書類その他必要な物件を検査させ、関係者に質問させ、又は肥料若しくはその原料を、検査のため必要な最小量に限り、無償で収去させることができる。

2　農林水産大臣は、第十九条第三項、第二十二条の三、第三十一条第四項又は第三十一条の二の規定の施行に必要な限度において、その職員に、販売業者の事業場、倉庫その他肥料の販売の業務に関係がある場所に立ち入り、肥料若しくは業務に関する帳簿書類（その作成、備付け又は保存に代えて電磁的記録（電子的方式、磁気的方式その他人の知覚によつては認識することができない方式で作られる記録であつて、電子計算機による情報処理の用に供されるものをいう。）の作成、備付け又は保存がされている場合における当該電磁的記録を含む。次項、第三十三条の三第一項及び第二項並びに第三十三条の五第一項第六号において同じ。）を検査させ、又は関係者に質問させることができる。

3　都道府県知事は、この法律の施行に必要な限度において、その職員に、販売業者の事業場、倉庫その他肥料の販売の業務に関係がある場所に立ち入り、肥料若しくは業務に関する帳簿書類を検査させ、関係者に質問させ、又は肥料を、検査のため必要な最小量に限り、無償で収去させることができる。

4　（略）

5　第一項から第三項までの規定による立入検査、質問及び収去の権限は、犯罪捜査のために認められたものと解してはならない。

6　第一項から第三項までの場合には、その職務を行う農林水産省又は都道府県の職員は、その身分を示す証明書を携帯し、関係人の請求があつたときは、これを提示しなければならない。

7　（略）

（国内管理人に係る立入検査等）

第三十三条の三　農林水産大臣は、この法律の施行に必要な限度において、その職員に、国内管理人の事務所その他その業務に関係がある場所に立ち入り、業務に関する帳簿書類を検査させ、関係者に質問させることができる。

2　（略）

3　第三十条第五項及び第六項の規定は第一項の規定による立入検査又は質問について、第三十条の二第二項から第四項までの規定は第二項の規定による立入検査又は質問について、それぞれ準用する。

第三十九条　次の各号のいずれかに該当する者は、三十万円以下の罰金に処する。

一～五　（略）

六　第三十条第一項若しくは第三項若しくは第三十条の二第一項の規定による立入り、検査若しくは収去を拒み、妨げ、若しくは忌避し、又はこれらの規定による質問に対し答弁をせず、若しくは虚偽の答弁をした者

七　第三十条第二項若しくは第三十三条の三第一項若しくは第二項の規定による立入り若しくは検査を拒み、妨げ、若しくは忌避し、又はこれらの規定による質問に対し答弁をせず、若しくは虚偽の答弁をした者

様式第十六号の二（日本産業規格Ａ６）（第二十六条関係）

（表面）

写　真

第　　号

職　名

氏　名

年　月　日生

肥料の品質の確保等に関する法律の規定により立入検査等を行う職員の身分証明書

令和　年　月　日発行

独立行政法人農林水産消費安全技術センター理事長

肥料の品質の確保等に関する法律（抄）

（立入検査等）
第三十条　農林水産大臣又は都道府県知事は、この法律の施行に必要な限度において、その職員に、生産業者若しくは輸入業者、肥料の運送業者、運送取扱業者若しくは倉庫業者又は肥料を施用する者の事業場、倉庫、車両、ほ場その他肥料の生産、輸入、販売、輸送若しくは保管の業務又は肥料の施用に関係がある場所に立ち入り、肥料、その原料若しくは業務若しくは肥料の施用の状況に関する帳簿書類その他必要な物件を検査させ、関係者に質問させ、又は肥料若しくはその原料を、検査のため必要な最小量に限り、無償で収去させることができる。
2　農林水産大臣は、第十九条第三項、第二十二条の三、第三十一条第四項又は第三十一条の二の規定の施行に必要な限度において、その職員に、販売業者の事業場、倉庫その他肥料の販売の業務に関係がある場所に立ち入り、肥料若しくは業務に関する帳簿書類（その作成、備付け又は保存に代えて電磁的記録（電子的方式、磁気的方式その他人の知覚によつては認識することができない方式で作られる記録であつて、電子計算機による情報処理の用に供されるものをいう。）の作成、備付け又は保存がされている場合における当該電磁的記録を含む。次項、第三十三条の三第一項及び第二項並びに第三十三条の五第一項第六号において同じ。）を検査させ、又は関係者に質問させることができる。
3・4　（略）
5　第一項から第三項までの規定による立入検査、質問及び収去の権限は、犯罪捜査のために認められたものと解してはならない。
6　第一項から第三項までの場合には、その職務を行う農林水産省又は都道府県の職員は、その身分を示す証明書を携帯し、関係人の請求があつたときは、これを提示しなければならない。
7　（略）

（センターによる立入検査等）
第三十条の二　農林水産大臣は、前条第一項又は第二項の場合において必要があると認めるときは、センターに、同条第一項に規定する者又は販売業者の事業場、倉庫、車両、ほ場その他肥料の生産、輸入、販売、輸送若しくは保管の業務又は肥料の施用に関係がある場所に立ち入り、肥料、その原料若しくは業務若しくは肥料の施用の状況に関する帳簿書類その他必要な物件を検査させ、関係者に質問させ、又は肥料若しくはその原料を、検査のため必要な最小量に限り、無償で収去させることができる。
2　農林水産大臣は、前項の規定によりセンターに立入検査、質問又は収去（以下「立入検査等」という。）を行わせる場合には、センターに対し、当該立入検査等の期日、場所その他必要な事項を示してこれを実施すべきことを指示するものとする。
3　（略）
4　前条第五項及び第六項の規定は第一項の規定による立入検査等について、同条第七項の規定は第一項の規定による収去について、それぞれ準用する。

（国内管理人に係る立入検査等）
第三十条の三　農林水産大臣は、この法律の施行に必要な限度において、その職員に、国内管理人の事務所その他その業務に関係がある場所に立ち入り、業務に関する帳簿書類を検査させ、関係者に質問させることができる。
2　農林水産大臣は、前項の場合において必要があると認めるときは、センターに、国内管理人の事務所その他その業務に関係がある場所に立ち入り、業務に関する帳簿書類を検査させ、関係者に質問させることができる。
3　第三十条第五項及び第六項の規定は第一項の規定による立入検査又は質問について、第三十条の二第二項から第四項までの規定は第二項の規定による立入検査又は質問について、それぞれ準用する。

第三十九条　次の各号のいずれかに該当する者は、三十万円以下の罰金に処する。
一〜五　（略）
六　第三十条第一項若しくは第三項若しくは第三十条の二第一項の規定による立入り、検査若しくは収去を拒み、妨げ、若しくは忌避し、又はこれらの規定による質問に対し答弁をせず、若しくは虚偽の答弁をした者
七　第三十条第二項若しくは第三十三条の三第一項若しくは第二項の規定による立入り若しくは検査を拒み、妨げ、若しくは忌避し、又はこれらの規定による質問に対し答弁をせず、若しくは虚偽の答弁をした者

様式第16号の３（日本産業規格Ａ４）（第27条関係）

立入検査結果報告書

年　　月　　日

農林水産大臣　殿

独立行政法人農林水産消費安全技術センター理事長

年　　月　　日付け指示書により実施した立入検査の結果を下記のとおり報告します。

検査日	検査場所	検査の概要				その他
		帳簿検査	収去点数	分析検査	その他検査	
						別添検査記録書（写）のとおり

様式第17号（日本産業規格Ａ４）（第28条関係）

国　内　管　理　人　変　更　届

年　　月　　日

農林水産大臣　　　　　殿

住所
氏名（名称及び代表者の氏名）

下記とおり国内管理人に関し変更を生じたので、肥料の品質の確保等に関する法律第33条の２第３項の規定により届け出ます。

記

1　登録番号（仮登録番号）
2　肥料の種類
3　肥料の名称
4　変更した年月日
5　変更前後の国内管理人の氏名及び住所（法人にあつてはその名称、代表者の氏名及び主たる事務所の所在地）
6　変更の理由

備考
仮登録にあつては２を記載しなくてよい。

様式第18号（日本産業規格Ａ４）（第29条関係）

肥料の生産及び販売実績通知書

年　　月　　日

（国内管理人の氏名又は名称）　　　　　殿

住所
氏名（名称及び代表者の氏名）

肥料の品質の確保等に関する法律第33条の２第４項の規定により　　年　　月から　　月までの肥料の生産及び販売の実績を下記のとおり通知します。

記

1　生産実績

登録番号 （仮登録番号）	肥料の名称	生産年月日	生産数量
			トン

2　販売実績

登録番号 （仮登録番号）	肥料の名称	販売先 （氏名又は名称）	販売年月日	販売数量
				トン

様式第19号（日本産業規格Ａ４）（第31条関係）

（イ）外国生産肥料輸入業者届出書

年　　月　　日

農林水産大臣　　　　　殿

住所
氏名（名称及び代表者の氏名）

下記により肥料の品質の確保等に関する法律第33条の２第１項の規定による登録（仮登録）を受けた普通肥料を輸入したいので、同法第33条の４第１項の規定により届け出ます。

記

1　氏名及び住所（法人にあつてはその名称、代表者の氏名及び主たる事務所の所在地）
2　登録番号（仮登録番号）
3　保管する施設の所在地

（ロ）外国生産肥料輸入業者届出事項変更届出書

年　　月　　日

農林水産大臣　　　　　殿

住所
氏名（名称及び代表者の氏名）

さきに　　年　　月　　日付けで肥料の品質の確保等に関する法律第33条の４第１項の規定により届け出た事項に下記のとおり変更が生じたので、同条第２項の規定により届け出ます。

記

1　変更した年月日
2　変更した事項
3　変更した理由

（ハ）外国生産肥料輸入事業廃止届出書

年　　月　　日

農林水産大臣　　　　　殿

住所
氏名（名称及び代表者の氏名）

さきに　　年　　月　　日付けで肥料の品質の確保等に関する法律第33条の４第１項の規定により届け出た同法第33条の２第１項の規定による登録（仮登録）を受けた普通肥料の輸入事業を下記のとおり廃止したので、同条第２項の規定により届け出ます。

記

1　廃止した年月日
2　輸入していた普通肥料の登録番号（仮登録番号）

特殊肥料の品質表示基準

平成１２年　８月３１日　農林水産省告示第１１６３号　施行　平成１２年１０月　１日
改正平成１３年１０月１５日　農林水産省告示第１３７７号　施行　即日
改正平成１６年　１月１５日　農林水産省告示第　　７２号　施行　平成１６年　５月　１日
改正平成１６年１０月２５日　農林水産省告示第１９２６号　施行　平成１６年１１月　１日
改正平成１７年　２月２８日　農林水産省告示第　３６４号　施行　平成１７年　４月　１日
改正平成２６年　９月　１日　農林水産省告示第１１５１号　施行　平成２６年１０月　１日
改正平成３０年　２月　９日　農林水産省告示第　３２９号　施行　即日
改正令和　２年　２月２８日　農林水産省告示第　３９７号　施行　令和　２年　４月　１日
改正令和　２年１０月２７日　農林水産省告示第２８０７号　施行　令和　２年１２月　１日

特殊肥料の品質表示基準

第１　表示事項

特殊肥料の品質に関し表示すべき事項（以下「表示事項」という。）は、別表のとおりとする。

第２　遵守事項

１　表示事項の表示の方法

第１に規定する表示事項の表示に際しては、生産業者、輸入業者又は販売業者は、次に規定するところによらなければならない。

(1)　肥料の名称

当該肥料の生産業者又は輸入業者が肥料の品質の確保等に関する法律（昭和25年法律第127号。以下「法」という。）第22条第１項の規定に基づき都道府県知事に届け出た肥料の名称とすること。

(2)　肥料の種類

別表の肥料の種類の項に掲げる名称を用いること。ただし、堆肥（汚泥又は魚介類の臓器を原料として生産されるものを除く。）にあっては、「堆肥」と表示することができる。

(3)　届出をした都道府県

生産業者又は輸入業者にあっては法第22条第１項の規定に基づき届け出た都道府県を、販売業者にあっては法第23条の規定に基づき届け出た都道府県を、それぞれ表示すること。

(4)　表示者の氏名又は名称及び住所

表示者は、当該表示を行った生産業者、輸入業者又は販売業者とすること。

(5)　正味重量

正味重量は、キログラム単位で記載すること。ただし、容積量をリットル単位で併記することができる。

(6) 生産（輸入）した年月

ア　次の例のいずれかにより記載すること。

(ア) 平成12年４月

(イ) 12. 4

(ウ) 2000. 4

イ　生産し、又は輸入した年月を販売業者が知らないときは、「生産（輸入）した年月」を「表示をした年月」として、表示をした年月を記載すること。

(7) 原料

ア　原料名は、次の区分に応じて記載すること。

(ア) 堆肥及び動物の排せつ物

原料名は、「鶏ふん」、「もみがら」等最も一般的な名称をもって記載すること。昭和25年６月20日農林省告示第177号（特殊肥料等を指定する件）の一の(ハ)に規定する特殊肥料（以下「混合特殊肥料」という。）を原料として使用する場合にあっては、「混合特殊肥料」の字句を用いず、当該混合特殊肥料の原料として使用した特殊肥料の種類（堆肥又は動物の排せつ物を当該混合特殊肥料の原料として使用している場合には、「堆肥」又は「動物の排せつ物」の字句を用いず、当該堆肥又は動物の排せつ物の原料の最も一般的な名称）をもって記載すること。

(イ) 混合特殊肥料

原料名は、昭和25年６月20日農林省告示第177号（特殊肥料等を指定する件）の一の(イ)又は(ロ)に掲げる特殊肥料の種類をもって記載すること。

また、堆肥又は動物の排せつ物を原料として使用する場合には、「堆肥」又は「動物の排せつ物」の字句の次に〔　〕を付し、〔　〕の中に当該肥料の原料を(ア)の記載方法に従い記載すること。

混合特殊肥料を原料として使用する場合には、「混合特殊肥料」の字句を用いず、当該混合特殊肥料の原料である特殊肥料の指定名を記載すること。

イ　生産に当たって使用された重量の大きい原料から順に、その旨を記載すること（〔　〕内に記載する場合を含む。）。混合特殊肥料を原料として使用する場合には、「混合特殊肥料」の字句を用いず、当該混合特殊肥料の原料として使用した特殊肥料を重量の大きいものから順に記載すること。

ウ　生産に当たって動物由来たん白質（飼料及び飼料添加物の成分規格等に関する省令（昭和51年農林省令第35号）別表第１の２の(1)に定める動物由来たん白質であって、同(1)の表の第２欄に定める確認済ゼラチン等以外のものをいう。）が使用されたものについては、次に掲げる場合の区分に応じ、それぞれ次に定める事項を記載すること。

(ア) 牛、めん羊又は山羊（以下「牛等」という。）由来の原料を含まない場合

この肥料には、動物由来たん白質が入っていますから、家畜等の口に入らないところで保管・使用して下さい。

(注) 動物由来たん白質の次に（　）を付し、（　）の中にその由来する動物種を記載することができる。

(イ) 牛等由来の原料を含む場合又は原料事情等により含む可能性がある場合

この肥料には、牛等由来たん白質が入っていますから、家畜等の口に入らないところで保管・使用し、家畜等に与えたり、牧草地等に施用したりしないで下さい。

(注) 牛等由来たん白質の次に（　）を付し、（　）の中にその由来する動物種を記載することができる。

エ　材料（オに掲げるものを除く。）は、次の区分に応じて記載すること。

(ア) 堆肥（(イ)に掲げるものを除く。）

生産に当たって腐熟を促進する材料が使用されたものについては、その材料の名称を記載すること。

(イ) 混合特殊肥料等（次に掲げる材料が使用された混合特殊肥料を原料として使用する堆肥及び動物の排せつ物を含む。）

生産に当たって固結、浮上若しくは悪臭を防止するための材料又は粒状化を促進するための材料（昭和25年６月20日農林省告示第177号（特殊肥料等を指定する件）の別表第二に掲げる材料に限る。）が使用されたものについては、その材料の名称を記載すること。また、当該材料が使用された混合特殊肥料を原料とした場合にあっては、その材料の名称も記載すること。

オ　生産に当たって肥料の品質の確保等に関する法律施行規則（昭和25年農林省令第64号。以下「規則」という。）別表第１号ホの摂取の防止に効果があると認められる材料が使用されたものについては、その材料の名称及び使用量を記載すること。また、当該材料が使用された特殊肥料を原料とした場合にあっては、その材料の名称も記載すること。

カ　アからオまでの記載は、次の表に掲げる例により記載すること。

（原料）

牛ふん、鶏ふん、肉骨粉、わら類、樹皮、骨炭粉末

備考：1　生産に当たって使用された重量の大きい順である。

2　この肥料には、牛等由来たん白質（牛又は豚に由来するもの）が入っていますから、家畜等の口に入らないところで保管・使用し、家畜等に与えたり、牧草地等に施用したりしないで下さい。

3　腐熟を促進するために尿素を使用したものである。

4　牛、めん羊、山羊及び鹿による摂取を防止するために消石灰を5％使用したものである。

5　粒状化を促進するためにこんにゃく飛粉を使用したものである。

6　固結を防止するためにパーライトを使用したものである。

7　浮上を防止するためにかんらん岩粉末を使用したものである。

8　悪臭を防止するためにゼオライトを使用したものである。

⑻　主要な成分の含有量等

ア　表一の左欄に掲げる主要な成分の含有量等については、別紙の分析法による分析結果に基づき、それぞれ同表の中欄に掲げる表示の単位を用いて現物当たりの数値で記載すること。ただし、混合特殊肥料にあっては、堆肥又は動物の排せつ物を原料として使用する場合に限り記載すること（炭素窒素比を除く。）。これらの場合において、表示値の誤差の範囲は、同表の右欄に掲げるとおりとする。

イ　表二の左欄に掲げる主要な成分の含有量等については、別紙の分析方法による分析結果に基づき、規則第11条第9項の表の中欄に掲げる量以上含有する場合に限り、それぞれ表二の中欄に掲げる表示の単位を用いて記載することができる。この場合において、表示値の誤差の範囲は、同表の右欄に掲げるとおりとする。

ウ　現物当たりの数値で記載することが困難な場合には、「主要な成分の含有量等」を「主要な成分の含有量等（乾物当たり）」として、乾物当たりの数値及び水分含有量を記載すること。

エ　窒素全量、りん酸全量又は加里全量については、現物当たりの含有量の測定結果が0.5％未満である場合には、「0.5％未満」と記載することができる。

表一

主要な成分	表示の単位	誤差の許容範囲
窒素全量	パーセント（％）	表示値が1.5パーセント未満の場合は、プラスマイナス0.3パーセント 表示値が1.5パーセント以上５パーセント未満の場合は、表示値のプラスマイナス20パーセント 表示値が５パーセント以上10パーセント未満の場合は、プラスマイナス１パーセント 表示値が10パーセント以上の場合は、表示値のプラスマイナス10パーセント
りん酸全量	パーセント（％）	
加里全量	パーセント（％）	
銅全量	１キログラム当たりミリグラム（mg／kg）	表示値のプラスマイナス30パーセント
亜鉛全量	１キログラム当たりミリグラム（mg／kg）	表示値のプラスマイナス30パーセント
石灰全量	パーセント（％）	表示値のプラスマイナス20パーセント
炭素窒素比	—	表示値のプラスマイナス30パーセント
水分含有量	パーセント（％）	表示値のプラスマイナス20パーセント

表二

主要な成分	表示の単位	誤差の許容範囲
窒素全量（混合特殊肥料（堆肥又は動物の排せつ物を原料として使用したものを除く。）に限る。）、アンモニア性窒素、硝酸性窒素、りん酸全量（混合特殊肥料（堆肥又は動物の排せつ物を原料として使用したも	パーセント（％）	表示値が1.5パーセント未満の場合は、プラスマイナス0.3パーセント 表示値が1.5パーセント以上５パーセント未満の場合は、表示値のプラスマイナス20パーセント 表示値が５パーセント以上10％未満の場合は、プラスマイナス１パーセント 表示値が10％以上の場合は、表示値のプラスマイナス10パーセント

のを除く。）に限る。）、く溶性りん酸、可溶性りん酸、水溶性りん酸、加里全量（混合特殊肥料（堆肥又は動物の排せつ物を原料として使用したものを除く。）に限る。）、く溶性加里、水溶性加里、アルカリ分、可溶性けい酸、水溶性けい酸、可溶性苦土、く溶性苦土、水溶性苦土		
可溶性マンガン、く溶性マンガン、水溶性マンガン、く溶性ほう素、水溶性ほう素	パーセント（%）	表示値のプラスマイナス30パーセント

2　表示の様式等

⑴　表示は、容器又は包装を用いる場合にあっては肥料の最小販売単位ごとにその外部の見やすい箇所に次の様式により表示事項を印刷するか又は同様式により表示事項を記載した書面を容器若しくは包装から容易に離れない方法で付すことにより、容器又は包装を用いない場合にあっては当該書面を付すことにより行わなければならない。

肥料の品質の確保等に関する法律に基づく表示

肥料の名称
肥料の種類
届出をした都道府県
・・・・・・・
・・・・・・・
・・・・・・・
・・・・・・・
・・・・・・・
・・・・・・・

⑵ ⑴の様式の枠内には、別表の肥料の種類ごとの表示事項以外の事項を記載してはならない。

⑶ 表示に用いる文字及び数字の色、大きさ等は、次に掲げるところによらなければならない。

ア 表示に用いる文字及び数字の色は、背景の色と対照的な色とすること。

イ 表示に用いる文字及び数字は、日本産業規格Ｚ8305に規定する８ポイント以上の大きさとし、かつ、消費者の見やすい書体とすること。

⑷ 肥料の正味重量が６キログラム未満の場合には、⑴の様式の文字及び数字の大きさは、適宜とする。

⑸ 生産若しくは輸入又は表示した年月を⑴の様式に従い記載することが困難な場合には、「生産（輸入）した年月」の欄に記載箇所を表示の上、他の箇所に記載することができる。

⑹ 原料を⑴の様式に従い記載することが困難な場合には、「原料」の欄に記載箇所を表示の上、他の箇所に記載することができる。

別表（第１関係）

<table>
<tr><th>肥料の種類</th><th>表　示　事　項</th></tr>
<tr><td>堆肥（汚泥又は魚介類の臓器を原料として生産されるものを除く。）</td><td rowspan="3">一般表示事項
原料
主要な成分の含有量等
　窒素全量
　（アンモニア性窒素）
　（硝酸性窒素）
　りん酸全量
　（く溶性りん酸）
　（可溶性りん酸）
　（水溶性りん酸）
　加里全量
　（く溶性加里）
　（水溶性加里）
　（アルカリ分）
　（可溶性けい酸）
　（水溶性けい酸）
　（可溶性苦土）
　（く溶性苦土）
　（水溶性苦土）
　（可溶性マンガン）
　（く溶性マンガン）
　（水溶性マンガン）
　（く溶性ほう素）
　（水溶性ほう素）
　銅全量
　亜鉛全量
　石灰全量
　炭素窒素比（堆肥又は動物の排せつ物に限る。）
　水分含有量</td></tr>
<tr><td>動物の排せつ物</td></tr>
<tr><td>混合特殊肥料</td></tr>
</table>

備考

1　一般表示事項は、次のとおりとする。

(1)　肥料の名称

(2)　肥料の種類

(3)　届出をした都道府県

(4)　表示者の氏名又は名称及び住所

(5)　正味重量

(6)　生産（輸入）した年月

2　第２の１の(8)のアに定める主要な成分の含有量等については、銅全量にあっては豚ぷんを原料として使用するものであって現物１キログラム当たり300ミリグラム以上含有する場合に限り、亜鉛全量にあっては豚ぷん又は鶏ふんを原料として使用するものであって現物１キログラム当たり900ミリグラム以上含有する場合に限り、石灰全量にあっては石灰を原料として使用するものであって現物１キログラム当たり150グラム以上含有する場合に限り、水分含有量にあっては乾物当たりで表示する場合に限り、それぞれ表示しなければならないものとする。

なお、（　）内の主要な成分にあっては、規則第11条第９項の表の中欄に掲げる量以上含有する場合に限り、記載することができるものとする。

別紙（第２関係）

主要な成分の含有量等の分析に当たっては、独立行政法人農林水産消費安全技術センターが定める肥料等試験法によるものとする。ただし、次の表の第一欄に掲げる主要な成分の量の算出は、同表第二欄に掲げるものによることとする。

第１欄	第２欄
りん酸全量 く溶性りん酸 可溶性りん酸 水溶性りん酸	五酸化リン（P_2O_5）
加里全量 く溶性加里 水溶性加里	酸化カリウム（K_2O）
石灰全量	酸化カルシウム（CaO）
可溶性けい酸 水溶性けい酸	二酸化ケイ素（SiO_2）
可溶性苦土 く溶性苦土 水溶性苦土	酸化マグネシウム（MgO）
可溶性マンガン く溶性マンガン 水溶性マンガン	酸化マンガン（MnO）
く溶性ほう素 水溶性ほう素	三酸化二ホウ素（B_2O_3）

肥料の品質の確保等に関する法律に基づき普通肥料の公定規格を定める等の件

昭和６１年　２月２２日　農林水産省告示第　２８４号　施行　昭和６１年　３月２５日
この間３１回改正
改正平成２６年　９月　１日　農林水産省告示第１１４６号　施行　平成２６年１０月　１日
改正平成２７年　１月　９日　農林水産省告示第　　５２号　施行　平成２７年　２月　８日
改正平成２８年　１月　８日　農林水産省告示第　　４１号　施行　平成２８年　２月　８日
改正平成２８年　３月３０日　農林水産省告示第　８８４号　施行　平成２８年　４月　１日
改正平成２８年１２月１９日　農林水産省告示第２５３５号　施行　平成２９年　１月１８日
改正平成２９年１０月１６日　農林水産省告示第１５４９号　施行　平成２９年１１月１５日
改正平成３０年　１月２２日　農林水産省告示第　１３４号　施行　平成３０年　２月２２日
改正平成３０年　３月　６日　農林水産省告示第　４５５号　施行　平成３０年　４月　５日
改正平成３０年　９月　５日　農林水産省告示第１９９１号　施行　平成３０年１０月　５日
改正令和　２年　２月２８日　農林水産省告示第　４０１号　施行　令和　２年　４月　１日
改正令和　２年　５月１１日　農林水産省告示第　　９５号　施行　令和　２年　６月１１日
改正令和　２年１０月３０日　農林水産省告示第２１２６号　施行　令和　２年１２月　１日

一　窒素質肥料（有機質肥料（動植物質のものに限る。）を除く。）

（1）登録の有効期間が6年であるもの

肥　料　の　種　類	含有すべき主成分の最小量（%）	含有を許される有害成分の最大量（%）	その他の制限事項
硫酸アンモニア	アンモニア性窒素20.5	アンモニア性窒素の含有率1.0%につき 硫青酸化物　0.01 ひ素　0.004 スルファミン酸0.01	
塩化アンモニア	アンモニア性窒素25.0		
硝酸アンモニア	アンモニア性窒素16.0 硝酸性窒素　16.0		
硝酸アンモニアソーダ肥料	一　アンモニア性窒素　9.0 硝酸性窒素　9.0 二　アンモニア性窒素及び硝酸性窒素のほかく溶性ほう素又は水溶性ほう素を保証するものにあつては、一に掲げるもののほか く溶性ほう素については　0.05 水溶性ほう素については　0.05	アンモニア性窒素及び硝酸性窒素の合計量の含有率1.0%につき ひ素　0.004 亜硝酸　0.04	
硝酸アンモニア石灰肥料	一　アンモニア性窒素　10.0 硝酸性窒素　10.0 二　アンモニア性窒素及び硝酸性窒素のほかアルカリ分又はく溶性苦土を保証するものにあつては、一に掲げるもののほか アルカリ分については　10.0 く溶性苦土については　1.0		
硝酸ソーダ	硝酸性窒素　15.5		
硝酸石灰	硝酸性窒素　10.0	硝酸性窒素の含有率1.0%につき 亜硝酸　0.04	

肥　料　の　種　類	含有すべき主成分の最小量（%）	含有を許される有害成分の最大量（%）	その他の制限事項
硝酸苦土肥料	硝酸性窒素　10.0 水溶性苦土　15.0	硝酸性窒素の含有率1.0%につき 亜硝酸　0.04	
腐植酸アンモニア肥料（石炭又は亜炭を硝酸又は硫酸で分解し、アンモニアを加えたものをいう。）	アンモニア性窒素 4.0	アンモニア性窒素の含有率1.0%につき ひ素　0.004 亜硝酸　0.04	一　3.5%の塩酸に溶けないもののうち、1%の水酸化ナトリウム液に溶けるものが当該肥料に50%以上含有されること。 二　硫酸塩は、10%以下であること。
尿素	窒素全量　43.0	窒素全量の含有率1.0%につき ビウレット性窒素　0.02	
アセトアルデヒド縮合尿素（2－オキソ－4－メチル－6－ウレイドヘキサヒドロピリミジンをいう。）	窒素全量　28.0	窒素全量の含有率1.0%につき ビウレット性窒素　0.02	尿素性窒素は、3.0%以下であること。
イソブチルアルデヒド縮合尿素（イソブチリデンジウレアをいう。）	窒素全量　28.0	窒素全量の含有率1.0%につき ビウレット性窒素　0.02	尿素性窒素は、3.0%以下であること。
硫酸グアニル尿素	窒素全量　32.0	窒素全量の含有率1.0%につき ひ素　0.004	一　ジシアンジアミド性窒素は、窒素全量の10.0%以下であること。 二　グアニジン性窒素は、窒素全量の5.0%以下であること。
オキサミド	窒素全量　30.0		
石灰窒素	窒素全量　19.0 アルカリ分　50.0		ジシアンジアミド性窒素は、窒素全量の20.0%以下であること。
グリオキサール縮合尿素（テトラヒドロイミダゾ－（4、5－d）－イミダゾール－2、5（1H、3H）－ジオンをいう。）	窒素全量　38.0	窒素全量の含有率1.0%につき ビウレット性窒素　0.02	尿素性窒素は、3.0%以下であること。
ホルムアルデヒド加工尿素肥料（尿素にホルムアルデヒドを加えたものをいう。）	一　窒素全量　35.0 二　窒素全量のほか水溶性ほう素を保証するものにあつては、一に掲げるもののほか 水溶性ほう素　0.05	窒素全量の含有率1.0%につき ビウレット性窒素　0.02	一　水に溶ける窒素が窒素全量の50%以上のものにあつては、尿素性窒素は20%以下であること。 二　一以外のものにあつては、窒素の活性係数が40%以上であること。
メチロール尿素重合肥料（尿素にホルムアルデヒドを加えて生成したメチロール尿素縮合物を重合したものをいう。）	窒素全量　25.0	窒素全量の含有率1.0%につき ビウレット性窒素　0.02	一　500マイクロメートルの網ふるいを全通すること。 二　熱水で溶出する窒素の量は窒素全量の4%以上16%以下であること。

肥　料　の　種　類	含有すべき主成分の最小量（％）	含有を許される有害成分の最大量（％）	その他の制限事項
被覆窒素肥料（窒素質肥料を硫黄その他の被覆原料で被覆したものをいう。）	一　窒素全量、アンモニア性窒素、硝酸性窒素又はアンモニア性窒素及び硝酸性窒素の合計量のいずれか一について　10.0 二1　アンモニア性窒素を保証するものにあつては アンモニア性窒素　1.0 2　硝酸性窒素を保証するものにあつては 硝酸性窒素　1.0 三　水溶性苦土を保証するものにあつては 水溶性苦土　1.0 四　水溶性マンガンを保証するものにあつては 水溶性マンガン0.10 五　水溶性ほう素を保証するものにあつては 水溶性ほう素　0.05	窒素全量、アンモニア性窒素、硝酸性窒素又はアンモニア性窒素及び硝酸性窒素の合計量の含有率1.0％につき 硫青酸化物　0.01 ひ素　0.004 亜硝酸　0.04 ビウレット性窒素　0.02 スルファミン酸0.01	一　窒素は、水溶性であること。 二　窒素の初期溶出率は、50％以下であること。 三　牛、めん羊又は山羊（以下「牛等」という。）由来の原料（牛の皮に由来するゼラチン及びコラーゲンを除く。以下同じ。）を使用する場合にあつては、肥料の品質の確保等に関する法律施行規則（昭和二十五年農林省令第六十四号。以下「規則」という。）別表第一号ホに規定するところにより牛、めん羊、山羊及び鹿による牛等由来の原料を使用して生産された肥料の摂取に起因して生ずるこれらの家畜の伝達性海綿状脳症の発生を予防するための措置（以下「管理措置」という。）が行われたものであること。 四　規則第七条の六第一号の農林水産大臣が指定する被覆窒素肥料であること。
混合窒素肥料（窒素質肥料に、窒素質肥料、苦土肥料、マンガン質肥料、ほう素質肥料又は微量要素複合肥料を混合したものをいう。）	一　窒素全量、アンモニア性窒素、硝酸性窒素又はアンモニア性窒素及び硝酸性窒素の合計量のいずれか一について　15.0 二1　アンモニア性窒素を保証するものにあつては アンモニア性窒素　1.0 2　硝酸性窒素を保証するものにあつては 硝酸性窒素　1.0 三　水溶性苦土を保証するものにあつては 水溶性苦土　1.0 四　水溶性マンガンを保証するものにあつては 水溶性マンガン0.10 五　水溶性ほう素を保証するものにあつては 水溶性ほう素　0.05	窒素全量、アンモニア性窒素、硝酸性窒素又はアンモニア性窒素及び硝酸性窒素の合計量の含有率1.0％につき 硫青酸化物　0.01 ひ素　0.004 亜硝酸　0.04 ビウレット性窒素　0.02 スルファミン酸0.01	一　牛等由来の原料を使用する場合にあつては、管理措置が行われたものであること。 二　規則第七条の六第一号の農林水産大臣が指定する混合窒素肥料であること。

（２）登録の有効期間が３年であるもの

肥　料　の　種　類	含有すべき主成分の最小量（％）	含有を許される有害成分の最大量（％）	その他の制限事項
被覆窒素肥料	一　窒素全量、アンモニア性窒素、硝酸性窒素又はアンモニア性窒素及び硝酸性窒素の合計量のいずれか一について　10.0 二１　アンモニア性窒素を保証するものにあつては アンモニア性窒素　1.0 ２　硝酸性窒素を保証するものにあつては 硝酸性窒素　1.0 三　水溶性苦土を保証するものにあつては 水溶性苦土　1.0 四　水溶性マンガンを保証するものにあつては 水溶性マンガン0.10 五　水溶性ほう素を保証するものにあつては 水溶性ほう素　0.05	窒素全量、アンモニア性窒素、硝酸性窒素又はアンモニア性窒素及び硝酸性窒素の合計量の含有率1.0％につき 硫青酸化物　0.01 ひ素　0.004 亜硝酸　0.04 ビウレット性窒素　0.02 スルファミン酸0.01	一　窒素は、水溶性であること。 二　窒素の初期溶出率は、50％以下であること。 三　牛等由来の原料を使用する場合にあつては、管理措置が行われたものであること。 四　規則第七条の六第一号の農林水産大臣が指定する被覆窒素肥料以外のものであること。
副産窒素肥料（次に掲げる肥料をいう。 一　食品工業又は化学工業において副産されたもの 二　石炭、石油その他の燃料の燃焼ガスの脱硫処理又は脱硝処理に伴い副産されたもの）	一　窒素全量、アンモニア性窒素、硝酸性窒素又はアンモニア性窒素及び硝酸性窒素の合計量のいずれか一について　7.0 二１　アンモニア性窒素を保証するものにあつては アンモニア性窒素　1.0 ２　硝酸性窒素を保証するものにあつては 硝酸性窒素　1.0 三　水溶性苦土を保証するものにあつては 水溶性苦土　5.0 四　水溶性マンガンを保証するものにあつては 水溶性マンガン　1.0	窒素全量、アンモニア性窒素、硝酸性窒素又はアンモニア性窒素及び硝酸性窒素の合計量の含有率1.0％につき 硫青酸化物　0.01 ひ素　0.004 亜硝酸　0.04 ビウレット性窒素　0.02 スルファミン酸0.01	一　植害試験の調査を受け害が認められないものであること。 二　牛等由来の原料を使用する場合にあつては、管理措置が行われたものであること。 三　牛等の部位（牛等由来の原料のうち、肉（食用に供された後に、又は食用に供されずに肥料の原料として使用される食品である肉に限る。）、骨（食用に供された後に、又は食用に供されずに肥料の原料として使用される食品である骨に限る。）、皮、毛、角、蹄《てい》及び臓器（食用に供された後に、又は食用に供されずに肥料の原料として使用される食品である臓器に限る。）以外のものをいう。以下同じ。）を原料とする場合にあつては、牛（月齢が三十月以下の牛（出生の年月日から起算して三十月を経過した日までのものをいう。）を除

肥　料　の　種　類	含有すべき主成分の最小量（％）	含有を許される有害成分の最大量（％）	その他の制限事項
			く。）の脊柱（背根神経節を含み、頸《けい》椎横突起、胸椎横突起、腰椎横突起、頸《けい》椎棘《きょく》突起、胸椎棘《きょく》突起、腰椎棘《きょく》突起、仙骨翼、正中仙骨稜《りょう》及び尾椎を除く。）及びと畜場法（昭和二十八年法律第百十四号）第十四条の検査を経ていない牛等の部位（以下「脊柱等」という。）が混合しないものとして農林水産大臣の確認を受けた工程において製造されたものであること。
液状副産窒素肥料（食品工業、非鉄金属製造業、又は化学工業において副産されたものをいう。）	一　窒素全量、アンモニア性窒素、硝酸性窒素又はアンモニア性窒素及び硝酸性窒素の合計量のいずれか一について　5.0 二1　アンモニア性窒素を保証するものにあつては アンモニア性窒素　1.0 2　硝酸性窒素を保証するものにあつては 硝酸性窒素　1.0	窒素全量、アンモニア性窒素、硝酸性窒素又はアンモニア性窒素及び硝酸性窒素の合計量の含有率1.0％につき 硫青酸化物　0.01 ひ素　0.004 亜硝酸　0.04 ビウレット性窒素　0.02 スルファミン酸0.01	一　植害試験の調査を受け害が認められないものであること。 二　牛等由来の原料を使用する場合にあつては、管理措置が行われたものであること。 三　牛等の部位を原料とする場合にあっては、脊柱等が混合しないものとして農林水産大臣の確認を受けた工程において製造されたものであること。
液状窒素肥料	一　窒素全量、アンモニア性窒素、硝酸性窒素又はアンモニア性窒素及び硝酸性窒素の合計量のいずれか一について　5.0 二1　アンモニア性窒素を保証するものにあつては アンモニア性窒素　1.0 2　硝酸性窒素を保証するものにあつては 硝酸性窒素　1.0 三　水溶性苦土を保証するものにあつては 水溶性苦土　1.0 四　水溶性マンガンを保証するものにあつては 水溶性マンガン0.10 五　水溶性ほう素を保証するものにあつては	窒素全量、アンモニア性窒素、硝酸性窒素又はアンモニア性窒素及び硝酸性窒素の合計量の含有率1.0％につき 硫青酸化物　0.01 ひ素　0.004 亜硝酸　0.04 ビウレット性窒素　0.02 スルファミン酸0.01	一　窒素は、窒素質肥料、チオ硫酸アンモニウム、トリアゾン又はシアナミドに由来するものであること。 二　チオ硫酸アンモニウムに由来する窒素を含有するものにあつては、pHが6.0以上のものであること。 三　シアナミドに由来する窒素を含有するものにあつては、その他の原料に由来する窒素を含有しないこと。 四　シアナミドに由来する窒素を含有するものにあつては、ジシアンジアミド性窒素は窒素全量の20.0％以下であること。 五　牛等由来の原料を

肥料の種類	含有すべき主成分の最小量（％）	含有を許される有害成分の最大量（％）	その他の制限事項
	水溶性ほう素　0.05		使用する場合にあつては、管理措置が行われたものであること。
混合窒素肥料	一　窒素全量、アンモニア性窒素、硝酸性窒素又はアンモニア性窒素及び硝酸性窒素の合計量のいずれか一について　15.0 二1　アンモニア性窒素を保証するものにあつては アンモニア性窒素　1.0 2　硝酸性窒素を保証するものにあつては 硝酸性窒素　1.0 三　水溶性苦土を保証するものにあつては 水溶性苦土　1.0 四　水溶性マンガンを保証するものにあつては 水溶性マンガン0.10 五　水溶性ほう素を保証するものにあつては 水溶性ほう素　0.05	窒素全量、アンモニア性窒素、硝酸性窒素又はアンモニア性窒素及び硝酸性窒素の合計量の含有率1.0％につき 硫青酸化物　0.01 ひ素　0.004 亜硝酸　0.04 ビウレット性窒素　0.02 スルファミン酸0.01	一　牛等由来の原料を使用する場合にあつては、管理措置が行われたものであること。 二　規則第七条の六第一号の農林水産大臣が指定する混合窒素肥料以外のものであること。

二　りん酸質肥料（有機質肥料（動植物質のものに限る。）を除く。）

（1）登録の有効期間が6年であるもの

肥料の種類	含有すべき主成分の最小量（％）	含有すべき主成分の最大量（％）	含有を許される有害成分の最大量（％）	その他の制限事項
過りん酸石灰	可溶性りん酸　15.0 水溶性りん酸　13.0		可溶性りん酸の含有率1.0％につき ひ素　0.004 カドミウム　0.00015	
重過りん酸石灰	可溶性りん酸　30.0 水溶性りん酸　28.0		可溶性りん酸の含有率1.0％につき ひ素　0.004 カドミウム　0.00015	
りん酸苦土肥料	水溶性りん酸　45.0 水溶性苦土　13.0		水溶性りん酸の含有率1.0％につき ひ素　0.004 カドミウム　0.00015	
熔《よう》成りん肥	一　く溶性りん酸17.0 アルカリ分　40.0 く溶性苦土　12.0 二　く溶性りん酸、アルカリ分及びく溶性苦土のほか可溶性けい酸、く溶性マンガン又はく溶性ほう素を保証するものにあつては、一に掲げるもののほか 可溶性けい酸については　20.0 く溶性マンガンについては　1.0 く溶性ほう素については　0.05		く溶性りん酸の含有率1.0％につき カドミウム　0.00015	2ミリメートルの網ふるいを全通すること。
焼成りん肥	く溶性りん酸　34.0 アルカリ分　40.0		く溶性りん酸の含有率1.0％につき カドミウム　0.00015	212マイクロメートルの網ふるいを90％以上通過すること。
腐植酸りん肥（石炭又は亜炭を硝酸で分解し、熔《よう》成りん肥、焼成りん肥、りん鉱石、塩基性のマグネシウム若しくはマンガン含有物又はほう酸塩及び硫酸又はりん酸を加えたものをいう。）	一　く溶性りん酸15.0 水溶性りん酸　1.0 二　く溶性りん酸及び水溶性りん酸のほか、く溶性苦土、水溶性苦土、く溶性マンガン、水溶性マンガン、く溶性ほう素又は水溶性ほう素を保証するものにあつては、一に掲げるもののほか く溶性苦土については　3.0 水溶性苦土については　1.0 く溶性マンガンについては　0.10 水溶性マンガンについては　0.10 く溶性ほう素については　0.05 水溶性ほう素については　0.05		く溶性りん酸の含有率1.0％につき ひ素　0.002 亜硝酸　0.01 カドミウム　0.00015 ニッケル　0.01 クロム　0.1	石炭又は亜炭を硝酸で分解したもの（3.5％の塩酸に溶けないもののうち、1％の水酸化ナトリウム液に溶けるものを乾物当たり70％以上含有するものに限る。）は、乾物として15％以上30％以下を使用すること。

肥料の種類	含有すべき主成分の最小量（%）	含有すべき主成分の最大量（%）	含有を許される有害成分の最大量（%）	その他の制限事項
被覆りん酸肥料（りん酸質肥料を硫黄その他の被覆原料で被覆したものをいう。）	一　水溶性りん酸10.0 二　水溶性りん酸のほか水溶性苦土又は水溶性ほう素を保証するものにあつては、一に掲げるもののほか 水溶性苦土については　1.0 水溶性ほう素については　0.05		水溶性りん酸の含有率1.0%につき ひ素　0.004 カドミウム　0.00015	一　りん酸の初期溶出率は50%以下であること。 二　牛等由来の原料を使用する場合にあつては、管理措置が行われたものであること。 三　規則第七条の六第二号の農林水産大臣が指定する被覆りん酸肥料であること。
熔《よう》成けい酸りん肥（次に掲げる肥料をいう。 一　りん鉱石に、けい石、石灰石及び塩基性のマグネシウム含有物を混合し、熔《よう》融したもの 二　一に掲げる熔《よう》成けい酸りん肥の原料にマンガン含有物又はほう酸塩を混合し、熔《よう》融したもの）	一　く溶性りん酸 6.0 アルカリ分　40.0 可溶性けい酸　30.0 く溶性苦土　12.0 二　く溶性りん酸、アルカリ分、可溶性けい酸及びく溶性苦土のほか、く溶性マンガン又はく溶性ほう素を保証するものにあつては、一に掲げるもののほか く溶性マンガンについては　0.1 く溶性ほう素については　0.05		一　く溶性りん酸の含有率1.0%につき カドミウム　0.00015 二　最大限度量 ニッケル　0.4 クロム　4.0	一　2ミリメートルの網ふるいを全通すること。 二　く溶性りん酸及び可溶性けい酸の含有量の合計量に対するアルカリ分の含有量の比率が1.0以上であること。
鉱さいりん酸肥料（製鋼鉱さいをいう。）	一　く溶性りん酸 3.0 アルカリ分　20.0 可溶性けい酸　10.0 二　く溶性りん酸、アルカリ分及び可溶性けい酸のほか、く溶性苦土又はく溶性マンガンを保証するものにあつては、一に掲げるもののほか く溶性苦土については　1.0 く溶性マンガンについては　1.0		く溶性りん酸の含有率1.0%につき カドミウム　0.00015 ニッケル　0.01 クロム　0.1	4ミリメートルの網ふるいを全通すること。
加工鉱さいりん酸肥料（鉱さいけい酸質肥料にりん酸を加えたものをいう。）	一　く溶性りん酸 3.0 アルカリ分　20.0 可溶性けい酸　10.0 二　く溶性りん酸、アルカリ分及び可溶性けい酸のほかく溶性苦土、く溶性マンガン又はく溶性ほう素を保証するものにあつては、一に掲げるもののほか く溶性苦土については　1.0 く溶性マンガンについては　1.0 く溶性ほう素については　0.05	水溶性りん酸 1.0未満	く溶性りん酸の含有率1.0%につき ひ素　0.004 カドミウム　0.00015 ニッケル　0.01 クロム　0.1	

肥料の種類	含有すべき主成分の最小量（％）	含有すべき主成分の最大量（％）	含有を許される有害成分の最大量（％）	その他の制限事項
加工りん酸肥料（りん酸質肥料、熔《よう》成微量要素複合肥料、りん酸含有物、塩基性のカルシウム、マグネシウム若しくはマンガン含有物、鉱さい又はほう酸塩に硫酸、りん酸又は塩酸を加えたものをいう。）	一　く溶性りん酸及び水溶性りん酸を保証するものにあつては く溶性りん酸　15.0 水溶性りん酸　1.0 二　く溶性りん酸及び水溶性りん酸のほかく溶性苦土、水溶性苦土、く溶性マンガン、く溶性ほう素又は水溶性ほう素を保証するものにあつては、一に掲げるもののほか く溶性苦土については　2.0 水溶性苦土については　1.0 く溶性マンガンについては　1.0 く溶性ほう素については　0.05 水溶性ほう素については　0.05		く溶性りん酸の含有率1.0％につき ひ素　0.004 カドミウム　0.00015 ニッケル　0.01 クロム　0.1 チタン　0.04	一　牛等由来の原料を使用する場合にあつては、管理措置が行われたものであること。 二　規則第七条の六第二号の農林水産大臣が指定する加工りん酸肥料であること。
混合りん酸肥料（りん酸質肥料に、りん酸質肥料、石灰質肥料、けい酸質肥料、苦土肥料、マンガン質肥料、ほう素質肥料又は微量要素複合肥料を混合したものをいう。）	一　く溶性りん酸を保証するものにあつては く溶性りん酸　16.0 二　く溶性りん酸及びアルカリ分を保証するものにあつては く溶性りん酸　3.0 アルカリ分　15.0 三　く溶性りん酸又はアルカリ分のほか水溶性りん酸、可溶性けい酸、く溶性苦土、水溶性苦土、可溶性マンガン、く溶性マンガン、水溶性マンガン、く溶性ほう素又は水溶性ほう素を保証するものにあつては、一又は二に掲げるもののほか 水溶性りん酸については　1.0 可溶性けい酸については　10.0 く溶性苦土については　1.0 水溶性苦土については　1.0 可溶性マンガンについては　0.10 く溶性マンガンについては　0.10 水溶性マンガンについては　0.10 く溶性ほう素については　0.05 水溶性ほう素については　0.05		く溶性りん酸及びりん酸以外の保証する主成分のうち最も大きい主成分の量の合計量の含有率1.0％につき ひ素　0.002 亜硝酸　0.02 カドミウム　0.000075 ニッケル　0.005 クロム　0.05 チタン　0.02	一　可溶性マンガンを保証する肥料は、原料として可溶性マンガンを保証する肥料を使用したものであること。 二　牛等由来の原料を使用する場合にあつては、管理措置が行われたものであること。 三　規則第七条の六第二号の農林水産大臣が指定する混合りん酸肥料であること。

（2）登録の有効期間が3年であるもの

肥　料　の　種　類	含有すべき主成分の最小量（%）	含有を許される有害成分の最大量（%）	その他の制限事項
被覆りん酸肥料	一　水溶性りん酸10.0 二　水溶性りん酸のほか水溶性苦土又は水溶性ほう素を保証するものにあつては、一に掲げるもののほか 水溶性苦土については　1.0 水溶性ほう素については　0.05	水溶性りん酸の含有率1.0%につき ひ素　0.004 カドミウム　0.00015	一　りん酸の初期溶出率は50%以下であること。 二　牛等由来の原料を使用する場合にあつては、管理措置が行われたものであること。 三　規則第七条の六第二号の農林水産大臣が指定する被覆りん酸肥料以外のものであること。
液体りん酸肥料	水溶性りん酸　17.0 水溶性苦土　3.0	水溶性りん酸の含有率1.0%につき ひ素　0.004 カドミウム　0.00015	一　牛等由来の原料を使用する場合にあつては、管理措置が行われたものであること。 二　牛等の部位を原料とする場合にあつては、脊柱等が混合しないものとして農林水産大臣の確認を受けた工程において製造されたものであること。
熔《よう》成汚泥灰けい酸りん肥（下水道の終末処理場から生じる汚泥を焼成したものに肥料又は肥料原料を混合し、熔《よう》融したものをいう。）	く溶性りん酸　5.0 アルカリ分　45.0 可溶性けい酸　30.0 く溶性苦土　12.0	く溶性りん酸の含有率1.0%につき ひ素　0.004 カドミウム　0.00015 ニッケル　0.01 クロム　0.1 水銀　0.0001 鉛　0.006	一　2ミリメートルの網ふるいを全通すること。 二　植害試験の調査を受け害が認められないものであること。 三　牛等由来の原料を使用する場合にあつては、管理措置が行われたものであること。 四　牛等の部位を原料とする場合にあつては、脊柱等が混合しないものとして農林水産大臣の確認を受けた工程において製造されたものであること。
加工りん酸肥料	一　く溶性りん酸及び水溶性りん酸を保証するものにあつては く溶性りん酸　15.0 水溶性りん酸　1.0 二　く溶性りん酸及び水溶性りん酸のほかく溶性苦土、水溶性苦土、く溶性マンガン、く溶性ほう素又は水溶性ほう素を保証するものにあつては、一に掲げるもののほか く溶性苦土については　2.0 水溶性苦土については　1.0	く溶性りん酸の含有率1.0%につき ひ素　0.004 カドミウム　0.00015 ニッケル　0.01 クロム　0.1 チタン　0.04	一　牛等由来の原料を使用する場合にあつては、管理措置が行われたものであること。 二　規則第七条の六第二号の農林水産大臣が指定する加工りん酸肥料以外のものであること。

肥料の種類	含有すべき主成分の最小量（％）	含有を許される有害成分の最大量（％）	その他の制限事項
	く溶性マンガンについては　1.0 く溶性ほう素については　0.05 水溶性ほう素については　0.05		
副産りん酸肥料（次に掲げる肥料をいう。 一　食品工業又は化学工業において副産されたもの 二　下水道の終末処理場その他の排水の脱りん処理に伴い副産されたもの）	一　く溶性りん酸を保証するものにあつては く溶性りん酸　15.0 二　く溶性りん酸のほか水溶性りん酸又はく溶性苦土を保証するものにあつては く溶性りん酸　15.0 水溶性りん酸については　2.0 く溶性苦土については　3.0	く溶性りん酸の含有率1.0%につき ひ素　0.004 カドミウム　0.00015	一　植害試験の調査を受け害が認められないものであること。 二　牛等由来の原料を使用する場合にあつては、管理措置が行われたものであること。 三　牛等の部位を原料とする場合にあつては、脊柱等が混合しないものとして農林水産大臣の確認を受けた工程において製造されたものであること。
混合りん酸肥料	一　く溶性りん酸を保証するものにあつては く溶性りん酸　16.0 二　く溶性りん酸及びアルカリ分を保証するものにあつては く溶性りん酸　3.0 アルカリ分　15.0 三　く溶性りん酸又はアルカリ分のほか水溶性りん酸、可溶性けい酸、く溶性苦土、水溶性苦土、可溶性マンガン、く溶性マンガン、水溶性マンガン、く溶性ほう素又は水溶性ほう素を保証するものにあつては、一又は二に掲げるもののほか 水溶性りん酸については　1.0 可溶性けい酸については　10.0 く溶性苦土については　1.0 水溶性苦土については　1.0 可溶性マンガンについては　0.10 く溶性マンガンについては　0.10 水溶性マンガンについては　0.10 く溶性ほう素については　0.05 水溶性ほう素については　0.05	く溶性りん酸及びりん酸以外の保証する主成分のうち最も大きい主成分の量の合計量の含有率1.0%につき ひ素　0.002 亜硝酸　0.02 カドミウム　0.000075 ニッケル　0.005 クロム　0.05 チタン　0.02	一　可溶性マンガンを保証する肥料は、原料として可溶性マンガンを保証する肥料を使用したものであること。 二　牛等由来の原料を使用する場合にあつては、管理措置が行われたものであること。 三　規則第七条の六第二号の農林水産大臣が指定する混合りん酸肥料以外のものであること。

三　加里質肥料（有機質肥料（動植物質のものに限る。）を除く。）

（1）登録の有効期間が6年であるもの

肥　料　の　種　類	含有すべき主成分の最小量（%）	含有を許される有害成分の最大量（%）	その他の制限事項
硫酸加里	水溶性加里　45.0	水溶性加里の含有率1.0%につき ひ素　0.004	塩素は、5.0%以下であること。
塩化加里	一　水溶性加里　50.0 二　水溶性加里のほか水溶性ほう素を保証するものにあつては、一に掲げるもののほか 水溶性ほう素　0.10		
硫酸加里苦土	水溶性加里　16.0 水溶性苦土　8.0	水溶性加里の含有率1.0%につき ひ素　0.004	塩素は、5.0%以下であること。
重炭酸加里	水溶性加里　45.0		塩素は、5.0%以下であること。
腐植酸加里肥料（石炭又は亜炭を硝酸又は硫酸で分解し、塩基性のカリウム又はマグネシウム含有物を加えたものをいう。）	一　水溶性加里を保証するものにあつては 水溶性加里　10.0 二　水溶性加里のほかく溶性苦土及び水溶性苦土を保証するものにあつては 水溶性加里　8.0 く溶性苦土　2.0 水溶性苦土　1.0	水溶性加里の含有率1.0%につき ひ素　0.004 亜硝酸　0.04	一　3.5%の塩酸に溶けないもののうち、1%の水酸化ナトリウム液に溶けるものが当該肥料に50%以上含有されること。 二　硫酸塩は、10%以下であること。 三　炭酸塩は、二酸化炭素として2.0%以下であること。
けい酸加里肥料（塩基性のカリウム、カルシウム、マグネシウム若しくはナトリウム含有物又はほう素質肥料及び微粉炭燃焼灰を混合し、焼成したものをいう。）	一　く溶性加里　10.0 可溶性けい酸　25.0 く溶性苦土　3.0 二　く溶性加里、可溶性けい酸及びく溶性苦土のほか水溶性加里又はく溶性ほう素を保証するものにあつては、一に掲げるもののほか 水溶性加里については　1.0 く溶性ほう素については　0.05		未反応の加里は、3.0%以下であること。
粗製加里塩	一　水溶性加里　30.0 二　水溶性加里のほか水溶性苦土を保証するものにあつては、一に掲げるもののほか 水溶性苦土　5.0		
加工苦汁加里肥料（粗製加里塩に石灰を加えたものをいう。）	水溶性加里　6.0 く溶性苦土　5.0		
被覆加里肥料（加里質肥料を硫黄その他の被覆原料で被覆したものをいう。）	一　水溶性加里　30.0 二　水溶性加里のほか水溶性苦土又は水溶性ほう素を保証するものにあつては、一に掲げるもののほか 水溶性苦土については　1.0 水溶性ほう素については　0.05	水溶性加里の含有率1.0%につき ひ素　0.004	一　加里の初期溶出率は50%以下であること。 二　規則第七条の六第三号の農林水産大臣が指定する被覆加里肥料であること。

肥料の種類	含有すべき主成分の最小量（％）	含有を許される有害成分の最大量（％）	その他の制限事項
液体けい酸加里肥料	水溶性加里 6.0 水溶性けい酸 12.0		
熔《よう》成けい酸加里肥料（カリウム含有物に製鋼鉱さいを混合し、熔《よう》融したものをいう。）	一 く溶性加里 20.0 アルカリ分 15.0 可溶性けい酸 25.0 二 く溶性加里、アルカリ分及び可溶性けい酸のほかく溶性マンガンを保証するものにあつては、一に掲げるもののほか く溶性マンガン 1.0	く溶性加里の含有率1.0%につき ニッケル 0.01 クロム 0.1	4ミリメートルの網ふるいを全通すること。
副産加里肥料（食品工業、繊維工業又は化学工業において副産されたものをいう。）	一 く溶性加里又は水溶性加里を保証するものにあつては く溶性加里については 25.0 水溶性加里については 9.0 二 く溶性加里又は水溶性加里のほかく溶性苦土を保証するものにあつては、一に掲げるもののほか く溶性苦土 3.0	加里の最も大きい主成分の含有率1.0%につき ひ素 0.004	
混合加里肥料（加里質肥料に、加里質肥料、石灰質肥料、けい酸質肥料、苦土肥料、マンガン質肥料、ほう素質肥料又は微量要素複合肥料を混合したものをいう。）	一 く溶性加里又は水溶性加里を保証するものにあつては く溶性加里については 10.0 水溶性加里については 6.0 二 く溶性加里又は水溶性加里のほかアルカリ分、可溶性けい酸、く溶性苦土、水溶性苦土、可溶性マンガン、く溶性マンガン、水溶性マンガン、く溶性ほう素又は水溶性ほう素を保証するものにあつては、一に掲げるもののほか アルカリ分については 20.0 可溶性けい酸については 10.0 く溶性苦土については 1.0 水溶性苦土については 1.0 可溶性マンガンについては 0.10 く溶性マンガンについては 0.10 水溶性マンガンについては 0.10 く溶性ほう素については 0.05 水溶性ほう素については 0.05	加里及び加里以外の保証する主成分のうち最も大きい主成分の量の合計量の含有率1.0%につき ひ素 0.002 亜硝酸 0.02 カドミウム 0.000075 ニッケル 0.005 クロム 0.05 チタン 0.02	一 可溶性マンガンを保証する肥料は、原料として可溶性マンガンを保証する肥料を使用したものであること。 二 規則第七条の六第三号の農林水産大臣が指定する混合加里肥料であること。

（2）登録の有効期間が３年であるもの

肥　料　の　種　類	含有すべき主成分の最小量（％）	含有を許される有害成分の最大量（％）	その他の制限事項
被覆加里肥料	一　水溶性加里　30.0 二　水溶性加里のほか水溶性苦土又は水溶性ほう素を保証するものにあつては、一に掲げるもののほか 水溶性苦土については　1.0 水溶性ほう素については　0.05	水溶性加里の含有率1.0％につき ひ素　0.004	一　加里の初期溶出率は50％以下であること。 二　規則第七条の六第三号の農林水産大臣が指定する被覆加里肥料以外のものであること。
混合加里肥料	一　く溶性加里又は水溶性加里を保証するものにあつては く溶性加里については　10.0 水溶性加里については　6.0 二　く溶性加里又は水溶性加里のほかアルカリ分、可溶性けい酸、く溶性苦土、水溶性苦土、可溶性マンガン、く溶性マンガン、水溶性マンガン、く溶性ほう素又は水溶性ほう素を保証するものにあつては、一に掲げるもののほか アルカリ分については　20.0 可溶性けい酸については　10.0 く溶性苦土については　1.0 水溶性苦土については　1.0 可溶性マンガンについては　0.10 く溶性マンガンについては　0.10 水溶性マンガンについては　0.10 く溶性ほう素については　0.05 水溶性ほう素については　0.05	加里及び加里以外の保証する主成分のうち最も大きい主成分の量の合計量の含有率1.0％につき ひ素　0.002 亜硝酸　0.02 カドミウム　0.000075 ニッケル　0.005 クロム　0.05 チタン　0.02	一　可溶性マンガンを保証する肥料は、原料として可溶性マンガンを保証する肥料を使用したものであること。 二　規則第七条の六第三号の農林水産大臣が指定する混合加里肥料以外のものであること。

四　有機質肥料（動植物質のものに限る。）

（１）登録の有効期間が６年であるもの

肥料の種類	含有すべき主成分の最小量（％）	含有を許される有害成分の最大量（％）	その他の制限事項
魚かす粉末	窒素全量及びりん酸全量の合計量　12.0 窒素全量　4.0 りん酸全量　3.0		
干魚肥料粉末	窒素全量　6.0 りん酸全量　3.0		
魚節煮かす	窒素全量　9.0		
甲殻類質肥料粉末	窒素全量　3.0 りん酸全量　1.0		
蒸製魚鱗及びその粉末	窒素全量　6.0 りん酸全量　18.0		
肉かす粉末	窒素全量　6.0		一　牛等由来の原料を使用する場合にあつては、管理措置が行われたものであること。 二　牛等の部位を原料とする場合にあつては、脊柱等が混合しないものとして農林水産大臣の確認を受けた工程において製造されたものであること。
肉骨粉	窒素全量　5.0 りん酸全量　5.0		一　牛等由来の原料を使用する場合にあつては、管理措置が行われたものであること。 二　牛等の部位を原料とする場合にあつては、脊柱等が混合しないものとして農林水産大臣の確認を受けた工程において製造されたものであること。
蒸製てい角粉	窒素全量　10.0		牛等由来の原料を使用する場合にあつては、管理措置が行われたものであること。
蒸製てい角骨粉	窒素全量及びりん酸全量の合計量　15.0 窒素全量　6.0 りん酸全量　7.0		一　牛等由来の原料を使用する場合にあつては、管理措置が行われたものであること。 二　牛等の部位を原料とする場合にあつては、脊柱等が混合しないものとして農林水産大臣の確認を受けた工程において製造されたものであること。

肥　料　の　種　類	含有すべき主成分の最小量（％）	含有を許される有害成分の最大量（％）	その他の制限事項
蒸製毛粉（羽及び鯨ひげを蒸製したものを含む。）	窒素全量　6.0		牛等由来の原料を使用する場合にあつては、管理措置が行われたものであること。
乾血及びその粉末	窒素全量　10.0		一　牛等由来の原料を使用する場合にあつては、管理措置が行われたものであること。 二　牛等の部位を原料とする場合にあつては、脊柱等が混合しないものとして農林水産大臣の確認を受けた工程において製造されたものであること。
生骨粉	窒素全量及びりん酸全量の合計量　20.0 窒素全量　3.0 りん酸全量　16.0		一　牛等由来の原料を使用する場合にあつては、管理措置が行われたものであること。 二　牛等の部位を原料とする場合にあつては、脊柱等が混合しないものとして農林水産大臣の確認を受けた工程において製造されたものであること。
蒸製骨粉（脱こう骨粉を含む。）	一　窒素全量及びりん酸全量を保証するものにあつては窒素全量及びりん酸全量の合計量　21.0 窒素全量　1.0 りん酸全量　17.0 二　りん酸全量を保証するものにあつてはりん酸全量　25.0		一　牛等由来の原料を使用する場合にあつては、管理措置が行われたものであること。 二　牛等の部位を原料とする場合にあつては、脊柱等が混合しないものとして農林水産大臣の確認を受けた工程において製造されたものであること。
蒸製鶏骨粉	窒素全量及びりん酸全量の合計量　17.0 窒素全量　1.0 りん酸全量　13.0		
蒸製皮革粉	窒素全量　6.0		牛等由来の原料を使用する場合にあつては、管理措置が行われたものであること。
干蚕蛹《よう》粉末	窒素全量　7.0		
蚕蛹《よう》油かす及びその粉末	一　窒素全量　8.0 二　窒素全量のほかりん酸全量を保証するものにあつては、一に掲げるもののほかりん酸全量　1.0		

肥　料　の　種　類	含有すべき主成分の最小量（％）	含有を許される有害成分の最大量（％）	その他の制限事項
絹紡蚕蛹《よう》くず	窒素全量　7.0		
とうもろこしはい芽及びその粉末	窒素全量　2.0 りん酸全量　2.0 加里全量　1.0		
大豆油かす及びその粉末	窒素全量　6.0 りん酸全量　1.0 加里全量　1.0		
なたね油かす及びその粉末（からし油かす及びその粉末を含む。）	窒素全量　4.5 りん酸全量　2.0 加里全量　1.0		
わたみ油かす及びその粉末	窒素全量　5.0 りん酸全量　1.0 加里全量　1.0		
落花生油かす及びその粉末	窒素全量　5.5 りん酸全量　1.0 加里全量　1.0		
あまに油かす及びその粉末	窒素全量　4.5 りん酸全量　1.0 加里全量　1.0		
ごま油かす及びその粉末	窒素全量　6.0 りん酸全量　1.0 加里全量　1.0		
ひまし油かす及びその粉末	窒素全量　4.0 りん酸全量　1.0 加里全量　1.0		
米ぬか油かす及びその粉末	窒素全量　2.0 りん酸全量　4.0 加里全量　1.0		
その他の草本性植物油かす及びその粉末（二以上の草本性植物油かす及びその粉末を混合したものを除く。）	窒素全量　3.0 りん酸全量　1.0 加里全量　1.0		
カポック油かす及びその粉末	窒素全量　4.5 りん酸全量　1.0 加里全量　1.0		
とうもろこしはい芽油かす及びその粉末	窒素全量　3.0 りん酸全量　1.0		
たばこくず肥料粉末	窒素全量　1.0 加里全量　4.0		変性しないものであること。
甘草かす粉末	窒素全量　8.0		
豆腐かす乾燥肥料	一　窒素全量　4.0 二　窒素全量のほかりん酸全量又は加里全量を保証するものにあつては、一に掲げるもののほか りん酸全量については　1.0 加里全量については　1.0		
えんじゆかす粉末	窒素全量　3.0 りん酸全量　1.0 加里全量　2.0		

肥　料　の　種　類	含有すべき主成分の最小量（％）	含有を許される有害成分の最大量（％）	その他の制限事項
窒素質グアノ	窒素全量　12.0 アンモニア性窒素　1.0 りん酸全量　8.0 可溶性りん酸　4.0 加里全量　1.0		
加工家きんふん肥料（次に掲げる肥料をいう。 一　家きんのふんに硫酸等を混合して火力乾燥したもの 二　家きんのふんを加圧蒸煮した後乾燥したもの 三　家きんのふんについて熱風乾燥及び粉砕を同時に行つたもの 四　家きんのふんをはつこう乾燥させたもの）	窒素全量　2.5 りん酸全量　2.5 加里全量　1.0	窒素全量の含有率1.0％につき ひ素　0.004	水分は20％以下であること。
とうもろこし浸漬液肥料（コーンスターチを製造する際に副産されるとうもろこしを亜硫酸液で浸漬した液を発酵、濃縮したものをいう。）	窒素全量　3.0 りん酸全量　3.0 加里全量　2.0 水溶性加里　2.0	窒素全量の含有率1.0％につき ひ素　0.004 亜硫酸　0.01	
副産植物質肥料（食品工業又は発酵工業において副産されたものであつて、植物質の原料に由来するものをいう。）	一　窒素全量を保証するものにあつては 窒素全量　3.5 二　窒素全量のほかアンモニア性窒素、りん酸全量又は加里全量を保証するものにあつては窒素全量及びりん酸全量又は加里全量の合計量　5.0 窒素全量　1.0 アンモニア性窒素については　1.0 りん酸全量については　1.0 加里全量については　1.0		
混合有機質肥料（次に掲げる肥料をいう。 一　有機質肥料に有機質肥料又は米ぬか、発酵米ぬか、乾燥藻及びその粉末、よもぎかす若しくは動物の排せつ物（鶏ふんの炭化物に限る。）を混合したもの 二　一に掲げる混合有機質肥料の原料となる肥料に血液又は豆腐かすを混合し、乾燥したもの）	窒素全量及びりん酸全量又は加里全量の合計量　6.0 窒素全量　1.0 りん酸全量については　1.0 加里全量については　1.0	窒素全量の含有率1.0％につき ひ素　0.01 カドミウム　0.00008	一　牛等由来の原料を使用する場合にあつては、管理措置が行われたものであること。 二　牛等の部位を原料とする場合にあつては、脊柱等が混合しないものとして農林水産大臣の確認を受けた工程において製造されたものであること。 三　規則第七条の六第四号の農林水産大臣が指定する混合有機質肥料であること。

（２）登録の有効期間が３年であるもの

肥料の種類	含有すべき主成分の最小量（％）	含有を許される有害成分の最大量（％）	その他の制限事項
魚廃物加工肥料（魚荒、いか内臓その他の魚廃物を泥炭その他の動植物に由来する吸着原料に吸着させたものをいう。）	一　窒素全量　4.0 りん酸全量　1.0 二　窒素全量及びりん酸全量のほか加里全量を保証するものにあつては、一に掲げるもののほか 加里全量　1.0	窒素全量の含有率1.0%につき カドミウム　0.00008	牛等由来の原料を使用する場合にあつては、管理措置が行われたものであること。
食品残さ加工肥料（食品由来の有機質物（食品加工場等における食品の製造、加工又は調理の過程で発生した食用に供することができない残さを除く。）を加熱乾燥し、搾油機により搾油したかすをいう。）	一　窒素全量　2.5 加里全量　1.0 二　窒素全量及び加里全量のほかりん酸全量を保証するものにあつては、一に掲げるもののほか りん酸全量　1.0		一　油分は10%以下であること。 二　牛等由来の原料を使用する場合にあつては、管理措置が行われたものであること。
乾燥菌体肥料（次に掲げる肥料をいう。 一　培養によつて得られる菌体又はこの菌体から脂質若しくは核酸を抽出したかすを乾燥したもの 二　食品工業、パルプ工業、発酵工業又はゼラチン工業（なめし皮革くずを原料として使用しないものに限る。）の廃水を活性スラッジ法により浄化する際に得られる菌体を加熱乾燥したもの）	一　窒素全量を保証するものにあつては 窒素全量　5.5 二　窒素全量のほかりん酸全量又は加里全量を保証するものにあつては 窒素全量　4.0 りん酸全量については　1.0 加里全量については　1.0	窒素全量の含有率1.0%につき カドミウム　0.00008	一　植害試験の調査を受け害が認められないものであること。 二　牛等由来の原料を使用する場合にあつては、管理措置が行われたものであること。 三　牛等の部位を原料とする場合にあつては、脊柱等が混合しないものとして農林水産大臣の確認を受けた工程において製造されたものであること。
副産動物質肥料（食品工業、繊維工業、ゼラチン工業又はなめしかわ製造業において副産されたものであつて、動物質の原料に由来するものをいう。）	一　窒素全量を保証するものにあつては 窒素全量　6.0 二　窒素全量のほかりん酸全量又は加里全量を保証するものにあつては窒素全量及びりん酸全量又は加里全量の合計量10.0 窒素全量　2.0 りん酸全量については　2.0 加里全量については　9.0	窒素全量の含有率1.0%につき ひ素　0.01 カドミウム　0.00008	一　牛等由来の原料を使用する場合にあつては、管理措置が行われたものであること。 二　牛等の部位を原料とする場合にあつては、脊柱等が混合しないものとして農林水産大臣の確認を受けた工程において製造されたものであること。
混合有機質肥料	窒素全量及びりん酸全量又は加里全量の合計量　6.0 窒素全量　1.0 りん酸全量については　1.0 加里全量については　1.0	窒素全量の含有率1.0%につき ひ素　0.01 カドミウム　0.00008	一　牛等由来の原料を使用する場合にあつては、管理措置が行われたものであること。 二　牛等の部位を原料とする場合にあつては、脊柱等が混合しないものとして農林水産大臣の確認を受けた工程において製造されたものであること。 三　規則第七条の六第四号の農林水産大臣が指定する混合有機質肥料以外のものであること。

五　複合肥料

（１）登録の有効期間が６年であるもの

肥　料　の　種　類	含有すべき主成分の最小量（％）	含有を許される有害成分の最大量（％）	その他の制限事項
熔《よう》成複合肥料（肥料（熔《よう》成汚泥灰複合肥料、混合汚泥複合肥料及び規則第一条各号に掲げる普通肥料を除く。）又は肥料原料（汚泥及び魚介類の臓器を除く。）を配合し、熔《よう》融したものをいう。）	一　く溶性りん酸12.0 く溶性加里　3.0 二　く溶性りん酸及びく溶性加里のほかアルカリ分、可溶性けい酸又はく溶性苦土を保証するものにあつては、一に掲げるもののほか アルカリ分については　45.0 可溶性けい酸については　30.0 く溶性苦土については　20.0	りん酸及び加里の主成分の量の合計量の含有率1.0％につき カドミウム0.000075 ニッケル　0.005 クロム　0.05 チタン　0.02	一　２ミリメートルの網ふるいを全通すること。 二　牛等由来の原料を使用する場合にあつては、管理措置が行われたものであること。 三　牛等の部位を原料とする場合にあつては、脊柱等が混合しないものとして農林水産大臣の確認を受けた工程において製造されたものであること。
化成肥料（次に掲げる肥料をいう。 一　窒素質肥料、りん酸質肥料、加里質肥料、有機質肥料、複合肥料、石灰質肥料、けい酸質肥料（シリカゲル肥料に限る。）、苦土肥料、マンガン質肥料、ほう素質肥料又は微量要素複合肥料のいずれか二以上を配合し、造粒又は成形したもの 二　一に掲げる化成肥料の原料となる肥料に米ぬか、発酵米ぬか、乾燥藻及びその粉末、発酵乾ぷん肥料、よもぎかす、骨灰、動物の排せつ物（鶏ふんの炭化物に限る。）又は動物の排せつ物の燃焼灰（鶏ふん燃焼灰又は牛の排せつ物と鶏ふんとの混合物の燃焼灰に限る。）のいずれか一以上を配合し、造粒又は成形したもの 三　肥料（混合汚泥複合肥料及び規則第一条各号に掲げる普通肥料を除く。）又は肥料原料（汚泥及び魚介類の臓器を除く。）を使用し、これに化学的操作を加えたもの 四　三に掲げる化成肥料を配合し、造粒又は成形したもの 五　一若しくは二に掲げる化成肥料又はその原料となる肥料若しくはその原料となる肥料を配合したものに三に掲げる化成肥料、その化成肥料を配合したもの又は四に掲げる化成肥料を配合し、造粒又は成形したもの）	一　窒素、りん酸又は加里のいずれか二以上についてそれぞれの最も大きい主成分の量の合計量　10.0 二１　窒素全量を保証するものにあつては 窒素全量　1.0 ２　アンモニア性窒素を保証するものにあつては アンモニア性窒素　1.0 ３　硝酸性窒素を保証するものにあつては 硝酸性窒素　1.0 三１　りん酸全量を保証するものにあつては りん酸全量　1.0 ２　く溶性りん酸を保証するものにあつては く溶性りん酸 1.0 ３　可溶性りん酸を保証するものにあつては 可溶性りん酸 1.0 ４　水溶性りん酸を保証するものにあつては 水溶性りん酸 1.0 四１　加里全量を保証するものにあつては 加里全量　1.0 ２　く溶性加里を保証するものにあつては く溶性加里　1.0 ３　水溶性加里を保証するものにあつては	窒素、りん酸又は加里のそれぞれの最も大きい主成分の量の合計量の含有率1.0％につき 硫青酸化物　0.005 ひ素　0.002 亜硝酸　0.02 ビウレット性窒素　0.01 スルファミン酸　0.005 カドミウム0.000075 ニッケル　0.005 クロム　0.05 チタン　0.02 水銀　0.00005 鉛　0.003	一　窒素全量を保証する肥料は、アンモニア性窒素又は硝酸性窒素以外の成分形態の窒素を含有するもの並びにアンモニア性窒素及び硝酸性窒素を併せて含有するものであること。 二　りん酸全量又は加里全量を保証する肥料は、原料として動植物質のものを使用したものであること。 三　原料としてく溶性りん酸を含有する肥料及び可溶性りん酸を含有する肥料を併せて使用する普通肥料にあつては、く溶性りん酸又は可溶性りん酸のいずれか一を保証するものであること。 四　可溶性マンガンを保証する肥料は、原料として可溶性マンガンを保証する肥料を使用したものであること。 五　牛等由来の原料を使用する場合にあつては、管理措置が行われたものであること。 六　牛等の部位を原料とする場合にあつては、脊柱等が混合しないものとして農林水産大臣の確認を受けた工程において製造されたものであること。 七　規則第七条の六第

肥料の種類	含有すべき主成分の最小量（%）	含有を許される有害成分の最大量（%）	その他の制限事項
	水溶性加里　1.0 五　可溶性けい酸を保証するものにあつては 可溶性けい酸　10.0 六1　く溶性苦土を保証するものにあつては く溶性苦土　1.0 2　水溶性苦土を保証するものにあつては 水溶性苦土　1.0 七1　可溶性マンガンを保証するものにあつては 可溶性マンガン　0.10 2　く溶性マンガンを保証するものにあつては く溶性マンガン　0.10 3　水溶性マンガンを保証するものにあつては 水溶性マンガン　0.10 八1　く溶性ほう素を保証するものにあつては く溶性ほう素0.05 2　水溶性ほう素を保証するものにあつては 水溶性ほう素0.05		五号の農林水産大臣が指定する化成肥料であること。
成形複合肥料（窒素質肥料、りん酸質肥料、加里質肥料、有機質肥料、複合肥料、苦土肥料、マンガン質肥料、ほう素質肥料若しくは微量要素複合肥料に木質泥炭、紙パルプ廃繊維、草炭質腐植、流紋岩質凝灰岩粉末又はベントナイトのいずれか一を混合し、造粒又は成形したものをいう。）	一　窒素、りん酸又は加里のいずれか二以上についてそれぞれの最も大きい主成分の量の合計量　10.0 二1　窒素全量を保証するものにあつては 窒素全量　1.0 2　アンモニア性窒素を保証するものにあつては アンモニア性窒素　1.0 3　硝酸性窒素を保証するものにあつては 硝酸性窒素　1.0 三1　りん酸全量を保証するものにあつては りん酸全量　1.0 2　く溶性りん酸を保証するものにあつては く溶性りん酸　1.0 3　可溶性りん酸を保証するものにあ	窒素、りん酸又は加里のそれぞれの最も大きい主成分の量の合計量の含有率1.0%につき 硫青酸化物　0.005 ひ素　0.002 亜硝酸　0.02 ビウレット性窒素　0.01 スルファミン酸　0.005 カドミウム0.000075 ニッケル　0.005 クロム　0.05 チタン　0.02 水銀　0.00005 鉛　0.003	一　窒素全量を保証する肥料は、アンモニア性窒素又は硝酸性窒素以外の成分形態の窒素を含有するもの並びにアンモニア性窒素及び硝酸性窒素を併せて含有するものであること。 二　りん酸全量又は加里全量を保証する肥料は、原料として動植物質のものを使用したものであること。 三　原料としてく溶性りん酸を含有する肥料及び可溶性りん酸を含有する肥料を併せて使用する普通肥料にあつては、く溶性りん酸又は可溶性りん酸のいずれか一を保証するものであること。 四　可溶性マンガンを保証する肥料は、原料として可溶性マン

肥料の種類	含有すべき主成分の最小量（%）	含有を許される有害成分の最大量（%）	その他の制限事項
	つては 可溶性りん酸 1.0 4 水溶性りん酸を保証するものにあつては 水溶性りん酸 1.0 四1 加里全量を保証するものにあつては 加里全量 1.0 2 く溶性加里を保証するものにあつては く溶性加里 1.0 3 水溶性加里を保証するものにあつては 水溶性加里 1.0 五1 く溶性苦土を保証するものにあつては く溶性苦土 1.0 2 水溶性苦土を保証するものにあつては 水溶性苦土 1.0 六1 可溶性マンガンを保証するものにあつては 可溶性マンガン 0.10 2 く溶性マンガンを保証するものにあつては く溶性マンガン 0.10 3 水溶性マンガンを保証するものにあつては 水溶性マンガン 0.10 七1 く溶性ほう素を保証するものにあつては く溶性ほう素0.05 2 水溶性ほう素を保証するものにあつては 水溶性ほう素0.05		ガンを保証する肥料を使用したものであること。 五 木質泥炭（乾物1グラム当たり0.02モル毎リットルの過マンガン酸カリウム溶液の消費量が100ミリリットル相当以上の腐植を含有するもの）は、乾物として20%以上45%以下を使用すること。 六 紙パルプ廃繊維（紙パルプ工場の廃水から得られる廃繊維で、乾物当たりホロセルロースを55%以上を含有するもの）は、乾物として25%以上40%以下を使用すること。 七 草炭質腐植（草炭を水洗分離して得られる腐植で、乾物当たり灰分の含量が20%以下のもの）は、乾物として10%以上25%以下を使用すること。 八 流紋岩質凝灰岩粉末（乾物100グラム当たり陽イオン交換容量130ミリグラム当量以上を有するもの）は、25%以上35%以下を使用すること。 九 ベントナイト（乾物100グラム当たり陽イオン交換容量50ミリグラム当量以上を有するもの）は、25%以上35%以下を使用すること。 十 牛等由来の原料を使用する場合にあつては、管理措置が行われたものであること。 十一 規則第七条の六第五号の農林水産大臣が指定する成形複合肥料であること。
被覆複合肥料（化成肥料又は液状複合肥料を硫黄その他の被覆原料で被覆したものをいう。）	一 窒素及び水溶性りん酸又は水溶性加里の主成分の量の合計量 15.0 二1 窒素全量を保証するものにあつては 窒素全量 1.0 2 アンモニア性窒素を保証するものにあつては	窒素、りん酸又は加里のそれぞれの最も大きい主成分の量の合計量の含有率1.0%につき 硫青酸化物 0.005 ひ素 0.002 亜硝酸 0.02 ビウレット性窒素 0.01 スルファミン酸	一 窒素は、水溶性であること。 二 窒素の初期溶出率は、50%以下であること。 三 牛等由来の原料を使用する場合にあつては、管理措置が行われたものであること。 四 規則第七条の六第

肥料の種類	含有すべき主成分の最小量（％）	含有を許される有害成分の最大量（％）	その他の制限事項
	アンモニア性窒素 1.0 3 硝酸性窒素を保証するものにあつては 硝酸性窒素 1.0 三 水溶性りん酸を保証するものにあつては 水溶性りん酸 1.0 四 水溶性加里を保証するものにあつては 水溶性加里 1.0 五 水溶性苦土を保証するものにあつては 水溶性苦土 1.0 六 水溶性マンガンを保証するものにあつては 水溶性マンガン0.10 七 水溶性ほう素を保証するものにあつては 水溶性ほう素 0.05	0.005 カドミウム0.000075	五号の農林水産大臣が指定する被覆複合肥料であること。
配合肥料（次に掲げる肥料をいう。 一 窒素質肥料、りん酸質肥料、加里質肥料、有機質肥料、複合肥料、石灰質肥料、けい酸質肥料（シリカゲル肥料に限る。）、苦土肥料、マンガン質肥料、ほう素質肥料又は微量要素複合肥料のいずれか二以上を配合したもの 二 一に掲げる配合肥料の原料となる肥料に米ぬか、発酵米ぬか、乾燥藻及びその粉末、発酵乾ぷん肥料、グアノ（りん酸のく溶率50％以上のもので造粒又は成形しないものに限る。）、よもぎかす、骨灰、動物の排せつ物（鶏ふんの炭化物に限る。）又は動物の排せつ物の燃焼灰（鶏ふん燃焼灰又は牛の排せつ物と鶏ふんとの混合物の燃焼灰に限る。）のいずれか一以上を配合したもの 三 化成肥料を配合したもの）	一 窒素、りん酸又は加里のいずれか二以上についてそれぞれの最も大きい主成分の量の合計量 10.0 二1 窒素全量を保証するものにあつては 窒素全量 1.0 2 アンモニア性窒素を保証するものにあつては アンモニア性窒素 1.0 3 硝酸性窒素を保証するものにあつては 硝酸性窒素 1.0 三1 りん酸全量を保証するものにあつては りん酸全量 1.0 2 く溶性りん酸を保証するものにあつては く溶性りん酸 1.0 3 可溶性りん酸を保証するものにあつては 可溶性りん酸 1.0 4 水溶性りん酸を保証するものにあつては 水溶性りん酸 1.0 四1 加里全量を保証するものにあつては 加里全量 1.0 2 く溶性加里を保証するものにあつ	窒素、りん酸又は加里のそれぞれの最も大きい主成分の量の合計量の含有率1.0％につき 硫青酸化物 0.005 ひ素 0.002 亜硝酸 0.02 ビウレット性窒素 0.01 スルファミン酸 0.005 カドミウム0.000075 ニッケル 0.005 クロム 0.05 チタン 0.02 水銀 0.00005 鉛 0.003	一 窒素全量を保証する肥料は、アンモニア性窒素又は硝酸性窒素以外の成分形態の窒素を含有するもの並びにアンモニア性窒素及び硝酸性窒素を併せて含有するものであること。 二 りん酸全量又は加里全量を保証する肥料は、原料として動植物質のものを使用したものであること。 三 原料としてく溶性りん酸を含有する肥料及び可溶性りん酸を含有する肥料を併せて使用する普通肥料にあつては、く溶性りん酸又は可溶性りん酸のいずれか一を保証するものであること。 四 可溶性マンガンを保証する肥料は、原料として可溶性マンガンを保証する肥料を使用したものであること。 五 牛等由来の原料を使用する場合にあつては、管理措置が行われたものであること。 六 牛等の部位を原料とする場合にあつては、脊柱等が混合しないものとして農林

肥　料　の　種　類	含有すべき主成分の最小量（%）	含有を許される有害成分の最大量（%）	その他の制限事項
	ては く溶性加里　1.0 3　水溶性加里を保証するものにあつては 水溶性加里　1.0 五　可溶性けい酸を保証するものにあつては 可溶性けい酸　10.0 六1　く溶性苦土を保証するものにあつては く溶性苦土　1.0 2　水溶性苦土を保証するものにあつては 水溶性苦土　1.0 七1　可溶性マンガンを保証するものにあつては 可溶性マンガン　0.005 2　く溶性マンガンを保証するものにあつては く溶性マンガン　0.005 3　水溶性マンガンを保証するものにあつては 水溶性マンガン　0.005 八1　く溶性ほう素を保証するものにあつては く溶性ほう素　0.005 2　水溶性ほう素を保証するものにあつては 水溶性ほう素　0.005		水産大臣の確認を受けた工程において製造されたものであること。 七　規則第七条の六第五号の農林水産大臣が指定する配合肥料であること。

（2）登録の有効期間が３年であるもの

肥料の種類	含有すべき主成分の最小量（％）	含有を許される有害成分の最大量（％）	その他の制限事項
化成肥料	一　窒素、りん酸又は加里のいずれか二以上についてそれぞれの最も大きい主成分の量の合計量　10.0 二１　窒素全量を保証するものにあつては 窒素全量　1.0 ２　アンモニア性窒素を保証するものにあつては アンモニア性窒素　1.0 ３　硝酸性窒素を保証するものにあつては 硝酸性窒素　1.0 三１　りん酸全量を保証するものにあつては りん酸全量　1.0 ２　く溶性りん酸を保証するものにあつては く溶性りん酸　1.0 ３　可溶性りん酸を保証するものにあつては 可溶性りん酸　1.0 ４　水溶性りん酸を保証するものにあつては 水溶性りん酸　1.0 四１　加里全量を保証するものにあつては 加里全量　1.0 ２　く溶性加里を保証するものにあつては く溶性加里　1.0 ３　水溶性加里を保証するものにあつては 水溶性加里　1.0 五　可溶性けい酸を保証するものにあつては 可溶性けい酸　10.0 六１　く溶性苦土を保証するものにあつては く溶性苦土　1.0 ２　水溶性苦土を保証するものにあつては 水溶性苦土　1.0 七１　可溶性マンガンを保証するものにあつては 可溶性マンガン　0.10	窒素、りん酸又は加里のそれぞれの最も大きい主成分の量の合計量の含有率1.0％につき 硫青酸化物　0.005 ひ素　0.002 亜硝酸　0.02 ビウレット性窒素　0.01 スルファミン酸　0.005 カドミウム0.000075 ニッケル　0.005 クロム　0.05 チタン　0.02 水銀　0.00005 鉛　0.003	一　窒素全量を保証する肥料は、アンモニア性窒素又は硝酸性窒素以外の成分形態の窒素を含有するもの並びにアンモニア性窒素及び硝酸性窒素を併せて含有するものであること。 二　りん酸全量又は加里全量を保証する肥料は、原料として動植物質のものを使用 三　原料としてく溶性りん酸を含有する肥料及び可溶性りん酸を含有する肥料を併せて使用する普通肥料にあつては、く溶性りん酸又は可溶性りん酸のいずれか一を保証するものであること。 四　可溶性マンガンを保証する肥料は、原料として可溶性マンガンを保証する肥料を使用したものであること。 五　牛等由来の原料を使用する場合にあつては、管理措置が行われたものであること。 六　牛等の部位を原料とする場合にあつては、脊柱等が混合しないものとして農林水産大臣の確認を受けた工程において製造されたものであること。 七　規則第七条の六第五号の農林水産大臣が指定する化成肥料以外のものであること。

肥料の種類	含有すべき主成分の最小量（%）	含有を許される有害成分の最大量（%）	その他の制限事項
	2　く溶性マンガンを保証するものにあつては く溶性マンガン　0.10 3　水溶性マンガンを保証するものにあつては 水溶性マンガン　0.10 八1　く溶性ほう素を保証するものにあつては く溶性ほう素0.05 2　水溶性ほう素を保証するものにあつては 水溶性ほう素0.05		
混合動物排せつ物複合肥料（窒素質肥料、りん酸質肥料、加里質肥料、有機質肥料、複合肥料、石灰質肥料、けい酸質肥料（シリカゲル肥料に限る。）、苦土肥料、マンガン質肥料、ほう素質肥料又は微量要素複合肥料に動物の排せつ物（牛又は豚の排せつ物を加熱乾燥したものに限る。）を混合し、造粒又は成形したものをいう。）	一　窒素、りん酸又は加里のいずれか二以上についてそれぞれの最も大きい主成分の量の合計量　10.0 二1　窒素全量を保証するものにあつては 窒素全量　1.0 2　アンモニア性窒素を保証するものにあつては アンモニア性窒素　1.0 3　硝酸性窒素を保証するものにあつては 硝酸性窒素　1.0 三1　りん酸全量を保証するものにあつては りん酸全量　1.0 2　く溶性りん酸を保証するものにあつては く溶性りん酸 1.0 3　可溶性りん酸を保証するものにあつては 可溶性りん酸 1.0 4　水溶性りん酸を保証するものにあつては 水溶性りん酸 1.0 四1　加里全量を保証するものにあつては 加里全量　1.0 2　く溶性加里を保証するものにあつては く溶性加里　1.0 3　水溶性加里を保証するものにあつては 水溶性加里　1.0	窒素、りん酸又は加里のそれぞれの最も大きい主成分の量の合計量の含有率1.0%につき 硫青酸化物　0.005 ひ素　0.002 亜硝酸　0.02 ビウレット性窒素　0.01 スルファミン酸　0.005 カドミウム0.000075 ニッケル　0.005 クロム　0.05 チタン　0.02 水銀　0.00005 鉛　0.003	一　く溶性りん酸、可溶性りん酸又は可溶性マンガンを保証する肥料は、化成肥料の当該欄の三又は四の規定によること。 二　動物の排せつ物（牛又は豚の排せつ物を加熱乾燥したものに限る。）は、乾物として窒素全量が2.0%以上であり、かつ、窒素全量、りん酸全量又は加里全量の合計量が5.0%以上であること。 三　動物の排せつ物（牛又は豚の排せつ物を加熱乾燥したものに限る。）は、乾物として70%以下を使用すること。 四　牛等由来の原料を使用する場合にあつては、管理措置が行われたものであること。

肥料の種類	含有すべき主成分の最小量（％）	含有を許される有害成分の最大量（％）	その他の制限事項
	五　可溶性けい酸を保証するものにあつては 可溶性けい酸　10.0 六1　く溶性苦土を保証するものにあつては く溶性苦土　1.0 2　水溶性苦土を保証するものにあつては 水溶性苦土　1.0 七1　可溶性マンガンを保証するものにあつては 可溶性マンガン　0.10 2　く溶性マンガンを保証するものにあつては く溶性マンガン　0.10 3　水溶性マンガンを保証するものにあつては 水溶性マンガン　0.10 八1　く溶性ほう素を保証するものにあつては く溶性ほう素0.05 2　水溶性ほう素を保証するものにあつては 水溶性ほう素0.05		
混合堆肥複合肥料（次に掲げる肥料をいう。 一　窒素質肥料、りん酸質肥料、加里質肥料、有機質肥料、複合肥料、石灰質肥料、けい酸質肥料（シリカゲル肥料に限る。）、苦土肥料、マンガン質肥料、ほう素質肥料又は微量要素複合肥料に堆肥（動物の排せつ物又は食品由来の有機質物を主原料とするものに限る。）を混合し、造粒又は成形後、加熱乾燥したもの 二　窒素質肥料、りん酸質肥料、加里質肥料、有機質肥料、複合肥料、石灰質肥料、けい酸質肥料（シリカゲル肥料に限る。）、苦土肥料、マンガン質肥料、ほう素質肥料又は微量要素複合肥料に米ぬか、発酵米ぬか、乾燥藻及びその粉末、発酵乾ぷん肥料、よもぎかす、骨灰、動物の排せつ物（鶏ふんの炭化物に限る。）又は動物の排せつ物の燃焼灰（鶏ふん燃焼灰に限る。）のいずれか一以上及び堆肥（動物の排せつ物又は食品由来の有機質物を主原料とするものに限る。）を混合し、造粒又は成形後、加熱乾燥したもの）	一　窒素、りん酸又は加里のいずれか二以上についてそれぞれの最も大きい主成分の量の合計量　10.0 二1　窒素全量を保証するものにあつては 窒素全量　1.0 2　アンモニア性窒素を保証するものにあつては アンモニア性窒素　1.0 3　硝酸性窒素を保証するものにあつては 硝酸性窒素　1.0 三1　りん酸全量を保証するものにあつては りん酸全量　1.0 2　く溶性りん酸を保証するものにあつては く溶性りん酸　1.0 3　可溶性りん酸を保証するものにあつては 可溶性りん酸　1.0	窒素、りん酸又は加里のそれぞれの最も大きい主成分の量の合計量の含有率1.0％につき 硫青酸化物　0.005 ひ素　0.002 亜硝酸　0.02 ビウレット性窒素　0.01 スルファミン酸　0.005 カドミウム0.000075 ニッケル　0.005 クロム　0.05 チタン　0.02 水銀　0.00005 鉛　0.003	一　く溶性りん酸、可溶性りん酸又は可溶性マンガンを保証する肥料は、化成肥料の当該欄の三又は四の規定によること。 二　堆肥（動物の排せつ物を主原料とするものに限る。）を原料とする場合にあつては、乾物として窒素全量が2.0％以上であり、かつ、窒素全量、りん酸全量又は加里全量の合計量が5.0％以上であること。 三　堆肥（食品由来の有機質物を主原料とするものに限る。）を原料とする場合にあつては、乾物として窒素全量が3.0％以上であり、かつ、窒素全量、りん酸全量又は加里全量の合計量が5.0％以上であること。 四　堆肥（動物の排せつ物又は食品由来の

肥料の種類	含有すべき主成分の最小量（%）	含有を許される有害成分の最大量（%）	その他の制限事項
	4　水溶性りん酸を保証するものにあつては 水溶性りん酸 1.0 四1　加里全量を保証するものにあつては 加里全量 1.0 2　く溶性加里を保証するものにあつては く溶性加里 1.0 3　水溶性加里を保証するものにあつては 水溶性加里 1.0 五　可溶性けい酸を保証するものにあつては 可溶性けい酸 10.0 六1　く溶性苦土を保証するものにあつては く溶性苦土 1.0 2　水溶性苦土を保証するものにあつては 水溶性苦土 1.0 七1　可溶性マンガンを保証するものにあつては 可溶性マンガン 0.10 2　く溶性マンガンを保証するものにあつては く溶性マンガン 0.10 3　水溶性マンガンを保証するものにあつては 水溶性マンガン 0.10 八1　く溶性ほう素を保証するものにあつては く溶性ほう素0.05 2　水溶性ほう素を保証するものにあつては 水溶性ほう素0.05		有機質物を主原料とするものに限る。）は、炭素窒素比が15以下であり、かつ、乾物として50%以下を使用すること。 五　牛等由来の原料を使用する場合にあつては、管理措置が行われたものであること。
成形複合肥料	一　窒素、りん酸又は加里のいずれか二以上についてそれぞれの最も大きい主成分の量の合計量 10.0 二1　窒素全量を保証するものにあつては 窒素全量 1.0 2　アンモニア性窒素を保証するものにあつては アンモニア性窒素	窒素、りん酸又は加里のそれぞれの最も大きい主成分の量の合計量の含有率1.0%につき 硫青酸化物 0.005 ひ素 0.002 亜硝酸 0.02 ビウレット性窒素 0.01 スルファミン酸 0.005 カドミウム0.000075	一　窒素全量を保証する肥料は、アンモニア性窒素又は硝酸性窒素以外の成分形態の窒素を含有するもの並びにアンモニア性窒素及び硝酸性窒素を併せて含有するものであること。 二　りん酸全量又は加里全量を保証する肥料は、原料として動植物質のものを使用

肥料の種類	含有すべき主成分の最小量（%）	含有を許される有害成分の最大量（%）	その他の制限事項
	1.0 3　硝酸性窒素を保証するものにあつては 硝酸性窒素　1.0 三1　りん酸全量を保証するものにあつては りん酸全量　1.0 2　く溶性りん酸を保証するものにあつては く溶性りん酸　1.0 3　可溶性りん酸を保証するものにあつては 可溶性りん酸　1.0 4　水溶性りん酸を保証するものにあつては 水溶性りん酸　1.0 四1　加里全量を保証するものにあつては 加里全量　1.0 2　く溶性加里を保証するものにあつては く溶性加里　1.0 3　水溶性加里を保証するものにあつては 水溶性加里　1.0 五1　く溶性苦土を保証するものにあつては く溶性苦土　1.0 2　水溶性苦土を保証するものにあつては 水溶性苦土　1.0 六1　可溶性マンガンを保証するものにあつては 可溶性マンガン　0.10 2　く溶性マンガンを保証するものにあつては く溶性マンガン　0.10 3　水溶性マンガンを保証するものにあつては 水溶性マンガン　0.10 七1　く溶性ほう素を保証するものにあつては く溶性ほう素0.05 2　水溶性ほう素を保証するものにあつては 水溶性ほう素0.05	ニッケル　0.005 クロム　0.05 チタン　0.02 水銀　0.00005 鉛　0.003	したものであること。 三　原料としてく溶性りん酸を含有する肥料及び可溶性りん酸を含有する肥料を併せて使用する普通肥料にあつては、く溶性りん酸又は可溶性りん酸のいずれか一を保証するものであること。 四　可溶性マンガンを保証する肥料は、原料として可溶性マンガンを保証する肥料を使用したものであること。 五　木質泥炭（乾物1グラム当たり0.02モル毎リットルの過マンガン酸カリウム溶液の消費量が100ミリリットル相当以上の腐植を含有するもの）は、乾物として20%以上45%以下を使用すること。 六　紙パルプ廃繊維（紙パルプ工場の廃水から得られる廃繊維で、乾物当たりホロセルロースを55%以上を含有するもの）は、乾物として25%以上40%以下を使用すること。 七　草炭質腐植（草炭を水洗分離して得られる腐植で、乾物当たり灰分の含量が20%以下のもの）は、乾物として10%以上25%以下を使用すること。 八　流紋岩質凝灰岩粉末（乾物100グラム当たり陽イオン交換容量130ミリグラム当量以上を有するもの）は、25%以上35%以下を使用すること。 九　ベントナイト（乾物100グラム当たり陽イオン交換容量50ミリグラム当量以上を有するもの）は、25%以上35%以下を使用すること。 十　牛等由来の原料を使用する場合にあつては、管理措置が行われたものであること。

肥　料　の　種　類	含有すべき主成分の最小量（%）	含有を許される有害成分の最大量（%）	その他の制限事項
			十一　規則第七条の六第五号の農林水産大臣が指定する成形複合肥料以外のものであること。
吸着複合肥料（窒素、りん酸又は加里を含有する水溶液をけいそう土その他の吸着原料に吸着させたものをいう。）	一　窒素、水溶性りん酸又は水溶性加里のいずれか二以上の主成分の量の合計量　5.0 二 1　窒素全量を保証するものにあつては 窒素全量　1.0 2　アンモニア性窒素を保証するものにあつては アンモニア性窒素　1.0 3　硝酸性窒素を保証するものにあつては 硝酸性窒素　1.0 三　水溶性りん酸を保証するものにあつては 水溶性りん酸　1.0 四　水溶性加里を保証するものにあつては 水溶性加里　1.0	窒素、りん酸又は加里のそれぞれの最も大きい主成分の量の合計量の含有率1.0%につき 硫青酸化物　0.005 ひ素　0.002 亜硝酸　0.02 ビウレット性窒素　0.01 スルファミン酸　0.005 カドミウム0.000075	一　植害試験の調査を受け害が認められないものであること。 二　牛等由来の原料を使用する場合にあつては、管理措置が行われたものであること。 三　牛等の部位を原料とする場合にあつては、脊柱等が混合しないものとして農林水産大臣の確認を受けた工程において製造されたものであること。
被覆複合肥料	一　窒素及び水溶性りん酸又は水溶性加里の主成分の量の合計量　15.0 二 1　窒素全量を保証するものにあつては 窒素全量　1.0 2　アンモニア性窒素を保証するものにあつては アンモニア性窒素　1.0 3　硝酸性窒素を保証するものにあつては 硝酸性窒素　1.0 三　水溶性りん酸を保証するものにあつては 水溶性りん酸　1.0 四　水溶性加里を保証するものにあつては 水溶性加里　1.0 五　水溶性苦土を保証するものにあつては 水溶性苦土　1.0 六　水溶性マンガンを保証するものにあつては 水溶性マンガン0.10 七　水溶性ほう素を保証するものにあつては 水溶性ほう素　0.05	窒素、りん酸又は加里のそれぞれの最も大きい主成分の量の合計量の含有率1.0%につき 硫青酸化物　0.005 ひ素　0.002 亜硝酸　0.02 ビウレット性窒素　0.01 スルファミン酸　0.005 カドミウム0.000075	一　窒素は、水溶性であること。 二　窒素の初期溶出率は、50%以下であること。 三　牛等由来の原料を使用する場合にあつては、管理措置が行われたものであること。 四　規則第七条の六第五号の農林水産大臣が指定する被覆複合肥料以外のものであること。

肥料の種類	含有すべき主成分の最小量（%）	含有を許される有害成分の最大量（%）	その他の制限事項
副産複合肥料（食品工業又は化学工業において副産されたものであつて、窒素、りん酸又は加里のいずれか二以上を含有するものをいう。）	一　窒素、りん酸又は加里のいずれか二以上の主成分の量の合計量　5.0 二1　窒素全量を保証するものにあつては 窒素全量　1.0 2　アンモニア性窒素を保証するものにあつては アンモニア性窒素　1.0 三1　りん酸全量を保証するものにあつては りん酸全量　1.0 2　く溶性りん酸を保証するものにあつては く溶性りん酸　1.0 3　可溶性りん酸を保証するものにあつては 可溶性りん酸　1.0 4　水溶性りん酸を保証するものにあつては 水溶性りん酸　1.0 四1　加里全量を保証するものにあつては 加里全量　1.0 2　く溶性加里を保証するものにあつては く溶性加里　1.0 3　水溶性加里を保証するものにあつては 水溶性加里　1.0 五　く溶性苦土を保証するものにあつては く溶性苦土　1.0	窒素、りん酸又は加里のそれぞれの最も大きい主成分の量の合計量の含有率1.0%につき 硫青酸化物　0.005 ひ素　0.002 亜硝酸　0.02 ビウレット性窒素　0.01 スルファミン酸　0.005 カドミウム0.000075	一　植害試験の調査を受け害が認められないものであること。 二　牛等由来の原料を使用する場合にあつては、管理措置が行われたものであること。 三　牛等の部位を原料とする場合にあつては、脊柱等が混合しないものとして農林水産大臣の確認を受けた工程において製造されたものであること。
液状複合肥料	一　窒素、りん酸又は加里のいずれか二以上についてそれぞれの最も大きい主成分の量の合計量　8.0 二1　窒素全量を保証するものにあつては 窒素全量　1.0 2　アンモニア性窒素を保証するものにあつては アンモニア性窒素　1.0 3　硝酸性窒素を保証するものにあつては 硝酸性窒素　1.0 三1　りん酸全量を保証するものにあつ	窒素、りん酸又は加里のそれぞれの最も大きい主成分の量の合計量の含有率1.0%につき 硫青酸化物　0.005 ひ素　0.002 亜硝酸　0.02 ビウレット性窒素　0.01 スルファミン酸　0.005 カドミウム0.000075 ニッケル　0.005 クロム　0.05 チタン　0.02 水銀　0.00005 鉛　0.003	一　窒素全量、りん酸全量、加里全量、く溶性りん酸又は可溶性りん酸を保証する肥料は、成形複合肥料の当該欄の一、二又は三の規定によること。 二　シアナミドを原料として使用したものでないこと。 三　チオ硫酸アンモニウムに由来する窒素を含有するものにあつては、pHが6.0以上のものであること。 四　牛等由来の原料を使用する場合にあつては、管理措置が行

肥　料　の　種　類	含有すべき主成分の最小量（%）	含有を許される有害成分の最大量（%）	その他の制限事項
	ては りん酸全量　1.0 2　く溶性りん酸を保証するものにあつては く溶性りん酸　1.0 3　可溶性りん酸を保証するものにあつては 可溶性りん酸　1.0 4　水溶性りん酸を保証するものにあつては 水溶性りん酸　1.0 四1　加里全量を保証するものにあつては 加里全量　1.0 2　水溶性加里を保証するものにあつては 水溶性加里　1.0 五1　く溶性苦土を保証するものにあつては く溶性苦土　1.0 2　水溶性苦土を保証するものにあつては 水溶性苦土　1.0 六1　く溶性マンガンを保証するものにあつては く溶性マンガン　0.005 2　水溶性マンガンを保証するものにあつては 水溶性マンガン　0.005 七1　く溶性ほう素を保証するものにあつては く溶性ほう素　0.005 2　水溶性ほう素を保証するものにあつては 水溶性ほう素　0.005		われたものであること。 五　牛等の部位を原料とする場合にあつては、脊柱等が混合しないものとして農林水産大臣の確認を受けた工程において製造されたものであること。
配合肥料	一　窒素、りん酸又は加里のいずれか二以上についてそれぞれの最も大きい主成分の量の合計量　10.0 二1　窒素全量を保証するものにあつては 窒素全量　1.0 2　アンモニア性窒素を保証するものにあつては アンモニア性窒素　1.0 3　硝酸性窒素を保	窒素、りん酸又は加里のそれぞれの最も大きい主成分の量の合計量の含有率1.0%につき 硫青酸化物　0.005 ひ素　0.002 亜硝酸　0.02 ビウレット性窒素　0.01 スルファミン酸　0.005 カドミウム　0.000075 ニッケル　0.005 クロム　0.05	一　窒素全量を保証する肥料は、アンモニア性窒素又は硝酸性窒素以外の成分形態の窒素を含有するもの並びにアンモニア性窒素及び硝酸性窒素を併せて含有するものであること。 二　りん酸全量又は加里全量を保証する肥料は、原料として動植物質のものを使用したものであること。

肥　料　の　種　類	含有すべき主成分の最小量（%）	含有を許される有害成分の最大量（%）	その他の制限事項
	証するものにあつては 硝酸性窒素　1.0 三１　りん酸全量を保証するものにあつては りん酸全量　1.0 ２　く溶性りん酸を保証するものにあつては く溶性りん酸　1.0 ３　可溶性りん酸を保証するものにあつては 可溶性りん酸　1.0 ４　水溶性りん酸を保証するものにあつては 水溶性りん酸　1.0 四１　加里全量を保証するものにあつては 加里全量　1.0 ２　く溶性加里を保証するものにあつては く溶性加里　1.0 ３　水溶性加里を保証するものにあつては 水溶性加里　1.0 五　可溶性けい酸を保証するものにあつては 可溶性けい酸　10.0 六１　く溶性苦土を保証するものにあつては く溶性苦土　1.0 ２　水溶性苦土を保証するものにあつては 水溶性苦土　1.0 七１　可溶性マンガンを保証するものにあつては 可溶性マンガン　0.005 ２　く溶性マンガンを保証するものにあつては く溶性マンガン　0.005 ３　水溶性マンガンを保証するものにあつては 水溶性マンガン　0.005 八１　く溶性ほう素を保証するものにあつては く溶性ほう素　0.005 ２　水溶性ほう素を保証するものにあつては	チタン　0.02 水銀　0.00005 鉛　0.003	三　原料としてく溶性りん酸を含有する肥料及び可溶性りん酸を含有する肥料を併せて使用する普通肥料にあつては、く溶性りん酸又は可溶性りん酸のいずれか一を保証するものであること。 四　可溶性マンガンを保証する肥料は、原料として可溶性マンガンを保証する肥料を使用したものであること。 五　牛等由来の原料を使用する場合にあつては、管理措置が行われたものであること。 六　牛等の部位を原料とする場合にあつては、脊柱等が混合しないものとして農林水産大臣の確認を受けた工程において製造されたものであること。 七　規則第七条の六第五号の農林水産大臣が指定する配合肥料以外のものであること。

肥　料　の　種　類	含有すべき主成分の最小量（％）	含有を許される有害成分の最大量（％）	その他の制限事項
	水溶性ほう素 0.005		
熔《よう》成汚泥灰複合肥料（下水道の終末処理場から生じる汚泥を焼成したものに肥料又は肥料原料を混合し、熔《よう》融したものをいう。）	一　く溶性りん酸12.0 く溶性加里　1.0 二　く溶性りん酸及びく溶性加里のほかアルカリ分、可溶性けい酸又はく溶性苦土を保証するものにあつては、一に掲げるもののほか アルカリ分については　40.0 可溶性けい酸については　10.0 く溶性苦土については　12.0	りん酸及び加里の主成分の量の合計量の含有率1.0％につき ひ素　0.002 カドミウム0.000075 ニッケル　0.005 クロム　0.05 水銀　0.00005 鉛　0.003	一　2ミリメートルの網ふるいを全通すること。 二　植害試験の調査を受け害が認められないものであること。 三　牛等由来の原料を使用する場合にあつては、管理措置が行われたものであること。 四　牛等の部位を原料とする場合にあつては、脊柱等が混合しないものとして農林水産大臣の確認を受けた工程において製造されたものであること。
混合汚泥複合肥料（窒素質肥料、りん酸質肥料、加里質肥料、有機質肥料、複合肥料、石灰質肥料、けい酸質肥料（シリカゲル肥料に限る。）、苦土肥料、マンガン質肥料、ほう素質肥料又は微量要素複合肥料に次のいずれかを混合し、造粒又は成形したものをいう。 一　汚泥発酵肥料（次のいずれかを堆積又はかくはんし、腐熟させたものに限る。次号において同じ。） ア　し尿処理施設から生じた汚泥を濃縮、消化、脱水又は乾燥したもの イ　動物の排せつ物に凝集を促進する材料（昭和二十五年六月二十日農林省告示百七十七号（特殊肥料等を指定する件）の別表に掲げる凝集促進材を除く。）若しくは悪臭を防止する材料を混合し、脱水若しくは乾燥したものに動物の排せつ物を混合したもの又はこれを乾燥したもの 二　動物の排せつ物の燃焼灰（鶏ふん燃焼灰に限る。）及び汚泥発酵肥料）	一　窒素、りん酸又は加里のいずれか二以上についてそれぞれの最も大きい主成分の量の合計量　10.0 二1　窒素全量を保証するものにあつては 窒素全量　1.0 2　アンモニア性窒素を保証するものにあつては アンモニア性窒素　1.0 3　硝酸性窒素を保証するものにあつては 硝酸性窒素　1.0 三1　りん酸全量を保証するものにあつては りん酸全量　1.0 2　く溶性りん酸を保証するものにあつては く溶性りん酸　1.0 3　可溶性りん酸を保証するものにあつては 可溶性りん酸　1.0 4　水溶性りん酸を保証するものにあつては 水溶性りん酸　1.0 四1　加里全量を保証するものにあつては 加里全量　1.0 2　く溶性加里を保証するものにあつては く溶性加里　1.0	窒素、りん酸又は加里のそれぞれの最も大きい主成分の量の合計量の含有率1.0％につき 硫青酸化物　0.005 ひ素　0.002 亜硝酸　0.02 ビウレット性窒素　0.01 スルファミン酸　0.005 カドミウム0.000075 ニッケル　0.005 クロム　0.05 チタン　0.02 水銀　0.00005 鉛　0.003	一　窒素全量、りん酸全量、加里全量、く溶性りん酸、可溶性りん酸又は可溶性マンガンを保証する肥料は、成形複合肥料の当該欄の一、二、三又は四の規定によること。 二　汚泥発酵肥料は、乾物として40％以下を使用すること。 三　牛等由来の原料を使用する場合にあつては、管理措置が行われたものであること。

肥料の種類	含有すべき主成分の最小量（%）	含有を許される有害成分の最大量（%）	その他の制限事項
	3　水溶性加里を保証するものにあつては 水溶性加里　1.0 五　可溶性けい酸を保証するものにあつては 可溶性けい酸　10.0 六1　く溶性苦土を保証するものにあつては く溶性苦土　1.0 2　水溶性苦土を保証するものにあつては 水溶性苦土　1.0 七1　可溶性マンガンを保証するものにあつては 可溶性マンガン　0.10 2　く溶性マンガンを保証するものにあつては く溶性マンガン　0.10 3　水溶性マンガンを保証するものにあつては 水溶性マンガン　0.10 八1　く溶性ほう素を保証するものにあつては く溶性ほう素0.05 2　水溶性ほう素を保証するものにあつては 水溶性ほう素0.05		
家庭園芸用複合肥料（熔《よう》成複合肥料、化成肥料、配合肥料、混合動物排せつ物複合肥料、混合堆肥複合肥料、成形複合肥料、吸着複合肥料、被覆複合肥料、副産複合肥料、液状複合肥料、熔《よう》成汚泥灰複合肥料及び混合汚泥複合肥料以外の複合肥料であつて、かつ、規則第一条の二に規定する家庭園芸用肥料であるものをいう。）	一　窒素、りん酸又は加里のいずれか二以上についてそれぞれの最も大きい主成分の量の合計量　0.2 二1　窒素全量を保証するものにあつては 窒素全量　0.1 2　アンモニア性窒素を保証するものにあつては アンモニア性窒素　0.1 3　硝酸性窒素を保証するものにあつては 硝酸性窒素　0.1 三1　りん酸全量を保証するものにあつては りん酸全量　0.1 2　く溶性りん酸を保証するものにあつては	窒素、りん酸又は加里のそれぞれの最も大きい主成分の量の合計量の含有率1.0%につき 硫青酸化物　0.005 ひ素　0.002 亜硝酸　0.02 ビウレット性窒素　0.01 スルファミン酸　0.005 カドミウム0.000075 ニッケル　0.005 クロム　0.05 チタン　0.02 水銀　0.00005 鉛　0.003	一　窒素全量、りん酸全量、加里全量、く溶性りん酸、可溶性りん酸又は可溶性マンガンを保証する肥料は、成形複合肥料の当該欄の一、二、三又は四の規定によること。 二　牛等由来の原料を使用する場合にあつては、管理措置が行われたものであること。 三　牛等の部位を原料とする場合にあつては、脊柱等が混合しないものとして農林水産大臣の確認を受けた工程において製造されたものであること。

肥　料　の　種　類	含有すべき主成分の最小量（%）	含有を許される有害成分の最大量（%）	その他の制限事項
	く溶性りん酸 0.1 3　可溶性りん酸を保証するものにあつては 可溶性りん酸 0.1 4　水溶性りん酸を保証するものにあつては 水溶性りん酸 0.1 四1　加里全量を保証するものにあつては 加里全量 0.1 2　く溶性加里を保証するものにあつては く溶性加里 0.1 3　水溶性加里を保証するものにあつては 水溶性加里 0.1 五1　く溶性苦土を保証するものにあつては く溶性苦土 0.01 2　水溶性苦土を保証するものにあつては 水溶性苦土 0.01 六1　可溶性マンガンを保証するものにあつては 可溶性マンガン 0.001 2　く溶性マンガンを保証するものにあつては く溶性マンガン 0.001 3　水溶性マンガンを保証するものにあつては 水溶性マンガン 0.001 七1　く溶性ほう素を保証するものにあつては く溶性ほう素 0.001 2　水溶性ほう素を保証するものにあつては 水溶性ほう素 0.001		

六　石灰質肥料

（1）登録の有効期間が6年であるもの

肥料の種類	含有すべき主成分の最小量（%）	含有を許される有害成分の最大量（%）	その他の制限事項
生石灰（マグネシウムの酸化物又は水酸化物を混合したものを含む。）	一　アルカリ分　80.0 二　アルカリ分のほか可溶性苦土又はく溶性苦土を保証するものにあつては、一に掲げるもののほか 可溶性苦土については　8.0 く溶性苦土については　7.0		
消石灰（マグネシウムの酸化物又は水酸化物を混合したものを含む。）	一　アルカリ分　60.0 二　アルカリ分のほか可溶性苦土又はく溶性苦土を保証するものにあつては、一に掲げるもののほか 可溶性苦土については　6.0 く溶性苦土については　5.0		
炭酸カルシウム肥料（マグネシウムの酸化物又は水酸化物を混合したものを含む。）	一　アルカリ分　50.0 二　アルカリ分のほか可溶性苦土又はく溶性苦土を保証するものにあつては、一に掲げるもののほか 可溶性苦土については　5.0 く溶性苦土については　3.5		化学的に生産された炭酸カルシウム以外のものにあつては、1.70ミリメートルの網ふるいを全通し、600マイクロメートルの網ふるいを85%以上通過すること。
貝化石肥料（貝化石粉末又はこれにマグネシウムの酸化物若しくは水酸化物を混合し、造粒したものをいう。）	一　アルカリ分　35.0 二　アルカリ分のほかく溶性苦土を保証するものにあつては、一に掲げるもののほか く溶性苦土　1.0		
副産石灰肥料（非金属鉱業、食品工業、パルプ工業、化学工業、鉄鋼業又は非鉄金属製造業において副産されたものをいう。）	一　アルカリ分　35.0 二　アルカリ分のほかく溶性苦土を保証するものにあつては、一に掲げるもののほか く溶性苦土　1.0	一　アルカリ分の含有率1.0%につき ニッケル　0.01 クロム　0.1 チタン　0.04 二　最大限度量 ニッケル　0.4 クロム　4.0 チタン　1.5	鉱さいを原料として使用するものにあつては、1.70ミリメートルの網ふるいを全通し、600マイクロメートルの網ふるいを85%以上通過すること。
混合石灰肥料（石灰質肥料に、石灰質肥料、苦土肥料、ほう素質肥料又は微量要素複合肥料を混合したものをいう。）	一　アルカリ分　35.0 二　アルカリ分のほか可溶性苦土、く溶性苦土、可溶性マンガン、く溶性マンガン、く溶性ほう素又は水溶性ほう素を保証するものにあつては、一に掲げるもののほか	アルカリ分の含有率1.0%につき ひ素　0.004 亜硝酸　0.04 ニッケル　0.01 クロム　0.1 チタン　0.04	一　可溶性マンガンを保証する肥料は、原料として可溶性マンガンを保証する肥料を使用したものであること。 二　規則第七条の六第六号の農林水産大臣が指定する混合石灰肥料であること。

肥　料　の　種　類	含有すべき主成分の最小量（％）	含有を許される有害成分の最大量（％）	その他の制限事項
	可溶性苦土については　4.5 く溶性苦土については　1.0 可溶性マンガンについては　0.10 く溶性マンガンについては　0.10 く溶性ほう素については　0.05 水溶性ほう素については　0.05		

（２）登録の有効期間が３年であるもの

肥　料　の　種　類	含有すべき主成分の最小量（％）	含有を許される有害成分の最大量（％）	その他の制限事項
混合石灰肥料	一　アルカリ分　35.0 二　アルカリ分のほか可溶性苦土、く溶性苦土、可溶性マンガン、く溶性マンガン、く溶性ほう素又は水溶性ほう素を保証するものにあつては、一に掲げるもののほか 可溶性苦土については　4.5 く溶性苦土については　1.0 可溶性マンガンについては　0.10 く溶性マンガンについては　0.10 く溶性ほう素については　0.05 水溶性ほう素については　0.05	アルカリ分の含有率1.0％につき ひ素　0.004 亜硝酸　0.04 ニッケル　0.01 クロム　0.1 チタン　0.04	一　可溶性マンガンを保証する肥料は、原料として可溶性マンガンを保証する肥料を使用したものであること。 二　規則第七条の六第六号の農林水産大臣が指定する混合石灰肥料以外のものであること。

七　けい酸質肥料

登録の有効期間が６年であるもの

肥　料　の　種　類	含有すべき主成分の最小量（％）	含有を許される有害成分の最大量（％）	その他の制限事項
けい灰石肥料	可溶性けい酸　20.0 アルカリ分　25.0		２ミリメートルの網ふるいを全通し、600マイクロメートルの網ふるいを60％以上通過すること。
鉱さいけい酸質肥料（製りん残さい又は製鉄鉱さい等の鉱さいをいい、ほう素質肥料を混合して熔《よう》融したものを含む。）	一　可溶性けい酸及びアルカリ分を保証するものにあつては 可溶性けい酸　10.0 アルカリ分　35.0 二　可溶性けい酸及びアルカリ分のほかく溶性苦土、く溶性マンガン又はく溶性ほう素を保証するものにあつては 可溶性けい酸　10.0 アルカリ分　20.0 く溶性苦土については　1.0 く溶性マンガンについては　1.0 く溶性ほう素については　0.05	一　可溶性けい酸が20％以上のものにあつては １　可溶性けい酸の含有率1.0％につき ニッケル　0.01 クロム　0.1 チタン　0.04 ２　最大限度量 ニッケル　0.4 クロム　4.0 チタン　1.5 二　一以外のものにあつては最大限度量 ニッケル　0.2 クロム　2.0 チタン　1.0	一　可溶性けい酸が20％以上のものにあつては、２ミリメートルの網ふるいを全通し、かつ、水砕した鉱さい以外のものにあつては、600マイクロメートルの網ふるいを60％以上通過すること。 二　一以外のものにあつては、２ミリメートルの網ふるいを全通し、かつ、可溶性石灰を40％以上含有する鉱さいであること。 三　アルカリ分が30％未満のものにあつては、アルカリ分を30％以上保証する鉱さいけい酸質肥料に赤鉄鉱を加えたものであること。
軽量気泡コンクリート粉末肥料	可溶性けい酸　15.0 アルカリ分　15.0	最大限度量 チタン　1.0	４ミリメートルの網ふるいを全通すること。
シリカゲル肥料（水ガラスのアルカリを中和し、ゲル化してから脱水したものをいう。）	可溶性けい酸　80.0		一　日本工業規格（ＪＩＳ Ｚ0701）に規定された包装用シリカゲル乾燥剤として生産されたものであること。 二　75マイクロメートルの網ふるい上に70％以上残留すること。 三　検湿剤等他の原料を使用したもの及び他の用途に使用されたものを除く。
シリカヒドロゲル肥料（水ガラスのアルカリを中和し、ゲル化したものをいう。）	可溶性けい酸　17.0		一　摂氏180度で３時間乾燥したものが、日本工業規格（ＪＩＳ Ｚ0701）に規定された包装用シリカゲル乾燥剤に該当するものであること。 二　検湿剤等他の原料を使用したものを除く。

八　苦土肥料

（1）登録の有効期間が６年であるもの

肥　料　の　種　類	含有すべき主成分の最小量（％）	含有を許される有害成分の最大量（％）	その他の制限事項
硫酸苦土肥料	水溶性苦土　11.0	水溶性苦土の含有率1.0％につき ひ素　0.004	
水酸化苦土肥料	く溶性苦土　50.0		２ミリメートルの網ふるいを全通すること。
酢酸苦土肥料	水溶性苦土　18.0		
炭酸苦土肥料	く溶性苦土　30.0		
加工苦土肥料（蛇《じゃ》紋岩その他の塩基性マグネシウム含有物に硫酸を加えたものをいう。）	く溶性苦土　23.0 水溶性苦土　3.0	く溶性苦土の含有率1.0％につき ひ素　0.004	２ミリメートルの網ふるいを全通し、600マイクロメートルの網ふるいを60％以上通過すること。
腐植酸苦土肥料（石炭又は亜炭を硝酸で分解し、塩基性のマグネシウム含有物を加えたものをいう。）	く溶性苦土　3.0 水溶性苦土　1.0	く溶性苦土の含有率1.0％につき 亜硝酸　0.04	3.5％の塩酸に溶けないもののうち、１％の水酸化ナトリウム液に溶けるものが当該肥料に40％以上含有されること。
リグニン苦土肥料（亜硫酸パルプ廃液中のリグニンスルホン酸に硫酸マグネシウムを加えたものをいう。）	水溶性苦土　5.0	水溶性苦土の含有率1.0％につき ひ素　0.004 亜硫酸　0.01	硫酸塩に由来する苦土は、1.0％以下であること。
被覆苦土肥料（苦土肥料を硫黄その他の被覆原料で被覆したものをいう。）	水溶性苦土　8.0	水溶性苦土の含有率1.0％につき ひ素　0.004	一　苦土の初期溶出率は50％以下であること 二　規則第七条の六第八号の農林水産大臣が指定する被覆苦土肥料であること。
副産苦土肥料（食品工業、パルプ工業、化学工業、窯業、鉄鋼業又は非鉄金属製造業において副産されたものをいう。）	一　可溶性苦土及びく溶性苦土を保証するものにあつては 可溶性苦土　40.0 く溶性苦土　10.0 二　く溶性苦土を保証するものにあつては く溶性苦土　10.0	く溶性苦土の含有率1.0％につき ニッケル　0.01 クロム　0.1 チタン　0.04	一　２ミリメートルの網ふるいを全通し、かつ、鉱さいを原料として使用するものにあつては、600マイクロメートルの網ふるいを60％以上通過すること。 二　規則第七条の六第八号の農林水産大臣が指定する副産苦土肥料であること。
混合苦土肥料（苦土肥料を二以上混合したものをいう。）	く溶性苦土　23.0 水溶性苦土　3.0	く溶性苦土の含有率1.0％につき ひ素　0.004 亜硝酸　0.04 ニッケル　0.01 クロム　0.1 チタン　0.04	規則第七条の六第八号の農林水産大臣が指定する混合苦土肥料であること。

（2）登録の有効期間が3年であるもの

肥料の種類	含有すべき主成分の最小量（%）	含有を許される有害成分の最大量（%）	その他の制限事項
被覆苦土肥料	水溶性苦土 8.0	水溶性苦土の含有率1.0%につき ひ素 0.004	一 苦土の初期溶出率は50%以下であること。 二 規則第七条の六第八号の農林水産大臣が指定する被覆苦土肥料以外のものであること。
副産苦土肥料	一 可溶性苦土及びく溶性苦土を保証するものにあつては 可溶性苦土 40.0 く溶性苦土 10.0 二 く溶性苦土を保証するものにあつては く溶性苦土 10.0	く溶性苦土の含有率1.0%につき ニッケル 0.01 クロム 0.1 チタン 0.04	一 2ミリメートルの網ふるいを全通し、かつ、鉱さいを原料として使用するものにあつては、600マイクロメートルの網ふるいを60%以上通過すること。 二 植害試験の調査を受け害が認められないものであること。 三 規則第七条の六第八号の農林水産大臣が指定する副産苦土肥料以外のものであること。
混合苦土肥料	く溶性苦土 23.0 水溶性苦土 3.0	く溶性苦土の含有率1.0%につき ひ素 0.004 亜硝酸 0.04 ニッケル 0.01 クロム 0.1 チタン 0.04	規則第七条の六第八号の農林水産大臣が指定する混合苦土肥料以外のものであること。

九　マンガン質肥料

（1）登録の有効期間が6年であるもの

肥　料　の　種　類	含有すべき主成分の最小量（%）	含有を許される有害成分の最大量（%）	その他の制限事項
硫酸マンガン肥料	水溶性マンガン　10.0	水溶性マンガンの含有率1.0%につき ひ素　0.004	
炭酸マンガン肥料（菱マンガン鉱をいう。）	可溶性マンガン　30.0 く溶性マンガン　10.0	可溶性マンガンの含有率1.0%につき ひ素　0.004	1.7ミリメートルの網ふるいを全通し、150マイクロメートルの網ふるいを80%以上通過すること。
加工マンガン肥料（マンガン含有物にマグネシウム含有物を混合し、硫酸を加えたものをいう。）	水溶性マンガン　2.0 水溶性苦土　12.0	水溶性マンガンの含有率1.0%につき ひ素　0.004	
鉱さいマンガン肥料（フェロマンガン鉱さい又はシリコマンガン鉱さいをいう。）	く溶性マンガン　10.0	く溶性マンガンの含有率1.0%につき ニッケル　0.01 クロム　0.1 チタン　0.04	1.7ミリメートルの網ふるいを全通し、600マイクロメートルの網ふるいを85%以上通過すること。
混合マンガン肥料（マンガン質肥料にマンガン質肥料又は苦土肥料を混合したものをいう。）	水溶性マンガン　2.0 水溶性苦土　12.0	水溶性マンガンの含有率1.0%につき ひ素　0.004	規則第七条の六第九号の農林水産大臣が指定する混合マンガン肥料であること。

（2）登録の有効期間が3年であるもの

肥　料　の　種　類	含有すべき主成分の最小量（%）	含有を許される有害成分の最大量（%）	その他の制限事項
副産マンガン肥料（化学工業において副産されたものをいう。）	く溶性マンガン　8.0 水溶性マンガン　2.0	く溶性マンガンの含有率1.0%につき ひ素　0.004 ニッケル　0.01 クロム　0.1 チタン　0.04	植害試験の調査を受け害が認められないものであること。
液体副産マンガン肥料（化学工業において副産されたものをいう。）	水溶性マンガン　10.0	水溶性マンガンの含有率1.0%につき ひ素　0.004	植害試験の調査を受け害が認められないものであること。
混合マンガン肥料	水溶性マンガン　2.0 水溶性苦土　12.0	水溶性マンガンの含有率1.0%につき ひ素　0.004	規則第七条の六第九号の農林水産大臣が指定する混合マンガン肥料以外のものであること。

十　ほう素質肥料

登録の有効期間が６年であるもの

肥　料　の　種　類	含有すべき主成分の最小量（％）	含有を許される有害成分の最大量（％）	その他の制限事項
ほう酸塩肥料	一　く溶性ほう素及び水溶性ほう素を保証するものにあつては く溶性ほう素　35.0 水溶性ほう素　5.0 二　水溶性ほう素を保証するものにあつては 水溶性ほう素　25.0		く溶性ほう素を保証するものにあつては、850マイクロメートルの網ふるいを全通すること。
ほう酸肥料	水溶性ほう素　54.0		
熔《よう》成ほう素肥料（ほう酸塩及び炭酸マグネシウムその他の塩基性マグネシウム含有物に長石等を混合し、熔《よう》融したものをいう。）	く溶性ほう素　15.0 く溶性苦土　10.0		1.7ミリメートルの網ふるいを全通し、600マイクロメートルの網ふるいを80％以上通過すること。
加工ほう素肥料（ほう素含有物に蛇《じゃ》紋岩その他の塩基性マグネシウム含有物を混合し、硫酸を加えたものをいう。）	水溶性ほう素　1.0 水溶性苦土　11.0	水溶性ほう素の含有率1.0％につき ひ素　0.04	

十一　微量要素複合肥料

（1）登録の有効期間が6年であるもの

肥料の種類	含有すべき主成分の最小量（％）	含有を許される有害成分の最大量（％）	その他の制限事項
熔《よう》成微量要素複合肥料（マンガン、ほう素又はマグネシウム含有物に長石等を混合し、熔《よう》融したものをいう。）	一　く溶性マンガン　10.0 く溶性ほう素　5.0 二　く溶性マンガン及びく溶性ほう素のほかく溶性苦土を保証するものにあつては、一に掲げるもののほか く溶性苦土　5.0		1.7ミリメートルの網ふるいを全通し、150マイクロメートルの網ふるいを50％以上通過すること。
液体微量要素複合肥料	一　水溶性マンガン及び水溶性ほう素の合計量　0.30 水溶性マンガン　0.10 水溶性ほう素　0.03 二　水溶性マンガン及び水溶性ほう素のほか水溶性苦土を保証するものにあつては、一に掲げるもののほか 水溶性苦土　1.0	マンガン及びほう素のそれぞれの最も大きい主成分の量の合計量の含有率1.0％につき ひ素　0.002	
混合微量要素肥料（マンガン質肥料、ほう素質肥料、微量要素複合肥料又は苦土肥料を混合したものをいう。）	一　マンガン及びほう素についてそれぞれの最も大きい主成分の量の合計量　8.0 二1　可溶性マンガンを保証するものにあつては 可溶性マンガン　1.0 2　く溶性マンガンを保証するものにあつては く溶性マンガン　1.0 3　水溶性マンガンを保証するものにあつては 水溶性マンガン　1.0 三1　く溶性ほう素を保証するものにあつては く溶性ほう素　1.0 2　水溶性ほう素を保証するものにあつては 水溶性ほう素　1.0 四1　く溶性苦土を保証するものにあつては く溶性苦土　1.0 2　水溶性苦土を保証するものにあつては 水溶性苦土　1.0	マンガン及びほう素のそれぞれの最も大きい主成分の量の合計量の含有率1.0％につき ひ素　0.002 亜硝酸　0.02 ニッケル　0.005 クロム　0.05 チタン　0.02	一　可溶性マンガンを保証する肥料は、原料として可溶性マンガンを保証する肥料を使用したものであること。 二　規則第七条の六第十一号の農林水産大臣が指定する混合微量要素肥料であること。

（2）登録の有効期間が3年であるもの

肥料の種類	含有すべき主成分の最小量（％）	含有を許される有害成分の最大量（％）	その他の制限事項
混合微量要素肥料	一　マンガン及びほう素についてそれぞれの最も大きい主成分の量の合計量　8.0 二1　可溶性マンガンを保証するものにあつては 可溶性マンガン　1.0 2　く溶性マンガンを保証するものにあつては く溶性マンガン　1.0 3　水溶性マンガンを保証するものにあつては 水溶性マンガン　1.0 三1　く溶性ほう素を保証するものにあつては く溶性ほう素　1.0 2　水溶性ほう素を保証するものにあつては 水溶性ほう素　1.0 四1　く溶性苦土を保証するものにあつては く溶性苦土　1.0 2　水溶性苦土を保証するものにあつては 水溶性苦土　1.0	マンガン及びほう素のそれぞれの最も大きい主成分の量の合計量の含有率1.0％につき ひ素　0.002 亜硝酸　0.02 ニッケル　0.005 クロム　0.05 チタン　0.02	一　可溶性マンガンを保証する肥料は、原料として可溶性マンガンを保証する肥料を使用したものであること。 二　規則第七条の六第十一号の農林水産大臣が指定する混合微量要素肥料以外のものであること。

十二　汚泥肥料等

登録の有効期間が３年であるもの

肥　料　の　種　類	含有を許される有害成分の最大量（％）	その他の制限事項
下水汚泥肥料（次に掲げる肥料をいう。 一　下水道の終末処理場から生じる汚泥を濃縮、消化、脱水又は乾燥したもの 二　一に掲げる下水汚泥肥料に植物質若しくは動物質の原料を混合したもの又はこれを乾燥したもの 三　一若しくは二に掲げる下水汚泥肥料を混合したもの又はこれを乾燥したもの）	ひ素　0.005 カドミウム　0.0005 水銀　0.0002 ニッケル　0.03 クロム　0.05 鉛　0.01	一　金属等を含む産業廃棄物に係る判定基準を定める省令（昭和48年総理府令第５号）別表第一の基準に適合する原料を使用したものであること。 二　植害試験の調査を受け害が認められないものであること。 三　牛等由来の原料を使用する場合にあつては、管理措置が行われたものであること。 四　牛等の部位を原料とする場合にあつては、脊柱等が混合しないものとして農林水産大臣の確認を受けた工程において製造されたものであること。
し尿汚泥肥料（次に掲げる肥料をいう。 一　し尿処理施設、集落排水処理施設若しくは浄化槽から生じた汚泥又はこれらを混合したものを濃縮、消化、脱水又は乾燥したもの 二　し尿に凝集を促進する材料又は悪臭を防止する材料を混合し、脱水又は乾燥したもの 三　動物の排せつ物に凝集を促進する材料（昭和二十五年六月二十日農林省告示百七十七号（特殊肥料等を指定する件）の別表に掲げる凝集促進材を除く。）又は悪臭を防止する材料を混合し、脱水又は乾燥したもの。 四　一、二若しくは三に掲げるし尿汚泥肥料に植物質若しくは動物質の原料を混合したもの又はこれを乾燥したもの 五　一、二、三若しくは四に掲げるし尿汚泥肥料を混合したもの又はこれを乾燥したもの）	ひ素　0.005 カドミウム　0.0005 水銀　0.0002 ニッケル　0.03 クロム　0.05 鉛　0.01	一　金属等を含む産業廃棄物に係る判定基準を定める省令別表第一の基準に適合する原料を使用したものであること。 二　植害試験の調査を受け害が認められないものであること。 三　牛等由来の原料を使用する場合にあつては、管理措置が行われたものであること。 四　牛等の部位を原料とする場合にあつては、脊柱等が混合しないものとして農林水産大臣の確認を受けた工程において製造されたものであること。
工業汚泥肥料（次に掲げる肥料をいう。 一　工場若しくは事業場の排水処理施設から生じた汚泥を濃縮、消化、脱水又は乾燥したもの 二　一に掲げる工業汚泥肥料に植物質若しくは動物質の原料を混合したもの又はこれを乾燥したもの 三　一若しくは二に掲げる工業汚泥肥料を混合したもの又はこれを乾燥したもの）	ひ素　0.005 カドミウム　0.0005 水銀　0.0002 ニッケル　0.03 クロム　0.05 鉛　0.01	一　金属等を含む産業廃棄物に係る判定基準を定める省令別表第一の基準に適合する原料を使用したものであること。 二　植害試験の調査を受け害が認められないものであること。 三　牛等由来の原料を使用する場合にあつては、管理措置が行われたものであること。 四　牛等の部位を原料とする場合にあつては、脊柱等が混合しないものとして農林水産大臣の確認を受けた工程において製造されたものであること。
混合汚泥肥料（次に掲げる肥料をいう。 一　下水汚泥肥料、し尿汚泥肥料若しくは工業汚泥肥料のいずれか二以上を混合したもの又はこれを乾燥したもの 二　一に掲げる混合汚泥肥料に植物質若しくは動物質の原料を混合したもの又はこれを乾燥したもの 三　一若しくは二に掲げる混合汚泥肥料を混合したもの又はこれを乾燥したもの）	ひ素　0.005 カドミウム　0.0005 水銀　0.0002 ニッケル　0.03 クロム　0.05 鉛　0.01	一　金属等を含む産業廃棄物に係る判定基準を定める省令別表第一の基準に適合する原料を使用したものであること。 二　植害試験の調査を受け害が認められないものであること。 三　牛等由来の原料を使用する場合にあつては、管理措置が行われたものであること。 四　牛等の部位を原料とする場合にあつては、脊柱等が混合しないものとして農林水産大臣の確認を受けた工程において製造されたものであること。

焼成汚泥肥料（下水汚泥肥料、し尿汚泥肥料、工業汚泥肥料又は混合汚泥肥料を焼成したものをいう。）	ひ素　0.005 カドミウム　0.0005 水銀　0.0002 ニッケル　0.03 クロム　0.05 鉛　0.01	一　金属等を含む産業廃棄物に係る判定基準を定める省令別表第一の基準に適合する原料を使用したものであること。 二　植害試験の調査を受け害が認められないものであること。 三　牛等由来の原料を使用する場合にあつては、管理措置が行われたものであること。
汚泥発酵肥料（次に掲げる肥料をいう。 一　下水汚泥肥料、し尿汚泥肥料、工業汚泥肥料又は混合汚泥肥料を堆積又は撹拌し、腐熟させたもの 二　一に掲げる汚泥発酵肥料に植物質若しくは動物質の原料又は焼成汚泥肥料を混合したものを堆積又は撹拌し、腐熟させたもの）	ひ素　0.005 カドミウム　0.0005 水銀　0.0002 ニッケル　0.03 クロム　0.05 鉛　0.01	一　金属等を含む産業廃棄物に係る判定基準を定める省令別表第一の基準に適合する原料を使用したものであること。 二　植害試験の調査を受け害が認められないものであること。 三　牛等由来の原料を使用する場合にあつては、管理措置が行われたものであること。 四　牛等の部位を原料とする場合にあつては、脊柱等が混合しないものとして農林水産大臣の確認を受けた工程において製造されたものであること。
水産副産物発酵肥料（魚介類の臓器に植物質又は動物質の原料を混合したものを堆積又は撹拌し、腐熟させたものをいう。）	ひ素　0.005 カドミウム　0.0005 水銀　0.0002	一　金属等を含む産業廃棄物に係る判定基準を定める省令別表第一の基準に適合する原料を使用したものであること。 二　植害試験の調査を受け害が認められないものであること。 三　牛等由来の原料を使用する場合にあつては、管理措置が行われたものであること。 四　牛等の部位を原料とする場合にあつては、脊柱等が混合しないものとして農林水産大臣の確認を受けた工程において製造されたものであること。
硫黄及びその化合物	ひ素　0.005	植害試験の調査を受け害が認められないものであること。

十三　農薬その他の物が混入される肥料

肥料の種類	混入が許される農薬その他の物の種類	混入が許される農薬その他の物の最大量又は最小量（%）	含有すべき主成分の最小量（%）の特例	混入上の制限事項
化成肥料	O, O-ジエチル-O-(3-オキソ-2-フェニル-2H-ピリダジン-6-イル)ホスホロチオエート 【ピリダフェンチオン】	1.0以下		
	2, 2, 3, 3-テトラフルオルプロピオン酸ナトリウム 【テトラピオン】	4.0以下		
	1, 3-ビス（カルバモイルチオ）-2-（N,Nジメチルアミノ）プロパン塩酸塩 【カルタップ】	1.0以下		
	ジイソプロピル-1, 3-ジチオラン-2-イリデンマロネート 【イソプロチオラン】	5.0以下		
	(E)-(S)-1-（4-クロロフェニル）-4,4-ジメチル-2-（1H-1, 2,4-トリアゾール-1-イル）ペンタ-1-エン-3-オール 【ウニコナゾールP】	0.025以下		
	N-（4-クロロフェニル）-1-シクロヘキセン-1, 2-ジカルボキシミド 【クロルフタリム】	1.0以下		
	1, 2, 5, 6-テトラヒドロピロロ〔3, 2, 1-i j〕キノリン-4-オン 【ピロキロン】	2.0以下		
	(2RS, 3RS)-1-（4-クロロフェニル）-4, 4-ジメチル-2-（1H-1, 2, 4-トリアゾール-1-イル）ペンタン-3-オール 【パクロブトラゾール】	0.20以下		
	5-ジプロピルアミノ-α, α, α-トリフルオロ-4, 6-ジニトロ-O-トルイジン 【プロジアミン】	0.50以下		
	エチル=N-〔2, 3-ジヒドロ-2, 2-ジメチルベンゾフラン-7-イルオキシカルボニル（メチル）アミノチオ〕-N-イソプロピル-β-アラニナート 【ベンフラカルブ】	0.80以下		
	S, S’-ジメチル=2-ジフルオロメチル-4-イソブチル-6-トリフルオロメチルピリジン-3, 5-ジカルボチオアート 【ジチオピル】	0.30以下		
	N-（4-クロロフェニル）-1-シクロヘキセン-1, 2-ジカルボキシミド 【クロルフタリム】 及び 3-シクロヘキシル-5, 6-トリメチレンウラシル 【レナシル】	0.50以下 0.50以下		
	1-（6-クロロ-3-ピリジルメチル）-N-ニトロイミダゾリジン-2-イリデンアミン 【イミダクロプリド】	0.50以下		
	3-アリルオキシ-1, 2-ベンゾイソチアゾール-1, 1-ジオキシド 【プロベナゾール】	0.80以下		
	(E)-N-〔(6-クロロ-3-ピリジル)メチル〕-N’-シアノ-N-メチルアセトアミジン 【アセタミプリド】	1.0以下		
	1-（6-クロロ-3-ピリジルメチル）-N-ニトロイミダゾリジン-2-イリデンアミン 【イミダクロプリド】 及び 3-アリルオキシ-1, 2-ベンゾイソチアゾール-1, 1-ジオキシド 【プロベナゾール】	0.07以下 0.80以下		

肥料の種類	混入が許される農薬その他の物の種類	混入が許される農薬その他の物の最大量又は最小量（％）	含有すべき主成分の最小量（％）の特例	混入上の制限事項
	N－（1－エチルプロピル）－3，4－ジメチル－2，6－ジニトロアニリン　【ペンディメタリン】	2.20以下		
	2，6－ジクロロベンゾニトリル　【ＤＢＮ】	1.5以下		
	2－（4－クロロ－6－エチルアミノ－1，3，5－トリアジン－2－イルアミノ）－2－メチルプロピオノニトリル　【シアナジン】 及び 2，6－ジクロロベンゾニトリル　【ＤＢＮ】	3.0以下 1.5以下		
	（ＲＳ）－Ｎ－［2－（3，5－ジメチルフェノキシ）－1－メチルエチル］－6－（1－フルオロ－1－メチルエチル）－1，3，5－トリアジン－2，4－ジアミン　【トリアジフラム】 及び 二・六－ジクロロベンゾニトリル　【ＤＢＮ】	0.30以下 1.5以下		
	（Ｅ）－1－（2－クロロ－1，3－チアゾール－5－イルメチル）－3－メチル－2－ニトログアニジン　【クロチアニジン】	0.076以下		
	（ＲＳ）－1－メチル－2－ニトロ－3－（テトラヒドロ－3－フリルメチル）グアニジン	0.23以下		
	（Ｒ）－2－（4－クロロ－ｏ－トリルオキシ）プロピオン酸カリウム 及び 2，6－ジクロロベンゾニトリル	3.0以下 3.0以下		
配合肥料	1，2，5，6－テトラヒドロピロロ〔3，2，1－ｉｊ〕キノリン－4－オン　【ピロキロン】	1.0以下		
	エチル＝Ｎ－〔2，3－ジヒドロ－2，2－ジメチルベンゾフラン－7－イルオキシカルボニル（メチル）アミノチオ〕－Ｎ－イソプロピル－β－アラニナート　【ベンフラカルブ】	0.50以下		
	（Ｅ）－（Ｓ）－1－（4－クロロフェニル）－4，4－ジメチル－2－（1Ｈ－1，2，4－トリアゾール－1－イル）ペンタ－1－エン－3－オール　【ウニコナゾールＰ】	0.025以下		
	1－（6－クロロ－3－ピリジルメチル）－Ｎ－ニトロイミダゾリジン－2－イリデンアミン　【イミダクロプリド】	0.50以下		
	Ｏ－エチル－Ｏ－（3－メチル－6－ニトロフェニル）セコンダリーブチルホスホロアミドチオエート　【ブタミホス】 及び 2，6－ジクロロチオベンザミド　【ＤＣＢＮ】	2.0以下 1.0以下		
	N－（1－エチルプロピル）－3，4－ジメチル－2，6－ジニトロアニリン　【ペンディメタリン】	2.20以下		
	3－アリルオキシ－1，2－ベンゾイソチアゾール－1，1－ジオキシド　【プロベナゾール】	0.80以下		
	1－（6－クロロ－3－ピリジルメチル）－Ｎ－ニトロイミダゾリジン－2－イリデンアミン　【イミダクロプリド】 及び 3－アリルオキシ－1，2－ベンゾイソチアゾール－1，1－ジオキシド　【プロベナゾール】	0.07以下 0.80以下		
被覆複合肥料	（Ｅ）－（Ｓ）－1－（4－クロロフェニル）－4，4－ジメチル－2－（1Ｈ－1，2，4－トリアゾール－1－イル）ペンタ－1－エン－3－オール　【ウニコナゾールＰ】	0.05以下		

肥料の種類	混入が許される農薬その他の物の種類	混入が許される農薬その他の物の最大量又は最小量（％）	含有すべき主成分の最小量（％）の特例	混入上の制限事項
液状複合肥料	3-ヒドロキシ-5-メチルイソオキサゾール 【ヒドロキシイソキサゾール】	17.5以下		
家庭園芸用複合肥料	1-（6-クロロ-3-ピリジルメチル）-N-ニトロイミダゾリジン-2-イリデンアミン 【イミダクロプリド】	2.50以下		
家庭園芸用複合肥料	（E）-N-〔（6-クロロ-3-ピリジル）メチル〕-N'-シアノ-N-メチルアセトアミジン 【アセタミプリド】 及び N-ベンジル-N，N-ジエチル-N-（2，6-キシリルカルバモイル）メチルアンモニウム塩- 【安息香酸デナトニウム】	0.07以下 0.002以下		
	3-（2-クロロ-1，3-チアゾール-5-イルメチル）-5-メチル-1，3，5-オキサジアジナン-4-イリデン（ニトロ）アミン　【チアメトキサム】 及び N-ベンジル-N，N-ジエチル-N-（2，6-キシリルカルバモイル）メチルアンモニウム塩 【安息香酸デナトニウム】	2.0以下 0.01以下		
	（RS）-アルファ-シアノ-3-フェノキシベンジル=2，2，3，3-テトラメチルシクロプロパンカルボキシラート　【フェンプロパトリン】 及び 2-p-クロロフェニル-2-（1H-1，2，4-トリアゾール-1-イルメチル）ヘキサンニトリル 【ミクロブタニル】	0.02以下 0.005以下		
	（RS）-1-メチル-2-ニトロ-3-（テトラヒドロ-3-フリルメチル）グアニジン　【ジノテフラン】	2.875以下		

附一　この告示に掲げる肥料には、規則第４条第３号に掲げる材料を使用したものを含む。

二　この告示に掲げる主成分、有害成分その他の成分及び物理的・化学的性質等の分析に当たっては、独立行政法人農林水産消費安全技術センターが定める肥料等試験法によるものとする。ただし、次の表の第一欄に掲げる主成分の量の算出は、同表の第二欄に掲げるものによることとし、十二の表に掲げる有害成分の量は、独立行政法人農林水産消費安全技術センターが定める肥料等試験法により分析した乾物の重量に対する百分率とする。

第　一　欄	第　二　欄
りん酸全量 く溶性りん酸 可溶性りん酸 水溶性りん酸	五酸化リン（P_2O_5）
加里全量 く溶性加里 水溶性加里	酸化カリウム（K_2O）
可溶性けい酸	二酸化ケイ素（SiO_2）
可溶性苦土 く溶性苦土 水溶性苦土	酸化マグネシウム（MgO）
可溶性マンガン く溶性マンガン 水溶性マンガン	酸化マンガン（MnO）
く溶性ほう素 水溶性ほう素	三酸化二ホウ素（B_2O_3）

三　この告示に掲げる植害試験とは、肥料の品質の確保等に関する法律（昭和25年法律第127号。以下「法」という。）第７条ただし書（法第33条の２第６項において準用する場合を含む。）の規定に基づく調査である。なお、肥料取締法施行規則第２条の２に基づき植物に対する害に関する栽培試験の成績を要する肥料から除くものを指定する件（昭和59年３月16日農林水産省告示第697号）において指定されたものについては、当該調査を受けることを要しない。

附　則（平成30年３月６日農林水産省告示第455号）

1　この告示は、平成30年４月５日から施行する。

金属等を含む産業廃棄物に係る判定基準を定める省令の別表第一の基準

昭和４８年　２月１７日　総理府令第　５号
この間２０回
改正平成２５年　２月２１日　環境省令第　３号
改正平成２７年１２月２５日　環境省令第　４６号
改正平成２８年　６月２０日　環境省令第　１６号
改正平成２９年　６月　９日　環境省令第　１１号

	第　一　欄	第　二　欄
1	アルキル水銀化合物	アルキル水銀化合物につき検出されないこと。
	水銀又はその化合物	検液１リットルにつき水銀0.005ミリグラム以下
2	カドミウム又はその化合物	検液１リットルにつきカドミウム0.09ミリグラム以下
3	鉛又はその化合物	検液１リットルにつき鉛0.3ミリグラム以下
4	有機燐《りん》化合物	検液１リットルにつき有機燐《りん》化合物１ミリグラム以下
5	六価クロム化合物	検液１リットルにつき六価クロム1.5ミリグラム以下
6	砒《ひ》素又はその化合物	検液１リットルにつき砒《ひ》素0.3ミリグラム以下
7	シアン化合物	検液１リットルにつきシアン１ミリグラム以下
8	ポリ塩化ビフェニル	検液１リットルにつきポリ塩化ビフェニル0.003ミリグラム以下
9	トリクロロエチレン	検液１リットルにつきトリクロロエチレン0.1ミリグラム以下
10	テトラクロロエチレン	検液１リットルにつきテトラクロロエチレン0.1ミリグラム以下
11	ジクロロメタン	検液１リットルにつきジクロロメタン0.2ミリグラム以下
12	四塩化炭素	検液１リットルにつき四塩化炭素0.02ミリグラム以下
13	1,2-ジクロロエタン	検液１リットルにつき1,2-ジクロロエタン0.04ミリグラム以下
14	1,1-ジクロロエチレン	検液１リットルにつき1,1-ジクロロエチレン１ミリグラム以下
15	シス-1,2-ジクロロエチレン	検液１リットルにつきシス-1,2-ジクロロエチレン0.4ミリグラム以下
16	1,1,1-トリクロロエタン	検液１リットルにつき1,1,1-トリクロロエタン３ミリグラム以下
17	1,1,2-トリクロロエタン	検液１リットルにつき1,1,2-トリクロロエタン0.06ミリグラム以下

	第　一　欄	第　二　欄
18	1,3-ジクロロプロペン	検液１リットルにつき1,3-ジクロロプロペン0.02ミリグラム以下
19	テトラメチルチウラムジスルフィド（以下「チウラム」という。）	検液１リットルにつきチウラム0.06ミリグラム以下
20	2-クロロ-4,6-ビス（エチルアミノ）-s-トリアジン（以下「シマジン」という。）	検液１リットルにつきシマジン0.03ミリグラム以下
21	S-4-クロロベンジル=N,N-ジエチルチオカルバマート（以下「チオベンカルブ」という。）	検液１リットルにつきチオベンカルブ0.2ミリグラム以下
22	ベンゼン	検液１リットルにつきベンゼン0.1ミリグラム以下
23	セレン又はその化合物	検液１リットルにつきセレン0.3ミリグラム以下
24	1,4-ジオキサン	検液１リットルにつき1,4-ジオキサン0.5ミリグラム以下
25	ダイオキシン類（ダイオキシン類対策特別措置法（平成11年法律第105号）第２条第１項に規定するダイオキシン類をいう。以下同じ。）	試料１グラムにつきダイオキシン類３ナノグラム以下

備考

1　この表の１の項から24の項までに掲げる基準は、第４条の規定に基づき環境大臣が定める方法により令第６条第１項第３号ハ（１）から（５）までに掲げる産業廃棄物、同号タ、レ若しくはソに規定する産業廃棄物、指定下水汚泥若しくは鉱さい若しくはこれらの産業廃棄物を処分するために処理したもの又は廃ポリ塩化ビフェニル等若しくはポリ塩化ビフェニル汚染物の焼却により生じた燃え殻、汚泥若しくはばいじんに含まれる当該各項の第一欄に掲げる物質を溶出させた場合における当該各項の第二欄に掲げる物質の濃度として表示されたものとする。

2　この表の25の項に掲げる基準は、第４条の規定に基づき環境大臣が定める方法により令第６条の５第１項第３号ナに掲げる指定下水汚泥又は指定下水汚泥を処分するために処理したものに含まれるこの表の25の項の第１欄に掲げる物質を検定した場合における同項の第２欄に掲げる物質の濃度として表示されたものとする。

3　「検出されないこと。」とは、第４条の規定に基づき環境大臣が定める方法により検出した場合において、その結果が当該検定方法の定量限界を下回ることをいう。

肥料の品質の確保等に関する法律第十七条第一項第三号の規定に基づき、肥料の品質の確保等に関する法律第四条第一項第三号に掲げる普通肥料の保証票にその含有量を記載する主要な成分を定める件

平成１２年　１月２７日　農林水産省告示第　　９６号　施行　平成１２年１０月　１日
改正平成１３年　３月１５日　農林水産省告示第　３３７号　施行　平成１３年　４月　１日
改正平成２８年　３月３０日　農林水産省告示第　８８４号　施行　平成２８年　４月　１日
改正令和　２年１０月２７日　農林水産省告示第２０８６号　施行　令和　２年１２月　１日

肥　料　の　種　類	主　　要　　な　　成　　分
下水汚泥肥料、し尿汚泥肥料、工業汚泥肥料、混合汚泥肥料、焼成汚泥肥料、汚泥発酵肥料、水産副産物発酵肥料	1　窒素全量 2　りん酸全量 3　加里全量 4　銅全量（1キログラム当たり300ミリグラム以上含有する場合に限る。） 5　亜鉛全量（1キログラム当たり900ミリグラム以上含有する場合に限る。） 6　石灰全量（1キログラム当たり150グラム以上含有する場合に限る。）
硫黄及びその化合物	硫黄分全量
特殊肥料等入り指定混合肥料、土壌改良資材入り指定混合肥料	1　窒素全量 2　アンモニア性窒素 3　硝酸性窒素 4　りん酸全量 5　く溶性りん酸 6　可溶性りん酸 7　水溶性りん酸 8　加里全量 9　く溶性加里 10　水溶性加里 11　アルカリ分 12　可溶性けい酸 13　水溶性けい酸 14　可溶性苦土 15　く溶性苦土 16　水溶性苦土 17　可溶性マンガン 18　く溶性マンガン 19　水溶性マンガン 20　く溶性ほう素 21　水溶性ほう素 22　銅全量（1キログラム当たり300ミリグラム以含有する場合に限る。） 23　亜鉛全量（1キログラム当たり900ミリグラム以上含有する場合に限る。）

肥料の種類	主要な成分
	24　石灰全量（1キログラム当たり150グラム以上含有する場合に限る。） 25　硫黄分全量

附一　主要な成分の含有量の分析に当たっては、独立行政法人農林水産消費安全技術センターが定める肥料等試験法によるものとする。ただし、別表第一の第一欄に掲げる主要な成分の含有量の算出は、同表の第二欄に掲げるものによることとする。

　また、別表第二の左欄に掲げる主要な成分に応じ、同表の中欄に掲げる表示の単位を用いて記載すること。この場合において、表示値の誤差の範囲は、同表の右欄に掲げるとおりとする。

二　窒素、りん酸、加里若しくは有効苦土の含有量が0.5％未満であり、アルカリ分若しくは有効けい酸の含有量が2.5％未満であり、有効マンガンの含有量が0.05％未満であり、又は有効ほう素の含有量が0.03％未満である場合には、それぞれ「0.5％未満」、「2.5％未満」、「0.05％未満」又は「0.03％未満」と記載することができる。

別表第一

第　1　欄	第　2　欄
りん酸全量 く溶性りん酸 可溶性りん酸 水溶性りん酸	五酸化リン（P_2O_5）
加里全量 く溶性加里 水溶性加里	酸化カリウム（K_2O）
石灰全量	酸化カルシウム（CaO）
硫黄分全量	三酸化硫黄（SO_3）
可溶性けい酸 水溶性けい酸	二酸化ケイ素（SiO_2）
可溶性苦土 く溶性苦土 水溶性苦土	酸化マグネシウム（MgO）

第　１　欄	第　２　欄
可溶性マンガン く溶性マンガン 水溶性マンガン	酸化マンガン（ＭｎＯ）
く溶性ほう素 水溶性ほう素	三酸化二ホウ素（B_2O_3）

別表第二

主要な成分	表示の単位	誤差の許容範囲
下水汚泥肥料、し尿汚泥肥料、工業汚泥肥料、混合汚泥肥料、焼成汚泥肥料、汚泥発酵肥料、水産副産物発酵肥料の主要な成分のうち１から３まで、硫黄及びその化合物の硫黄分全量、特殊肥料等入り指定混合肥料及び土壌改良資材入り指定混合肥料の主要な成分のうち１から16まで及び25	パーセント（％）	表示値が1.5パーセント未満の場合は、プラスマイナス0.3パーセント 表示値が1.5パーセント以上５パーセント未満の場合は、表示値のプラスマイナス20パーセント 表示値が５パーセント以上10パーセント未満の場合は、プラスマイナス１パーセント 表示値が10パーセント以上の場合は、表示値のプラスマイナス10パーセント
特殊肥料入り指定混合肥料、土壌改良資材入り指定混合肥料の主要な成分のうち17から21まで	パーセント（％）	表示値のプラスマイナス30パーセント
銅全量	１キログラム当たりミリグラム（mg／kg）	表示値のプラスマイナス30パーセント
亜鉛全量	１キログラム当たりミリグラム（mg／kg）	表示値のプラスマイナス30パーセント
石灰全量	パーセント（％）	表示値のプラスマイナス20パーセント

特殊肥料等を指定する件

昭和２５年　６月２０日　農林省告示　　第　１７７号　施行　即日

この間５０回改正

改正平成１６年　１月１５日　農林水産省告示第　　７０号　施行　平成１６年　５月　１日

改正平成１６年　４月２３日　農林水産省告示第　９７０号　施行　平成１６年　５月２５日

改正平成１６年１０月２５日　農林水産省告示第１９２５号　施行　平成１６年１１月　１日

改正平成１７年　２月　７日　農林水産省告示第　２５３号　施行　平成１７年　３月　９日

改正平成２４年　８月　８日　農林水産省告示第１９８６号　施行　平成２４年　９月　７日

改正平成２６年　９月　１日　農林水産省告示第１１４７号　施行　平成２６年１０月　１日

改正平成２９年１０月１６日　農林水産省告示第１５５０号　施行　平成２９年１１月１５日

改正平成３０年　３月　６日　農林水産省告示第　４５６号　施行　平成３０年　４月　５日

改正令和　２年　２月２８日　農林水産省告示第　３９６号　施行　令和　２年　４月　１日

改正令和　２年１０月２７日　農林水産省告示第２０８４号　施行　令和　２年１２月　１日

一　肥料の品質の確保等に関する法律第二条第二項の特殊肥料

（イ）次に掲げる肥料で粉末にしないもの

魚かす（魚荒かすを含む。以下同じ。）

干魚肥料

干蚕蛹

甲殻類質肥料

蒸製骨（脱こう骨を含み、牛、めん羊又は山羊（以下「牛等」という。）由来の原料（牛の皮に由来するゼラチン及びコラーゲンを除く。以下同じ。）を使用する場合にあつては肥料の品質の確保等に関する法律施行規則（昭和二十五年農林省令第六十四号）別表第一号ホに規定するところにより牛、めん羊、山羊及び鹿による牛等由来の原料を使用して生産された肥料の摂取に起因して生ずるこれらの家畜の伝達性海綿状脳症の発生を予防するための措置（以下「管理措置」という。）が行われたものに限り、かつ、牛等の部位（牛等由来の原料のうち、肉（食用に供された後に、又は食用に供されずに肥料の原料として使用される食品である肉に限る。）、骨（食用に供された後に、又は食用に供されずに肥料の原料として使用される食品である骨に限る。）、皮、毛、角、蹄《てい》及び臓器（食用に供された後に、又は食用に供されずに肥料の原料として使用される食品である臓器に限る。）以外のものをいう。以下同じ。）を原料とするものについては牛（月齢が三十月以下の牛（出生の年月日から起算して三十月を経過した日までのものをいう。）を除く。）の脊柱（背根神経節を含み、頸《けい》椎横突起、胸椎横突起、腰椎横突起、頸《けい》椎棘《きょく》突起、胸椎棘《きょく》突起、腰椎棘《きょく》突起、仙骨翼、正中仙骨稜《りょう》及び尾椎を除く。）及びと畜場法（昭和二十八年法律第百十四号）第十四条の検査を経ていない牛等の部位（以下「脊柱等」という。）

が混合しないものとして農林水産大臣の確認を受けた工程において製造されたものに限る。）

蒸製てい角（牛等由来の原料を使用する場合にあつては、管理措置が行われたものに限る。）

肉かす（牛等由来の原料を使用する場合にあつては管理措置が行われたものに限り、かつ、牛等の部位を原料とするものについては脊柱等が混合しないものとして農林水産大臣の確認を受けた工程において製造されたものに限る。）

羊毛くず（管理措置が行われたものに限る。）

牛毛くず（管理措置が行われたものに限る。）

粗砕石灰石

（ロ）

米ぬか

発酵米ぬか

発酵かす（生産工程中に塩酸を使用しないしよう油かすを除く。以下同じ。）

アミノ酸かす（廃糖蜜アルコール発酵濃縮廃液で処理したものを含み、遊離硫酸の含量0.5パーセント以上のものを除く。）

くず植物油かす及びその粉末（植物種子のくずを原料として使用した植物油かす及びその粉末をいう。）

草本性植物種子皮殻油かす及びその粉末

木の実油かす及びその粉末（カポツク油かす及びその粉末を除く。以下同じ。）

コーヒーかす

くず大豆及びその粉末（くず大豆又は水ぬれ等により変質した大豆を加熱した後圧ぺんしたもの及びその粉末をいう。）

たばこくず肥料及びその粉末（変性しないたばこくず肥料粉末を除く。）

乾燥藻及びその粉末

落棉分離かす肥料

よもぎかす

草木灰（じんかい灰を除く。）

くん炭肥料

骨炭粉末（牛等由来の原料を使用する場合にあつては管理措置が行われたものに限り、かつ、牛等の部位を原料とするものについては脊柱等が混合しないものとして農林水産大臣の確認を受けた工程において製造されたものに限る。）

骨灰（牛等由来の原料を使用する場合にあつては管理措置が行われたものに限り、かつ、牛等の部位を原料とするものについては脊柱等が混合しないものとして農林水産大臣の確認を受けた工程において製造されたものに限る。）

セラツクかす

にかわかす（オセインからゼラチンを抽出したかすを乾燥したものを除き、牛等由来の原料を使用する場合にあつては管理措置が行われたものに限り、かつ、牛等の部位を原料とするものについては脊柱等が混合しないものとして農林水産大臣の確認を受けた工程において製造されたものに限る。）

魚鱗（蒸製魚鱗及びその粉末を除く。）

家きん加工くず肥料（蒸製毛粉（羽を蒸製したものを含む。）を除く。）

発酵乾ぷん肥料（し尿を嫌気性発酵で処理して得られるものをいう。以下同じ。）

人ぷん尿（凝集を促進する材料（以下「凝集促進材」という。）又は悪臭を防止する材料（以下「悪臭防止材」という。）を加え、脱水又は乾燥したものを除く。）

動物の排せつ物（凝集促進材（別表第一に掲げるものに限る。）を加えたものを含む。以下同じ。）

動物の排せつ物の燃焼灰

堆肥（わら、もみがら、樹皮、動物の排せつ物その他の動植物質の有機質物（汚泥及び魚介類の臓器を除く。）を堆積又は攪拌し、腐熟させたもの（尿素、硫酸アンモニアその他の腐熟を促進する材料を使用したものを含む。）をいい、牛等由来の原料を使用する場合にあつては管理措置が行われたものに限り、かつ、牛等の部位を使用するものについては脊柱等が混合しないものとして農林水産大臣の確認を受けた工程において製造されたものに限る。）

グアノ（窒素質グアノを除く。）

発泡消火剤製造かす（てい角等を原料として消火剤を製造する際に生ずる残りかすをいい、牛等由来の原料を使用する場合にあつては、管理措置が行われたものに限る。）

貝殻肥料（貝粉末及び貝灰を含む。）

貝化石粉末（古代にせい息した貝類（ひとで類又はその他の水せい動物類が混在したものを含む。）が地中に埋没堆積し、風化又は化石化したものの粉末をいう。以下同じ。）

製糖副産石灰

石灰処理肥料（果実加工かす、豆腐かす又は焼酎蒸留廃液を石灰で処理したものであつて、乾物１キログラムにつきアルカリ分含有量が250グラムを超えるものをう。）

含鉄物（褐鉄鉱（沼鉄鉱を含む。）、鉱さい（主として鉄分の施用を目的とし、鉄分を

100分の10以上含有するものに限る。）、鉄粉及び岩石の風化物で鉄分を100分の10以上含有するものをいう。以下同じ。）

微粉炭燃焼灰（火力発電所において微粉炭を燃焼する際に生ずるよう融された灰で煙道の気流中及び燃焼室の底の部分から採取されるものをいう。ただし、燃焼室の底の部分から採取されるものにあつては、３ミリメートルの網ふるいを全通するものに限る。以下同じ。）

カルシウム肥料（主としてカルシウム分の施用を目的とし、葉面散布に用いるものに限る。）

石こう（りん酸を生産する際に副産されるものに限る。）

（ハ）　専ら特殊肥料（肥料の品質の確保等に関する法律第二十二条第一項の規定による届出がされたものに限る。）が原料として配合される肥料（堆肥に該当するものを除き、別表第二に掲げる材料を加えたものを含む。附において「混合特殊肥料」という。）

附　一に掲げる肥料には、造粒、成形及び圧ぺんしたもの（混合特殊肥料にあつては、粉砕その他必要と認められる方法により加工されたものを含む。）を含む。

別表第一

一　ポリアクリルアミド系高分子凝集促進材

二　ポリアクリル酸ナトリウム系高分子凝集促進材

三　ポリアクリル酸エステル系高分子凝集促進材

四　ポリメタクリル酸エステル系高分子凝集促進材

五　ポリアミジン系高分子凝集促進材

六　アルミニウム系無機凝集促進材

七　鉄系無機凝集促進材

別表第二

一　固結を防止する材料として使用する次の材料

滑石粉末、クレー、けい酸石灰、けい石粉末、けいそう土、潤滑油、シリカゲル、シリカ粉、シリカヒューム、ゼオライト、なたね油、パーライト、ベントナイト

二　浮上を防止する材料として使用する次の材料

安山岩粉末、かんらん岩粉末、けい石粉末、けつ岩粉末、砂岩粉末

三　粒状化を促進する材料として使用する次の材料

アタパルジャイト、安山岩粉末、アンモニア液又はアンモニアガス（中和造粒のために使用する場合に限る。）、イースト菌発酵濃縮廃液、カオリン、滑石粉末、カルボキ

シメチルセルロース、かんらん岩粉末、クレー、軽焼マグネシア、けい石粉末、けいそう土、コーンスターチ、こんにゃく飛粉、砂岩粉末、消石灰、ゼオライト、石こう、セピオライト、でんぷん、糖蜜、ぬか、パルプ廃液、ベントナイト、リグニンスルホン酸、硫酸（中和造粒のために使用する場合に限る。）、りん酸液（中和造粒のために使用する場合に限る。）

四　悪臭を防止する材料として使用するゼオライト

二　肥料の品質の確保等に関する法律第三十五条第一項前段の肥料

工業用　硫酸アンモニア、塩化アンモニア、硝酸アンモニア、硝酸ソーダ、尿素、石灰窒素、硝酸アンモニアソーダ肥料、硝酸苦土肥料、グリオキサール縮合尿素、液状窒素肥料、りん酸苦土肥料、液体りん酸肥料、熔《よう》成汚泥灰けい酸りん肥、鉱さいりん酸肥料、副産りん酸肥料、混合りん酸肥料、硫酸加里、塩化加里、混合加里肥料、蒸製てい角粉、生骨粉、大豆油かす及びその粉末、落花生油かす及びその粉末、たばこくず肥料及びその粉末、とうもろこし浸漬液肥料、化成肥料、配合肥料、熔《よう》成汚泥灰複合肥料、生石灰、消石灰、炭酸カルシウム肥料、副産石灰肥料、混合石灰肥料、鉱さいけい酸質肥料、軽量気泡コンクリート粉末肥料、シリカゲル肥料、けい灰石肥料、硫酸苦土肥料、水酸化苦土肥料、酢酸苦土肥料、炭酸苦土肥料、副産苦土肥料、硫酸マンガン肥料、副産マンガン肥料、液体副産マンガン肥料、ほう酸塩肥料、ほう酸肥料、下水汚泥肥料、し尿汚泥肥料、工業汚泥肥料、混合汚泥肥料、焼成汚泥肥料、硫黄及びその化合物、粗砕石灰石、木の実油かす及びその粉末、微粉炭燃焼灰、カルシウム肥料、石こう、含鉄物

飼料用　尿素、イソブチルアルデヒド縮合尿素、焼成りん肥、液体りん酸肥料、副産りん酸肥料、塩化加里、魚かす及びその粉末、干魚肥料及びその粉末、魚節煮かす、蒸製魚鱗及びその粉末、干蚕蛹《よう》及びその粉末、蚕蛹《よう》油かす及びその粉末、とうもろこしはい芽及びその粉末、大豆油かす及びその粉末、なたね油かす及びその粉末、わたみ油かす及びその粉末、落花生油かす及びその粉末、あまに油かす及びその粉末、ごま油かす及びその粉末、米ぬか油かす及びその粉末、その他の草本性植物油かす及びその粉末（ひまわり油かす及びその粉末、サッフラワー油かす及びその粉末、ニガー油かす及びその粉末並びにえごま油かす及びその粉末に限る。）、カポック油かす及びその粉末、とうもろこしはい芽油かす及びその粉末、豆腐かす乾燥肥料、えんじゅかす粉末、とうもろこし浸漬液肥料、乾燥菌体肥料（乾燥酵母に限る。）、魚廃物加工肥料（蒸製皮革粉、た

ばこくず肥料若しくはその粉末若しくは泥炭を原料として使用するもの又は悪臭防止材を使用するものを除く。)、副産動物質肥料、副産植物質肥料、混合有機質肥料（蒸製皮革粉、ひまし油かす粉末、たばこくず肥料粉末、乾燥菌体肥料（食品工業、パルプ工業、発酵工業又はゼラチン工業の排水を活性スラッジ法により浄化する際に得られる菌体を加熱乾燥したものに限る。)、加工家きんふん肥料又は魚廃物加工肥料（蒸製皮革粉、たばこくず肥料若しくはその粉末若しくは泥炭を原料として使用するもの又は悪臭防止材を使用するものに限る。）を原料として使用するものを除く。)、化成肥料、シリカゲル肥料、硫酸苦土肥料、炭酸苦土肥料、硫酸マンガン肥料、米ぬか、発酵かす、木の実油かす及びその粉末（パーム核油かす及びその粉末に限る。)、貝化石粉末

肥料の品質の確保等に関する法律施行令第二条の規定に基づき農林水産大臣の指定する有効石灰等を指定する件

昭和５９年　３月１６日　農林水産省告示第　６９５号　施行　昭和５９年　４月　１日
改正昭和６１年　２月２２日　農林水産省告示第　２８５号　施行　昭和６１年　３月２５日
改正昭和６１年１２月２５日　農林水産省告示第２０５１号　施行　昭和６２年　１月２５日
改正平成　２年１２月　５日　農林水産省告示第１５３２号　施行　平成　３年　１月　５日
改正平成　７年１２月１２日　農林水産省告示第１９８４号　施行　平成　８年　１月１２日
改正平成１１年　５月１３日　農林水産省告示第　７０４号　施行　平成１１年　６月１２日
改正令和　２年１０月３０日　農林水産省告示第２１２６号　施行　令和　２年１２月　１日

肥料の品質の確保等に関する法律施行令第二条の表（以下「表」という。）の窒素質肥料（有機質肥料（動植物質のものに限る。以下同じ。）を除く。）の項の(2)の農林水産大臣の指定する有効石灰	可溶性石灰
表の窒素質肥料（有機質肥料（動植物質のものに限る。以下同じ。）を除く。）の項の(2)のアルカリ分である農林水産大臣の指定する有効苦土	可溶性苦土
表の窒素質肥料（有機質肥料（動植物質のものに限る。以下同じ。）を除く。）の項の(2)の農林水産大臣の指定する有効けい酸	可溶性けい酸、水溶性けい酸
表の窒素質肥料（有機質肥料（動植物質のものに限る。以下同じ。）を除く。）の項の(2)のアルカリ分でない農林水産大臣の指定する有効苦土	可溶性苦土、く溶性苦土、水溶性苦土
表の窒素質肥料（有機質肥料（動植物質のものに限る。以下同じ。）を除く。）の項の(2)の農林水産大臣の指定する有効マンガン	可溶性マンガン、く溶性マンガン、水溶性マンガン
表の窒素質肥料（有機質肥料（動植物質のものに限る。以下同じ。）を除く。）の項の(2)の農林水産大臣の指定する有効ほう素	く溶性ほう素、水溶性ほう素
表のりん酸質肥料（有機質肥料を除く。）の項の(1)の農林水産大臣の指定する有効りん酸	く溶性りん酸、可溶性りん酸、水溶性りん酸
表の加里質肥料（有機質肥料を除く。）の項の(1)の農林水産大臣の指定する有効加里	く溶性加里、水溶性加里
表の石灰質肥料の項の(2)の農林水産大臣の指定する有効苦土	可溶性苦土、く溶性苦土、水溶性苦土
表の石灰質肥料の項の(2)の農林水産大臣の指定する有効マンガン	可溶性マンガン、く溶性マンガン、水溶性マンガン
表の石灰質肥料の項の(2)の農林水産大臣の指定する有効ほう素	く溶性ほう素、水溶性ほう素

表のけい酸質肥料の項の(1)及び(2)の農林水産大臣の指定する有効けい酸	可溶性けい酸、水溶性けい酸
表のけい酸質肥料の項の(2)の農林水産大臣の指定する有効苦土	可溶性苦土、く溶性苦土、水溶性苦土
表のけい酸質肥料の項の(2)の農林水産大臣の指定する有効マンガン	可溶性マンガン、く溶性マンガン、水溶性マンガン
表のけい酸質肥料の項の(2)の農林水産大臣の指定する有効ほう素	く溶性ほう素、水溶性ほう素
表の苦土肥料の項の農林水産大臣の指定する有効苦土	可溶性苦土、く溶性苦土、水溶性苦土
表のマンガン質肥料の項の(1)及び(2)の農林水産大臣の指定する有効マンガン	可溶性マンガン、く溶性マンガン、水溶性マンガン
表のマンガン質肥料の項の(2)の農林水産大臣の指定する有効苦土	可溶性苦土、く溶性苦土、水溶性苦土
表のほう素質肥料の項の(1)及び(2)の農林水産大臣の指定する有効ほう素	く溶性ほう素、水溶性ほう素
表のほう素質肥料の項の(2)の農林水産大臣の指定する有効苦土	可溶性苦土、く溶性苦土、水溶性苦土
表の微量要素複合肥料の項の(1)及び(2)の農林水産大臣の指定する有効マンガン	可溶性マンガン、く溶性マンガン、水溶性マンガン
表の微量要素複合肥料の項の(1)及び(2)の農林水産大臣の指定する有効ほう素	く溶性ほう素、水溶性ほう素
表の微量要素複合肥料の項の(2)の農林水産大臣の指定する有効苦土	可溶性苦土、く溶性苦土、水溶性苦土

備考　前表中可溶性石灰、可溶性苦土及び可溶性マンガンとは、それぞれ２分の１モル毎リットルの塩酸に溶ける石灰、苦土及びマンガンをいい、可溶性けい酸とは、シリカゲルに由来するものにあっては２分の１モル毎リットルの水酸化ナトリウムに溶けるけい酸を、その他の原料に由来するものにあっては２分の１モル毎リットルの塩酸に溶けるけい酸をいい、く溶性苦土、く溶性マンガン、く溶性ほう素、く溶性りん酸及びく溶性加里とは、それぞれ２パーセントのくえん酸液に溶ける苦土、マンガン、ほう素、りん酸及び加里をいい、可溶性りん酸とは、ペーテルマン氏くえん酸アンモニアに溶けるりん酸をいう。

肥料の品質の確保等に関する法律施行令第十条の規定に基づき尿素を含有する肥料等につき農林水産大臣が定める種類を定める件

昭和５９年　３月１６日　農林水産省告示第　６９６号　施行　昭和５９年　４月　１日
改正昭和６１年　２月２２日　農林水産省告示第　２８６号　施行　昭和６１年　３月２５日
改正平成１３年　５月１０日　農林水産省告示第　６３７号　施行　即日
改正平成１６年　４月２３日　農林水産省告示第　９７２号　施行　平成１６年　５月２５日
改正令和　２年１０月３０日　農林水産省告示第２１２６号　施行　令和　２年１２月　１日

区　分	農林水産大臣が定める種類
一　肥料の品質の確保等に関する法律施行令（以下「令」という。）第十条第三号の尿素を含有する肥料（複合　肥料を除く。）に係るもの	混合窒素肥料
二　令第十条第六号の複合肥料に係るもの	化成肥料、配合肥料、被覆複合肥料、液状複合肥料及び家庭園芸用複合肥料
三　令第十条第七号の石灰質肥料に係るもの	炭酸カルシウム肥料
四　令第十条第八号の微量要素複合肥料に係るもの	混合微量要素肥料及び液体微量要素複合肥料

肥料の品質の確保等に関する法律施行規則第一条の二第一項の規定に基づき肥料の用途が専ら家庭園芸用である旨の表示の方法を定める件

昭和６１年　２月２２日　農林水産省告示第　２８７号　施行　昭和６１年　３月２５日
令和　２年１０月３０日　農林水産省告示第２１２６号　施行　令和　２年１２月　１日

肥料の品質の確保等に関する法律施行規則第一条の二第一項の用途が専ら家庭園芸用である旨の表示は「家庭園芸専用」の字句をもつて、容器又は包装の外部の見やすい場所に明りように行うこととし、標準的な様式は次のとおりとする。

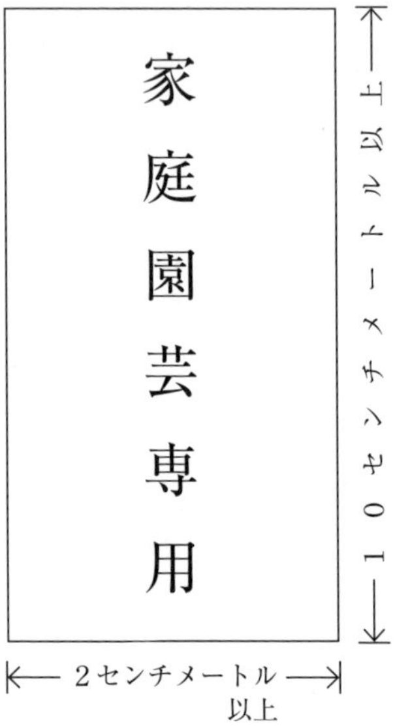

又は

肥料の品質の確保等に関する法律施行規則第二条の二の規定に基づき植物に対する害に関する栽培試験の成績を要する肥料から除くものを指定する件

昭和５９年　３月１６日　農林水産省告示第　６９７号　施行　昭和５９年　４月　１日
改正昭和６１年　２月２２日　農林水産省告示第　２８８号　施行　昭和６１年　３月２５日
改正平成　８年１２月１９日　農林水産省告示第１９５９号　施行　平成　９年　１月１９日
改正平成１３年　５月１０日　農林水産省告示第　６３８号　施行　即日
改正平成１６年　４月２３日　農林水産省告示第　９７３号　施行　平成１６年　５月２５日
改正平成３０年　５月２５日　農林水産省告示第１１６６号　施行　即日
改正令和　２年１０月３０日　農林水産省告示第２１２６号　施行　令和　２年１２月　１日

区　　　分	農林水産大臣の指定するもの
一　肥料の品質の確保等に関する法律施行規則（以下「規則」という。）第二条の二第一号の副産窒素肥料	一　硫酸マグネシウムと硫酸アンモニウムの複塩から成るもの 二　食品工業における発酵廃液を濃縮乾燥したもの 三　一又は二の副産窒素肥料に規則第四条第三号に掲げる材料（以下「材料」という。）を使用したもの
二　規則第二条の二第二号の液状副産窒素肥料	食品工業における発酵廃液を原料とするもの
三　規則第二条の二第四号の副産りん酸肥料	一　獣骨を原料としてゼラチンを生産する際に副産されるもの 二　米ぬか又はとうもろこしを原料としてイノシトールを抽出する際に副産されるもの 三　一又は二の副産りん酸肥料に材料を使用したもの
四　規則第二条の二第五号の乾燥菌体肥料	一　培養によつて得られる菌体を加熱乾燥したもの 二　培養によつて得られる菌体から脂質を抽出したかす又は酵母から核酸を抽出したかすを乾燥したもの 三　一又は二の乾燥菌体肥料に材料を使用したもの
五　規則第二条の二第六号の吸着複合肥料	一　肥料又は食品工業における発酵廃液を吸着原料に吸着させたもの 二　一の吸着複合肥料に材料を使用したもの
六　規則第二条の二第七号の副産複合肥料	一　食品工業における発酵廃液を濃縮乾燥したもの 二　アブラヤシの果房から搾油のために果実を分離したものを燃焼したもの 三　一又は二の副産複合肥料に材料を使用したもの
七　規則第二条の二第九号の副産苦土肥料	一　粗製水酸化マグネシウムを粉末としたもの 二　マグネシアクリンカー副産物（軽焼マグネシアを含む。）、普通鋼製鋼用転炉のドロマイトれんがさい又はフェロニッケル鉱さいを粉末としたもの 三　ドロマイトれんがを生産する際に得られるマグネシウム含有ダスト 四　一、二又は三の副産苦土肥料に材料を使用したもの

肥料の品質の確保等に関する法律施行規則第四条第一号の規定に基づき生産工程の概要の記載を要する普通肥料を指定する件

昭和５９年　３月１６日　農林水産省告示第　６９８号　施行　昭和５９年　４月　１日
この間１６回改正
改正平成１５年　２月　７日　農林水産省告示第　１２３号　施行　平成１５年　３月１０日
改正平成１６年　１月１５日　農林水産省告示第　　７３号　施行　平成１６年　５月　１日
改正平成１６年　４月２３日　農林水産省告示第　９７４号　施行　平成１６年　５月２５日
改正平成１７年　２月　７日　農林水産省告示第　２５５号　施行　平成１７年　３月　９日
改正平成２４年　８月　８日　農林水産省告示第１９８７号　施行　平成２４年　９月　７日
改正平成２６年　９月　１日　農林水産省告示第１１５０号　施行　平成２６年１０月　１日
改正平成３０年　１月２２日　農林水産省告示第　１３５号　施行　平成３０年　２月２２日
改正平成３０年　９月　５日　農林水産省告示第１９９２号　施行　平成３０年１０月　５日

硫酸アンモニア、硝酸石灰、アセトアルデヒド縮合尿素、イソブチルアルデヒド縮合尿素、硫酸グアニル尿素、オキサミド、硝酸アンモニアソーダ肥料、硝酸アンモニア石灰肥料、硝酸苦土肥料、腐植酸アンモニア肥料、被覆窒素肥料、グリオキサール縮合尿素、ホルムアルデヒド加工尿素肥料、メチロール尿素重合肥料、副産窒素肥料、液状窒素肥料、混合窒素肥料、液状副産窒素肥料、過りん酸石灰、重過りん酸石灰、りん酸苦土肥料、熔《よう》成りん肥、焼成りん肥、被覆りん酸肥料、液体りん酸肥料、熔《よう》成けい酸りん肥、熔《よう》成汚泥灰けい酸りん肥、鉱さいりん酸肥料、加工りん酸肥料、加工鉱さいりん酸肥料、腐植酸りん肥、副産りん酸肥料、混合りん酸肥料、硫酸加里、硫酸加里苦土、重炭酸加里、粗製加里塩、加工苦汁加里肥料、腐植酸加里肥料、けい酸加里肥料、被覆加里肥料、液体けい酸加里肥料、熔成けい酸加里肥料、副産加里肥料、混合加里肥料、肉かす粉末、肉骨粉、蒸製てい角粉、蒸製てい角骨粉、蒸製毛粉、乾血及びその粉末、生骨粉、蒸製骨粉、蒸製皮革粉、とうもろこし浸漬液肥料、乾燥菌体肥料、加工家きんふん肥料、魚廃物加工肥料、食品残さ加工肥料、副産動物質肥料、副産植物質肥料（しよう油を生産する際に副産されるものを除く。）、混合有機質肥料（植物油かす及びその粉末の二以上を混合したものを除く。）、熔《よう》成複合肥料、化成肥料、混合動物排せつ物複合肥料、混合堆肥複合肥料、成形複合肥料、吸着複合肥料、被覆複合肥料、副産複合肥料、配合肥料、液状複合肥料、熔《よう》成汚泥灰複合肥料、混合汚泥複合肥料、家庭園芸用複合肥料、生石灰、消石灰、炭酸カルシウム肥料、貝化石肥料、副産石灰肥料、混合石灰肥料、鉱さいけい酸質肥料、シリカゲル肥料、シリカヒドロゲル肥料、けい灰石肥料、軽量気泡コンクリート粉末肥料、硫酸苦土肥料、水酸化苦土肥料、酢酸苦土肥料、炭酸苦土肥料、加工苦土肥料、腐植酸苦土肥料、リグニン苦土肥料、被覆苦土肥料、副産苦土肥料、混合苦土肥料、硫酸マンガン肥料、炭酸マンガン肥料、加工マンガン肥料、鉱さいマンガン肥料、副産マンガン肥料、液体副産マンガン肥料、混合マンガン肥料、熔《よう》成ほう素肥料、加工ほう素肥料、熔《よう》成微量要素複合肥料、混合微量要素肥料、液体微量要素複合肥料

肥料の品質の確保等に関する法律施行規則第七条の六第一号の規定に基づき農林水産大臣の指定する被覆窒素肥料等を指定する件

	平成１３年　５月１０日	農林水産省告示第　６４３号	施行	平成１３年　６月１０日
改正	平成１６年　４月２３日	農林水産省告示第　９７５号	施行	平成１６年　５月２５日
改正	平成２０年　２月２９日	農林水産省告示第　３２１号	施行	平成２０年　４月　１日
改正	平成２４年　８月　８日	農林水産省告示第１９８８号	施行	平成２４年　９月　７日
改正	平成２８年１２月１９日	農林水産省告示第２５３３号	施行	平成２９年　１月１８日
改正	令和　２年１０月３０日	農林水産省告示第２１２６号	施行	令和　２年１２月　１日

1　肥料の品質の確保等に関する法律施行規則（以下「規則」という。）第七条の六第一号の農林水産大臣が指定する被覆窒素肥料は、同号に掲げる窒素質肥料を硫黄その他の被覆原料で被覆したものとする。

2　規則第七条の六第一号の農林水産大臣が指定する混合窒素肥料は、同号に掲げる窒素質肥料に、同号に掲げる窒素質肥料、同条第八号に掲げる苦土肥料、同条第九号に掲げるマンガン質肥料、同条第十号に掲げるほう素質肥料又は同条第十一号に掲げる微量要素複合肥料を混合したものとする。

3　規則第七条の六第二号の農林水産大臣が指定する被覆りん酸肥料は、同号に掲げるりん酸質肥料を硫黄その他の被覆原料で被覆したものとする。

4　規則第七条の六第二号の農林水産大臣が指定する加工りん酸肥料は、同号に掲げるりん酸質肥料又は熔《よう》成微量要素複合肥料、りん酸含有物（りん鉱石又はこれに化学的操作を加えたものに限る。）、塩基性のカルシウム、マグネシウム若しくはマンガン含有物、鉱さい若しくはほう酸塩に、硫酸、りん酸又は塩酸を加えたものとする。

5　規則第七条の六第二号の農林水産大臣が指定する混合りん酸肥料は、同号に掲げるりん酸質肥料に、同号に掲げるりん酸質肥料、同条第六号に掲げる石灰質肥料、同条第七号に掲げるけい酸質肥料、同条第八号に掲げる苦土肥料、同条第九号に掲げるマンガン質肥料、同条第十号に掲げるほう素質肥料又は同条第十一号に掲げる微量要素複合肥料を混合したものとする。

6　規則第七条の六第三号の農林水産大臣が指定する被覆加里肥料は、加里質肥料を硫黄その他の被覆原料で被覆したもののうち、肥料の品質の確保等に関する法律（昭和二十五年法律第百二十七号）第六条第一項第六号に規定する植物に対する害に関する栽培試験（以下「植害試験」という。）の成績の提出が不要であるものとする。

7　規則第七条の六第三号の農林水産大臣が指定する混合加里肥料は、加里質肥料に、加里質肥料、石灰質肥料、けい酸質肥料、苦土肥料、マンガン質肥料、ほう素質肥料又は微量要素複合肥料を混合したもののうち、植害試験の成績の提出が不要であるものとする。

8　規則第七条の六第四号の農林水産大臣が指定する混合有機質肥料は、次の各号のいずれかに該当するものとする。

一　規則第七条の六第四号に掲げる有機質肥料に、同号に掲げる有機質肥料又は米ぬか、発酵米ぬか、乾燥藻及びその粉末、よもぎかす若しくは動物の排せつ物（鶏ふんの炭化物に限る。）を混合したもの

二　前号に掲げる混合有機質肥料の原料となる肥料に、血液又は豆腐かすを混合し、乾燥したもの

9　規則第七条の六第五号の農林水産大臣が指定する化成肥料は、次の各号のいずれかに該当するものとする。

一　規則第七条の六各号に掲げる窒素質肥料、りん酸質肥料、加里質肥料、有機質肥料、複合肥料、石灰質肥料、けい酸質肥料（シリカゲル肥料に限る。）、苦土肥料、マンガン質肥料、ほう素質肥料又は微量要素複合肥料のいずれか二以上を配合し、造粒又は成形したもの

二　前号に掲げる化成肥料の原料となる肥料に、米ぬか、発酵米ぬか、乾燥藻及びその粉末、発酵乾ぷん肥料、よもぎかす、骨灰、動物の排せつ物（鶏ふんの炭化物に限る。）又は動物の排せつ物の燃焼灰（鶏ふん燃焼灰又は牛の排せつ物と鶏ふんとの混合物の燃焼灰に限る。）のいずれか一以上を配合し、造粒又は成形したもの

三　肥料（熔《よう》成汚泥灰けい酸りん肥、熔《よう》成汚泥灰複合肥料、混合汚泥複合肥料及び規則第一条各号に掲げる普通肥料を除く。）又は肥料原料（汚泥及び魚介類の臓器を除く。）を使用し、これに化学的操作を加えた単一の化合物

四　りん酸又はりん鉱石を硝酸若しくは硫酸で分解したものに、アンモニア又は硫酸を加え、これに第一号に掲げる化成肥料若しくはその原料となる肥料、前号に掲げる化成肥料又は塩基性のマグネシウム含有物を加えたもの

五　第三号又は前号に掲げる化成肥料を配合し、造粒又は成形したもの

六　第一号又は第二号に掲げる化成肥料又はその原料となる肥料若しくはその原料となる肥料を配合したものに、第三号若しくは第四号に掲げる化成肥料、その化成肥料を配合したもの又は前号に掲げる化成肥料を配合し、造粒又は成形したもの

10　規則第七条の六第五号の農林水産大臣が指定する成形複合肥料は、同条第一号に掲げる窒素質肥料、同条第二号に掲げるりん酸質肥料、同条第三号に掲げる加里質肥料、同条第四号に掲げる有機質肥料、同条第五号に掲げる複合肥料、同条第八号に掲げる苦土肥料、同条第九号に掲げるマンガン質肥料、同条第十号に掲げるほう素質肥料又は同条第十一号に掲げる微量要素複合肥料に、木質泥炭、紙パルプ廃繊維、草炭質腐植、流紋岩質凝灰岩粉末又はベントナイトのいずれか一を混合し、造粒又は成形したものとする。

11　規則第七条の六第五号の農林水産大臣が指定する被覆複合肥料は、同号に掲げる化成肥料を硫黄その他の被覆原料で被覆したものとする。

12　規則第七条の六第五号の農林水産大臣が指定する配合肥料は、次の各号のいずれかに該当するものとする。

一　規則第七条の六各号に掲げる窒素質肥料、りん酸質肥料、加里質肥料、有機質肥料、複合肥料、石灰質肥料、けい酸質肥料（シリカゲル肥料に限る。）、苦土肥料、マンガン質肥料、ほう素質肥料又は微量要素複合肥料のいずれか二以上を配合したもの

二　前号に掲げる配合肥料の原料となる肥料に、米ぬか、発酵米ぬか、乾燥藻及びその粉末、発酵乾ぷん肥料、グアノ（りん酸のく溶率五十パーセント以上のもので造粒又は成形しないものに限る。）、よもぎかす、骨灰、動物の排せつ物（鶏ふんの炭化物に限る。）又は動物の排せつ物の燃焼灰（鶏ふん燃焼灰又は牛の排せつ物と鶏ふんとの混合物の燃焼灰に限る。）のいずれか一以上を配合したもの

三　第九項各号に掲げる化成肥料を配合したもの

13　規則第七条の六第六号の農林水産大臣が指定する混合石灰肥料は、石灰質肥料に、石灰質肥料、苦土肥料、ほう素質肥料又は微量要素複合肥料を混合したもののうち、植害試験の成績の提出が不要であるものとする。

14　規則第七条の六第八号の農林水産大臣が指定する被覆苦土肥料は、苦土肥料を硫黄その他の被覆原料で被覆したもののうち、植害試験の成績の提出が不要であるものとする。

15　規則第七条の六第八号の農林水産大臣が指定する副産苦土肥料は、食品工業、パルプ工業、化学工業、窯業、鉄鋼業又は非鉄金属製造業において副産されたもののうち、植害試験の成績の提出が不要であるものとする。

16　規則第七条の六第八号の農林水産大臣が指定する混合苦土肥料は、苦土肥料を二以上混合したもののうち、植害試験の成績の提出が不要であるものとする。

17　規則第七条の六第九号の農林水産大臣が指定する混合マンガン肥料は、マンガン質肥料にマンガン質肥料又は苦土肥料を混合したもののうち、植害試験の成績の提出が不要であるものとする。

18　規則第七条の六第十一号の農林水産大臣が指定する混合微量要素肥料は、マンガン質肥料、ほう素質肥料、微量要素複合肥料又は苦土肥料を混合したもののうち、植害試験の成績の提出が不要であるものとする。

農林水産大臣が定める方法を定める件

令和　２年１０月２７日　農林水産省告示　第２０８２号　施行　令和　２年１２月　１日

一　肥料の品質の確保等に関する法律（昭和二十五年法律第百二十七号。次号において「法」という。）第四条第二項第二号の農林水産大臣が定める方法は、次のイ又はロに掲げる肥料の区分に応じ、それぞれイ又はロに定める方法とする。

イ　肥料の品質の確保等に関する法律施行規則（昭和二十五年農林省令第六十四号。この号及び第三号において「規則」という。）第十一条第八項第二号に規定する指定配合肥料　造粒（水以外の粒状化を促進するための材料を用いる造粒を除く。ただし、規則第一条の二第一項に規定する家庭園芸用肥料を加工する場合にあってはこの限りでない。）、成形（水以外の成形を促進するための材料を用いる成形を除く。ただし、家庭園芸用肥料を加工する場合にあってはこの限りでない。）、圧ぺん、粉砕その他必要と認められる方法

ロ　規則第十一条第八項第四号に規定する指定化成肥料　造粒（家庭園芸用肥料以外の肥料を加工する場合であって、水以外の粒状化を促進するための材料を用いる造粒に限る。）、成形（家庭園芸用肥料以外の肥料を加工する場合であって、水以外の成形を促進するための材料を用いる成形に限る。）、当該造粒又は成形に伴う圧ぺん、粉砕、混練、加熱、溶解、乾燥、冷却、ふるい分けその他これらの加工に伴い必要と認められる方法

二　法第四条第二項第三号及び第四号の農林水産大臣が定める方法は、造粒、成形、圧ぺん、粉砕その他必要と認められる方法とする。

三　規則第十一条第八項第四号の農林水産大臣が定める方法は、第一号ロに掲げる方法とする。

附　則

この告示は、肥料取締法の一部を改正する法律の施行の日（令和二年十二月一日）から施行する。

肥料の品質の確保等に関する法律施行規則別表第１号ト及び第２号の規定に基づき、農林水産大臣が指定する特殊肥料を定める件

令和　２年１０月２７日　農林水産省告示　第２０８３号　施行　令和　２年１２月　１日

一　肥料の品質の確保等に関する法律施行規則（昭和二十五年農林省令第六十四号。以下「規則」という。）別表第一号トの農林水産大臣が指定する特殊肥料は、昭和二十五年六月二十日農林省告示第百七十七号（以下「特殊肥料等指定告示」という。）の一の（ロ）に規定する人ぷん尿、動物の排せつ物（水分含有量が五十％を超えるものに限る。この号において同じ。）及び堆肥（水分含有量が五十％を超えるものに限る。この号において同じ。）並びに一の（ハ）に規定する専ら特殊肥料が原料として配合される肥料（人ぷん尿、動物の排せつ物又は堆肥が原料として配合されるものに限る。）とする。

二　規則別表第二号の表第一項下欄第三号の農林水産大臣が指定する特殊肥料は、特殊肥料等指定告示の一の（イ）に規定する粗砕石灰石、一の（ロ）に規定する草木灰、くん炭肥料、骨炭粉末、骨灰、動物の排せつ物の燃焼灰、堆肥、発泡消火剤製造かす、貝殻肥料、貝化石粉末、製糖副産石灰、石灰処理肥料及び微粉炭燃焼灰、一の（ハ）に規定する専ら特殊肥料が原料として配合される肥料（専ら粗砕石灰石、草木灰、くん炭肥料、骨炭粉末、骨灰、動物の排せつ物の燃焼灰、堆肥、発泡消化剤製造かす、貝殻肥料、貝化石粉末、製糖副産石灰、石灰処理肥料又は微粉炭燃焼灰を原料として配合されるものに限る。）その他アルカリ分、石灰全量又は有効苦土を含有するものとする。

三　規則別表第二号の表第二項下欄の農林水産大臣が指定する特殊肥料は、特殊肥料等指定告示の一の（ロ）に規定する草木灰、骨灰、動物の排せつ物の燃焼灰及び微粉炭燃焼灰、一の（ハ）に規定する専ら特殊肥料が原料として配合される肥料（専ら草木灰、骨灰、動物の排せつ物の燃焼灰又は微粉炭燃焼灰を原料として配合されるものに限る。）その他アルカリ分を含有するものとする。

附　則

この告示は、肥料取締法の一部を改正する法律の施行の日（令和二年十二月一日）から施行する。

肥料の品質の確保等に関する法律施行規則第十一条第八項ただし書及び同条第九項ただし書（同条第十項において準用する場合を含む。）の規定に基づき指定混合肥料の保証の方法の特例を定める件

	昭和５９年　３月１６日	農林水産省告示第　６９９号	施行	昭和５９年　４月　１日
改正	平成　元年　６月２７日	農林水産省告示第　８２７号	施行	平成　元年　７月１０日
改正	平成　２年１２月　５日	農林水産省告示第１５３４号	施行	平成　３年　１月　５日
改正	平成　４年１２月　７日	農林水産省告示第１２７１号	施行	平成　５年　１月　７日
改正	平成　７年１２月１２日	農林水産省告示第１９８６号	施行	平成　８年　１月１２日
改正	平成１２年　３月１０日	農林水産省告示第　３６９号	施行	平成１２年　４月　１日
改正	令和　２年１１月　２日	農林水産省告示第２１２７号	施行	令和　２年１２月　１日

１　肥料の品質の確保等に関する法律施行規則第十一条第八項第二号に規定する指定配合肥料

一　原料として使用した普通肥料においてアンモニア性窒素及び硝酸性窒素が保証され、かつ、窒素全量が保証されない指定配合肥料の窒素の主成分の保証については、肥料の品質の確保等に関する法律施行規則（昭和25年農林省令第64号。以下「規則」という。）第十一条第八項各号の規定によりアンモニア性窒素及び硝酸性窒素を保証し、かつ、次の㈠及び㈡により求めた値を合算した値の百分の八十以上（合算した値が五未満の値の場合には百分の五十以上。以下同じ。）で、かつ、次の㈢のイ及び㈣のイの値を合算した値若しくは㈢のロ及び㈣のロの値を合算した値又は当該指定配合肥料の窒素全量の含有量（当該指定配合肥料の生産業者が当該指定配合肥料のロットごとに確認したものに限る。）を超えない範囲内の数値で同項第五号及び第六号の規定により窒素全量を保証することができるものとする。

㈠　原料として使用した普通肥料のうちアンモニア性窒素を保証したものごとに当該主成分の保証成分量に当該肥料の配合割合を乗じて得た値を合算する。

㈡　原料として使用した普通肥料のうち硝酸性窒素を保証したものごとに当該主成分の保証成分量に当該肥料の配合割合を乗じて得た値を合算する。

㈢　次のいずれかの値

イ　㈠における当該合算した値

ロ　当該指定配合肥料の生産業者が原料として使用した普通肥料のうちアンモニア性窒素を保証したものごとに当該主成分の含有量（当該生産業者が当該普通肥料のロットごとに確認したものに限る。）に当該普通肥料の配合割合を乗じて得た値を合算した値

㈣　次のいずれかの値

イ　㈡における当該合算した値

ロ　当該指定配合肥料の生産業者が原料として使用した普通肥料のうち硝酸性窒素を保証したものごとに当該主成分の含有量（当該生産業者が当該普通肥料のロットごとに確認したものに限る。）に当該普通肥料の配合割合を乗じて得た値を合算した値

二　原料として使用した普通肥料において別表の区分ごとの上欄に掲げる主成分及び下欄に掲げる主成分が保証された指定配合肥料の上欄に掲げる主成分の保証については、次の㈠及び㈡により求めた値を合算した値の百分の八十以上で、かつ、次の㈢のイ及び㈣のイの値を合算した値若しくは㈢のロ及び㈣のロの値を合算した値又は当該指定配合肥料の上欄に掲げる主成分の含有量（当該指定配合肥料の生産業者が当該指定配合肥料のロットごとに確認したものに限る。）を超えない範囲内の数値で規則第十一条第八項第五号及び第六号の規定により保証するものとする。ただし、原料として使用した普通肥料においてく溶性りん酸及び可溶性りん酸が保証された指定配合肥料並びに原料として使用した普通肥料において保証された可溶性りん酸又は水溶性りん酸の非水溶化が生じた指定配合肥料（原料として使用した普通肥料において保証されたりん酸の主成分がく溶性りん酸及び水溶性りん酸又はりん酸全量、く溶性りん酸及び水溶性りん酸に限られるもの並びに原料として使用した普通肥料において可溶性りん酸及び水溶性りん酸が保証され、かつ、可溶性りん酸の非水溶化が生じないものを除く。）のく溶性りん酸又は可溶性りん酸の保証についてはこの限りでない。

㈠　原料として使用した普通肥料のうち上欄に掲げる主成分を保証したものごとに当該主成分の保証成分量に当該肥料の配合割合を乗じて得た値を合算する。

㈡　原料として使用した普通肥料（上欄に掲げる主成分を保証したものを除く。）のうち下欄に掲げる主成分を保証したものごとに下欄に掲げる主成分（1の区分の下欄に掲げる二種類の主成分を保証したものにあつてはそれぞれの主成分、2、5、7又は9の区分の下欄に掲げる二種類の主成分を保証したものにあつては二種類の主成分のうち保証成分量の大きい主成分。以下同じ。）の保証成分量に当該肥料の配合割合を乗じて得た値を合算する。

㈢　次のいずれかの値

イ　㈠における当該合算した値

ロ　当該指定配合肥料の生産業者が原料として使用した普通肥料のうち上欄に掲げる主成分を保証したものごとに当該主成分の含有量（当該生産業者が当該普通肥料のロットごとに確認したものに限る。）に当該普通肥料の配合割合を乗じて得た値を合算した値

(四) 次のいずれかの値

イ (二)における当該合算した値

ロ 当該指定配合肥料の生産業者が原料として使用した普通肥料（上欄に掲げる主成分を保証したものを除く。）のうち下欄に掲げる主成分を保証したものごとに当該主成分の含有量（当該生産業者が当該普通肥料のロットごとに確認したものに限る。）に当該普通肥料の配合割合を乗じて得た値を合算した値

三 原料として使用した普通肥料において窒素全量及びアンモニア性窒素若しくは硝酸性窒素又はその双方が保証された指定配合肥料の窒素全量の保証において、当該指定配合肥料の窒素全量の保証成分量とアンモニア性窒素若しくは硝酸性窒素の保証成分量又はその双方の保証成分量を合算した値のうち最も大きいものとの差が一％未満の場合は、窒素全量の保証を省略することができる。

四 原料として使用した普通肥料においてりん酸全量及びく溶性りん酸、可溶性りん酸若しくは水溶性りん酸又はこれらのうち二以上が保証された指定配合肥料のりん酸全量の保証において、当該指定配合肥料のりん酸全量の保証成分量とく溶性りん酸、可溶性りん酸又は水溶性りん酸のうち最も大きな主成分の保証成分量との差が一％未満の場合は、りん酸全量の保証を省略することができる。

五 原料として使用した普通肥料において加里全量及びく溶性加里若しくは水溶性加里又はその双方が保証された指定配合肥料の加里全量の保証において、当該指定配合肥料の加里全量の保証成分量とく溶性加里又は水溶性加里のうち最も大きい主成分の保証成分量との差が一％未満の場合は、加里全量の保証を省略することができる。

六 原料として使用した普通肥料においてく溶性りん酸及び可溶性りん酸が保証された指定配合肥料のく溶性りん酸及び可溶性りん酸の保証については、く溶性りん酸を次の(一)、(二)及び(三)により求めた値を合算した値の百分の八十以上で、かつ、次の(四)のイ、(五)のイ及び(六)のイの値を合算した値若しくは(四)のロ、(五)のロ及び(六)のロの値を合算した値又は当該指定配合肥料のく溶性りん酸の含有量（当該指定配合肥料の生産業者が当該指定配合肥料のロットごとに確認したものに限る。）を超えない範囲内の数値で規則第十一条第八項第五号及び第六号の規定により保証するものとし、可溶性りん酸を保証しないものとする。

(一) 原料として使用した普通肥料のうちく溶性りん酸を保証したものごとに当該く溶性りん酸の保証成分量に当該肥料の配合割合を乗じて得た値を合算する。

(二) 原料として使用した普通肥料のうち可溶性りん酸を保証したものごとに当該可溶性りん酸の保証成分量に当該肥料の配合割合を乗じて得た値を合算する。

(三) 原料として使用した普通肥料のうち水溶性りん酸を保証し、く溶性りん酸及び可

溶性りん酸のいずれも保証しないものごとに当該水溶性りん酸の保証成分量に当該肥料の配合割合を乗じて得た値を合算する。

㈣　次のいずれかの値

イ　㈠における当該合算した値

ロ　当該指定配合肥料の生産業者が原料として使用した普通肥料のうちく溶性りん酸を保証したものごとに当該く溶性りん酸の含有量（当該生産業者が当該普通肥料のロットごとに確認したものに限る。）に当該普通肥料の配合割合を乗じて得た値を合算した値

㈤　次のいずれかの値

イ　㈡における当該合算した値

ロ　当該指定配合肥料の生産業者が原料として使用した普通肥料のうち可溶性りん酸を保証したものごとに当該可溶性りん酸の含有量（当該生産業者が当該普通肥料のロットごとに確認したものに限る。）に当該普通肥料の配合割合を乗じて得た値を合算した値

㈥　次のいずれかの値

イ　㈢における当該合算した値

ロ　当該指定配合肥料の生産業者が原料として使用した普通肥料のうち、水溶性りん酸を保証し、く溶性りん酸及び可溶性りん酸のいずれも保証しないものごとに当該水溶性りん酸の含有量（当該生産業者が当該普通肥料のロットごとに確認したものに限る。）に当該普通肥料の配合割合を乗じて得た値を合算した値

七　原料として使用した普通肥料において保証された可溶性りん酸又は水溶性りん酸の非水溶化が生じた指定配合肥料（く溶性りん酸を保証した普通肥料を原料として使用したもの並びに原料として使用した普通肥料において可溶性りん酸及び水溶性りん酸が保証され、かつ、可溶性りん酸の非水溶化が生じないものを除く。）の原料として使用した普通肥料において保証された可溶性りん酸又は水溶性りん酸の当該指定配合肥料における保証については、次の㈠及び㈡により求めた値を合算した値の百分の八十以上で、かつ、次の㈢のイ及び㈣のイの値を合算した値若しくは㈢のロ及び㈣のロの値を合算した値又は当該指定配合肥料のく溶性りん酸の含有量（当該指定配合肥料の生産業者が当該指定配合肥料のロットごとに確認したものに限る。）を超えない範囲内の数値で規則第十一条第八項第五号及び第六号の規定によりく溶性りん酸として保証するものとする。

㈠　原料として使用した普通肥料のうち可溶性りん酸を保証したものごとに当該可溶性りん酸の保証成分量に当該肥料の配合割合を乗じて得た値を合算する。

㈡　原料として使用した普通肥料のうち水溶性りん酸を保証し、可溶性りん酸を保証しないものごとに当該水溶性りん酸の保証成分量に当該肥料の配合割合を乗じて得た値を合算する。

㈢　次のいずれかの値

イ　㈠における当該合算した値

ロ　当該指定配合肥料の生産業者が原料として使用した普通肥料のうち可溶性りん酸を保証したものごとに当該可溶性りん酸の含有量（当該生産業者が当該普通肥料のロットごとに確認したものに限る。）に当該普通肥料の配合割合を乗じて得た値を合算した値

㈣　次のいずれかの値

イ　㈡における当該合算した値

ロ　当該指定配合肥料の生産業者が原料として使用した普通肥料のうち水溶性りん酸を保証し、可溶性りん酸を保証しないものごとに当該水溶性りん酸の含有量（当該生産業者が当該普通肥料のロットごとに確認したものに限る。）に当該普通肥料の配合割合を乗じて得た値を合算した値

八　原料として使用した普通肥料において保証された水溶性りん酸の非水溶化が生じた指定配合肥料の水溶性りん酸の保証については、当該指定配合肥料の生産業者が当該指定配合肥料のロットごとに確認した水溶性りん酸の含有量の百分の八十以上で、かつ、当該含有量を超えない範囲内の数値で規則第十一条第八項第五号及び第六号の規定により保証するものとする。ただし、当該指定配合肥料の生産業者が最も非水溶化が生じる条件下において当該指定配合肥料の水溶性りん酸の含有量を確認した場合には、当該含有量の百分の八十以上で、かつ、当該含有量を超えない範囲内の数値で規則第十一条第八項第五号及び第六号の規定により保証することができる。

九　原料として使用した普通肥料において保証された水溶性加里の非水溶化が生じた指定配合肥料（く溶性加里を保証した普通肥料を原料として使用したものを除く。）の原料として使用した普通肥料において保証された水溶性加里の当該指定配合肥料における保証については、当該水溶性加里の保証成分量に当該肥料の配合割合を乗じて得た値を合算した値の百分の八十以上で、かつ、次のいずれかの値を超えない範囲内の数値で規則第十一条第八項第五号及び第六号の規定によりく溶性加里として保証するものとする。

㈠　当該合算した値

㈡　当該指定配合肥料の生産業者が原料として使用した普通肥料の水溶性加里の含有量（当該生産業者が当該普通肥料のロットごとに確認したものに限る。）に当該普

通肥料の配合割合を乗じて得た値を合算した値

㈢　当該指定配合肥料のく溶性加里の含有量（当該指定配合肥料の生産業者が当該指定配合肥料のロットごとに確認したものに限る。）

十　原料として使用した普通肥料において保証された水溶性加里の非水溶化が生じた指定配合肥料の水溶性加里の保証については、第八号の規定を準用する。この場合において「水溶性りん酸」とあるのは「水溶性加里」と読み替えるものとする。

十一　アルカリ分を保証した普通肥料に水酸化苦土肥料、炭酸苦土肥料又は副産苦土肥料を配合した指定配合肥料（アルカリ分を保証した普通肥料、水酸化苦土肥料、炭酸苦土肥料及び副産苦土肥料以外の普通肥料を配合したものを除く。）のアルカリ分の保証については、次の㈠、㈡、㈢及び㈣により求めた値を合算した値の百分の八十以上で、かつ、次の㈤のイ、㈥のイ、㈦のイ及び㈧のイの値を合算した値若しくは㈤のロ、㈥のロ、㈦のロ及び㈧のロの値を合算した値又は当該指定配合肥料のアルカリ分の含有量（当該指定配合肥料の生産業者が当該指定配合肥料のロットごとに確認したものに限る。）を超えない範囲内の数値で規則第十一条第八項第五号及び第六号の規定により保証するものとする。

㈠　原料として使用した普通肥料のうちアルカリ分を保証したものごとに当該アルカリ分の保証成分量に当該肥料の配合割合を乗じて得た値を合算する。

㈡　水酸化苦土肥料を原料として使用した場合には、当該肥料ごとに当該肥料のく溶性苦土の保証成分量に当該肥料の配合割合を乗じて得た値を合算した値に1.39を乗ずる。

㈢　炭酸苦土肥料を原料として使用した場合には、当該肥料ごとに当該肥料のく溶性苦土の保証成分量に当該肥料の配合割合を乗じて得た値を合算した値に1.39を乗ずる。

㈣　副産苦土肥料を原料として使用した場合には、当該肥料ごとに当該肥料のく溶性苦土（可溶性苦土及びく溶性苦土を保証する場合には、可溶性苦土）の保証成分量に当該肥料の配合割合を乗じて得た値を合算した値に1.39を乗ずる。

㈤　次のいずれかの値

イ　㈠における当該合算した値

ロ　当該指定配合肥料の生産業者が原料として使用した普通肥料のうちアルカリ分を保証したものごとに当該アルカリ分の含有量（当該生産業者が当該普通肥料のロットごとに確認したものに限る。）に当該普通肥料の配合割合を乗じて得た値を合算した値

㈥　次のいずれかの値

イ　㈡における当該計算した値

ロ　当該指定配合肥料の生産業者が水酸化苦土肥料を原料として使用した場合には、当該普通肥料ごとにく溶性苦土の含有量（当該生産業者が当該普通肥料のロットごとに確認したものに限る。）に当該普通肥料の配合割合を乗じて得た値を合算した値に一・三九を乗じた値

㈦　次のいずれかの値

イ　㈢における当該計算した値

ロ　当該指定配合肥料の生産業者が炭酸苦土肥料を原料として使用した場合には、当該普通肥料ごとにく溶性苦土の含有量（当該生産業者が当該普通肥料のロットごとに確認したものに限る。）に当該普通肥料の配合割合を乗じて得た値を合算した値に一・三九を乗じた値

㈧　次のいずれかの値

イ　㈣における当該計算した値

ロ　当該指定配合肥料の生産業者が副産苦土肥料を原料として使用した場合には、当該普通肥料ごとにく溶性苦土（可溶性苦土及びく溶性苦土を保証する場合には、可溶性苦土）の含有量（当該生産業者が当該普通肥料のロットごとに確認したものに限る。）に当該普通肥料の配合割合を乗じて得た値を合算した値に一・三九を乗じた値

十二　原料として使用した普通肥料において保証された水溶性苦土の非水溶化が生じた指定配合肥料（可溶性苦土又はく溶性苦土を保証した普通肥料を原料として使用したものを除く。）の原料として使用した普通肥料において保証された水溶性苦土の当該指定配合肥料における保証については、当該水溶性苦土の保証成分量に当該肥料の配合割合を乗じて得た値を合算した値の百分の八十以上で、かつ、次のいずれかの値を超えない範囲内の数値で規則第十一条第八項第五号及び第六号の規定によりく溶性苦土として保証するものとする。

㈠　当該合算した値

㈡　当該指定配合肥料の生産業者が原料として使用した普通肥料の水溶性苦土の含有量（当該生産業者が当該普通肥料のロットごとに確認したものに限る。）に当該普通肥料の配合割合を乗じて得た値を合算した値

㈢　当該指定配合肥料のく溶性苦土の含有量（当該指定配合肥料の生産業者が当該指定配合肥料のロットごとに確認したものに限る。）

十三　原料として使用した普通肥料において保証された水溶性苦土の非水溶化が生じた指定配合肥料の水溶性苦土の保証については、第八号の規定を準用する。この場合に

おいて「水溶性りん酸」とあるのは「水溶性苦土」と読み替えるものとする。

十四　原料として使用した普通肥料において保証された水溶性マンガンの非水溶化が生じた指定配合肥料（可溶性マンガン又はく溶性マンガンを保証した普通肥料を原料として使用したものを除く。）の原料として使用した普通肥料において保証された水溶性マンガンの当該指定配合肥料における保証については、当該水溶性マンガンの保証成分量に当該肥料の配合割合を乗じて得た値を合算した値の百分の八十以上で、かつ、次のいずれかの値を超えない範囲内の数値で規則第十一条第八項第五号及び第六号の規定によりく溶性マンガンとして保証するものとする。

㈠　当該合算した値

㈡　当該指定配合肥料の生産業者が原料として使用した普通肥料の水溶性マンガンの含有量（当該生産業者が当該普通肥料のロットごとに確認したものに限る。）に当該普通肥料の配合割合を乗じて得た値を合算した値

㈢　当該指定配合肥料のく溶性マンガンの含有量（当該指定配合肥料の生産業者が当該指定配合肥料のロットごとに確認したものに限る。）

十五　原料として使用した普通肥料において保証された水溶性マンガンの非水溶化が生じた指定配合肥料の水溶性マンガンの保証については、第八号の規定を準用する。この場合において「水溶性りん酸」とあるのは「水溶性マンガン」と読み替えるものとする。

2　前項の規定は、規則第十一条第八項第四号に規定する指定化成肥料の保証の方法について準用する。この場合において、これらの規定中「指定配合肥料」とあるのは「指定化成肥料」と、第一号中「次の㈢のイ及び㈣のイの値を合算した値若しくは㈢のロ及び㈣のロの値を合算した値又は当該指定配合肥料の窒素全量の含有量」とあるのは「当該指定化成肥料の窒素全量の含有量」と、第二号中「次の㈢のイ及び㈣のイの値を合算した値若しくは㈢のロ及び㈣のロの値を合算した値又は当該指定配合肥料の上欄に掲げる主成分の含有量」とあるのは「当該指定化成肥料の上欄に掲げる主成分の含有量」と、第六号中「次の㈣のイ、㈤のイ及び㈥のイの値を合算した値若しくは㈣のロ、㈤のロ及び㈥のロの値を合算した値又は当該指定配合肥料のく溶性りん酸の含有量」とあるのは「当該指定化成肥料のく溶性りん酸の含有量」と、第七号中「次の㈢のイ及び㈣のイの値を合算した値若しくは㈢のロ及び㈣のロの値を合算した値又は当該指定配合肥料のく溶性りん酸の含有量」とあるのは「当該指定化成肥料のく溶性りん酸の含有量」と、第九号中「次のいずれかの値」とあるのは「当該指定化成肥料のく溶性加里の含有量（当該指定化成肥料の生産業者が当該指定化成肥料のロットごとに確認したものに限る。）」と、第十一号中「次の㈤のイ、㈥のイ、㈦のイ及び㈧のイの値を合算した値若しくは㈤

のロ、㈥のロ、㈦のロ及び㈧のロの値を合算した値又は当該指定配合肥料のアルカリ分の含有量」とあるのは「当該指定化成肥料のアルカリ分の含有量」と、第十二号中「次のいずれかの値」とあるのは「当該指定化成肥料のく溶性苦土の含有量（当該指定化成肥料の生産業者が当該指定化成肥料のロットごとに確認したものに限る。）」と、第十四号中「次のいずれかの値」とあるのは「当該指定化成肥料のく溶性マンガンの含有量（当該指定化成肥料の生産業者が当該指定化成肥料のロットごとに確認したものに限る。）」と読み替えるものとする。

3　規則第十一条第九項に規定する特殊肥料等入り指定混合肥料

一　原料として使用した肥料においてく溶性りん酸及び可溶性りん酸が保証され、又はこれらの含有量が記載された特殊肥料入り指定混合肥料の当該主要な成分の記載については、く溶性りん酸の含有量を記載するものとし、可溶性りん酸の含有量を記載しないものとする。

二　原料として使用した肥料において窒素全量及びアンモニア性窒素若しくは硝酸性窒素若しくはその双方が保証され、又はこれらの含有量が記載された特殊肥料等入り指定混合肥料の窒素全量の記載については、当該特殊肥料等入り指定混合肥料の窒素全量の含有量とアンモニア性窒素若しくは硝酸性窒素の含有量又はその双方の含有量を合算した値のうち最も大きいものの差が一％未満の場合は、窒素全量の記載を省略することができる。

三　原料として使用した肥料においてりん酸全量及びく溶性りん酸、可溶性りん酸若しくは水溶性りん酸若しくはこれらのうち二以上が保証され、又はこれらの含有量が記載された特殊肥料等入り指定混合肥料のりん酸全量の記載については、当該特殊肥料等入り指定混合肥料のりん酸全量の含有量とく溶性りん酸、可溶性りん酸又は水溶性りん酸の含有量のうち最も大きいものとの差が一％未満の場合は、りん酸全量の記載を省略することができる。

四　原料として使用した肥料において加里全量及びく溶性加里、水溶性加里若しくはその双方が保証され、又はこれらの含有量が記載された特殊肥料等入り指定混合肥料の加里全量の記載については、当該特殊肥料等入り指定混合肥料の加里全量の含有量とく溶性加里又は水溶性加里のうち最も大きいものとの差が一％未満の場合は、加里全量の記載を省略することができる。

五　原料として使用した肥料において保証され、又は含有量が記載された可溶性りん酸又は水溶性りん酸の非水溶化が生じた特殊肥料等入り指定混合肥料（く溶性りん酸が保証され、又はその含有量が表示された肥料を原料として使用したもの並びに原料として使用した肥料において可溶性りん酸及び水溶性りん酸が保証され、又はその含有量が記載され、かつ、可溶性りん酸の非水溶化が生じないものを除く。）の原料として使用した肥料において保証され、又は含有量が記載された可溶性りん酸又は水溶性りん酸の当該特殊肥料等入り指定混合肥料における記載については、く溶性りん酸の含有量を記載するものとする。

六　原料として使用した肥料において保証され、又は含有量が記載された水溶性加里の非水溶化が生じた特殊肥料等入り指定混合肥料（く溶性加里を保証され、又はその含有量が表示された肥料を原料として使用したものを除く。）の原料として使用した肥料において保証され、又は含有量が記載された水溶性加里の当該特殊肥料等入り指定混合肥料における当該主要な成分の記載については、く溶性加里の含有量を記載するものとする。

七　原料として使用した肥料において保証され、又は含有量が記載された水溶性苦土の非水溶化が生じた特殊肥料等入り指定混合肥料（可溶性苦土又はく溶性苦土が保証され、又はその含有量が表示された肥料を原料として使用したものを除く。）の原料として使用した肥料において保証され、又は含有量が記載された水溶性苦土の当該特殊肥料等入り指定混合肥料における当該主要な成分の記載については、く溶性苦土の含有量を記載するものとする。

八　原料として使用した肥料において保証され、又は含有量が記載された水溶性マンガンの非水溶化が生じた特殊肥料等入り指定混合肥料（可溶性マンガン又はく溶性マンガンが保証され、又はその含有量が表示された肥料を原料として使用したものを除く。）の原料として使用した肥料において保証され、又は含有量が記載された水溶性マンガンの当該特殊肥料等入り指定混合肥料における当該主要な成分の記載については、く溶性マンガンの含有量を記載するものとする。

4　前項の規定は、規則第十一条第十項に規定する土壌改良資材入り指定混合肥料の主要な成分の含有量の記載の方法について準用する。この場合において、これらの規定中「特殊肥料等入り指定混合肥料」とあるのは「土壌改良資材入り指定混合肥料」と読み替えるものとする。

附　主成分及び主要な成分の定量方法及び量の算出は、独立行政法人農林水産消費安全技術センターが定める肥料等試験法によるものとする。

別表

区　分	上　欄	下　欄
1	窒素全量	アンモニア性窒素又は硝酸性窒素
2	りん酸全量	く溶性りん酸、可溶性りん酸又は水溶性りん酸
3	く溶性りん酸	水溶性りん酸
4	可溶性りん酸	水溶性りん酸
5	加里全量	く溶性加里又は水溶性加里
6	く溶性加里	水溶性加里
7	可溶性苦土	く溶性苦土又は水溶性苦土
8	く溶性苦土	水溶性苦土
9	可溶性マンガン	く溶性マンガン又は水溶性マンガン
10	く溶性マンガン	水溶性マンガン
11	く溶性ほう素	水溶性ほう素

化学的変化により品質が低下するおそれがないものとして農林水産大臣が定める要件を定める件

令和　２年１１月　５日　農林水産省告示　　第２１５９号　施行　令和　２年１２月　１日

肥料の品質の確保等に関する法律施行規則（以下「規則」という。）別表第一号ニ及び第二号の農林水産大臣が定める要件は、次に掲げるものとする。

一　肥料の品質の確保等に関する法律（昭和二十五年法律第百二十七号。以下「法」という。）第四条第二項第二号に掲げる普通肥料（以下「指定配合肥料等」という。）（次号に該当するものを除く。）にあっては、当該指定配合肥料等の保証成分量を当該指定配合肥料等の主成分の含有量に基づき保証することとし、かつ、当該指定配合肥料等を生産した日から四週間を経過した日以後に、当該指定配合肥料等の主成分（当該指定配合肥料等の原料として使用した普通肥料において保証されたもの（原料として使用した普通肥料においてく溶性りん酸及び可溶性りん酸が保証された当該指定配合肥料等の可溶性りん酸を除く。）に限る。）の含有量が、当該指定配合肥料等の原料として使用した普通肥料ごとに原料として使用した普通肥料の保証成分量に原料として使用した普通肥料の配合割合を乗じて得た値を合算した値（別表第一欄に掲げる指定配合肥料等にあっては、第二欄に掲げる主成分の含有量として第三欄に掲げる値）の百分の八十以上（合算した値が五未満の場合には百分の五十以上）であることとする。

二　指定配合肥料等（原料として使用した普通肥料において保証された主成分の非水溶化が生じたものに限る。）にあっては、次に掲げるものとする。

㈠　当該指定配合肥料等の保証成分量を当該指定配合肥料等の主成分の含有量に基づき保証すること。

㈡　当該指定配合肥料等を生産した日から四週間を経過した日以後に、当該指定配合肥料等の非水溶化が生じた主成分（当該指定配合肥料等の原料として使用した普通肥料において保証されたものに限り、原料として使用した普通肥料においてく溶性りん酸及び可溶性りん酸が保証されたものであって、可溶性りん酸のみの非水溶化が生じたものの可溶性りん酸を除く。）の含有量が、当該指定配合肥料等を生産した直後の当該成分の含有量の百分の八十以上であること。

㈢　当該指定配合肥料等の㈡に掲げる主成分以外の主成分（当該指定配合肥料等の原料として使用した普通肥料において保証された主成分に限る。）の含有量が前号に規定する要件を満たすこと。

三　法第四条第二項第三号に掲げる普通肥料（以下「特殊肥料等入り指定混合肥料」という。）（次号に該当するもの及び主成分を保証する普通肥料を原料として使用しないものを除く。）にあっては、当該特殊肥料等入り指定混合肥料を生産した日から四週間を経過した日以後に、当該特殊肥料等入り指定混合肥料の主要な成分（当該特殊肥料等入り指定混合肥料の原料として使用した普通肥料において保証されたもの（原料として使用した普通肥料においてく溶性りん酸及び可溶性りん酸が保証された当該特殊肥料等入り指定混合肥料の可溶性りん酸を除く。）に限る。）の含有量が、当該特殊肥料等入り指定混合肥料の原料として使用した普通肥料又は特殊肥料ごとに原料として使用した普通肥料の保証成分量若しくは主要な成分の含有量又は特殊肥料の主要な成分の含有量（主成分を保証した普通肥料以外の肥料にあっては、法第十八条第一項に規定する保証票（以下単に「保証票」という。）に記載されていない、又は法第二十二条の二第一項に掲げる事項（以下「表示事項」という。）として表示されていない主要な成分の含有量を含む。）に原料として使用した当該肥料の配合割合を乗じて得た値を合算した値（別表第一欄に掲げる特殊肥料等入り指定混合肥料にあっては、第二欄に掲げる主要な成分の含有量として第三欄に掲げる値）の百分の八十以上（合算した値が五未満の場合には百分の五十以上）であることとする。

四　特殊肥料等入り指定混合肥料（原料として使用した普通肥料において保証された主要な成分の非水溶化が生じたものに限る。）にあっては、当該特殊肥料等入り指定混合肥料を生産した日から四週間を経過した日以後に、当該特殊肥料等入り指定混合肥料の非水溶化が生じた主要な成分（当該特殊肥料等入り指定混合肥料の原料として使用した普通肥料において保証されたものに限り、原料として使用した普通肥料においてく溶性りん酸及び可溶性りん酸が保証され、かつ、可溶性りん酸のみの非水溶化が生じた当該特殊肥料等入り指定混合肥料の可溶性りん酸を除く。）の含有量が当該特殊肥料等入り指定混合肥料を生産した直後の当該成分の含有量の百分の八十以上であり、かつ、当該特殊肥料等入り指定混合肥料のその他の主要な成分（当該特殊肥料等入り指定混合肥料の原料として使用した普通肥料において保証されたものに限る。）の含有量が前号に規定する要件を満たすこととする。

五　法第四条第二項第四号に掲げる普通肥料（以下「土壌改良資材入り指定混合肥料」という。）（次号に該当するもの及び主成分を保証する普通肥料を原料として使用しないものを除く。）にあっては、当該土壌改良資材入り指定混合肥料を生産した日から四週間を経過した日以後に、当該土壌改良資材入り指定混合肥料の主要な成分（当該土壌改良資材入り指定混合肥料の原料として使用した普通肥料において保証されたもの（原料として使用した肥料においてく溶性りん酸及び可溶性りん酸が保証された普通肥料の可溶性りん酸を除く。）に限る。）の含有量が、当該土壌改良資材入り指定混合肥料の原料として使用した普通肥料又は特殊肥料ごとに原料として使用した普通肥料の保証成分量若しくは主要な成分の含有量又は特殊肥料の主要な成分の含有量（主成分を保証した普通肥料以外の肥料にあっては、保証票に記載されていない、又は表示事項として表示されていない主要な成分の含有量を含む。）に原料として使用した当該肥料の配合割合を乗じて得た値を合算した値（別表第一欄に掲げる土壌改良資材入り指定混合肥料にあっては、第二欄に掲げる主要な成分の含有量として第三欄に掲げる値）の百分の八十以上（合算した値が五未満の場合には百分の五十以上）であることとする。

六　土壌改良資材入り指定混合肥料（原料として使用した普通肥料において保証された主要な成分の非水溶化が生じたものに限る。）にあっては、当該土壌改良資材入り指定混合肥料を生産した日から四週間を経過した日以後に、当該土壌改良資材入り指定混合肥料の非水溶化が生じた主要な成分（当該土壌改良資材入り指定混合肥料の原料として使用した普通肥料において保証されたものに限り、原料として使用した普通肥料においてく溶性りん酸及び可溶性りん酸が保証され、かつ、可溶性りん酸のみの非水溶化が生じた当該土壌改良資材入り指定混合肥料の可溶性りん酸を除く。）の含有量が当該土壌改良資材入り指定混合肥料を生産した直後の当該成分の含有量の百分の八十以上であり、かつ、当該土壌改良資材入り指定混合肥料のその他の主要な成分（当該土壌改良資材入り指定混合肥料の原料として使用した普通肥料において保証されたものに限る。）の含有量が前号に規定する要件を満たすこととする。

附一　この告示に掲げる主成分及び主要な成分の定量方法及び量の算出は、独立行政法人農林水産消費安全技術センターが定める肥料等試験法によること。

二　肥料の生産業者は、この告示の規定に基づき品質が低下するおそれがないことを確認するために定量し、又は算出した量を示す資料を保管すること。

別表

第一欄	第二欄	第三欄
原料として使用した肥料において昭和五十九年三月十六日農林水産省告示第六百九十九号（肥料の品質の確保等に関する法律施行規則第十一条第八項ただし書及び第九項ただし書の規定に基づき指定混合肥料の保証又は主要な成分の含有量の記載の方法の特例を定める	特例告示の別表の上欄に掲げる主成分又は主要な成分	次の㈠、㈡及び㈢（指定配合肥料等にあっては、㈠及び㈡）により求めた値を合算した値 ㈠　原料として使用した肥料のうち特例告示の別表の上欄に掲げる主成分又は主要な成分（以下「主成分等」という。）を保証し、又は含有量を記載し、若しくは表示したものごとに当該主成分等の保証成分量又は主要な成分の含有量（以下「保証成分

第一欄	第二欄	第三欄
件。以下「特例告示」という。）の別表の区分ごとの上欄に掲げる主成分及び下欄に掲げる主成分が保証された指定配合肥料等、特殊肥料等入り指定混合肥料及び土壌改良資材入り指定混合肥料（以下「指定混合肥料」という。）（原料として使用した肥料においてく溶性りん酸及び可溶性りん酸が保証されたもの並びに原料として使用した肥料において保証された可溶性りん酸又は水溶性りん酸の非水溶化が生じたもの（原料として使用した普通肥料において保証されたりん酸の主成分がく溶性りん酸及び水溶性りん酸又はりん酸全量、く溶性りん酸及び水溶性りん酸に限られるもの並びに原料として使用した普通肥料において可溶性りん酸及び水溶性りん酸が保証され、かつ、可溶性りん酸の非水溶化が生じないものを除く。）のく溶性りん酸又は可溶性りん酸についてはこの限りでない。）		量等」という。）に当該肥料の配合割合を乗じて得た値を合算する。 ㈡　原料として使用した肥料（特例告示の別表の上欄に掲げる主成分等を保証し、又は含有量を記載し、若しくは表示したものを除く。）のうち同表下欄に掲げる主成分等（同表の一の区分の下欄に掲げる二種類の主成分を保証し、又は含有量を記載し、若しくは表示したものにあってはそれぞれの主成分等、同表二、五、七又は九の区分の下欄に掲げる二種類の主成分等を保証し、又は含有量を記載し、若しくは表示したものにあっては二種類の主成分等のうち保証成分量等の大きい主成分等）の保証成分量等に当該肥料の配合割合を乗じて得た値を合算する。 ㈢　原料として使用した肥料（主成分を保証した普通肥料及び特例告示の別表の上欄又は下欄に掲げる主要な成分の含有量を記載し、又は表示した肥料を除く。）のうち同表の上欄に掲げる主要な成分（同表の二、三若しくは四の区分の上欄に掲げる主要な成分のうち複数の種類の主要な成分、同表の五及び六の区分の上欄に掲げる二種類の主要な成分、同表の七及び八の区分の上欄に掲げる二種類の主要な成分又は同表の九及び十の区分の上欄に掲げる二種類の主要な成分を含有するものにあっては、複数の種類の主要な成分のうち最も含有量の大きい主要な成分）の含有量に当該肥料の配合割合を乗じて得た値を合算する。
原料として使用した肥料においてく溶性りん酸及び可溶性りん酸が保証された指定混合肥料	く溶性りん酸	次の㈠、㈡、㈢及び㈣（指定配合肥料等にあっては、㈠、㈡及び㈢）により求めた値を合算した値 ㈠　原料として使用した肥料のうちく溶性りん酸を保証し、又は含有量を記載したものごとに当該く溶性りん酸の保証成分量等に当該肥料の配合割合を乗じて得た値を合算する。 ㈡　原料として使用した肥料のうち可溶性りん酸を保証し、又は含有量を記載したものごとに当該可溶性りん酸の保証成分量等に当該肥料の配合

第一欄	第二欄	第三欄
		割合を乗じて得た値を合算する。 ㈢　原料として使用した肥料（く溶性りん酸又は可溶性りん酸を保証し、又は含有量を記載したものを除く。）のうち水溶性りん酸を保証し、又は含有量を記載したものごとに当該水溶性りん酸の保証成分量等に当該肥料の配合割合を乗じて得た値を合算する。 ㈣　原料として使用した肥料（主成分を保証する普通肥料及びく溶性りん酸、可溶性りん酸又は水溶性りん酸（この号において「く溶性りん酸等」という。）の含有量を記載し、又は表示した肥料を除く。）のうちく溶性りん酸等（く溶性りん酸等のうち複数の種類の成分を含有する肥料にあっては、く溶性りん酸等のうち最も含有量の大きいもの）を含有するものごとに当該成分の含有量に当該肥料の配合割合を乗じて得た値を合算する。
アルカリ分を保証し、又は含有する肥料に水酸化苦土肥料、炭酸苦土肥料又は副産苦土肥料を配合した指定混合肥料	アルカリ分	次の㈠、㈡、㈢及び㈣により求めた値を合算した値 ㈠　原料として使用した肥料のうちアルカリ分を保証し、又は含有量を記載したものごとに当該アルカリ分の保証成分量等に当該肥料の配合割合を乗じて得た値を合算する。 ㈡　水酸化苦土肥料を原料として使用した場合には、当該肥料ごとに当該肥料のく溶性苦土の保証成分量に当該肥料の配合割合を乗じて得た値を合算した値に一・三九を乗ずる。 ㈢　炭酸苦土肥料を原料として使用した場合には、当該肥料ごとに当該肥料のく溶性苦土の保証成分量に当該肥料の配合割合を乗じて得た値を合算した値に一・三九を乗ずる。 ㈣　可溶性苦土又はく溶性苦土を保証する肥料を原料として使用した場合には、当該肥料ごとに当該肥料の当該成分（可溶性苦土及びく溶性苦土を保証する場合には、可溶性苦土）の保証成分量に当該肥料の配合割合を乗じて得た値を合算した値に一・三九を乗ずる。

附　則

この告示は、肥料取締法の一部を改正する法律の施行の日（令和二年十二月一日）から施行する。

普通肥料の原料の種類並びに材料の種類、名称及び使用量の保証票への記載に関する事項を定める件

	昭和５９年　３月１６日	農林水産省告示第　７００号	施行	昭和５９年　４月　１日
改正	昭和５９年１２月２５日	農林水産省告示第２４８１号	施行	昭和６０年　１月２５日
改正	昭和６１年　２月２２日	農林水産省告示第　２９０号	施行	昭和６１年　３月２５日
改正	昭和６２年１１月２５日	農林水産省告示第１４６８号	施行	昭和６２年１２月２５日
改正	平成　６年１２月２６日	農林水産省告示第１７３９号	施行	平成　７年　１月２５日
改正	平成１２年　１月２７日	農林水産省告示第　　９５号	施行	平成１２年１０月　１日
改正	平成１３年　５月１０日	農林水産省告示第　６４２号	施行	平成１３年　６月１０日
改正	平成１６年　１月１５日	農林水産省告示第　　７４号	施行	平成１６年　５月　１日
改正	平成２５年１２月　５日	農林水産省告示第２９４０号	施行	平成２６年　１月　４日
改正	平成２６年　９月　１日	農林水産省告示第１１４８号	施行	平成２６年１０月　１日
改正	平成３０年　１月２２日	農林水産省告示第　１３６号	施行	平成３０年　２月２２日
改正	令和　２年　２月２８日	農林水産省告示第　３９９号	施行	令和　２年　４月　１日
改正	令和　２年１０月２７日	農林水産省告示第２０８５号	施行	令和　２年１２月　１日

１　原料の種類又は配合の割合等の記載

⑴　保証票に原料の種類又は配合の割合を記載する普通肥料

肥料の品質の確保等に関する法律施行規則（昭和25年農林省令第64号。以下「規則」という。）第11条の２第２項第１号の保証票に原料の種類又は配合の割合を記載する普通肥料は、次に掲げる普通肥料とする。

イ　指定配合肥料及び指定化成肥料（家庭園芸用肥料を除く。）

ロ　窒素全量を保証した普通肥料（別表第１に掲げるものを除く。）

ハ　規則第１条第１号から第７号までに掲げる普通肥料

ニ　特殊肥料等入り指定混合肥料及び土壌改良資材入り指定混合肥料

⑵　保証票に原料の種類又は配合の割合等を記載する方法等

⑴に規定する普通肥料について、規則第11条の２第１項、第３項及び第４項の保証票に肥料の品質の確保等に関する法律（昭和25年法律第127号。以下「法」という。）第17条第１項第12号及び第13号（法第33条の２第６項において準用する場合を含む。）に掲げる事項及び原料の種類又は配合の割合を記載する方法、原料の種類又は配合の割合並びにウェブサイトのアドレスにより記載する方法は、次に規定するとおりとする。

イ　⑴のイに該当する普通肥料

(ｲ)　配合する原料について、使用する原料が次の表の配合する原料の欄に該当する場合には、同表の字句の欄に掲げる字句をもつて記載すること。

配合する原料	字　　句
別表第２の第１欄に掲げる普通肥料	当該肥料の種類又は統合表示名称（別表

	第２の第１欄に掲げる普通肥料ごとにそれぞれ同表の第２欄に掲げる名称をいう。以下同じ。）
別表第２の第１欄に掲げる普通肥料以外の普通肥料（指定配合肥料及び指定化成肥料を除く。）	当該肥料の種類
指定配合肥料	「指定配合肥料」の字句
指定化成肥料	「指定化成肥料」の字句

(ロ)　製品に占める重量割合の大きい原料から順に、その旨を明記して記載すること。ただし、重量割合の大きい原料から順に５つ以上又は原料の重量割合の合計が８割以上となるように原料を記載し、残りの原料を「その他」と記載することができる。この場合、「その他」の字句の次に〔　〕を付し、〔　〕の中に当該残りの原料を記載しなければならない。この際、〔　〕内の原料は、必ずしも重量割合の大きい順に記載する必要はないが、重量割合の大きい順に記載しない場合には、順不同となることがある旨を記載すること。また、荷口番号を記載した上で、当該荷口番号ごとに、当該荷口番号に対応する製品の全ての原料を農林水産大臣が認めるウェブサイトに公表し、当該ウェブサイトのアドレス（二次元コードその他のこれに代わるものを含む。以下同じ。）を記載した場合には、「その他」の次の〔　〕の記載を省略することができる。この場合には、書面により荷口番号に対応する製品の全ての原料の記載事項の交付を求める者に書面により当該記載事項を交付するとともに、その旨を記載すること。なお、省略した〔　〕内の原料に有機質肥料以外のもの（混合汚泥複合肥料を含む。）が含まれる場合には、その旨を記載すること。さらに、原料事情等により隣接する２つの原料の重量割合の順位が入れ替わる場合には、その旨を記載することにより、当該順位を入れ替えることができる。ただし、「その他」と順位を入れ替えてはならず、また、(ハ)に規定するところに従い（　）を付して記載した原料を使用しない場合として記載例により記載する原料については、当該原料の順位を入れ替えてはならない。

(ハ)　原料事情等により原料として使用しないことがある有機質肥料がある場合（(ロ)の「その他」及び「その他」の字句の次の〔　〕内の原料を除く。）には、その旨を明記して、当該肥料の種類又は統合表示名称に（　）を付して記載することができる。ただし、その数は３を超えてはならず、また、記載した全ての有機質肥料の種類又は統合表示名称に（　）を付してはならない。

(二)　(1)のイに該当する普通肥料を原料として使用する場合には、「指定配合肥料」又は「指定化成肥料」の字句の次に〔　〕を付し、〔　〕の中に当該肥料の原料の種類を、(イ)から(ハ)までに規定するところに従い、次の記載例により記載すること。ただし、荷口番号を記載した上で、当該荷口番号ごとに、当該荷口番号に対応する製品の全ての原料を農林水産大臣が認めるウェブサイトに公表し、当該ウェブサイトのアドレスを記載した場合には、〔　〕の記載を省略することができる。この場合には、書面により荷口番号に対応する製品の全ての原料の記載事項の交付を求める者に書面により当該記載事項を交付するとともに、その旨を記載すること。なお、省略した〔　〕内の原料に有機質肥料以外のもの（混合汚泥複合肥料を含む。）が含まれる場合には、その旨を記載すること。

記載例１　全ての原料を記載する場合（統合表示名称を記載する場合）

（配合原料）

硫酸アンモニア、塩化加里、指定配合肥料〔植物質類、骨粉質類〕、植物質類、（動物かす粉末類）、加工家きんふん肥料、尿素、混合汚泥複合肥料

備考：１　重量割合の大きい順である。

２　硫酸アンモニアと塩化加里の重量割合の順位は、入れ替わることがある。

３　（　）内の原料は、原料事情等により使用しないことがあり、この場合の使用原料の重量割合の順位は、「硫酸アンモニア、塩化加里、植物質類、指定配合肥料〔植物質類、骨粉質類〕、加工家きんふん肥料、尿素、混合汚泥複合肥料」となる。

４　〔　〕内は指定配合肥料の配合原料である。

記載例２　「その他」と記載する場合（統合表示名称を記載しない場合）

（配合原料）

硫酸アンモニア、塩化加里、指定配合肥料〔植物質類、骨粉質類〕、大豆油かす及びその粉末、（魚かす粉末）、加工家きんふん肥料、その他〔尿素、混合汚泥複合肥料〕

備考：１　重量割合の大きい順である。

２　硫酸アンモニアと塩化加里の重量割合の順位は、入れ替わることがある。

３　（　）内の原料は、原料事情等により使用しないことがあり、この場合の使用原料の重量割合の順位は、「硫酸アンモニア、塩化加里、大豆油かす及びその粉末、指定配合肥料〔植物質類、骨

粉質類〕、加工家きんふん肥料、尿素、混合汚泥複合肥料」となる。
4 「その他」の〔 〕内の原料は、順不同となることがある。
5 〔 〕内は指定配合肥料の配合原料又は「その他」の原料である。

記載例3 ウェブ表示を行う場合（統合表示名称を記載しない場合）

（配合原料）
硫酸アンモニア、塩化加里、指定配合肥料、大豆油かす及びその粉末、（魚かす粉末）、加工家きんふん肥料、その他
備考：1 重量割合の大きい順である。
2 硫酸アンモニアと塩化加里の重量割合の順位は、入れ替わることがある。
3 （ ）内の原料は、原料事情等により使用しないことがあり、この場合の使用原料の重量割合の順位は、「硫酸アンモニア、塩化加里、大豆油かす及びその粉末、指定配合肥料〔植物質類、動物質類〕、加工家きんふん肥料、尿素、混合汚泥複合肥料」となる。
4 「その他」には有機質肥料等以外の原料及び汚泥を原料として含む。
5 原料の詳細は下記のリンク先に記載。なお、書面をご希望の場合は以下の連絡先にお問い合わせください。（電話番号）

二次元コード

ロ ⑴のロに該当する普通肥料
⑷ 窒素全量を保証する原料について、使用する原料が次の表の原料の欄に該当する場合には、同表の字句の欄に掲げる字句をもつて記載すること。

原　料	字　句
別表第2の第1欄に掲げる普通肥料	当該肥料の種類又は統合表示名称
別表第2の第1欄に掲げる普通肥料以外の普通肥料（指定配合肥料及び指定化成肥料を除く。次号において同じ。）であつて、公定規格が定められているもの	当該肥料の種類

別表第2の第1欄に掲げる普通肥料以外の普通肥料であつて、公定規格が定められていないもの	「仮登録肥料」の字句
指定配合肥料	「指定配合肥料」の字句
指定化成肥料	「指定化成肥料」の字句

(ロ) 窒素全量を含有する原料について、当該原料が特殊肥料の場合には当該肥料の指定名（昭和25年6月20日農林省告示第177号（特殊肥料等を指定する件）の一の(イ)、(ロ)又は(ハ)に掲げる名称をいう。以下同じ。）を、肥料原料の場合には当該原料の実態に基づき「副産有機質原料」等の名称を記載すること。

(ハ) (イ)又は(ロ)により記載することができない場合には、「該当なし」と記載すること。

(ニ) 製品に占める窒素全量の量の割合の大きい原料から順に、その旨を明記して記載すること。ただし、窒素全量の量の割合の大きい原料から順に5つ以上又は原料の窒素全量の量の割合の合計が8割以上となるように原料を記載し、残りの原料を「その他」と記載することができる。この場合には、その他の字句の次に〔　〕を付し、〔　〕の中に当該残りの原料を記載しなければならない。この際、〔　〕内の原料は、必ずしも窒素全量の量の割合の大きい順に記載する必要はないが、窒素全量の量の割合の大きい順に記載しない場合には、順不同となることがある旨を記載すること。また、荷口番号を記載した上で、当該荷口番号ごとに、当該荷口番号に対応する製品の窒素全量を保証し、又は含有する全ての原料を農林水産大臣が認めるウェブサイトに公表し、当該ウェブサイトのアドレスを記載した場合には、「その他」の次の〔　〕の記載を省略することができる。この場合には、書面により荷口番号に対応する製品の窒素全量を保証し、又は含有する全ての原料の記載事項の交付を求める者に書面により当該記載事項を交付するとともに、その旨を記載すること。なお、省略した〔　〕内の原料に有機質肥料及び特殊肥料（粗砕石灰石、製糖副産石灰、石灰処理肥料、含鉄物、微粉炭燃焼灰、カルシウム肥料及び石こうを除く。）以外のもの（汚泥を原料とする肥料（混合汚泥複合肥料及び規則第一条第一号から第六号までに規定する肥料）を含む。）が含まれる場合には、その旨を記載すること。さらに、原料事情等により隣接する2つの原料の窒素全量の量の割合の順位が入れ替わる場合には、その旨を記載することにより、当該順位を入れ替えることができる。ただし、「その他」と順位を入れ替えてはならず、また、(ホ)に規定するところに従い（　）を付して記載した原料を使用しない場合として記載例により記載する原料については、当該原料の順位を入れ替えてはならない。

(ホ) 原料事情等により原料として使用しないことがある有機質肥料がある場合（(ニ)の「その他」及び「その他」の字句の次の〔　〕内の原料を除く。）には、その旨を明記して、当該肥料の種類又は統合表示名称に（　）を付して記載することができる。ただし、その数は3を超えてはならず、また、記載した全ての有機質肥料の種類又は統合表示名称に（　）を付してはならない。

(ヘ) (1)のロに該当する普通肥料が原料として使用される場合には、当該肥料の種類又は「仮登録肥料」の文字の次に〔　〕を付し、〔　〕の中に当該肥料の原料の種類を、(イ)から(ホ)までに規定するところに従い、次の記載例により記載すること。ただし、荷口番号を記載した上で、当該荷口番号ごとに、当該荷口番号に対応する製品の窒素全量を保証し、又は含有する全ての原料を農林水産大臣が認めるウェブサイトに公表し、当該ウェブサイトのアドレスを記載した場合には、〔　〕の記載を省略することができる。この場合には、書面により荷口番号に対応する製品の窒素全量を保証し、又は含有する全ての原料の記載事項の交付を求める者に書面により当該記載事項を交付するとともに、その旨を記載すること。なお、省略した〔　〕内の原料に有機質肥料及び特殊肥料（粗砕石灰石、製糖副産石灰、石灰処理肥料、含鉄物、微粉炭燃焼灰、カルシウム肥料及び石こうを除く。）以外のもの（汚泥を原料とする肥料（混合汚泥複合肥料及び規則第一条第一号から第六号までに規定する肥料）を含む。）が含まれる場合には、その旨を記載すること。

記載例1　窒素全量を保証し、又は含有する全ての原料を記載する場合（統合表示名称を記載する場合）

（窒素全量を保証又は含有する原料）

尿素、化成肥料〔副産有機質原料〕、植物質類、（動物かす粉末類）、イソブチルアルデヒド縮合尿素、加工家きんふん肥料、窒素質グアノ、硫酸グアニル尿素

備考：1　窒素全量の量の割合の大きい順である。

2　イソブチルアルデヒド縮合尿素と加工家きんふん肥料の窒素全量の量の割合の順位は、入れ替わることがある。

3　（　）内の原料は原料事情等により使用しないことがあり、この場合の窒素全量の量の割合の順位は、「化成肥料〔副産有機質原料〕、尿素、植物質類、イソブチルアルデヒド縮合尿素、加工

家きんふん肥料、窒素質グアノ、硫酸グアニル尿素」となる。

4 〔 〕内は化成肥料の窒素全量を含有する原料である。

記載例２ 「その他」と記載する場合（統合表示名称を記載しない場合）

（窒素全量を保証又は含有する原料）

尿素、化成肥料〔副産有機質原料〕、大豆油かす及びその粉末、（魚かす粉末）、イソブチルアルデヒド縮合尿素、加工家きんふん肥料、その他〔窒素質グアノ、硫酸グアニル尿素〕

備考：1 窒素全量の量の割合の大きい順である。

2 （ ）内の原料は原料事情等により使用しないことがあり、この場合の窒素全量の量の割合の順位は、「化成肥料〔副産有機質原料〕、尿素、大豆油かす及びその粉末、イソブチルアルデヒド縮合尿素、加工家きんふん肥料、窒素質グアノ、硫酸グアニル尿素」となる。

3 「その他」の〔 〕内の原料は、順不同となることがある。

4 〔 〕内は化成肥料又は「その他」の窒素全量を保証又は含有する原料である。

記載例３ ウェブ表示を行う場合（統合表示名称を記載しない場合）

（窒素全量を保証又は含有する原料）

尿素、化成肥料、大豆油かす及びその粉末、（魚かす粉末）、イソブチルアルデヒド縮合尿素、加工家きんふん肥料、その他

備考：1 窒素全量の量の割合の大きい順である。

2 （ ）内の原料は原料事情等により使用しないことがあり、この場合の窒素全量の量の割合の順位は、「化成肥料、尿素、大豆油かす及びその粉末、イソブチルアルデヒド縮合尿素、加工家きんふん肥料、窒素質グアノ、硫酸グアニル尿素」となる。

3 「化成肥料」及び「その他」には有機質肥料等以外の窒素全量を保証又は含有する原料を含む。

4 原料の詳細は下記のリンク先に記載。なお、書面をご希望の場合は以下の連絡先にお問い合わせください。（電話番号）

二次元コード

ハ　(1)のハに該当する普通肥料

(イ)　使用する原料について、「下水汚泥」、「鶏ふん」等その最も一般的な名称をもつて記載すること。

(ロ)　生産に当たつて使用された重量の大きい原料から順に、その旨を明記して記載すること。

(ハ)　原料事情等により原料として使用しない原料がある場合には、その旨を明記して、当該原料の種類に（　）を付し、次の記載例により記載することができる。ただし、記載したすべての原料の種類に（　）を付してはならない。

（原料）

下水汚泥、食品工業汚泥、（鶏ふん）、（植物質加工残さ）

備考：1　生産に当たつて使用された重量の大きい順である。

2　（　）内の原料は原料事情等により使用しないことがあり、この場合の使用原料の重量の順位は、

①　植物質加工残さを使用しない場合「下水汚泥、鶏ふん、食品工業汚泥」

②　鶏ふんを使用しない場合「下水汚泥、食品工業汚泥、植物質加工残さ」

③　鶏ふん及び植物質加工残さを使用しない場合「下水汚泥、食品工業汚泥」となる。

ニ　(1)のニに該当する普通肥料

(イ)　配合する原料について、普通肥料（法第4条第1項第3号に掲げるものを除く。）、普通肥料（法第4条第1項第3号に掲げるものに限る。）及び特殊肥料のそれぞれの製品に占める重量割合を記載すること。また、普通肥料（法第4条第1項第3号に掲げるものを除く。）、普通肥料（法第4条第1項第3号に掲げるものに限る。）及び特殊肥料に該当する肥料ごとに、使用する原料が次の表の原料の欄に該当する場合には、同表の字句の欄に掲げる字句をもつて記載すること。

原　　料	字　　句
別表第2の第1欄に掲げる普通肥料	当該肥料の種類又は統合表示名称
別表第2の第1欄に掲げる普通肥料以外の普通肥料（指定配合肥料、指定化成肥料、特殊肥料等入り指定混合肥料及び土壌改良資材入り指定混合肥料を除く。）	当該肥料の種類

指定配合肥料	「指定配合肥料」の字句
指定化成肥料	「指定化成肥料」の字句
特殊肥料等入り指定混合肥料及び土壌改良資材入り指定混合肥料	当該特殊肥料等入り指定混合肥料又は土壌改良資材入り指定混合肥料の原料として使用した肥料の種類又は指定名
特殊肥料（混合特殊肥料を除く。）	当該肥料の指定名
混合特殊肥料	当該混合特殊肥料の原料として使用した肥料の指定名

(ロ) 普通肥料（法第４条第１項第３号に掲げるものを除く。）、普通肥料（法第４条第１項第３号に掲げるものに限る。）及び特殊肥料に該当する肥料ごとに、製品に占める重量割合の大きい原料から順に、その旨を明記して記載すること。なお、指定配合肥料又は指定化成肥料を原料として使用する場合には、「指定配合肥料」又は「指定化成肥料」の字句の次に〔　〕を付し、〔　〕の中に当該肥料の原料の種類を、特殊肥料のうち堆肥又は動物の排せつ物を原料として使用する場合には、「堆肥」又は「動物の排せつ物」の字句の次に〔　〕を付し、〔　〕の中に当該肥料の原料を(イ)及びこの号の規定するところに従い次の記載例により記載すること。

> （特殊肥料等入り指定混合肥料又は土壌改良資材入り指定混合肥料の原料）
> 普通肥料（肥料の品質の確保等に関する法律第４条第１項第３号に掲げるものを除く。）（６割）：指定化成肥料〔硫酸アンモニア、塩化加里、植物質類〕、被覆窒素肥料、動物かす粉末類、尿素
> 普通肥料（肥料の品質の確保等に関する法律第４条第１項第３号に掲げるものに限る。）（１割）：硫黄及びその化合物
> 特殊肥料（３割）：堆肥〔牛ふん、稲わら〕、貝殻肥料
> 備考：１　重量割合の大きい順である。
> 　　　２　〔　〕内は指定化成肥料又は堆肥の原料である。

2　炭素窒素比の記載

(1)　保証票に炭素窒素比を記載する普通肥料

規則第11条の２第２項第１号の保証票に炭素窒素比を記載する普通肥料は、規則第１条第１号から第７号までに掲げる普通肥料とする。

(2)　保証票に炭素窒素比を記載する方法

炭素窒素比は、独立行政法人農林水産消費安全技術センターが定める肥料等試験法による分析結果に基づき、整数で記載すること。

3　材料の種類及び名称又は使用量の記載

(1)　保証票に記載する材料の種類

イ　規則第11条の2第2項第2号の保証票にその種類及び名称又は使用量を記載する材料の種類は、組成の均一化を促進する材料（以下「組成均一化促進材」という。）、効果の発現を促進する材料（以下「効果発現促進材」という。）、着色する材料（以下「着色材」という。）、土壌中における硝酸化成を抑制する材料（以下「硝酸化成抑制材」という。）及び規則別表第一号ホの摂取の防止に効果があると認められる材料（以下「摂取防止材」という。）とする。ただし、配合に当たつて原料として使用する肥料に当該配合前に使用された組成均一化促進材、効果発現促進剤、着色材又は硝酸化成抑制材（規則別表第1号ハの規定に基づき農林水産大臣が指定するものに限る。）については、この限りでない。

ロ(イ)　家庭園芸用肥料以外の普通肥料にあつては、効果発現促進材、硝酸化成抑制材及び摂取防止材についてその種類、名称及び使用量（配合に当たつて原料として使用する肥料に当該配合前に使用された摂取防止材については、その種類及び名称）を、組成均一化促進材及び着色材については、その種類及び名称を記載する。ただし、配合に当たつて原料として使用する肥料に当該配合前に使用された効果発現促進材及び硝酸化成抑制材（規則別表第1号ハの規定に基づき農林水産大臣が指定するものに限る。）については、その種類、名称及び使用量の記載を、組成均一化促進材及び着色材については、その種類及び名称の記載を省略することができる。

(ロ)　家庭園芸用肥料にあつては、材料の種類を記載する。

ハ　家庭園芸用肥料以外の普通肥料にあつては、原料事情等により使用しないことがある組成均一化促進材（配合に当たつて原料として使用する肥料に当該配合前に使用された組成均一化促進材を含む。）がある場合には、その旨を明記して、当該組成均一化促進材の名称に（　）を付して記載することができる。

(2)　保証票に材料の種類及び名称又は使用量を記載する方法

(1)に規定する材料について、規則第11条の2第4項の保証票にその種類及び名称又は使用量を記載する方法は、次に規定するとおりとする。

イ　材料の種類は、(1)に掲げる略称をもつて記載すること。

ロ　材料の名称は、その最も一般的な名称をもつて記載すること。

ハ　材料の使用量は、材料の名称別に記載することとし、次の記載例により記載すること。なお、(1)のロの(イ)のただし書の肥料に使用されている材料については、当該材料の種類、名称又は使用量も記載することができる。ただし、特殊肥料等入り指定混合肥料及び土壌改良資材入り指定混合肥料にあつては、配合に当たつて原料として使用した肥料由来の材料を記載する場合には、その旨を記載すること。

(イ) 家庭園芸用肥料以外の普通肥料の記載例

（使用されている効果発現促進材）	
硫酸第一鉄（鉄として）	1.7%
硫酸銅（銅として）	0.02%
硫酸亜鉛（亜鉛として）	0.02%
モリブデン酸アンモニウム（モリブデンとして）	0.06%
備考：材料には原料由来のものを含む。	

（使用されている硝酸化成抑制材）	
N－2，5ジクロロフエニルサクシナミド酸（ＤＣＳ）	0.12%

（使用されている組成均一化促進材）	（石こう）
備考：（　）内の材料は使用しないことがある。	

（使用されている着色材）	カーボンブラック

（使用されている摂取防止材）	
消石灰	5％

(ロ) 家庭園芸用肥料の記載例

（使用されている材料）	効果発現促進材及び着色材

4　土壌改良資材入り指定混合肥料に混入した指定土壌改良資材の名称及び混入の割合の記載方法

規則第11条の２第１項の法第17条第１項第13号（法第33条の２第６項において準用する場合を含む。）に掲げる事項の記載方法は、次に規定するとおりとする。

(イ) 混入する土壌改良資材の製品に占める重量割合を記載すること。

(ロ) 混入する土壌改良資材について、次の記載例により、重量割合の大きい順に記載することとする。土壌改良資材入り指定混合肥料を原料として使用する場合には、当該原料に含まれる指定土壌改良資材を重量割合の大きい指定土壌改良資材から順に記載すること。

（混入した物の名称及び混入割合）
指定土壌改良資材（１割）：ゼオライト、泥炭

別表第１（１の(1)のロ関係）

１　尿素、アセトアルデヒド縮合尿素、イソブチルアルデヒド縮合尿素、硫酸グアニル尿素、オキサミド、石灰窒素、被覆窒素肥料、グリオキサール縮合尿素、ホルムアルデヒド加工尿素肥料、メチロール尿素重合肥料、副産窒素肥料、液状副産窒素肥料

２　有機質肥料（混合有機質肥料を除く。）

３　家庭園芸用肥料

４　指定配合肥料及び指定化成肥料

別表第２（１の(2)のイの(ｲ)及び１の(2)のロの(ｲ)関係）

第　1　欄	第　2　欄
魚かす粉末、干魚肥料粉末、魚節煮かす、蒸製魚鱗及びその粉末、肉かす粉末、蒸製てい角粉、蒸製毛粉、乾血及びその粉末、蒸製皮革粉	動物かす粉末類
肉骨粉、蒸製てい角骨粉、生骨粉、蒸製骨粉、蒸製鶏骨粉	骨粉質類
干蚕蛹《よう》粉末、蚕蛹《よう》油かす及びその粉末、絹紡蚕蛹《よう》くず	蚕蛹《よう》かす粉末類
とうもろこしはい芽及びその粉末、大豆油かす及びその粉末、なたね油かす及びその粉末、わたみ油かす及びその粉末、落花生油かす及びその粉末、あまに油かす及びその粉末、ごま油かす及びその粉末、ひまし油かす及びその粉末、米ぬか油かす及びその粉末、その他の草本性植物油かす及びその粉末、カポック油かす及びその粉末、とうもろこしはい芽油かす及びその粉末、たばこくず肥料粉末、甘草かす粉末、豆腐かす乾燥肥料、えんじゅかす粉末	植物質類

肥料の品質の確保等に関する法律施行規則第十九条の二第一項の規定に基づき表示を要する普通肥料及びその表示事項を定める件

昭和５９年　３月１６日	農林水産省告示第　７０１号	施行	昭和５９年　４月　１日
改正昭和６１年　２月２２日	農林水産省告示第　２９１号	施行	昭和６１年　３月２５日
改正平成　７年１２月１２日	農林水産省告示第１９８７号	施行	平成　８年　１月１２日
改正平成１２年　１月２７日	農林水産省告示第　　９３号	施行	平成１２年　２月２８日
改正平成１３年１０月１５日	農林水産省告示第１３７６号	施行	即日
改正平成１４年　３月　８日	農林水産省告示第　６４０号	施行	平成１４年　４月１０日
改正平成１７年　２月２８日	農林水産省告示第　３６３号	施行	平成１７年　４月　１日
改正平成２５年１２月　５日	農林水産省告示第２９４１号	施行	平成２６年　１月　４日
改正平成２６年　９月　１日	農林水産省告示第１１４９号	施行	平成２６年１０月　１日
改正平成３０年　２月　９日	農林水産省告示第　３２８号	施行	即日
改正令和　２年　２月２８日	農林水産省告示第　３９８号	施行	令和　２年　４月　１日

農林水産大臣の定める普通肥料	農林水産大臣の定める表示事項
1　石灰窒素が原料として使用された普通肥料（原料が石灰窒素に限られたもの及び化学的操作を加えたものを除く。）	この肥料には、石灰窒素が入つていますから、施用後24時間以内は飲酒しないで下さい。
2　たばこくずが原料として使用された普通肥料	この肥料には、たばこくず（粉末）が入つていますから、桑園又はその付近において使用すると、桑の葉にニコチンが吸収されて、蚕に害を与えることがあります。
3　土壌中における硝酸化成を抑制する材料が使用された尿素、液状複合肥料又は家庭園芸用複合肥料	この肥料には、硝酸化成抑制材が入つていますから、葉面散布用に使用しないで下さい。
4　チオ硫酸アンモニウムが原料として使用された液状窒素肥料又は液状複合肥料	この肥料には、チオ硫酸アンモニウムが入っていますから、過剰施用に注意するとともに、施用後一週間以内は播種しないで下さい。

農林水産大臣の定める普通肥料	農林水産大臣の定める表示事項
5　動物由来たん白質（飼料及び飼料添加物の成分規格等に関する省令（昭和51年農林省令第35号）別表第1の2の(1)に定める動物由来たん白質であって、同(1)の表の第2欄に定める確認済ゼラチン等以外のものをいう。以下同じ。）が原料として使用された普通肥料（6に掲げるものを除く。）	この肥料には、動物由来たん白質が入っていますから、家畜等の口に入らないところで保管・使用して下さい。 (注) 動物由来たん白質の次に（　）を付し、（　）の中にその由来する動物種を記載することができる。 記載例 この肥料には、動物由来たん白質（豚に由来するもの）が入っていますから、家畜等の口に入らないところで保管・使用してください。
6　動物由来たん白質が原料として使用された普通肥料のうち、牛、めん羊又は山羊に由来する動物由来たん白質が原料として使用されたもの又は原料事情等により使用する場合があるもの	この肥料には、牛等由来たん白質が入っていますから、家畜等の口に入らないところで保管・使用し、家畜等に与えたり、牧草地等に施用したりしないで下さい。 (注) 牛等由来たん白質の次に（　）を付し、（　）の中にその由来する動物種を記載することができる。 記載例 この肥料には、牛等由来たん白質（牛又は豚に由来するもの）が入っていますから、家畜等の口に入らないところで保管・使用し、家畜等に与えたり、牧草地等に施用したりしないで下さい。

附則

1　この告示は、令和2年4月1日から施行する。

2　この告示の施行の日（次項において「施行日」という。）前に生産され、又は輸入された肥料については、なお従前の例による。

3　施行日前に肥料取締法（昭和25年法律第127号）第４条第１項第１号から第６号まで若しくは第３項若しくは第33条の２第１項の規定による農林水産大臣の登録若しくは同法第５条若しくは第33条の２第１項の規定による農林水産大臣の仮登録を受け、又は同法第16条の２第１項の規定による農林水産大臣への届出がされた肥料（前項の肥料を除く。）については、当分の間、なお従前の例によることができる。

肥料の品質の確保等に関する法律施行規則別表第四号の規定に基づき、農林水産大臣が指定する材料を定める件

令和　２年１１月　５日　農林水産省告示　　第２１６０号　施行　令和　２年１２月　１日

肥料の品質の確保等に関する法律施行規則（昭和二十五年農林省令第六十四号。以下「規則」という。）別表第四号の農林水産大臣が指定する材料は、次に掲げる肥料の区分に応じ、当該各号に定める材料とする。

一　規則第十一条第八項第二号イ又はロに定める値を上限値として保証成分量の数値を定める指定配合肥料（同号に規定する指定配合肥料をいう。ロにおいて同じ。）別表中固結防止材として使用する材料の項に掲げる材料（ベントナイト、けい酸石灰、シリカ粉及びなたね油を除く。）（肥料の配合又は加工に当たって当該材料のうち二以上の材料を使用する場合にあっては、それぞれの材料の含有量の上限値以下の含有量となるよう使用され、かつ、当該二以上の材料の含有量の合計が全重量の三％以下の含有量となるよう使用された場合に限る。）

二　指定配合肥料（第一号に掲げるものを除く。）別表中固結防止材として使用する材料の項、飛散防止材として使用する材料の項、浮上防止材として使用する材料の項、組成均一化促進材として使用する材料の項、効果発現促進材として使用する材料の項及び着色材として使用する材料の項に掲げる材料（肥料の配合又は加工に当たって同一の項に掲げる材料を二以上使用する場合にあっては、それぞれの材料の含有量の上限値以下の含有量となるよう使用され、かつ、当該二以上の材料の含有量の合計が、当該二以上の材料の全重量中の含有量の上限値のうち最も高い上限値以下の含有量となるよう使用された場合に限る。）

三　規則第十一条第八項第四号に規定する指定化成肥料　別表中固結防止材として使用する材料の項、飛散防止材として使用する材料の項、浮上防止材として使用する材料の項、組成均一化促進材として使用する材料の項、効果発現促進材として使用する材料の項、着色材として使用する材料の項及び粒状化促進材として使用する材料の項に掲げる材料（肥料の配合又は加工に当たって同一の項に掲げる材料を二以上使用する場合にあっては、それぞれの材料の含有量の上限値以下の含有量となるよう使用され、かつ、当該二以上の材料の含有量の合計が、当該二以上の材料の全重量中の含有量の上限値のうち最も高い上限値以下の含有量となるよう使用された場合に限る。）

四　規則第十一条第九項に規定する特殊肥料等入り指定混合肥料　別表の固結防止材として使用する材料の項、飛散防止材として使用する材料の項、浮上防止材として使用する材料の項、組成均一化促進材として使用する材料の項、効果発現促進材として使用する

材料の項、着色材として使用する材料の項及び粒状化促進材として使用する材料の項に掲げる材料（肥料の配合又は加工に当たって同一の項に掲げる材料を二以上使用する場合にあっては、それぞれの材料の含有量の上限値以下の含有量となるよう使用され、かつ、当該二以上の材料の含有量の合計が、当該二以上の材料の全重量中の含有量の上限値のうち最も高い上限値以下の含有量となるよう使用された場合に限る。）

五　規則第十一条第十項に規定する土壌改良資材入り指定混合肥料　別表の固結防止材として使用する材料の項、飛散防止材として使用する材料の項、浮上防止材として使用する材料の項、組成均一化促進材として使用する材料の項、効果発現促進材として使用する材料の項、着色材として使用する材料の項及び粒状化促進材として使用する材料の項に掲げる材料（指定土壌改良資材（肥料の品質の確保等に関する法律（昭和二十五年法律第百二十七号）第四条第二項第四号に規定する指定土壌改良資材をいう。別表において同じ。）の混入又は加工に当たって同一の項に掲げる材料を二以上使用する場合にあっては、それぞれの材料の含有量の上限値以下の含有量となるよう使用され、かつ、当該二以上の材料の含有量の合計が、当該二以上の材料の全重量中の含有量の上限値のうち最も高い上限値以下の含有量となるよう使用された場合に限る。）

別表（第一号から第五号まで関係）

区　分	材　　料
固結防止材（肥料の固結を防止する材料をいう。）として使用する材料	ベントナイト（肥料の配合又は加工に当たって全重量の九％以下の含有量となるよう使用された場合に限る。） シリカゲル（肥料の配合又は加工に当たって全重量の六％以下の含有量となるよう使用された場合に限る。） けいそう土（肥料の配合又は加工に当たって全重量の五％以下の含有量となるよう使用された場合に限る。） 滑石粉末（肥料の配合又は加工に当たって全重量の四％以下の含有量となるよう使用された場合に限る。） クレー（肥料の配合又は加工に当たって全重量の三％以下の含有量となるよう使用された場合に限る。） けい酸石灰（肥料の配合又は加工に当たって全重量の三％以下の含有量となるよう使用された場合に限る。） けい石粉末（肥料の配合又は加工に当たって全重量の三％以下の含有量となるよう使用された場合に限る。） シリカヒューム（肥料の配合又は加工に当たって全重量の三

区　分	材　　料
	％以下の含有量となるよう使用された場合に限る。） ゼオライト（肥料の配合又は加工に当たって全重量の三％以下の含有量となるよう使用された場合に限る。） パーライト（肥料の配合又は加工に当たって全重量の三％以下の含有量となるよう使用された場合に限る。） シリカ粉（肥料の配合又は加工に当たって全重量の二％以下の含有量となるよう使用された場合に限る。） 潤滑油（けいそう土、滑石粉末、クレー又はパーライトと併用されたものであって、肥料の配合又は加工に当たって全重量の一％以下の含有量となるよう使用された場合に限る。） なたね油（肥料の配合又は加工に当たって全重量の〇・三％以下の含有量となるよう使用された場合に限る。）
飛散防止材（肥料の飛散を防止する材料をいう。）として使用する材料	鉱油（肥料の配合又は加工に当たって全重量の〇・五％以下の含有量となるよう使用された場合に限る。）
浮上防止材（肥料の浮上を防止する材料をいう。）として使用する材料	安山岩粉末（肥料の配合又は加工に当たって全重量の十八％以下の含有量となるよう使用された場合に限る。） かんらん岩粉末（肥料の配合又は加工に当たって全重量の十八％以下の含有量となるよう使用された場合に限る。） けつ岩粉末（肥料の配合又は加工に当たって全重量の十八％以下の含有量となるよう使用された場合に限る。） 砂岩粉末（肥料の配合又は加工に当たって全重量の十五％以下の含有量となるよう使用された場合に限る。） けい石粉末（肥料の配合又は加工に当たって全重量の十一％以下の含有量となるよう使用された場合に限る。）
組成均一化促進材（肥料の組成の均一化を促進する材料をいう。）として使用する材料	石こう（肥料の配合又は加工に当たって全重量の七十％以下の含有量となるよう使用された場合に限る。） 安山岩粉末（肥料の配合又は加工に当たって全重量の六十五％以下の含有量となるよう使用された場合に限る。） けつ岩粉末（肥料の配合又は加工に当たって全重量の六十五％以下の含有量となるよう使用された場合に限る。）

区　分	材　　料
	砂岩粉末（肥料の配合又は加工に当たって全重量の六十五％以下の含有量となるよう使用された場合に限る。） ベントナイト（肥料の配合又は加工に当たって全重量の四十一％以下の含有量となるよう使用された場合に限る。） クレー（肥料の配合又は加工に当たって全重量の三十四％以下の含有量となるよう使用された場合に限る。） 腐植酸（肥料の配合又は加工に当たって全重量の三十二％以下の含有量となるよう使用された場合に限る。） ゼオライト（肥料の配合又は加工に当たって全重量の三十％以下の含有量となるよう使用された場合に限る。） セピオライト（肥料の配合又は加工に当たって全重量の二十一％以下の含有量となるよう使用された場合に限る。） 亜炭（肥料の配合又は加工に当たって全重量の二十％以下の含有量となるよう使用された場合に限る。） 泥炭（肥料の配合又は加工に当たって全重量の二十％以下の含有量となるよう使用された場合に限る。）
効果発現促進材（肥料の効果の発現を促進する材料をいう。）として使用する材料	酸化第二鉄（肥料の配合又は加工に当たって鉄相当量に換算して全重量の二十一％以下の含有量となるよう使用された場合に限る。） 硝酸石灰（肥料の配合又は加工に当たってカルシウム相当量に換算して全重量の十九％以下の含有量となるよう使用された場合に限る。） 硫酸第一鉄（肥料の配合又は加工に当たって鉄相当量に換算して全重量の十二・六％以下の含有量となるよう使用された場合に限る。） 硫酸亜鉛（肥料の配合又は加工に当たって亜鉛相当量に換算して全重量の十二・五％以下の含有量となるよう使用された場合に限る。） エチレンジアミン四酢酸鉄（肥料の配合又は加工に当たって鉄相当量に換算して全重量の十・一％以下の含有量となるよう使用された場合に限る。） 硫酸銅（肥料の配合又は加工に当たって銅相当量に換算して全重量の八・八％以下の含有量となるよう使用された場合に限る。）

区　分	材　　料
	ジエチレントリアミン五酢酸鉄（肥料の配合又は加工に当たって鉄相当量に換算して全重量の三・七％以下の含有量となるよう使用された場合に限る。） エチレンジアミン四酢酸亜鉛（肥料の配合又は加工に当たって亜鉛相当量に換算して全重量の三・一％以下の含有量となるよう使用された場合に限る。） モリブデン酸塩（肥料の配合又は加工に当たってモリブデン相当量に換算して全重量の二・一％以下の含有量となるよう使用された場合に限る。） エチレンジアミン四酢酸銅（肥料の配合又は加工に当たって銅相当量に換算して全重量の一・九％以下の含有量となるよう使用された場合に限る。） 硫酸第二鉄（肥料の配合又は加工に当たって鉄相当量に換算して全重量の〇・二％以下の含有量となるよう使用された場合に限る。） エチレンジアミン四酢酸カルシウム（肥料の配合又は加工に当たってカルシウム相当量に換算して全重量の〇・一％以下の含有量となるよう使用された場合に限る。） エチレンジアミン四酢酸モリブデン（肥料の配合又は加工に当たってモリブデン相当量に換算して全重量の〇・〇二％以下の含有量となるよう使用された場合に限る。）
着色材（肥料を着色する材料をいう。）として使用する材料	腐植酸（肥料の配合又は加工に当たって全重量の五％以下の含有量となるよう使用された場合に限る。） カーボンブラック（肥料の配合又は加工に当たって全重量の二％以下の含有量となるよう使用された場合に限る。）
粒状化促進材（肥料の粒状化を促進する材料をいう。）として使用する材料	かんらん岩粉末（肥料の配合又は加工に当たって全重量の三十％以下の含有量となるよう使用された場合に限る。） クレー（肥料の配合又は加工に当たって全重量の三十％以下の含有量となるよう使用された場合に限る。） けい石粉末（肥料の配合又は加工に当たって全重量の三十％以下の含有量となるよう使用された場合に限る。） けいそう土（肥料の配合又は加工に当たって全重量の三十％以下の含有量となるよう使用された場合に限る。） ゼオライト（肥料の配合又は加工に当たって全重量の三十％以下の含有量となるよう使用された場合に限る。）

区　分	材　　　料
	石こう（肥料の配合又は加工に当たって全重量の三十％以下の含有量となるよう使用された場合に限る。） でんぷん（肥料の配合又は加工に当たって全重量の三十％以下の含有量となるよう使用された場合に限る。） 糖蜜（肥料の配合又は加工に当たって全重量の三十％以下の含有量となるよう使用された場合に限る。） ベントナイト（肥料の配合又は加工に当たって全重量の三十％以下の含有量となるよう使用された場合に限る。） リグニンスルホン酸（肥料の配合又は加工に当たって全重量の三十％以下の含有量となるよう使用された場合に限る。） こんにゃく飛粉（肥料の配合又は加工に当たって全重量の十五％以下の含有量となるよう使用された場合に限る。） セピオライト（肥料の配合又は加工に当たって全重量の十五％以下の含有量となるよう使用された場合に限る。） イースト菌発酵濃縮廃液（肥料の配合又は加工に当たって全重量の十三％以下の含有量となるよう使用された場合に限る。） アンモニア液又はアンモニアガス（中和造粒のために使用する場合であって、肥料の配合又は加工に当たって全重量の十％以下の含有量となるよう使用されたときに限る。） カオリン（肥料の配合又は加工に当たって全重量の十％以下の含有量となるよう使用された場合に限る。） 砂岩粉末（肥料の配合又は加工に当たって全重量の十％以下の含有量となるよう使用された場合に限る。） 硫酸（中和造粒のために使用する場合であって、肥料の配合又は加工に当たって全重量の十％以下の含有量となるよう使用されたときに限る。） りん酸液（中和造粒のために使用する場合であって、肥料の配合又は加工に当たって全重量の十％以下の含有量となるよう使用されたときに限る。） 滑石粉末（肥料の配合又は加工に当たって全重量の九％以下の含有量となるよう使用された場合に限る。） アタパルジャイト（肥料の配合又は加工に当たって全重量の

区　分	材　　料
	六％以下の含有量となるよう使用された場合に限る。） パルプ廃液（肥料の配合又は加工に当たって全重量の六％以下の含有量となるよう使用された場合に限る。） 安山岩粉末（肥料の配合又は加工に当たって全重量の五％以下の含有量となるよう使用された場合に限る。） カルボキシメチルセルロース（肥料の配合又は加工に当たって全重量の五％以下の含有量となるよう使用された場合に限る。） コーンスターチ（肥料の配合又は加工に当たって全重量の五％以下の含有量となるよう使用された場合に限る。） ぬか（肥料の配合又は加工に当たって全重量の五％以下の含有量となるよう使用された場合に限る。） 軽焼マグネシア（肥料の配合又は加工に当たって全重量の一・二％以下の含有量となるよう使用された場合に限る。） 消石灰（肥料の配合又は加工に当たって全重量の一％以下の含有量となるよう使用された場合に限る。）
備考 　第五号の規則第十一条第十項に規定する土壌改良資材入り指定混合肥料にあっては、この表の各項中「肥料の配合又は加工」とあるのは、「指定土壌改良資材の混入又は加工」とする。	

附　則

（施行期日）

1　この告示は、肥料取締法の一部を改正する法律の施行の日（令和二年十二月一日）から施行する。

（肥料取締法施行規則第一条第四号の規定に基づき、農林水産大臣が指定する材料を定める件の廃止）

2　平成二十五年十二月五日農林水産省告示第二千九百四十三号（肥料取締法施行規則第一条第四号の規定に基づき、農林水産大臣が指定する材料を定める件）は、廃止する。

肥料の品質の確保等に関する法律施行規則別表第一号ハの規定に基づき農林水産大臣が指定する材料を定める件

平成２８年１２月１９日	農林水産省告示	第２５３１号	施行	平成２９年　１月１８日
令和　元年　５月２０日	農林水産省告示	第１０１７号	施行	平成２９年　１月１８日
令和　元年１０月３０日	農林水産省告示	第２１２６号	施行	令和　元年１２月　１日

肥料の品質の確保等に関する法律施行規則別表第一号ハの農林水産大臣が指定する材料は、次に掲げる材料とする。

一　一－アミジノ－二－チオウレア

二　四－アミノ－Ｎ－（一・三－チアゾール－二－イル）ベンゼンスルホンアミド

三　Ｎ－（二・五－ジクロルフェニル）サクシナミド酸

四　ジシアンジアミド

肥料の品質の確保等に関する法律施行規則別表第一号ホの規定に基づき、農林水産大臣が指定する材料を定める件

平成２６年　７月　２日　農林水産省告示　第　８７５号　施行　平成２６年　７月　２日
改正平成３０年　３月　６日　農林水産省告示　第　４５８号　施行　平成３０年　４月　５日
改正令和　２年１０月３０日　農林水産省告示　第２１２６号　施行　令和　２年１２月　１日

肥料の品質の確保等に関する法律施行規則別表第一号ホの農林水産大臣が指定する材料は、次に掲げる材料とする。

一　軽焼マグネシア（肥料の配合に当たって全重量の20%以上の含有量となるよう使用された場合に限る。）

二　鶏ふん燃焼灰（肥料の配合に当たって全重量の20%以上の含有量となるよう使用された場合に限る。）

三　消石灰（肥料の配合に当たって全重量の５％以上の含有量となるよう使用された場合に限る。）

四　石灰窒素（肥料の配合に当たって全重量の10%以上の含有量となるよう使用された場合に限る。）

五　とうがらし粉末（肥料の配合に当たって全重量の５％以上の含有量となるよう使用された場合に限る。）

六　パームアッシュ（肥料の配合に当たって全重量の10%以上の含有量となるよう使用された場合に限る。）

七　硫酸アンモニア（肥料の配合に当たって全重量の10%以上の含有量となるよう使用された場合に限る。）

八　硫酸加里（肥料の配合に当たって全重量の10%以上の含有量となるよう使用された場合に限る。）

肥料の品質の確保等に関する法律施行規則別表第１号ホの規定に基づき、牛、めん羊、山羊及び鹿による牛由来の原料を原料として生産された肥料の摂取に起因して生ずるこれらの家畜の伝達性海綿状脳症の発生を予防するための措置を行う方法を定める件

平成２６年　９月　１日	農林水産省告示	第１１４５号	施行	平成２６年１０月　１日
平成３０年　３月　６日	農林水産省告示	第　４５７号	施行	平成３０年　４月　５日
令和　２年　３月１０日	農林水産省告示	第　４４４号	施行	令和　２年　４月　１日
令和　２年１０月３０日	農林水産省告示	第２１２６号	施行	令和　２年１２月　１日

1　肥料の品質の確保等に関する法律施行規則（以下「規則」という。）別表第１号ホの摂取の防止に効果があると認められる材料又は原料の使用は、次に定めるところにより行うものとする。

一　規則別表第１号ホの摂取の防止に効果があると認められる材料の使用は、牛、めん羊又は山羊（以下「牛等」という）由来の原料（牛の皮に由来するゼラチン及びコラーゲンを除く。以下同じ。）を使用して生産される肥料の生産業者（外国において本邦に輸出される肥料を業として生産する者を含む。以下この項及び次項において同じ。）が、当該肥料を生産する際に、同号ホの農林水産大臣が指定する材料を使用することにより行うこと。

二　規則別表第１号ホの摂取の防止に効果があると認められる原料の使用は、牛由来の原料を使用して生産される普通肥料の生産業者が、当該肥料を生産する際に、次に掲げる方法により行うこと。

イ　動植物質以外の原料又は当該原料のみを原料とする肥料を全重量の50パーセント以上の含有量となるよう配合する方法

ロ　当該肥料を動植物質以外の原料で被覆する方法

2　規則別表第１号ホの疾病の発生の予防に効果があると認められる方法による原料の加工は、牛由来の原料を使用して生産される肥料の生産業者が、当該肥料を生産する際に、その牛由来の原料について次に掲げる方法のいずれかにより行うものであって、その加工の工程について農林水産大臣の確認を受けたものとする。

一　空気を遮断し、800℃以上で８時間以上加熱する方法

二　空気を流通させ、1000℃以上で燃焼する方法

三　1000℃以上で熔融する方法

四　アルカリ処理（水酸化ナトリウム溶液又は水酸化カリウム溶液と混合して85℃以上で１時間以上行う処理で、混合後の溶液中の水酸化ナトリウム又は水酸化カリウムの濃度が2.3mol/L以上のものに限る。）

五　133℃以上及び３気圧以上で20分間以上蒸製する方法

六　次に掲げる工程の全てを経て処理する方法又はこれと同等以上の感染性を低下させる方法

イ　脱脂

ロ　酸による脱灰

ハ　酸処理又はアルカリ処理

ニ　ろ過

ホ　摂氏138℃以上で４秒間以上の殺菌処理

3　牛等由来の原料を使用して生産された肥料の生産業者、輸入業者又は販売業者が当該肥料を他の普通肥料（指定混合肥料を除く。）の原料として他の生産業者又は販売業者（以下「生産業者等」という。）に譲渡又は引渡し（以下「譲渡等」という。）をする場合（牛等由来の原料を使用して生産された普通肥料の登録外国生産業者（当該肥料の輸入業者であるものを除く。）が当該肥料を他の普通肥料（指定混合肥料を除く。）の原料として輸入業者（当該肥料の登録外国生産業者であるものを除く。以下「特定輸入業者」という。）に譲渡等する場合を含む。）にあっては、前２項に定めるところにより行う措置（以下「摂取防止材の使用等の措置」という。）を、次に定める肥料の原料の流通行程を管理するための措置に代えることができるものとする。

一　牛等由来の原料を使用して生産された肥料（摂取防止材の使用等の措置又はこの項の規定による肥料の原料の流通行程を管理するための措置が行われていないものに限る。）の生産業者又は輸入業者（肥料の品質の確保等に関する法律（昭和25年法律第127号）第33条の２第１項の規定による登録又は仮登録を受けた普通肥料を輸入する場合にあっては、特定輸入業者を除く。以下「原料肥料生産業者等」という。）が、生産業者等に当該肥料の譲渡等をする場合にあっては、当該譲渡等の際に当該譲渡等を受ける生産業者等に対し、次に掲げる事項を記載した肥料原料供給管理票（以下「管理票」という。）を交付するとともに、当該肥料の容器又は包装に「届出肥料に使用不可・農家等への譲渡不可」と記載すること。

イ　氏名及び住所（法人にあっては、その名称及びその主たる事務所の所在地）

ロ　譲渡等をする肥料の種類、名称、荷姿、数量及び当該譲渡等の年月日

ハ　譲渡等をする肥料を生産した事業場及び当該肥料を保管した施設の名称及び所在地（輸入業者にあっては、譲渡等をする肥料を保管した施設の名称及び所在地）

ニ　譲渡等をする肥料の出荷の責任者の氏名

二　牛等由来の原料を使用して生産された普通肥料（摂取防止材の使用等の措置が行われていないものに限る。）の登録外国生産業者が、特定輸入業者に当該肥料の譲渡等

をする場合にあっては、当該譲渡等の際に当該譲渡等を受ける特定輸入業者に対し、前号イからニまでに掲げる事項に加え国内管理人の氏名及び住所（法人にあっては、その名称及びその主たる事務所の所在地）を記載した管理票を交付するとともに、当該肥料の容器又は包装に「届出肥料に使用不可・農家等への譲渡不可」と記載すること。この場合において、当該特定輸入業者が当該肥料の国内管理人でないときは、併せて、当該国内管理人に当該管理票の写しを送付すること。

三　前二号又は次号の規定により交付された管理票（写しが交付された場合にあっては、その写し。以下同じ。）に係る肥料の譲渡等を受けた生産業者等又は特定輸入業者（当該肥料の国内管理人であるものを除く。以下この号において同じ。）は、当該譲渡等を受けた後遅滞なく、当該管理票に記載されている事項に誤りがないことを確認した上で、当該管理票に次に掲げる事項を追記し、生産業者等にあっては当該管理票を交付した原料肥料生産業者等若しくは生産業者等に、特定輸入業者にあっては前号後段の規定により当該管理票の写しを送付された国内管理人に対し、当該追記をした管理票の写しを送付すること。

イ　氏名及び住所（法人にあっては、その名称及びその主たる事務所の所在地）

ロ　譲渡等がされた肥料の当該譲渡等の年月日

ハ　譲渡等がされた肥料の使用目的

ニ　譲渡等がされた肥料の入荷の責任者の氏名

四　第二号の規定により交付された管理票に係る肥料の譲渡等を受けた特定輸入業者（前号の規定の適用があるものを除く。）又は前号の規定により管理票の写しを送付した生産業者等若しくは特定輸入業者が、当該管理票に係る肥料（当該管理票の写しを送付した生産業者が、当該肥料を原料として生産したものを含み、摂取防止材の使用等の措置を行ったものを除く。）について、他の生産業者等に譲渡等をする場合にあっては、当該譲渡等の際に、当該管理票（当該肥料を小分けして２以上の他の生産業者等に譲渡等をするため当該管理票の原本を使用することができない場合にあっては、その写し。第七号において同じ。）に次に掲げる事項を追記し、当該他の生産業者等に対し、当該追記をした管理票を交付するとともに、当該肥料の容器又は包装を変更したときは、変更後の容器又は包装に「届出肥料に使用不可・農家等への譲渡不可」と記載すること。

イ　氏名及び住所（法人にあっては、その名称及びその主たる事務所の所在地）

ロ　譲渡等をする肥料の種類、名称、荷姿、数量及び当該譲渡等の年月日

ハ　譲渡等をする肥料を保管した施設又は当該肥料を生産した事業場の名称及び所在地

ニ　譲渡等をする肥料の出荷の責任者の氏名

五　第三号の規定により管理票の写しを送付した生産業者が、当該管理票に係る肥料について摂取防止材の使用等の措置を行った場合にあっては、その後遅滞なく、当該管理票に、当該摂取防止材の使用等の措置の内容を追記し、当該管理票に記載されている原料肥料生産業者等（当該管理票に国内管理人が記載されている場合にあっては、当該国内管理人）に対し、当該追記をした管理票を送付すること。

六　原料肥料生産業者等又は国内管理人は、第三号の規定により送付された管理票の写し及び前号の規定により送付された管理票を、それぞれ、これらを受領した日から起算して８年間保存すること。

七　第四号の規定により同号の他の生産業者等に対し管理票を交付した生産業者等又は特定輸入業者は、当該他の生産業者等から当該管理票に係る第三号の規定により送付された管理票の写しを当該写しを受領した日から起算して８年間保存すること。

八　第五号の規定により管理票を送付した生産業者は、当該管理票の写しを当該管理票を送付した日から起算して８年間保存すること。

附　則

1　この告示は、平成26年10月１日から施行する。

2　工業汚泥肥料（次に掲げるものに限る。）並びに当該肥料を原料として生産される混合汚泥肥料、焼成汚泥肥料及び汚泥発酵肥料並びに乾燥菌体肥料（と畜場法（昭和28年法律第114号）第３条第２項に規定すると畜場（第一号において単に「と畜場」という。）の廃水を活性スラッジ法により浄化する際に得られる菌体を加熱乾燥したものに限る。）（以下この項において「汚泥肥料等」という。）についての規則別表第１号ホの規定に基づく牛、めん羊、山羊及び鹿による牛等由来の原料を使用して生産された肥料の摂取に起因して生ずるこれらの家畜の伝達性海綿状脳症の発生を予防するための措置については、当分の間、第１項から第３項までの規定にかかわらず、汚泥肥料等の流通過程を管理するための措置（これらの規定に定める措置に相当すると農林水産大臣が認めるものに限る。）を行うことができる。

一　と畜場の排水処理施設から生じた汚泥を濃縮、消化、脱水又は乾燥したもの

二　前号に掲げる工業汚泥肥料に植物質若しくは動物質の原料を混合したもの又はこれを乾燥したもの

三　第一号若しくは前号に掲げる工業汚泥肥料を混合したもの又はこれを乾燥したもの

3　平成25年12月５日農林水産省告示第2942号（肥料取締法施行規則第１条第１号ホの規定に基づき、牛、めん羊、山羊及び鹿による牛由来の原料を原料として生産される肥料の摂取を防止するための当該摂取の防止に効果があると認められる材料又は原料の使用

その他必要な措置を行う方法を定める件）は、廃止する。

附則（令和２年３月10日　農林水産省告示第444号）

1　この告示は、令和二年四月一日から施行する。

2　この告示の施行の日（以下「施行日」という。）前に生産又は輸入された肥料については、なお従前の例による。

3　施行日前に肥料取締法（昭和二十五年法律第百二十七号）第四条各項若しくは第三十三条の二第一項の規定による登録若しくは同法第五条若しくは第三十三条の二第一項の規定による仮登録を受け、又は同法第十六条の二第一項若しくは第二項若しくは第二十二条第一項の規定による届出がされた肥料（前項の肥料を除く。）については、当分の間、なお従前の例によることができる。

4　前二項の肥料以外の肥料については、この告示による改正後の平成二十六年九月一日農林水産省告示第千百四十五号第三項の規定にかかわらず、施行日から六月は、なお従前の例によることができる。

肥料の品質の確保等に関する法律施行規則別表第二号の表第一項の規定に基づき、農林水産大臣が指定する石灰質肥料を定める件

平成２８年１２月１９日	農林水産省告示	第２５３２号	施行	平成２９年　１月１８日
令和　２年　２月２８日	農林水産省告示	第　４００号	施行	令和　２年　４月　１日
令和　２年１０月３０日	農林水産省告示	第２１２６号	施行	令和　２年１２月　１日

肥料の品質の確保等に関する法律施行規則別表第二号の表第一項の農林水産大臣が指定する石灰質肥料は、目開きが２ミリメートルの網ふるい上に全重量の95パーセント以上残留する石灰質肥料であって次に掲げるものとする。

一　炭酸カルシウム肥料

二　貝化石肥料

三　副産石灰肥料（貝殻を原料とするものに限る。）

植物に対する害に関する栽培試験の方法

昭和５９年４月１８日付け５９農蚕第１９４３号農林水産省農蚕園芸局長通知（抄）

1　試験容器等

(1)　試験容器

試験容器は内径11.3センチメートル、高さ6.5センチメートルの鉢（ノイバウエルポット）を用い、下記２の(3)のイの各試験区ごとに２連以上とする。

(2)　供試肥料等

イ　供試肥料は、肥料取締法第６条の規定に基づき提出する見本肥料と同等品のものとする。

ロ　対照肥料は、供試肥料と原料、生産工程、保証成分量等が類似している普通肥料（仮登録肥料及び指定配合肥料を除く。）を選定するものとする。

ただし、供試肥料が無機質肥料である場合には、硫酸アンモニア、過りん酸石灰又は塩化加里を用いてもよい。

(3)　供試土壌

供試土壌は、土性が壌土又は砂壌土の沖積土又は洪積土とする。

(4)　供試作物

供試作物は、原則としてこまつなとする。

2　試験の手順

(1)　土壌の調製

イ　土壌の充てん

供試土壌の試験容器中への充てんは、２ミリメートルの目のふるいを通した風乾土を用い、試験容器当たりの充てん量が約500ミリリットルとなるように行う。

ロ　土壌水分

試験容器中における土壌の水分は、水を加えて最大容水量の50～60パーセントとなるようにする。

注）最大容水量は100ミリリットルのメスシリンダーに直径約110ミリメートルの筋目のあるロートを乗せ、これに水で湿した直径約185ミリメートルで３種又は２種のろ紙を置き、ろ紙の中に乾土（風乾土を摂氏100度で５時間乾燥した土壌）100グラムを入れ、土壌表面から100ミリリットルの水を静かに注ぎ、ろ液の滴下終了を確認後、その滴下水量から求めた土壌に保持された水量のことである。

(2)　肥料の調製

供試肥料及び対照肥料は、それぞれ粉砕して1ミリメートルの目のふるいを通す。

ただし、水分の多い肥料等でこの調製が困難な場合には、できるだけ細かく砕き、均質化する。

(3) 肥料の施用

イ 施肥の設計（試験区）

(イ) 試験区は、供試肥料及び対照肥料を用いた標準量施用区、2倍量施用区、3倍量施用区及び4倍量施用区並びに標準区を設ける。

(ロ) 供試肥料における試験区

① 供試肥料が窒素質肥料、りん酸質肥料、加里質肥料又は複合肥料の場合の標準量施用区の試験容器当たりの施用量（標準施用量）は、試験容器当たり、窒素質肥料又は窒素成分を保証した複合肥料ではNとして100ミリグラム、りん酸質肥料又は窒素成分を保証しない複合肥料ではP_2O_5として100ミリグラム（りん酸吸収係数の高い土壌であるため、りん酸の施用量が不足するおそれのある場合には、100～200ミリグラム。以下同じ。）、加里質肥料ではK_2Oとして100ミリグラムとなる量として、この施用量を基準として、標準量施用区、2倍量施用区、3倍量施用区及び4倍量施用区を設ける。

この場合、N、P_2O_5又はK_2Oとして、試験容器当たり100ミリグラムに満たない成分があるときには、当該成分について、試験容器当たり100ミリグラムの量になるように硫酸アンモニア、過りん酸石灰又は塩化加里を施用する。

② 供試肥料が有機質肥料の場合の標準施用量は、試験容器当たり、Nとして100ミリグラム（乾物当たりの窒素成分量が2パーセント以下のものにあつては、肥料の乾物換算重量で5グラム）となる量とし、この施用量を基準として、標準量施用区、2倍量施用区、3倍量施用区及び4倍量施用区を設ける。

これらの場合、すべての試験区について、N、P_2O_5及びK_2Oとしてそれぞれ試験容器当たり25ミリグラム（P_2O_5については、りん酸吸収係数の高い土壌であるため、りん酸の施用量が不足するおそれのある場合には25～50ミリグラム。(ニ)において同じ。）に相当する硫酸アンモニア、過りん酸石灰及び塩化加里を施用する。

③ 供試肥料が窒素、りん酸及び加里のいずれの成分も保証しない普通肥料の場合の標準施用量は、その保証する主要な成分の通常の施用量から定めることとし、①に準じて各試験区を設ける。

ただし、当該供試肥料がアルカリ分を保証するものの場合の標準施用量は、試験容器当たり、アルカリ分として0.5グラム（供試土壌が火山灰土壌等の強酸性土壌にあっては１グラム）となる量とし、この施用量を基準として、標準量施用区、２倍量施用区、３倍量施用区及び４倍量施用区を設ける。これらの場合、すべての試験区について、N、P_2O_5及びK_2Oとしてそれぞれ試験容器当たり100ミリグラムに相当する硫酸アンモニア、過りん酸石灰及び塩化加里を施用する。

(ハ) 対照肥料における試験区

対照肥料を用いた試験区は、供試肥料を用いたものに準じて設ける。

(ニ) 標準区

標準区は、N、P_2O_5及びK_2Oとして、それぞれ試験容器当たり25ミリグラムに相当する硫酸アンモニア、過りん酸石灰又は塩化加里を施用した試験区とする。

ロ　施肥の方法

肥料は、試験容器全体の土壌と均一となるようよく混合して施用する。

(4) 作物のは種

イ　は種量

は種量は、試験容器当たり20粒又は25粒とする。

ロ　は種方法

は種は、種子が等間隔となるようます目状にピンセット等を用いて行い、は種後、風乾土壌で種子が隠れる程度に覆う。

(5) 栽培管理

イ　水分管理

試験期間中における土壌の水分は、試験開始後約10日間は２の(1)のロの土壌水分調整後の水分状態を保つよう減水分を補給し、その後は作物の生育に応じて適宜給水する。

ロ　温度管理

試験期間中における栽培温度は、原則として摂氏15度から25度までの範囲内に保つものとする。

ハ　栽培期間

栽培期間は、原則として、は種後３週間とする。

3　調査の内容

調査は、別表の調査項目について行う。

別表

調査対象	調　査　項　目	
供試土壌	イ　土性　ロ　土壌（沖積土、洪積土の別）　ハ　水素イオン濃度（pH） ニ　交換（置換）酸度　ホ　電気伝導率 ヘ　塩基置換容量　ト　容積重　チ　最大容水量	
跡地土壌	イ　水素イオン濃度（pH）　ロ　電気伝導率　ハ　アンモニア性窒素 ニ　硝酸性窒素	
供試作物	イ　発芽調査	発芽率
	ロ　生育調査	(イ)　葉長 (ロ)　試験終了時の生体重
	ハ　生育状態	異常症状の有無等
備考 1　水素イオン濃度及び電気伝導率の測定用溶液は、土壌10グラムを50ミリリットルの水で振とうしたろ液とする。 2　跡地土壌の調査は、生育状態に異常が観察された場合に行う。 3　供試作物については、発芽後5～7日及び試験終了時のカラー写真を撮っておく。		

試験成績取りまとめ様式

1　試験機関の名称及び所在地

2　試験担当者の氏名

3　試験の目的

4　試験の設計

(イ)　供試肥料及び対照肥料の種類及び名称並びに分析成績

	肥料の種類	肥料の名称	分　析　成　績　（%）				
			水分	N	P_2O_5	K_2O	
供試肥料							
対照肥料							

(ロ) 供試土壌の土性、沖積土又は洪積土の別等

土性	沖積土又は洪積土の別	pH	交換(置換)酸度	電気伝導率 mS/cm	塩基置換容量 meq/乾土100g	容積重 g/風乾土500ml	最大容水量乾土当たり重量%

(ハ) 供試作物の種類及び品種

(ニ) 施肥の設計及び試験区の名称

試験区 No.		施用量 (g/鉢)	成分量(mg/鉢)				備考
			N	P_2O_5	K_2O		
供試肥料	標準量施用区 T_1						
	2倍量施用区 T_2						
	3倍量施用区 T_3						
	4倍量施用区 T_4						
対照肥料	標準量施用区 S_1						
	2倍量施用区 S_2						
	3倍量施用区 S_3						
	4倍量施用区 S_4						
標準区 B							

(ホ) 栽培方法

施肥	は種	収穫	施設			
年月日	年月日	年月日				

5 管理の状況

土壌充てん	追肥	農薬散布				
年月日	年月日	年月日				

6　試験結果

試験区No.		ポットNo.	発芽調査成績			生育調査成績				異常症状
			年月日	年月日	年月日	年月日	年　月　日			
			発芽率（%）	発芽率（%）	発芽率（%）	葉長（cm）	葉長（cm）	生体重（g/鉢）	生体重指数	
供試肥料	T_1	1 2								
		平均								
対照肥料	S_1	1 2								
		平均								
標準区	B	1 2								
		平均								

注）1　発芽調査は2～3回行う。また、生育調査は2回行い、最終回には地上部を収穫し、生体重等を量る。

2　生体重指数は、供試肥料が無機質肥料の場合には対照肥料のS_1の平均値を100.0とし、有機質肥料の場合には標準区Bの平均値を100.0とする。

3　カラー写真を添付する。

7　考察

試験成績についての考察を記述する。

8　試験機関の責任者の証明

Ⅱ　地　力　増　進　法

昭和59年５月18日　法律第 34号
改正　平成11年12月22日　法律第160号
改正　平成11年12月22日　法律第186号
改正　平成19年３月30日　法律第　8号
改正　平成23年８月30日　法律第105号
改正　令和元年12月４日　法律第 62号

（目　的）

第１条　この法律は，地力の増進を図るための基本的な指針の策定及び地力増進地域の制度について定めるとともに，土壌改良資材の品質に関する表示の適正化のための措置を講ずることにより，農業生産力の増進と農業経営の安定を図ることを目的とする。

（定　義）

第２条　この法律で「農地」とは，耕作の目的に供される土地をいう。

2　この法律で「地力」とは，土壌の性質に由来する農地の生産力をいう。

（地力増進基本指針）

第３条　農林水産大臣は，地力の増進を図るための農業者及びその組織する団体（以下「農業者等」という。）に対する基本的な指針（以下「地力増進基本指針」という。）を定めなければならない。

2　地力増進基本指針においては，次に掲げる事項を定めるものとする。

一　土壌の性質の基本的な改善目標

二　土壌の性質を改善するための資材の施用に関する基本的な事項

三　前号に掲げるもののほか，耕うん整地その他地力の増進に必要な営農に関する基本的な事項

四　その他地力の増進に関する重要事項

3　農林水産大臣は，地力増進基本指針を定め，又はこれを変更したときは，遅滞なく，これを公表しなければならない。

（地力増進地域の指定等）

第４条　都道府県知事は，次に掲げる基準に適合すると認められる地域を地力増進地域として指定することができる。

一　その地域の農地がおおむね不良農地（土壌の性質が不良であると認められる農地をいう。以下同じ。）から成り，かつ，その地域の農地の面積が農林水産省令で定める面積以上であること。

二　その地域内の不良農地について営農上の方法により地力を増進することが技術的及び経済的に可能であること。

2　都道府県知事は，前項の規定による指定をしようとするときは，あらかじめ，関係市町村の意見を聴かなければならない。

3　都道府県知事は，第一項の規定による指定をしたときは，遅滞なく，その旨を公表しなければならない。

4　前二項の規定は，地力増進地域の指定の解除について準用する。

（対策調査）

第5条　都道府県は，農林水産省令で定める基準に従い，地力増進地域について，地力の増進を図る上で必要な事項を明らかにするための調査（以下「対策調査」という。）を行うものとする。

（地力増進対策指針）

第6条　都道府県知事は，対策調査の結果に基づき，地力増進地域について，地力の増進を図るための農業者等に対する指針（以下「地力増進対策指針」という。）を定めることができる。

2　地力増進対策指針には，おおむね次に掲げる事項を定めるものとし，その内容は，地力増進基本指針の内容に即するものでなければならない。

一　土壌の性質

二　土壌の性質の改善目標

三　土壌の性質を改善するための資材の施用に関する事項

四　前号に掲げるもののほか，耕うん整地その他地力の増進に必要な営農に関する事項

五　その他地力の増進を図るために必要な事項

3　都道府県知事は，地力増進対策指針を定めようとするときは，あらかじめ，関係市町村及び関係農業者の組織する団体の意見を聴くよう努めなければならない。

4　都道府県知事は，地力増進対策指針を定めたときは，遅滞なく，これを公表するよう努めなければならない。

5　前二項の規定は，地力増進対策指針の変更について準用する。

（助言，指導等）

第7条　都道府県は，地力増進対策指針に即し，地力増進地域の農業者等に対し，地力の増進を図るために必要な助言及び指導を行うものとする。

2　都道府県知事は，地力増進地域の農業者が地力増進対策指針に即した営農を行わないため，地力の増進が著しく阻害されていると認められるときは，当該農業者に対し，当該地力増進対策指針に即した営農を行うよう勧告することができる。

（改善状況調査）

第8条　都道府県は，地力増進対策指針に即した地力の増進を図るため必要があると認められる場合又は農業者等から請求を受けた場合（農林水産省令で定める基準に適合すると認められる場合に限る。）において，農林水産省令で定める基準に従い，地力増進地

域の農地の土壌の性質の改善状況についての調査（以下「改善状況調査」という。）を行うものとする。

（立入調査）

第９条　都道府県知事は，この法律を施行するため必要があると認めるときは，その職員に，農地に立ち入り，土壌又は農作物につき調査させることができる。この場合において，その職員は，あらかじめ，当該農地の占有者に通知しなければならない。

2　前項の規定により農地に立ち入ろうとする職員は，その身分を示す証明書を携帯し，関係人に提示しなければならない。

（援　助）

第10条　国は，都道府県に対し，対策調査，地力増進対策指針の策定，改善状況調査その他地力の増進に関する施策の実施に必要な指導，助成その他の援助を行うよう努めるものとする。

（土壌改良資材の表示の基準）

第11条　農林水産大臣は，植物の栽培に資するため土壌の性質に変化をもたらすことを目的として土地に施される物（肥料の品質の確保等に関する法律（昭和二十五年法律第百二十七号）第二条第一項に規定する肥料にあつては，植物の栄養に供すること又は植物の栽培に資するため土壌に化学的変化をもたらすことと併せて土壌に化学的変化以外の変化をもたらすことを目的として土地に施される物に限る。以下「土壌改良資材」という。）のうち，その消費者が購入に際し品質を識別することが著しく困難であり，かつ，地力の増進上その品質を識別することが特に必要であるためその品質に関する表示の適正化を図る必要があるものとして政令で定める種類のものについて，その種類ごとに，次に掲げる事項につき表示の基準となるべき事項を定め，これを告示するものとする。

一　原料，用途，施用方法その他品質に関し表示すべき事項

二　表示の方法その他前号に掲げる事項の表示に際して土壌改良資材を業として製造（配合，加工及び採取を含む。）する者（以下「製造業者」という。）又は土壌改良資材を業として販売する者（以下「販売業者」という。）が遵守すべき事項

2　都道府県知事は，土壌改良資材の種類を示して，前項の表示の基準となるべき事項を定めるべき旨を農林水産大臣に申し出ることができる。

（指示等）

第12条　農林水産大臣は，前条第一項の規定により告示された同項第一号に掲げる事項（以下「表示事項」という。）を表示せず，又は同項の規定により告示された同項第二号に掲げる事項（以下「遵守事項」という。）を遵守しない製造業者又は販売業者があるときは，当該製造業者又は販売業者に対して，表示事項を表示し，又は遵守事項を遵守

すべき旨の指示をすることができる。

2　農林水産大臣は，前項の指示に従わない製造業者又は販売業者があるときは，その旨を公表することができる。

（表示に関する命令）

第13条　農林水産大臣は，第十一条第一項の規定により表示の基準となるべき事項が定められた種類の土壌改良資材の品質に関する表示の適正化を図るため特に必要があると認めるときは，政令で定めるところにより，農林水産省令で，製造業者又は販売業者に対し，当該土壌改良資材に係る表示事項について表示をする場合には，当該表示事項に係る遵守事項に従つてすべきことを命ずることができる。

第14条　農林水産大臣は，第十一条第一項の規定により表示の基準となるべき事項が定められた種類の土壌改良資材について，表示事項が表示されていないものが広く販売されており，これを放置しては土壌改良資材の消費者の利益を著しく害すると認めるときは，政令で定めるところにより，農林水産省令で，製造業者又は販売業者に対し，当該土壌改良資材に係る表示事項を表示したものでなければ販売し，又は販売のために陳列してはならないことを命ずることができる。

2　農林水産大臣は，前項の規定による命令をする場合には，当該表示事項に関し，現に前条の規定による命令をしている場合を除き，あわせて同条の規定による命令をしなければならない。

（命令の変更又は取消し）

第15条　農林水産大臣は，前二条の規定による命令をした後において，その命令をする要件となつた事実が変更し，又は消滅したと認めるときは，その命令を変更し，又は取り消さなければならない。

（報告及び立入検査）

第16条　農林水産大臣は，この法律の施行に必要な限度において，製造業者若しくは販売業者から報告を徴し，又はその職員に，これらの者の工場，事業場，店舗，営業所，事務所若しくは倉庫に立ち入り，土壌改良資材，その原料，帳簿，書類その他の物件を検査させることができる。

2　前項の規定により立入検査をする職員は，その身分を示す証明書を携帯し，関係人に提示しなければならない。

3　第一項の規定による立入検査の権限は，犯罪捜査のために認められたものと解釈してはならない。

（センターによる立入検査）

第17条　農林水産大臣は，前条第一項の場合において必要があると認めるときは，独立行政法人農林水産消費安全技術センター（以下「センター」という。）に，製造業者又は販売業者の工場，事業場，店舗，営業所，事務所又は倉庫に立ち入り，土壌改良資材，その原料，帳簿，書類その他の物件を検査させることができる。

2　農林水産大臣は，前項の規定によりセンターに立入検査を行わせる場合には，センターに対し，当該立入検査の期日，場所その他必要な事項を示してこれを実施すべきことを指示するものとする。

3　センターは，前項の指示に従つて第一項の立入検査を行つたときは，農林水産省令で定めるところにより，その結果を農林水産大臣に報告しなければならない。

4　前条第二項及び第三項の規定は，第一項の立入検査について準用する。

（センターに対する命令）

第18条　農林水産大臣は，前条第一項の立入検査の業務の適正な実施を確保するため必要があると認めるときは，センターに対し，当該業務に関し必要な命令をすることができる。

（協　議）

第19条　農林水産大臣は，第十一条第一項の規定により表示の基準となるべき事項を定め，又は第十三条若しくは第十四条第一項の規定による命令をし，若しくは第十五条の規定による命令の変更若しくは取消しをしようとするときは，当該表示の基準となるべき事項又は当該命令に係る土壌改良資材の製造の事業を所管する大臣（農林水産大臣を除く。）に協議しなければならない。

（権限の委任）

第20条　この法律に規定する農林水産大臣の権限は，農林水産省令で定めるところにより，その一部を地方農政局長に委任することができる。

（経過措置）

第21条　この法律の規定に基づき命令を制定し，又は改廃する場合においては，その命令で，その制定又は改廃に伴い合理的に必要と判断される範囲内において，所要の経過措置（罰則に関する経過措置を含む。）を定めることができる。

（罰　則）

第22条　第十三条又は第十四条第一項の規定による命令に違反した者は，二十万円以下の罰金に処する。

第23条　第十六条第一項の規定による報告をせず，若しくは虚偽の報告をし，又は同項若しくは第十七条第一項の規定による検査を拒み，妨げ，若しくは忌避した者は，十万円以下の罰金に処する。

第24条　法人の代表者又は法人若しくは人の代理人，使用人その他の従業者が，その法人又は人の業務に関し，前二条の違反行為をしたときは，行為者を罰するほか，その法人又は人に対して各本条の刑を科する。

第25条　第十八条の規定による命令に違反した場合には，その違反行為をしたセンターの役員は，二十万円以下の過料に処する。

附　　則

1　この法律は，昭和五十九年九月一日から施行する。ただし，第十一条から第二十一条までの規定は，公布の日から起算して一年を超えない範囲内において政令で定める日から施行する。

2　耕土培養法（昭和二十七年法律第二百三十五号）は，廃止する。

附　則（平成一一年一二月二二日法律第一六〇号）抄

（施行期日）

第１条　この法律（第二条及び第三条を除く。）は，平成十三年一月六日から施行する。ただし，次の各号に掲げる規定は，当該各号に定める日から施行する。

一　第九百九十五条（核原料物質，核燃料物質及び原子炉の規制に関する法律の一部を改正する法律附則の改正規定に係る部分に限る。），第千三百五条，第千三百六条，第千三百二十四条第二項，第千三百二十六条第二項及び第千三百四十四条の規定公布の日

附　則（平成一一年一二月二二日法律第一八六号）抄

（施行期日）

第１条　この法律は，平成十三年一月六日から施行する。ただし，第十条第二項及び附則第八条から第十四条までの規定は，同日から起算して六月を超えない範囲内において政令で定める日から施行する。

附　則（平成一九年三月三〇日法律第八号）抄

（施行期日）

第１条　この法律は，平成十九年四月一日から施行する。ただし，附則第四条第二項及び第三項，第五条，第七条第二項並びに第二十二条の規定は，公布の日から施行する。

（罰則に関する経過措置）

第21条　施行日前にした行為及び附則第十条の規定によりなお従前の例によることとされる場合における施行日以後にした行為に対する罰則の適用については，なお従前の例による。

（政令への委任）

第22条　この附則に規定するもののほか，この法律の施行に関し必要な経過措置は，政令で定める。

附　則（平成二三年八月三〇日法律第一〇五号）抄

（施行期日）

第１条　この法律は，公布の日から施行する。

（罰則に関する経過措置）

第81条　この法律（附則第一条各号に掲げる規定にあっては，当該規定。以下この条において同じ。）の施行前にした行為及びこの附則の規定によりなお従前の例によることとされる場合におけるこの法律の施行後にした行為に対する罰則の適用については，なお従前の例による。

（政令への委任）

第82条　この附則に規定するもののほか，この法律の施行に関し必要な経過措置（罰則に関する経過措置を含む。）は，政令で定める。

附　則（令和元年一二月四日法律第六二号）抄

（施行期日）

第１条　この法律は，公布の日から起算して一年を超えない範囲内において政令で定める日から施行する。

地力増進法施行令

昭和59年10月１日　政令第299号
改正　昭和61年11月26日　政令第354号
改正　平成５年７月28日　政令第259号
改正　平成８年10月25日　政令第306号

内閣は，地力増進法（昭和五十九年法律第三十四号）第十一条第一項の規定に基づき，この政令を制定する。

地力増進法第十一条第一項の政令で定める種類の土壌改良資材は，次に掲げる物とする。ただし，成分，性能その他の品質に関する事項について農林水産大臣が基準を定めた種類のものにあつては，当該基準に適合しないものを除く。

一　泥炭

二　バークたい肥

三　腐植酸質資材（石炭又は亜炭を硝酸又は硝酸及び硫酸で分解し，カルシウム化合物又はマグネシウム化合物で中和した物をいう。）

四　木炭（植物性の殻の炭を含む。）

五　けいそう土焼成粒

六　ゼオライト

七　バーミキュライト

八　パーライト

九　ベントナイト

十　ＶＡ菌根菌資材

十一　ポリエチレンイミン系資材（アクリル酸・メタクリル酸ジメチルアミノエチル共重合物のマグネシウム塩とポリエチレンイミンとの複合体をいう。）

十二　ポリビニルアルコール系資材（ポリ酢酸ビニルの一部をけん化した物をいう。）

附　　則

この政令は，地力増進法の一部の施行の日（昭和六十年五月一日）から施行する。

附　　則（昭和六一年一一月二六日政令第三五四号）

この政令は，昭和六十二年六月一日から施行する。

附　　則（平成五年七月二八日政令第二五九号）

この政令は，平成六年二月一日から施行する。

附　　則（平成八年一〇月二五日政令第三〇六号）

この政令は，平成九年三月一日から施行する。

地力増進法施行規則

昭和59年８月31日　農林水産省令第35号
改正　昭和59年10月１日　農林水産省令第39号
改正　平成元年６月６日　農林水産省令第27号
改正　平成12年９月１日　農林水産省令第82号
改正　平成13年３月22日　農林水産省令第59号
改正　平成19年３月30日　農林水産省令第35号
改正　令和元年５月７日　農林水産省令第１号

地力増進法（昭和五十九年法律第三十四号）第四条第一項第一号，第五条及び第八条の規定に基づき，地力増進法施行規則を次のように定める。

（地力増進地域の指定の基準となる農地の面積）

第１条　地力増進法（以下「法」という。）第四条第一項第一号の農林水産省令で定める農地の面積は，北海道にあつてはおおむね百ヘクタール，都府県にあつてはおおむね五十ヘクタールとする。

（対策調査の基準）

第２条　法第五条の対策調査は，次に掲げる調査とする。

一　土壌の性質に関する細密な調査

二　営農の状況に関する調査

三　農業生産基盤の整備状況に関する調査

四　農作物の生育状況に関する調査

五　地力の増進を図るための対策を確立するための調査

（改善状況調査の請求の基準）

第３条　法第八条の農業者等からの請求に関して農林水産省令で定める基準は，次のとおりとする。

一　請求に係る農地において農作物に生育障害が発生していること。

二　前号の生育障害が土壌の性質に起因するものであると推定されること。

三　請求に係る農地の面積が北海道にあつてはおおむね十ヘクタール，都府県にあつてはおおむね五ヘクタール以上であること。

四　請求に係る農地について法第六条第一項の地力増進対策指針に即した営農が行われていると認められること。

（改善状況調査の基準）

第４条　法第八条の改善状況調査は，次に掲げる調査とする。

一　土壌の性質に関する調査

二　営農の状況に関する調査

三　農作物の生育状況に関する調査

四　前三号の調査の結果からみて，地力の増進を図るための新たな対策を必要とする場合における当該対策を確立するための調査

（身分を示す証明書）

第５条　法第十六条第二項の職員の身分を示す証明書は，別記様式第一号によるものとする。

２　法第十七条第四項において準用する法第十六条第二項の職員の身分を示す証明書は，別記様式第二号によるものとする。

（報告）

第６条　法第十七条第三項の規定による報告は，遅滞なく，次に掲げる事項を記載した書面を提出してしなければならない。

一　立入検査をした製造業者又は販売業者の名称及び所在地

二　立入検査をした年月日

三　立入検査の結果

四　その他参考となる事項

（権限の委任）

第７条　法第十二条第一項に規定する農林水産大臣の権限で，その主たる事務所並びに工場，事業場，店舗及び営業所が一の地方農政局の管轄区域内のみにある製造業者又は販売業者に関するものは，当該地方農政局長に委任する。ただし，農林水産大臣が自らその権限を行うことを妨げない。

２　法第十六条第一項に規定する報告の徴収に関する農林水産大臣の権限は，製造業者又

は販売業者の主たる事務所の所在地を管轄する地方農政局長に委任する。ただし，農林水産大臣が自らその権限を行うことを妨げない。

3　法第十六条第一項に規定する立入検査に関する農林水産大臣の権限は，製造業者又は販売業者の工場，事業場，店舗，営業所，事務所又は倉庫の所在地を管轄する地方農政局長に委任する。ただし，農林水産大臣が自らその権限を行うことを妨げない。

附　　則

1　この省令は，昭和五十九年九月一日から施行する。

2　耕土培養法施行規則（昭和二十八年農林省令第二号）は，廃止する。

附　則（昭和五九年一〇月一日農林水産省令第三九号）

この省令は，昭和六十年五月一日から施行する。

附　則（平成元年六月六日農林水産省令第二七号）

この省令は，公布の日から施行する。

附　則（平成一二年九月一日農林水産省令第八二号）抄

（施行期日）

第１条　この省令は，内閣法の一部を改正する法律（平成十一年法律第八十八号）の施行の日（平成十三年一月六日）から施行する。

附　則（平成一三年三月二二日農林水産省令第五九号）抄

（施行期日）

第１条　この省令は，平成十三年四月一日から施行する。

（処分，申請等に関する経過措置）

第３条　この省令の施行前に改正前のそれぞれの省令の規定によりされた承認等の処分その他の行為（以下「承認等の行為」という。）又はこの省令の施行の際現に改正前のそれぞれの省令の規定によりされている承認等の申請その他の行為（以下「申請等の行為」という。）は，この省令の施行の日以後における改正後のそれぞれの省令の適用については，改正後のそれぞれの省令の相当規定によりされた承認等の行為又は申請等の行為とみなす。

附　則（平成一九年三月三〇日農林水産省令第二八号）抄

（施行期日）

第１条　この省令は，平成十九年四月一日から施行する。

附　則（令和元年五月七日農林水産省令第一号）

（施行期日）

第１条　この省令は，公布の日から施行する。

（経過措置）

第２条　この省令の施行の際現にあるこの省令による改正前の様式（次項において「旧様式」という。）により使用されている書類は，この省令による改正後の様式によるものとみなす。

２　この省令の施行の際現にある旧様式による用紙については，当分の間，これを取り繕って使用することができる。

別記

様式第一号（第五条関係）

（表面）

12cm

8cm

写真

農林水産大臣（地方農政局長）印

第　　号

官職名

氏名

年　月　日生

土壌改良資材
立入検査職員
身分証明書

令和　年　月　日発行

農林水産大臣（地方農政局長）印

（裏面）

地力増進法抜すい

（報告及び立入検査）

第十六条　農林水産大臣は、この法律の施行に必要な限度において、製造業者若しくは販売業者から報告を徴し、又はその職員に、これらの者の工場、事業場、店舗、営業所、事務所若しくは倉庫に立ち入り、土壌改良資材、その原料、帳簿、書類その他の物件を検査させることができる。

2　前項の規定により立入検査をする職員は、その身分を示す証明書を携帯し、関係人に提示しなければならない。

3　第一項の規定による立入検査の権限は、犯罪捜査のために認められたものと解釈してはならない。

第二十三条　第十六条第一項の規定による報告をせず、若しくは虚偽の報告をし、又は同項若しくは第十七条第一項の規定による検査を拒み、妨げ、若しくは忌避した者は、十万円以下の罰金に処する。

様式第二号（第五条関係）

（表面）

12cm

8cm

写真

独立行政法人農林水産消費安全技術センター理事長印

第　　号

職名

氏名

年　　月　　日生

土壌改良資材立入検査職員身分証明書

令和　　年　　月　　日発行

独立行政法人農林水産消費安全技術センター理事長 印

（裏面）

地力増進法抜すい

（報告及び立入検査）

第十六条　農林水産大臣は、この法律の施行に必要な限度において、製造業者若しくは販売業者から報告を徴し、又はその職員に、これらの者の工場、事業場、店舗、営業所、事務所若しくは倉庫に立ち入り、土壌改良資材、その原料、帳簿、書類その他の物件を検査させることができる。

2　前項の規定により立入検査をする職員は、その身分を示す証明書を携帯し、関係人に提示しなければならない。

3　第一項の規定による立入検査の権限は、犯罪捜査のために認められたものと解釈してはならない。

（センターによる立入検査）

第十七条　農林水産大臣は、前条第一項の場合において必要があると認めるときは、独立行政法人農林水産消費安全技術センター（以下「センター」という。）に、製造業者又は販売業者の工場、事業場、店舗、営業所、事務所又は倉庫に立ち入り、土壌改良資材、その原料、帳簿、書類その他の物件を検査させることができる。

2　農林水産大臣は、前項の規定によりセンターに立入検査を行わせる場合には、センターに対し、当該立入検査の期日、場所その他必要な事項を示してこれを実施すべきことを指示するものとする。

3　（略）

4　前条第二項及び第三項の規定は、第一項の立入検査について準用する。

第二十三条　第十六条第一項の規定による報告をせず、若しくは虚偽の報告をし、又は同項若しくは第十七条第一項の規定による検査を拒み、妨げ、若しくは忌避した者は、十万円以下の罰金に処する。

地力増進法施行令の規定に基づき，泥炭等の品質に関する事項についての農林水産大臣の基準を定める件

昭和59年10月１日　農林水産省告示第2001号　昭和60年５月１日施行

改正　昭和62年２月25日　農林水産省告示第 209号　昭和62年６月１日施行

改正　平成５年11月26日　農林水産省告示第1386号　平成６年２月１日施行

改正　平成９年２月25日　農林水産省告示第 311号　平成９年３月１日施行

改正　平成12年９月28日　農林水産省告示第1251号　平成12年10月１日施行

改正　令和２年10月30日　農林水産省告示第2126号　令和２年12月１日施行

土壌改良資材の種類	基　　準
地力増進法施行令（以下「令」という。）第一号の泥炭	乾物百グラム当たりの有機物の含有量　二十グラム以上
令第二号のバークたい肥	肥料の品質の確保等に関する法律（昭和二十五年法律第百二十七号）第二条第二項の特殊肥料又は肥料の品質の確保等に関する法律施行規則（昭和二十五年農林省令第六十四号）第一条第一項第六号若しくは第七号の普通肥料に該当するものであること
令第三号の腐植酸質資材	乾物百グラム当たりの有機物の含有量二十グラム以上
令第五号のけいそう土焼成粒	気乾状態のもの一リットル当たりの質量七百グラム以下
令第六号のゼオライト	乾物百グラム当たりの陽イオン交換容量五十ミリグラム当量以上
令第九号のベントナイト	乾物二グラムを水中に二十四時間静置した後の膨潤容積　五ミリリットル以上
令第十号のＶＡ菌根菌資材	共生率が五パーセント以上
令第十一号のポリエチレンイミン系資材	質量百分率三パーセントの水溶液の温度二十五度における粘度　十ポアズ以上
令第十二号のポリビニルアルコール系資材	平均重合度　千七百以上

土壌改良資材品質表示基準

昭和59年10月１日　農林水産省告示第2002号　昭和60年５月１日施行

改正　昭和62年２月25日　農林水産省告示第 210号　昭和62年６月１日施行

改正　平成５年11月26日　農林水産省告示第1387号　平成６年２月１日施行

改正　平成９年２月25日　農林水産省告示第 312号　平成９年３月１日施行

改正　平成12年８月31日　農林水産省告示第1164号　平成12年10月１日施行

改正　令和元年６月27日　農林水産省告示第 477号　令和元年７月１日施行

改正　令和２年10月30日　農林水産省告示第2126号　令和２年12月１日施行

地力増進法（昭和五十九年法律第三十四号）第十一条第一項の規定に基づき，土壌改良資材の品質に関する表示の基準となるべき事項を次のように定め，昭和六十年五月一日から施行する。

土壌改良資材品質表示基準

第1　表示事項

土壌改良資材の品質に関し表示すべき事項（以下「表示事項」という。）は，別表のとおりとする。

第2　遵守事項

1　表示事項の表示の方法

第1に規定する表示事項の表示に際しては，製造業者又は販売業者は，次に規定するところによらなければならない。

⑴　土壌改良資材の名称

文字のみをもつて表示し，図形又は記号等を用いないこと。

⑵　土壌改良資材の種類

別表の土壌改良資材の種類の項に掲げる名称を用いること。

⑶　表示者

表示者は，当該表示を行つた製造業者又は販売業者とすること。

⑷　正味量

正味量は，キログラム単位又はリットル単位で記載すること。

⑸　原料

ア　原料名は，最も一般的な名称をもつて記載すること。

イ　原料の表示事項の欄に次の表示例により，産地等の原料の説明又は製造工程を記載することができる。

土壌改良資材の種類	表　　示　　例
泥　　炭	北海道産みずごけ（水洗－乾燥）
バークたい肥	広葉樹の樹皮を主原料（85パーセント）として牛ふん及び尿素を加えてたい積腐熟させた物
腐植酸質資材	亜炭を硝酸で分解し，炭酸カルシウムで中和した物
木炭	広葉樹の樹皮を炭化した物
けいそう土焼成粒	けいそう土を造粒（粒径2ミリメートル）して焼成した物
ゼオライト	大谷石（沸石を含む凝灰岩）
バーミキュライト	中国産ひる石（粉砕－高温加熱処理）
パーライト	真珠岩（粉砕－高温加熱処理）
ベントナイト	山形県産ベントナイト（膨潤性粘土鉱物）
VA菌根菌資材	VA菌根菌をゼオライトに保持させた物
ポリエチレンイミン系資材	アクリル酸・メタクリル酸ジメチルアミノエチル共重合物のマグネシウム塩とポリエチレンイミンとの複合体
ポリビニルアルコール系資材	ポリビニルアルコール（ポリ酢酸ビニルの一部をけん化した物）

(6) 有機物の含有率等

有機物の含有率等は，別紙の試験方法による試験結果に基づき，次の表の左欄に掲げる項目に応じ，それぞれ同表の中欄に掲げる表示の単位を用いて記載すること。この場合において，表示値の誤差の許容範囲は，同表の右欄に掲げるとおりとする。

なお，共生率を記載する場合には，試験に用いた植物名をかつこ書きで併記するものとする。

項　　目	表示の単位	誤差の許容範囲
有機物の含有率	パーセント（％）	表示値のマイナス10パーセント
有機物中の腐植酸の含有率	パーセント（％）	表示値のプラスマイナス15パーセント
水分の含有率	パーセント（％）	表示値のプラス10パーセント
陽イオン交換容量	100グラム当たりミリグラム当量（meq／100g）	表示値のマイナス10パーセント
単位容積質量	1リットル当たりキログラム（kg／ℓ）	表示値のプラス10パーセント
膨潤力	2グラム当たりミリリットル（mℓ／2g）	表示値のマイナス10パーセント
共生率	パーセント（％）	表示値のマイナス15パーセント

(7) 用途（主たる効果）

用途（主たる効果）は，次の表の左欄に掲げる土壌改良資材の種類及び中欄の表示区分に応じ，それぞれ同表の右欄に掲げる用語を用いて記載すること。

土壌改良資材の種類	表示区分	用途（主たる効果）
泥炭	有機物中の腐植酸の含有率が70パーセント未満のもの	土壌の膨軟化 土壌の保水性の改善
	有機物中の腐植酸の含有率が70パーセント以上のもの	土壌の保肥力の改善
バークたい肥		土壌の膨軟化
腐植酸質資材		土壌の保肥力の改善
木　　炭		土壌の透水性の改善
けいそう土焼成粒		土壌の透水性の改善
ゼオライト		土壌の保肥力の改善
バーミキュライト		土壌の透水性の改善
パーライト		土壌の保水性の改善
ベントナイト		水田の漏水防止
VA菌根菌資材		土壌のりん酸供給能の改善
ポリエチレンイミン系資材		土壌の団粒形成促進
ポリビニルアルコール系資材		土壌の団粒形成促進

⑻　施用方法

ア　土壌の単位面積又は単位重量当たりの標準的な施用量をキログラム単位，トン単位，リットル単位又は立方メートル単位で記載すること。ただし，VA菌根菌資材については，単位体積当たりの標準的な施用量をグラム単位で記載すること。この場合，必要に応じ，標準的な施用量の前提となる土壌条件を併せて記載することができる。

イ　次の表の左欄に掲げる土壌改良資材については，その種類に応じ，それぞれ同表の右欄に掲げる用語を用いて施用上の注意を記載すること。このほか，土壌改良資材について，必要に応じ，施用上の注意を記載することができる。

土壌改良資材の種類	施　用　上　の　注　意
泥炭（用途（主たる効果）として土壌の保水性の改善を表示するものに限る。）	この土壌改良資材は，過度に乾燥すると，施用直後，十分な土壌の保水性改善効果が発現しないことがありますので，その場合には，は種，栽植等は十分に土となじませた後に行つて下さい。
バークたい肥	この土壌改良資材は，多量に施用すると，施用当初は土壌が乾燥しやすくなるので，適宜かん水して下さい。また，この土壌改良資材は，過度に乾燥すると，水を吸収しにくくなる性質を持つているので，過度に乾燥させないようにして下さい。
木　　炭	この土壌改良資材は，地表面に露出すると風雨などにより流出することがあり，また，土壌中に層を形成すると効果が認められないことがありますので，十分に土と混和して下さい。
バーミキュライト	この土壌改良資材は，地表面に露出すると風雨などにより流出することがありますので十分覆土して下さい。
パーライト	この土壌改良資材は，地表面に露出すると風雨などにより流出することがありますので十分覆土して下さい。
VA菌根菌資材（効果の発現しない植物があるものについては，後段の「また」以下を加えるものとし，「○○」には当該植物名を記載すること。）	この土壌改良資材は，有効態りん酸の含有量の高い土壌に施用しても，効果の発現が期待できないことがあります。また，○○には効果が発現しないことがあります。
ポリビニルアルコール系資材	この土壌改良資材は，火山灰土壌に施用した場合には，十分な効果が認められないことがあります。

⑼　保管条件

温度，場所等の保管条件に関する事項を記載すること。

⑽　保存期限

保存期限を年月で記載すること。

2　表示の様式等

(1)　表示は，容器又は包装を用いる場合にあつては，土壌改良資材の最小販売単位ごとに，その外部の見やすい箇所に，次の様式により表示事項を印刷するか，又は同様式により表示事項を記載した書面を容器若しくは包装から容易に離れない方法で付すことにより，容器又は包装を用いない場合にあつては，当該書面を付すことにより行わなければならない。

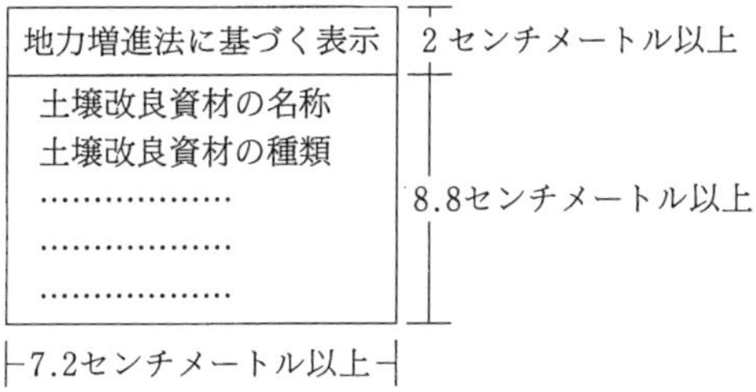

(2)　(1)の様式の枠内には，別表の土壌改良資材の種類ごとの表示事項以外の事項を記載してはならない。

(3)　土壌改良資材の正味重量が２キログラム未満の場合には，(1)の様式の寸法は，適宜とする。

(4)　施用方法を(1)の様式に従い表示することが困難な場合には，(1)の様式の施用方法の欄に記載箇所を表示した上で，他の箇所に記載することができる。

(5)　表示に用いる文字の色及びその大きさ等は，次に掲げるところによらなければならない。

ア　表示に用いる文字の色は，背景の色と対照的な色とすること。

イ　表示に用いる文字は，消費者の見やすい大きさ及び書体とすること。

（昭62農水告210・平５農水告1387・平９農水告312・一部改正）

改正文（昭和六二年二月二五日農林水産省告示第二一〇号）抄

昭和六十二年六月一日から施行する。

改正文（平成五年一一月二六日農林水産省告示第一三八七号）抄

平成六年二月一日から施行する。

改正文（平成九年二月二五日農林水産省告示第三一二号）抄

平成九年三月一日から施行する。

改正文（平成一二年八月三一日農林水産省告示第一一六四号）抄

平成十二年十月一日から施行する。

別　表（第１関係）

土壌改良資材の種類	表　　示　　事　　項
泥　　炭	一般表示事項 原料 有機物の含有率 有機物中の腐植酸の含有率 用途（主たる効果） 水分の含有率 施用方法
バークたい肥	一般表示事項 原料 有機物の含有率 用途（主たる効果） 水分の含有率 施用方法
腐植酸質資材	一般表示事項 原料 有機物の含有率 有機物中の腐植酸の含有率 用途（主たる効果） 水分の含有率 施用方法
木　　炭	一般表示事項 原料 単位容積質量 用途（主たる効果） 施用方法
けいそう土焼成粒	一般表示事項 原料 単位容積質量 用途（主たる効果） 施用方法
ゼオライト	一般表示事項 原料 陽イオン交換容量 用途（主たる効果） 施用方法
バーミキュライト	一般表示事項 原料 単位容積質量 用途（主たる効果） 施用方法
パーライト	一般表示事項 原料 単位容積質量 用途（主たる効果） 施用方法
ベントナイト	一般表示事項 原料 膨潤力 用途（主たる効果） 施用方法
ＶＡ菌根菌資材	一般表示事項 原料 共生率 用途（主たる効果） 施用方法 保管条件 保存期限

ポリエチレンイミン系資材	一般表示事項 原料 用途（主たる効果） 施用方法
ポリビニルアルコール系資材	一般表示事項 原料 用途（主たる効果） 施用方法

備　考

1　一般表示事項は，次のとおりとする。ただし，肥料の品質の確保等に関する法律（昭和25年法律第127号）第17条の規定に基づく生産業者保証票若しくは輸入業者保証票を付す者又は同法第18条第１項の規定に基づく販売業者保証票を付す者にあつては(1)及び(3)から(5)までの表示を，特殊肥料の品質表示基準（平成12年８月31日農林水産省告示第1163号）に基づき表示を付す者にあつては(1)，(3)及び(5)の表示を，それぞれ省略することができる。

(1)　土壌改良資材の名称

(2)　土壌改良資材の種類

(3)　表示者の氏名又は名称及び住所

(4)　製造事業場の名称及び所在地（製造業者に限る。）

(5)　正味量

2　肥料の品質の確保等に関する法律第17条の規定に基づく生産業者保証票若しくは輸入業者保証票を付す者又は同法第18条第１項の規定に基づく販売業者保証票を付す者にあつては原料に関する表示を，特殊肥料の品質表示基準に基づき原料又は水分含有量を表示する者にあつては原料又は水分の含有率の表示を，それぞれ省略することができる。

別　紙

試験方法

1　泥炭及び腐植酸質資材の試験方法

(1)　供試試料の調製

試料約500gを粉砕機（２㎜網目を使用する。）で粉砕し，よく混合する。その中から約20gをとり，更に微粉砕し，0.5㎜の網ふるいをすべて通過させたものを供試試料とする。

(2)　水　　分

供試試料約２g（S_1）をはかりびんに正確にとり，105℃で４時間乾燥し，その減量（a）を水分とする。水分の含有率は，次式により算出する。

$$\text{水分の含有率（\%）}=\frac{a}{S_1}\times 100$$

(3) 有機物

供試試料約２g（S_2）を磁製るつぼに正確にとり，550～600℃で４時間加熱し，強熱残分（b）を測定する。有機物の含有率は，次式により算出する。

$$\text{有機物の含有率}=100-\text{水分の含有率}-\frac{b}{S_2}\times 100$$

$$\text{乾物当たりの有機物の含有率}=\left(1-\frac{100\times b}{S_2\times(100-\text{水分の含有率})}\right)\times 100$$

(4) 腐植酸

ア　試薬の調製

（ア）界面活性剤含有４％塩酸液

適量の精製水に特級塩酸100mℓを加え，これに500mgのラウリル硫酸ナトリウムを加えた後，更に精製水を加えて正確に１ℓとする。

（イ）界面活性剤含有0.04％塩酸液

界面活性剤含有４％塩酸液10mℓを正確にとり，これに精製水を加えて正確に１ℓとする。

（ウ）１％水酸化ナトリウム液

水酸化ナトリウム10gを精製水に溶かして正確に１ℓとする。

（エ）20％塩酸液

特級塩酸と精製水を容量比１対１の割合で混合する。

イ　操　作

供試試料約１～２g（S_3）を容量100mℓの共栓付きガラス遠沈管に正確にとり，これに界面活性剤含有４％塩酸液50mℓを加えて，発泡が静まるまで振り混ぜる。次に，これに栓をして１時間振り混ぜ，遠心分離した後，上澄み液だけを除去する。

ついで，界面活性剤含有0.04％塩酸液50mℓを加え，栓をして１分間激しく振り混ぜ，遠心分離した後，上澄み液だけを除去する。この洗浄操作を更に１回繰り返す。

洗浄操作を終えた沈殿物に１％水酸化ナトリウム液50mℓを加え，栓をして１時間振り混ぜ，遠心分離した後，上澄み液だけを容量300mℓのビーカーに移す。この操作を更に２回繰り返し，上澄み液の合計量を腐植酸抽出液とする。

腐植酸抽出液に20％塩酸液を加えて，pHを1.0になるように調製する。１時間放置後，ビーカーの内容物を容量100mℓの遠沈管に移して遠心分離した後，上澄み液だけを除去する。沈殿物に精製水50mℓを加え，栓をして1分間激しく振り混ぜ，遠心分離した後，上澄み液だけを除去する。この洗浄操作を更に2回繰り返す。

遠沈管を105℃で4時間乾燥し，その内容物の重量(c)を求める。また，乾燥した内容物の一定量（S_4）を磁製るつぼに正確にとり，550～600℃で4時間加熱し，強熱減量（d）を求める。

ウ　計　算

有機物中の腐植酸の含有率

$$= \frac{c \times d \times 100 \times 100}{S_3 \times S_4 \times (100 - \text{水分の含有率}) \times \text{乾物当たりの有機物の含有率}} \times 100$$

2　バークたい肥の試験方法

(1)　供試試料の調製

試料約200gを粉砕し，4㎜の網ふるいをすべて通過させたものを供試試料とする。

(2)　水　分

1の(2)の方法による。

(3)　有機物

1の(3)の方法による。

3　木炭及びけいそう土焼成粒の試験方法

(1)　供試試料の採取

気乾状態のものから，四分法によって縮分し，約2ℓを供試試料とする。

(2)　単位容積質量

ア　装　置

容積を計量する容器は，内径14㎝，内高13㎝の金属製の円筒形容器（容量2ℓ）を用いる。容器の容量は，これを満たすに要する水の質量を正確に測って，これを算出する。また，はかりは1gの精度を有するものを用いる。

イ　操　作

小形ショベルで試料をすくい，容器に落差をつけないで，かつ，大小粒が分離しないように移し入れ，あふれるまで満たす。次に，試料の表面を軽く定規でならす。この場合，容器の上面から粗粒のはなはだしい突起がある場合には，突起がその面の大きいへこみと同じ程度になるようにならす。

容器中の試料の質量を測り，容器の容積でこれを割って単位容積質量を算出する。

同一試料について2回試験を行い，その平均値（kg／ℓ）を算出する。その試験結果の差がその平均値の3％以下でなければならない。3％を超える場合には，試料の採取から再試験を行わなければならない。

4　ゼオライトの試験方法

(1)　供試試料の調製

試料を磁製乳鉢にとり，粉砕し，0.5mmの網ふるいをすべて通過させたものを供試試料とする。

(2)　水　分

1の(2)の方法による。

(3)　陽イオン交換容量

ア　装　置

図に示す土壌浸出装置を用いる。

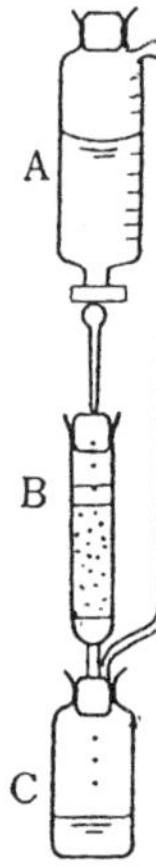

A：洗浄液容器

B：浸透管

C：受器

イ　試薬等の調製

（ア）1規定酢酸アンモニウム液

特級アンモニア水（比重0.9）67mℓに精製水を加えて正確に500mℓとし，2規定アンモニア液を調製する。次に特級酢酸（純度99％以上）58mℓに精製水を加えて正確に500mℓとし，2規定酢酸液を調製する。2規定アンモニア液と2規定酢酸液を容量比1対1の割合で混合し，必要があればアンモニア水又は酢酸液でpHが7になるように調製する。

（イ）80％メチルアルコール液

特級メチルアルコール800mℓに精製水200mℓを加えた後，BTB（ブロムチモルブルー）試験紙を用いてアンモニア水でpHが7になるように調製する。

（ウ）10％塩化ナトリウム液

特級塩化ナトリウム100gに精製水を加えて正確に1ℓとする。

（エ）ろ紙パルプ

細断したろ紙を熱湯中でかき混ぜて調製する。

（オ）けい砂粉末

海砂（試薬）を粉砕し，250μm程度の粒径のものを集め，20％塩酸液を加え，70℃で１時間加熱した後，精製水で十分に洗浄する。これを800℃で２時間加熱し，放冷する。

ウ　操　作

浸透管の下部に脱脂綿の小片で支持層を作り，その上にろ紙パルプを詰めて厚さ約５㎜の平らなろ過面を作る。

浸透管の下端をパラフィルムで封じ，浸透管に１規定酢酸アンモニウム液を入れる。試料約１g（s）を正確にとり，これとけい砂粉末約４gを層ができるように交互に落下沈降させる。浸透管のパラフィルムを外して受器に連結し，１規定酢酸アンモニウム液100mℓを洗浄液容器に入れ，４時間以上で浸透し終えるよう滴下速度を調節する。

滴下終了後，受器に替えて80％メチルアルコール液で浸透管の上部内壁を洗い込み，更に80％メチルアルコール液50mℓで浸透滴下し，過剰の酢酸アンモニウム液を除去する。

更に，受器を替えて10％塩化ナトリウム液100mℓを浸透滴下し，試料に吸着されているアンモニウムイオンを溶脱させる。得られた塩化ナトリウム浸出液を200mℓのメスフラスコに移し，少量の精製水で洗い込んだ後，精製水を加えて正確に200mℓとする。その一定量（a mℓ）を正確にとり，常法によりアンモニウムイオンの量（b meq）を測定する。

エ　計　算

$$陽イオン交換容量（meq／100g）=\frac{200\times b\times 100}{a\times s}$$

$$乾物当たりの陽イオン交換容量（meq／100g）=\frac{200\times b\times 100\times 100}{a\times s\times(100-水分の含有率)}$$

5　バーミキュライトの試験方法

単位容積質量

日本産業規格A5009の単位容積重量の試験方法によるものとする。

6　パーライトの試験方法

単位容積質量

日本産業規格A5007の単位容積重量の試験方法によるものとする。

7　ベントナイトの試験方法

(1)　水　分

１の(2)の方法による。

(2)　膨潤力

試料約２g（s）を正確にとり，精製水100mℓを入れた100mℓの共栓付きメスシリンダーに加える。この場合，加えた試料が内壁に付着しないように注意する。また，試料が十分吸水及び分散するように１回の添加量を調節するとともに，前に加えた試料のほとんどが沈降してから次の試料を加える。

試料を加え終わつたら栓をし，24時間静置後，メスシリンダーの下部に堆積した容積（ａ mℓ）を読み取る。

膨潤力は，次式により算出する。

$$膨潤力（mℓ／２g）＝\frac{2\times a}{S}$$

$$乾物当たりの膨潤力（mℓ／２g）＝\frac{2\times a\times 100}{S\times(100－水分の含有率)}$$

８　ＶＡ菌根菌資材の試験方法

⑴　供試試料の調製

バーミキュライト50㎠と標準的な施用量に相当する量の資材を容器に詰め，試験植物をは種したものを供試試料とする。

⑵　栽　培

温度25℃，照度15,000～20,000ルクスで16時間／日以上の条件下で試験植物を４週間通常の管理により栽培する。

⑶　共生率の測定

栽培後，試験植物の根（以下「植物根」という。）を分離し，水洗いする。植物根のみ入った試験官に10％水酸化カリウム溶液を植物根が完全に浸るまで入れ，90℃以上の熱水中に試験官を浸し，温度を保ちながら植物根が透きとおるようになるまで放置する。水酸化カリウム溶液を除去し，水洗い後，試験官内に５％塩酸を植物根が完全に浸るまで入れ，常温で10分程度放置する。塩酸除去後，染色液（アニリンブルーまたはトリパンブルーを0.1％）を植物根が完全に浸るまで入れ，90℃以上の熱水中に30分程度放置する。植物根を，１㎝程度の間隔のグリッドライン入りのシャーレに移し，顕微鏡下で共生率を測定する。

共生率は，次式により算出する。

$$共生率＝\left(\frac{\left(\begin{array}{c}\text{植物根とグリッドラインの交差点数の}\\\text{うちＶＡ菌根菌が共生している点数}\end{array}\right)}{\text{植物根とグリッドラインの交差点数}}\right)\times 100$$

ただし，植物根とグリッドラインの交差点数は無作為に100ヶ所以上カウントするものとし，共生率は，３サンプル以上の平均値を用いるものとする。

９　ポリエチレンイミン系資材の試験方法

粘　度

試験液の成分濃度を質量百分率３％に調製した後，日本産業規格K6333-1及び

K6833-2の粘度の測定方法により測定するものとする。

10　ポリビニルアルコール系資材の試験方法

平均重合度

日本産業規格K6726の平均重合度の試験方法によるものとする。

泥炭及び腐植酸質資材の試験方法に関する留意事項等について

昭和60年３月１日

農林水産省農蚕園芸局農産課土壌保全班

泥炭及び腐植酸質資材の中には，水分の含有率が非常に高いもの，腐植酸の含有率が極めて少ないもの，低分子のもの高分子のもの等腐植酸の形態に種々のものがあるため，資材によっては試験測定誤差が著しく大きくなる傾向が認められる。従って，土壌改良資材品質表示基準（昭和59年農林水産省告示第2002号）別表（以下「表示基準別紙」という。）の１の方法では操作上著しい困難を伴う資材の試験方法については，当面下記により取り扱って差し支えないこととしたので連絡する。

記

1　供試試料の調製について

①　水分の含有率が高く粉砕が困難な資材については，風乾試料（原試料を風乾したもの）を粉砕する。この場合，当該資材の風乾前後の水分の含有率をあらかじめ測定しておくものとする。

②　風乾試料を用いて有機物の含有率等を試験した場合には，次式により水分補正を行うものとする。

$$有機物の含有率（\%）=100-V_1-\frac{b}{S_2}\times\frac{100-V_1}{100-V_2}\times100$$

$$乾物当たりの有機物の含有率（\%）=\left(1-\frac{100-b}{S_2\times(100-V_2)}\right)\times100$$

ただし，ここでS_2，V_1，V_2は次のとおりである。

S_2：風乾供試料の重量（g）

V_1：原試料（未風乾試料）の水分の含有率（%）

V_2：風乾供試試料の水分の含有率（%）

2　腐植酸の試験方法について

(1)　（略）

(2)　分解が進んだ比較的低分子の腐植酸であること等のために表示基準別紙１の(4)のイの精製水による洗浄に際して沈殿物が溶解，浮上する場合には，精製水50mℓ３回の替わりに塩酸液（4＋1000）25mℓで2回洗浄することとして差し支えない。ただし，この場合，洗浄操作を終了した後の遠沈管の乾燥温度及び時間は100℃で恒量に達するまでとするものとする。

(3) 有機物中の腐植酸の含有率が低いこと等により表示基準別紙1の(4)のイの内容物の重量（c）又は強熱減量（d）が著しく小さい場合には，「また，乾燥した内容物の一定量（S_4）を磁製るつぼに正確にとり，550～600℃で4時間加熱し，強熱減量（d）を求める。」の操作は省略することができる。

なお，この場合の有機物中の腐植酸の含有率は，

$$\frac{c\times 100\times 100\times 100}{S_3\times(100-\text{水分の含有率})\times\text{乾物当たりの有機物の含有率}}$$

である。また，水分の含有率が高いため風乾供試試料を使用した場合には，上記計算式の水分の含有率は風乾供試試料のそれである。

地力増進基本指針の公表について

地力増進基本指針を次のとおり改正したので，地力増進法（昭和59年法律第34号）第3条第3項の規定に基づき，公表する。

平成20年10月16日

農林水産大臣　石破　茂

地力増進基本指針

Ⅰ　土づくりのための基本的な土壌管理の方法及び適正な土壌管理の推進

1　基本的な土壌管理の方法

農地の土壌は農業生産の基礎であり，地力を増進していくことは農業の生産性を高め，農業経営の安定を図る上で極めて重要である。また，地力の増進は，地球温暖化の進行等が顕在化する中，気候変動の影響を受けにくい安定的な農業生産基盤の確保といった観点からも重要である。

しかしながら，我が国の農地の土壌は，母材の性質が不良であるため自然的な生産力が低いものが多い上に，温暖多雨な気候，急峻な地形等の影響で土壌有機物の分解，塩基の流亡等が生じやすく，地力が低下しがちである。

近年，農業労働力の減少等我が国農業を取り巻く諸情勢の変化に伴い，地力増進のための土壌管理が粗放化し，たい肥の施用量が減少するとともに，地力の低下や炭素貯留機能，物質循環機能，水・大気の浄化機能，生物多様性の保全機能といった農地土壌が

有する環境保全機能の低下が懸念される事態が生じている。また，畑地や樹園地では，土壌・作物診断に基づかない過剰な施肥等により，有効態りん酸含有量の過剰や塩基バランスの悪化が顕在化した土壌が増加している。

このため，農業者がその営農の中で意識的に次のような土壌管理を行っていくことにより，環境保全にも留意しつつ，地力の増進を図っていくことが必要である。

(1) 有機物施用の必要性

土壌有機物は，土壌の物理的，化学的及び生物的性質を良好に保ち，また，可給態窒素等の養分を作物等に持続的に供給するために極めて重要な役割を果たしており，農業生産性の向上・安定化のみならず，農地土壌が有する環境保全機能の維持・向上にとっても不可欠である。一方で，こうした土壌有機物は，徐々に消耗していくものであるため，年々の営農の中においてたい肥等の適正な施用により，これを補給していくことが必要である。

(2) 適正施肥の必要性

肥料の過剰な施用は，過繁茂や生育障害による収量・品質の低下，環境への負荷，生産コストの増嵩を招く恐れがある。特に畑土壌においては，酸性化，塩類の集積等土壌の化学的性質の悪化を招くことがあるのみならず，肥料成分の地下水，閉鎖性水域への溶脱・流出や温室効果ガスの放出を招き，環境への負荷を与えることがあるので，土壌・作物診断等に基づき，たい肥や土壌からの可給態窒素等肥料成分の供給等を勘案し，適正な施肥に努めることが必要である。

(3) 的確な耕うんの必要性

耕うんは作土の厚さを確保し，主要根群域のち密度，粗孔隙量等を改善する上で極めて重要な役割を果たすが，耕うんの深さ，耕うんの方法等によって土壌の性質の改善効果は著しく異なるので，年々の営農の中において土壌の性質を踏まえた的確な耕うんを実施することが必要である。

2 適正な土壌管理の推進

上記のような地力増進のための土壌管理を実施していく上では，①耕種部門と畜産部門など有機物資源の供給側と需要側との連携及び耕種農家相互の協力による農作物残さ，家畜排せつ物，食品廃棄物，木質バイオマス等の有機物資源の組織的なたい肥化とその利用体制の整備等のリサイクルシステムの構築，②土壌・作物診断の実施体制及び施肥指導体制の構築による施肥の適正化，③機械の共同利用体制，作業受委託組織等の育成確保による的確な耕うんの効率化等を推進していくことが重要である。

Ⅱ 土壌の性質の基本的な改善目標及び基本的な改善方策

以下に農地の利用形態別に土壌の性質の基本的な改善目標及び基本的な改善方策を示すが，個々の農地についてみれば，母材の性質等により当該改善目標の適用が困難な場合や農作物の収益性等の点で当該改善方策を採用できない場合もあり得るので，当該農地の土壌の性質等を十分に把握した上で，諸般の事情を踏まえて実現可能な改善目標を設定し，また営農上実施可能な改善方策を選択していくことが重要である。

また，特定の項目について急速に土壌の性質を改善しようとする場合には，当該目的に合致する土壌改良資材を施用することが有効であるが，主要根群域の最大ち密度，易有効水分保持能，可給態窒素含有量，土壌有機物含有量等の土壌の主要な性質を総合的に改善する基本的な資材はたい肥であることに留意する必要がある。

第1　水田

1　基本的な改善目標

土壌の性質	土壌の種類	
	灰色低地土，グライ土，黄色土，褐色低地土，灰色台地土，グライ台地土，褐色森林土	多湿黒ボク土，泥炭土，黒泥土，黒ボクグライ土，黒ボク土
作土の厚さ	15cm以上	
すき床層のち密度	山中式硬度で14mm以上24mm以下	
主要根群域の最大ち密度	山中式硬度で24mm以下	
湛水透水性	日減水深で20mm以上30mm以下程度	
pH	6.0以上6.5以下（石灰質土壌では6.0以上8.0以下）	
陽イオン交換容量（CEC）	乾土100g当たり12meq（ミリグラム当量）以上（ただし，中粗粒質の土壌では8meq以上）	乾土100g当たり15meq以上
塩基状態　塩基飽和度	カルシウム（石灰），マグネシウム（苦土）及びカリウム（加里）イオンが陽イオン交換容量の70～90％を飽和すること。	同左イオンが陽イオン交換容量の60～90％を飽和すること。
塩基状態　塩基組成	カルシウム，マグネシウム及びカリウム含有量の当量比が（65～75）：（20～25）：（2～10）であること。	
有効態りん酸含有量	乾土100g当たりP_2O_5として10mg以上	
有効態けい酸含有量	乾土100g当たりSiO_2として15mg以上	
可給態窒素含有量	乾土100g当たりNとして8mg以上20mg以下	
土壌有機物含有量	乾土100g当たり2g以上	−
遊離酸化鉄含有量	乾土100g当たり0.8g以上	

注1　主要根群域は，地表下30cmまでの土層とする。

注2　日減水深は，水稲の生育段階等によって10mm以上20mm以下で管理することが必要な時期がある。

注3　陽イオン交換容量は，塩基置換容量と同義であり，本表の数値はpH7における測定値である。

注4　有効態りん酸は，トルオーグ法による分析値である。

注5　有効態けい酸は，pH4.0の酢酸−酢酸ナトリウム緩衝液により浸出されるけい酸量である。

注6　可給態窒素は，土壌を風乾後30℃の温度下，湛水密閉状態で4週間培養した場合の無機態窒素の生成量である。

注7　土壌有機物含有量は，土壌中の炭素含有量に係数1.724を乗じて算出した推定値である。

2　基本的な改善方策

(1)　作土の厚さの改善

ロータリーで減速して耕うんする等により深耕に努める。特に必要があれば，深耕用のロータリー又はプラウを用いて耕うんする。なお，可給態窒素の生育後期における過剰供給や機械作業効率の低下を防ぐため，適正な作土の厚さの形成に留意する。

(2)　すき床層のち密度の改善

ア　ち密度が過大な場合には，心土破砕耕等により，すき床層を破砕する。

イ　排水不良のために地耐力の面からち密度が不足する場合には，ほ場内小排水溝，弾丸暗きょ等を設けることにより作土層の乾燥を図る。

(3)　主要根群域の最大ち密度の改善

心土破砕耕等によりち密層（鉄盤，粘土盤等）を破砕する。

(4)　湛水透水性の改善

ア　不透水層が存在するために，透水性が過小の場合には，心土破砕耕を行う。

イ　土壌が細粒質であるために周辺の地下水位が低いにもかかわらず透水性が過小な場合には，ほ場内小排水溝，弾丸暗きょ等を設けることにより土壌の乾燥を図るとともに，たい肥等を施用することにより土壌の団粒化を促進する。

ウ　透水性が過大の場合には，代かきを入念に行うとともに，必要があればベントナイト等の粘土質の土壌改良資材を施用することにより粗孔隙の充てんを図る。

(5)　pHの改善

酸性の土壌には，酸性矯正に必要な量の石灰質肥料を施用する。

(6)　陽イオン交換容量の改善

たい肥，腐植酸質資材等の有機質の土壌改良資材又はゼオライト等の陽イオン交換容量の高い資材を施用する。

(7)　塩基状態の改善

不足分に相当する石灰質肥料，苦土肥料又は加里肥料を施用する。

(8)　有効態りん酸含有量の改善

不足分に相当するりん酸質肥料を施用する。

この場合，りん酸質肥料としては効果の持続するく溶性りん酸を主体とするものを選び，特に酸性の土壌の場合には，アルカリ性のものを施用するよう留意するものとする。

なお，有効態りん酸の含有量が乾土100g当たり20㎎を超える場合には，りん酸施肥による増収効果が認められない事例が多く見られることから，生産コスト等を勘案すると20mgを超えないよう土壌改善を行うことが望ましい。

(9) 有効態けい酸含有量の改善

不足分に相当するけい酸質肥料を施用する。

(10) 可給態窒素含有量及び土壌有機物含有量の改善

たい肥等を施用するか又はレンゲ等の緑肥作物を作付体系に導入する。

(11) 遊離酸化鉄含有量の改善

不足分に相当する含鉄資材を施用するか混層耕等により遊離酸化鉄含量の高い下層土と混合する。

第2　普通畑

1　基本的な改善目標

土壌の性質	土壌の種類		
	褐色森林土，褐色低地土，黄色土，灰色低地土，灰色台地土，泥炭土，暗赤色土，赤色土，グライ土	黒ボク土，多湿黒ボク土	岩屑土，砂丘未熟土
作土の厚さ	25cm以上		
主要根群域の最大ち密度	山中式硬度で22mm以下		
主要根群域の粗孔隙量	粗孔隙の容量で10％以上		
主要根群域の易有効水分保持能	20mm／40cm以上		
pH	6.0以上6.5以下（石灰質土壌では6.0以上8.0以下）		
陽イオン交換容量（CEC）	乾土100g当たり12meq以上（ただし中粗粒質の土壌では8meq以上）	乾土100g当たり15meq以上	乾土100g当たり10meq以上
塩基状態　塩基飽和度	カルシウム，マグネシウム及びカリウムイオンが陽イオン交換容量の70～90％を飽和すること。	同左イオンが陽イオン交換容量の60～90％を飽和すること。	同左イオンが陽イオン交換容量の70～90％を飽和すること。
塩基状態　塩基組成	カルシウム，マグネシウム及びカリウム含有量の当量比が(65～75)：(20～25)：(2～10)であること。		
有効態りん酸含有量	乾土100g当たりP_2O_5として10mg以	乾土100g当たりP_2O_5として10mg以	乾土100g当たりP_2O_5として10mg以

	上75mg以下	上100mg以下	上75mg以下
可給態窒素含有量	乾土100g当たりNとして5mg以上		
土壌有機物含有量	乾土100g当たり 3g以上	−	乾土100g当たり 2g以上
電気伝導度	0.3mS（ミリジーメンス）以下		0.1mS以下

注1　第1の1の表の注3，4及び7を参照すること。

注2　作土の厚さは，根菜類等では30cm以上，特にごぼう等では60cm以上確保する必要がある。

注3　主要根群域は，地表下40cmまでの土層とする。

注4　粗孔隙は，降水等が自重で透水することができる粗大な孔隙である。

注5　易有効水分保持能は，主要根群域の土壌が保持する易有効水分量（pF１．８～２．７の水分量）を主要根群域の厚さ40cm当たりの高さで表わしたものである。

注6　pH及び有効態りん酸含有量は，作物又は品種の別により好適範囲が異なるので，土壌診断等により適正な範囲となるよう留意する。

注7　可給態窒素は，土壌を風乾後30℃の温度下，畑状態で4週間培養した場合の無機態窒素の生成量である。

2　基本的な改善方策

(1)　作土の厚さの確保

土壌の保水力，養分保持容量に留意し，適正な作土の厚さの確保に努め，必要に応じ，深耕用のロータリー又はプラウを用いて耕うんする。

急激に作土を厚くすると，新たに耕起される土層の性質によっては作物の生育不良等を生ずることがあるので，必要に応じてたい肥等を施用する。

(2)　主要根群域の最大ち密度の改善

心土破砕耕又は混層耕によりち密層を破壊する。

(3)　主要根群域の粗孔隙量の改善

ア　厚いち密層が存在するために粗孔隙量が過小の場合には，深耕を行う。

イ　土壌が細粒質であるために粗孔隙量が過小の場合には，たい肥等を施用することにより土壌の団粒化を図る。

(4)　主要根群域の易有効水分保持能の改善

粗孔隙量が過大であるために易有効水分保持能が過小の場合には，ベントナイト等の粘土質の土壌改良資材を施用することにより，粗孔隙の充てんを図る。また，パーライト，泥炭等保水性に富む土壌改良資材を施用する方法も有効である。

(5)　塩基状態の改善

塩基の含有量が不足する場合には，不足分に相当する石灰質肥料，苦土肥料又は加里肥料を施用する。

塩基の含有量が過剰な場合には，混層耕等により塩基含有量の低い下層土と混合する。

(6)　有効態りん酸含有量の改善

不足分に相当するりん酸質肥料を施用する。

この場合，りん酸質肥料としては効果の持続するく溶性りん酸を主体とするものを選び，特に酸性の土壌の場合には，アルカリ性のものを施用するよう留意するものとする。

有効態りん酸含有量が上限値を超える場合には，りん酸質肥料の施用を削減することが望ましい。

(7)　電気伝導度の改善（塩類濃度の低減）

土壌中の過剰塩類の低減の基本的な手法は，土壌・作物診断等に基づく適正施肥を実施し，作物吸収による土壌塩類濃度の減少を図ることである。特に施設栽培や野菜の露地栽培においては，適正施肥と適切な作付体系の導入に努め，土壌塩類の過剰蓄積の回避に留意する。

塩類濃度の速急な低減を図るためには，塩類の吸収力の強いイネ科の作物等のクリーニングクロップを栽培しほ場外に搬出する方法，また，混層耕等により塩類濃度の低い下層土と混合する方法等が有効である。

(8)　pH，陽イオン交換容量，可給態窒素含有量及び土壌有機物含有量の改善

第１の２の(5)，(6)及び(10)に同じ。

第３　樹園地

１　基本的な改善目標

<table>
<tr><th rowspan="2" colspan="2">土壌の性質</th><th colspan="3">土壌の種類</th></tr>
<tr><th>褐色森林土，黄色土，褐色低地土，赤色土，灰色低地土，灰色台地土，暗赤色土</th><th>黒ボク土，多湿黒ボク土</th><th>岩屑土，砂丘未熟土</th></tr>
<tr><td colspan="2">主要根群域の厚さ</td><td colspan="3">40㎝以上</td></tr>
<tr><td colspan="2">根域の厚さ</td><td colspan="3">60㎝以上</td></tr>
<tr><td colspan="2">最大ち密度</td><td colspan="3">山中式硬度で22㎜以下</td></tr>
<tr><td colspan="2">粗孔隙量</td><td colspan="3">粗孔隙の容量で10％以上</td></tr>
<tr><td colspan="2">易有効水分保持能</td><td colspan="3">30㎜／60㎝以上</td></tr>
<tr><td colspan="2">pH</td><td colspan="3">5.5以上6.5以下（茶園では4.0以上5.5以下）</td></tr>
<tr><td colspan="2">陽イオン交換容量（CEC）</td><td>乾土100g当たり12meq以上（ただし中粗粒質の土壌では８meq以上）</td><td>乾土100g当たり15meq以上</td><td>乾土100g当たり10meq以上</td></tr>
<tr><td rowspan="2">塩基状態</td><td>塩基飽和度</td><td colspan="3">カルシウム，マグネシウム及びカリウムイオンが陽イオン交換容量の50～80％（茶園では25～50％）を飽和すること。</td></tr>
<tr><td>塩基組成</td><td colspan="3">カルシウム，マグネシウム及びカリウム含有量の当量比が(65～75)：(20～25)：(２～10)であること。</td></tr>
</table>

有効態りん酸含有量	乾土100g当たりP_2O_5として10㎎以上30㎎以下		
土壌有機物含有量	乾土100g当たり２g以上	−	乾土100g当たり１g以上

注１　主要根群域とは，細根の70～80％以上が分布する範囲であり，主として土壌の化学的性質に関する項目（pH，陽イオン交換容量，塩基状態，有効態りん酸含有量及び土壌有機物含有量）を改善する対象である。

注２　根域とは，根の90％以上が分布する範囲であり，主として土壌の物理的性質に関する項目（最大ち密度，粗孔隙量及び易有効水分保持能）を改善する対象である。

注３　易有効水分保持能は，根域の土壌が保持する易有効水分量（pF1.8～2.7の水分量）を根域の厚さ60㎝当たりの高さで表したものである。

注４　第１の１の表の注３，４及び７及び第２の表の注４及び６を参照すること。

２　基本的な改善方策

樹園地の場合，植付後は，植栽部分における直接的な土壌管理が困難であるので，植付前と植付後に分けて改善方策を掲げる。

⑴　植付前の改善方策

ア　厚さの改善

植穴，畝を中心に部分深耕を行う。

この場合，効果を安定させるため，たい肥，わら類，樹皮等の有機質の土壌改良資材を投入する。

イ　易有効水分保持能の改善

耕うん時にたい肥，わら類，樹皮等の有機質の土壌改良資材又はパーライト，泥炭等の保水性に富む土壌改良資材を施用する。

ウ　土壌有機物含有量の改善

耕うん時にたい肥，わら類，樹皮等の有機質の土壌改良資材を施用する。

エ　最大ち密度，粗孔隙量，塩基状態及び有効態りん酸含有量の改善

第２の２の⑵，⑶，⑸及び⑹に同じ。

オ　pH及び陽イオン交換容量の改善

第１の２の⑸及び⑹に同じ。

⑵　植付後の改善方策

ア　ち密度，粗孔隙量及び土壌有機物含有量の改善

極力断根を避けながら樹間を掘削し，たい肥，わら類，樹皮等の有機質の土壌改良資材を施用する。

このほか，ち密度の改善については，ち密層を心土破砕耕で破砕し，また，土壌有機物含有量の改善については，草生栽培又はわら類等による樹間の被覆若しくはすき込みを行う方法も有効である。

イ　易有効水分保持能の改善

わら類等による樹間の被覆とすき込みを行う。

ウ　pH，塩基状態及び有効態りん酸含有量の改善

極力断根を避けながら樹間を掘削し，必要な肥料を施用する。

(3) 特に茶園については，指導機関の作成した施肥基準を上回る過剰施用の実態があり，肥料成分の地下水への溶脱等環境への負荷が見られるので，土壌・作物診断等に基づく適正施肥が必要である。

Ⅲ　その他地力の増進に関する重要事項

第1　環境保全型農業の推進

農業は元来，物質循環を基本とした環境と最も調和した産業であり，また，農業は環境と調和することなしにはその生産活動を長期的に持続させることが難しい。

しかし，一方で，近年，たい肥施用量の減少等土壌管理の粗放化等により，農地土壌が有する作物生産機能のみならず，炭素貯留機能，物質循環機能，水・大気の浄化機能及び生物多様性の保全機能の低下が懸念されている。

また，土壌・作物診断に基づかない不適切な施肥等により，肥料成分の地下水への溶脱等環境へ負荷を及ぼす事例も生じている。

こうした中，農業の持つ物質循環機能を生かし，生産性との調和等に留意しつつ，土づくり等を通じて化学肥料，農薬の使用等による環境負荷の軽減，更に農業が有する環境保全機能の向上に配慮した持続的な農業（環境保全型農業）を我が国農業全体として推進する必要があり，具体的には以下のような適切な土壌管理を行うことが重要である。

1　家畜排せつ物等の有機物資源のたい肥化とその利用による土づくりの促進

土壌の主要な性質を総合的に改善するため，家畜排せつ物，農作物残さ，食品廃棄物，木質バイオマス等の有機物資源をたい肥化し，土づくりに有効活用するように努める。

(1) たい肥等の標準的な施用量は，地力の維持・増進の観点に加え，有機物資源の循環利用の促進の観点を踏まえ，以下のとおりとする。なお，当該施用量は，標準値として定められたものであることに留意し，地域の気象条件，土壌条件，栽培作物等を踏まえて，各都道府県等ごとのたい肥の標準的な施用量を設定するよう努めるものとする。また，樹園地については，たい肥の施用が困難な場合，草生栽培や敷きわらにより有機物の供給を図ることとする。

たい肥施用基準

【水稲】　（単位：ｔ／10a）

	黒ボク土		非黒ボク土	
	寒地	暖地	寒地	暖地
稲わらたい肥	1	1	1	1
牛ふんたい肥	0.3	0.3	0.3	0.3
豚ぷんたい肥	0.15	0.15	0.15	0.15
バークたい肥	1	1	1	1

【畑作物（野菜を除く）】 （単位：ｔ／10a）

	黒ボク土		非黒ボク土	
	寒地	暖地	寒地	暖地
稲わらたい肥	2	4	1.5	1.5
牛ふんたい肥	1.5	2.5	0.5	1
豚ぷんたい肥	1	1.5	0.3	0.5
バークたい肥	1.5	2	1.5	1.5

【野菜】 （単位：ｔ／10a）

	黒ボク土		非黒ボク土	
	寒地	暖地	寒地	暖地
稲わらたい肥	2.5	4	2.5	2.5
牛ふんたい肥	1.5	2.5	1	1
豚ぷんたい肥	1	1.5	0.5	0.5
バークたい肥	2.5	2.5	2.5	2.5

【果樹】 （単位：ｔ／10a）

	黒ボク土		非黒ボク土	
	寒地	暖地	寒地	暖地
稲わらたい肥	2.5	2.5	2	2
牛ふんたい肥	1.5	1.5	1	1
豚ぷんたい肥	1	1	0.3	0.3
バークたい肥	1.5	1.5	1.5	1.5

注１　たい肥の施用基準は，たい肥連用条件下における１年１作の場合を想定したたい肥の施用量の基準値である。

注２　たい肥の種類は，地力の維持・増進を目的として施用されるたい肥としており，鶏ふんたい肥は，地力の維持・増進の観点からの効果が小さいことから施用基準の対象としていない。

注３　土壌の種類は，土壌有機物の含有量や分解率の違い等を踏まえて，黒ボク土及び非黒ボク土とする。

注４　地帯区分は，土壌有機物の分解率の違い等を踏まえて，暖地及び寒地とする。なお，暖地及び寒地は，深さ50cmの年平均地温が，各々15～22℃及び８～15℃の地帯であり，高標高地を除く関東東海以西が暖地に相当する。

(2)　たい肥の施用に当たっては，たい肥中の肥料成分を考慮した施肥設計が必要であり，たい肥の施用に係る指導と併せ，減肥マニュアル等に基づく減肥指導の徹底に努めるものとする。

(3)　汚泥や豚ぷんを原料としたたい肥等の施用に当たっては，亜鉛等の重金属の含有量に留意するとともに，たい肥等の連用に当たっては土壌中の可給態窒素含有量にも留意する必要がある。

(4)　生鮮野菜の生産においてたい肥を施用する場合には，生産性の向上の観点に加え，病原微生物による汚染を防止する観点からも，十分に腐熟させたたい肥（切返しを適切に行い，たい肥中心部だけでなく表層部も高温となった状態で発酵させ，熟成期間も十分取る等により生産されたたい肥）を用いるよう徹底する。

(5) たい肥を容易に確保できない地域については，作物残さのすき込みにより土づくりを進めるものとする。なお，水田において稲わらのすき込みを行う場合には，温室効果ガスの発生抑制の観点から，秋すき込みを推進するものとする。

2　土壌・作物診断等に基づく適正な施肥の実施

土壌・作物診断等の結果や土壌有機物に由来する可給態窒素の発現パターン，作物の生育状況等を勘案した適正な施肥を実施することにより，肥料成分の効率的な利用とその溶脱防止に努める。

3　不耕起栽培の実施

不耕起栽培については，適地が限定されるものの，土壌への炭素の貯留や生物多様性の保全にも高い効果を有することから，適地においては，不耕起栽培の導入を進めることが望ましい。

4　多毛作及び輪作の推進

冬期間の作付け等多毛作の推進を図るとともに，畑については土壌中の有機物の分解が大きいことから，引き続き輪作体系において地力増進作物を導入することにより地力の維持・増進に努めるものとする。

5　土壌改良資材の施用

土壌改良の目的に応じて，適切な土壌改良資材を選択し，施用を推進するものとする。

6　水田からの濁水の流出防止

浅水代かき及びあぜぬりの実施，あぜシートの利用，排水の反復利用等により，特に田植時期における水田からの濁水の流出の防止に努める。

第2　水田高度利用に際しての留意事項

1　畑利用する場合の留意事項

(1) 畑利用する場合は，作土の厚さを確保するため，水田として利用する場合より耕深を深くするほうが望ましいが，畑作物と水稲を輪作しようとする場合は，すき床層の機能を破壊しないように留意する。

(2) 周辺水田のかんがい期に地下水位が上昇して根群域が過湿状態になるのを防ぐため，ほ場内小排水溝，弾丸暗きょ等を設けることにより排水対策を強化する。

(3) 畑利用する場合は，水田として利用する場合より土壌の酸性化，塩基の流亡，有効態りん酸の減少及び有機物の分解が進行するため，必要な肥料等の施用に留意する。

2　水稲作に復帰する場合の留意事項

(1) 畑利用した後は養分含有量等が著しく変化しているので，適正量の肥料を施用するように留意する。

(2) 一般に漏水量が多くなるので，代かきは特に入念に行い，必要があればベントナイト等の粘土質の土壌改良資材を施用する。

第３　土壌侵食対策

土壌侵食を軽減する営農上の方策としては，適地における不耕起栽培のほか，次に掲げるようなものがある。

１　水食対策

⑴　耕うん整地上の改善方策

ア　等高線に沿った畝立てを行う。

イ　侵食により生じた溝は速やかに修復する。

ウ　土壌の透水性の改善を図る。

⑵　斜面分割

地表面の流水速度を下げるため，等高線に沿って帯状の水平面等を設ける。

⑶　植物等による地表面の被覆

多雨期にほ場が裸地状態で放置されないようにするため，栽培体系の改善，農作物残さ等による被覆又は樹園地における草生栽培による地表面の被覆を行う。

⑷　グリーンベルトの設置

土壌のほ場外への流出を防止するため，グリーンベルトの設置を行う。

⑸　り底盤の形成を防止するための心土破砕の実施

り底盤の形成による表面侵食を防止するため，心土破砕を行う。

２　風食対策

⑴　耕うん整地上の改善方策

ア　風に対して直角に畝立てを行い，畝の間隔を狭くする。

イ　風食を生ずる時期の耕うんは極力避けるようにする。

⑵　植物等による地表面の被覆

１の⑶に同じ。

第４　その他

地力の増進を図るに当たって，廃棄物を土壌の性質を改善する資材として利用する場合又は廃棄物を利用して土壌の性質を改善する資材を製造する場合には廃棄物の処理及び清掃に関する法律の規定を遵守するとともに，土壌汚染の防止その他の環境の保全について配慮するものとする。

〔年　　　　表〕

肥　料　史　年　表

（明治３年～平成29年）

年　次	一般社会史	肥料史
明治3年 (1870)		○満州大豆粕初めて長崎へ輸入される
同　5年	品川横浜鉄道開通 国立銀創立	○大阪造幣局　硫酸製造
同　6年		○魚肥は販売肥料として最優位を占める
同　13年 (1880)	工場払下規制制定	
同　14年	農商務省設置	○大阪肥料商及び油絞商申合により菜種油粕検査所を設立 (18年に廃止)
同　15年		○硫酸製造㈱設立
同　16年		○「人造肥料」という言葉生まれる
同　17年	不況激化し会社銀行倒産続出	○高峰譲吉サウスカロライナ州の過燐酸石灰及び燐鉱石を初めて輸入
同　18年	内閣官制となる	○大阪造幣局　硫酸工場を硫曹製造㈱に貸与 ○多木条次郎　獣骨から人造肥料製造 ○東京肥料問屋組合創立
同　20年	鹿鳴館事件保安条令発布	○硫酸製造会社　過燐酸石灰製造に失敗　○東京人造肥料会社設立
同　21年		○東京人造肥料釜屋堀工場　過燐酸石炭製造開始
同　22年	凶作を契機として恐慌起こる	○硫酸製造会社　川口硫酸と合併
同　23年 (1890年)	帝国議会開会，電力供給始まる	
同　26年		○東京人工肥料は株式会社に改組
同　27年	日清戦争	○大豆粕輸入杜絶，北海道不漁により化学肥料発達の気運に向かう
同　28年	戦争好況の反動として不況到来	
同　30年	金本位制採用 日本勧業銀行設立	○硫安5トン豪州から初輸入，チリ硝石初輸入 ○肥料取締法案（議員提案）第10回帝国会議に提出，貴族院で廃案となる
同　31年	隈板内閣成立す	○カリ塩（ドイツ国産カイニット）初めてわが国に輸入
同　32年	農会法公布	○肥料取締法案（議員提案）成立す（34年12月1日から施行）
同　33年 (1900)	北清事変，工業試験所設置，産業組合法公布	○藤山常一　宮城紡績電灯の発電所にてカーバイト製造試験を実施
同　34年	九州の金融恐慌京浜に波及	○配合肥料初めて販売される ○東京ガス会社副産硫安製造 ○硫酸合同販売所設立される
同　35年	日英同盟条約調印さる	○石灰窒素，硫酸カリ初輸入される
同　37年	日露戦争	
同　38年		大阪ガス副産硫安製造 ○日本製鋼硫酸肥料（岡山）東京硫酸（亀戸）大阪硫曹（下関）摂津製油（西野田）等化学工場，肥料工場の設立多し

年　次	一般社会史	肥　料　史
明治39年	鉄道国有法公布	○新潟硫酸，日本製銅硫酸両社　過燐酸石灰工場設立 ○帝国肥料，曽木電気各創立
同　40年	世界経済恐慌	○日本化学工業，北海道人工肥料，日本肥料製造，硫酸肥料旭硝子各創立 ○曽木電気，発電所建設着手，日本カーバイト商会と協力しカーバイト製造 ○人造肥料聯合会設立（関東過燐酸10社）生産制限，販売協定，原料の共同購入等を行う
同　41年	戦後の反動不況７月まで続く	○曽木電気，日本カーバイトは日本窒素肥料株式会社創立 ○関西過燐酸３社，共同販売会社を創立
同　42年	特許，意匠，商標，実用新案法各公布	○日窒，水俣に石窒工場 ○日窒大阪に変成硫安工場を設く ○ハーバー，アンモニア合成で特許
同　43年 (1910)	日韓合併，帝国農会設立	○日窒，硫安，石灰窒素を売出す ○東京人工肥料，41年から帝国人造肥料，北海道人造，大阪硫曹，摂津製油肥料部を合併し，大日本人造肥料と改称
同　44年	工場法制定	
大正元年	労働組合友愛会創立	○藤山常一　苫小牧で石窒，変成硫安実験工場開始 ○日本硫安肥料設立
同　２年		○愛知硫安，千代田肥料各設立 ○過燐酸関東，関西連合懇談会設立 ○住友総本店肥料製造工場開設 ○ドイツ加里シンジケート日本農業部設立
同　３年	第１次世界大戦勃発 農商務省化学工業調査会設置	○日窒，変成硫安鏡工場設置 ○ハーバー特許権を東洋窒素組合に払下
同　４年		○肥料価格暴騰 ○電気化学工業設立 ○過燐酸製造業者　過燐酸同業者会設立
同　６年	ロシア革命，株式暴落	○日窒　水俣で変成硫安製造着手
同　７年	米価暴騰，米騒動起こる 第１次世界大戦終わる	○日本硫曹　多木製肥各設立
同　８年	ヴェルサイユ条約	○帝国人造肥料設立　○ドイツI.G.設立
同　９年 (1920)	諸株，期米，綿糸大暴落 銀行取付頻発	○硫安大暴落（世界的硫安生産過剰の兆現わる） ○英国　I.C.I.設立 ○過燐酸生産調節を目的として業者離合集散す
同　10年	米穀需給調節特別会計法公布 中間景気出現す	○肥料取締法施行規則一部改正，肥料改良奨励規則公布 ○日窒　カザレー法特許を取得，延岡工場建設着手

年　次	一般社会史	肥　料　史
		○大同電気，武生石窒工場，電気化学，青梅，伏木石窒工場設置　○加里普及会設立 ○英国硫安一手輸入権をもつブラナーモンド商会日本に開店
大正11年	5ヶ国海軍軍縮条約， ムッソリーニ政権獲得	○日本カールローデ株式会社設立，ドイツ加里塩の一手輸入権を獲得
同　12年	関東大震災， 産業組合中央金庫法公布， 全購連事業開始	○過燐酸設備過剰のため，整理合併の時代に入る ○大日本人造肥料は，関東硫曹，日本化学肥料を合併 ○日窒延岡工場カザレー式合成硫安製造開始
同　13年	小作調整法公布	○ドイツ窒素シンジケート日本出張所ハー・アーレンス商会は，三井物産，三菱商事を輸入商に指定，ドイツ硫安の日本市場支配の端緒となる ○彦島精錬所　クロード式合成硫安製造開始
同　14年	普選制公布	○第50帝国会議で「肥料政策確立に関する建議案」可決 ○信越窒素窒素直江津工場建設
同　15年		○帝国農会「肥料政策確立に関する建議」決議 ○大日本人造フアウザー法特許権を取得，富山に硫安工場建設 ○人造肥料連合会　生産制限を決定 ○肥料調査委員会設置 ○ドイツ産塩安初輸入される
昭和2年	鈴木商店整理難から諸株暴落 台湾銀行取付惹起	○日窒水俣工場を合成法に転換　朝鮮窒素肥料を設立 ○信越窒素　石窒製造開始
同　3年	張作霖爆死事件 経済審議会設置	○I.G.のニトロホスカ・ロイナホス初輸入 ○石灰窒素（4社）共販実施　○昭和肥料設立 ○住友肥料製造所　ナイトロジエン・エンジニアリングと工場建設契約
同　4年	金解禁恐慌，各市場惨落 米ウォール街株価暴落	○第56帝国議会に肥料管理法案提出，貴族院で審議未了 ○大日本人造肥料化成肥料製造開始，北越人造肥料を合併 ○朝鮮窒素興南工場を建設 ○石灰窒素相場漸落　4社新規加入して共販継続
同　5年 (1930)	金輸出解禁 ロンドン海軍条約 米価大正6年以降の安値	○肥料配給改善助成規則成立　○農林省に肥料課設置 ○欧州諸国　生産制限と共に我が国に対しても廉売開始 ○窒素協議会，全国石灰窒素共販組合設立 ○大日本加里株式会社設立 ○国際窒素カルテルと窒素協議会との輸入協定成立 （藤原ボッシュ協定） ○住友肥料新居浜工場製造開始
同　6年	重要産業統制法公布	○輸入協定を商工省は調印せしめず。暫定協定成立す

年　　次	一　般　社　会　史	肥　　　料　　　史
	全国産業団体連合会設立 満州事変勃発 東北，北海道飢饉 金輸出再禁止	○燐酸肥料工業組合設立（多木製肥アウトサイダー止る） ○国際窒素カルテル決裂す ○硫安輸入許可規定公布
昭和７年	上海事変勃発 ５・15事件 資本逃避防止法公布	○米国の欧州カルテル参加により，農業用加里塩は，大日本加里の一手輸入販売に帰す ○国際窒素カルテル再び成立 ○東洋窒素工業㈱ハーバー特許権を政府に返還 ○硫安配給組合設立 ○硫安輸出入許可規則廃止 ○日東硫肥は日本硫曹を合併して日東硫曹となる ○全国肥料団体連合会　全購連に対する政府助成に反対決議
同　８年	国際連盟脱退 外国為替管理法，米穀統制法，公布 ヒットラー政権成立	○農林省　臨時硫安価格安定法の提案目論む ○東洋高圧工業，矢作工業，満州化学工場，宇部窒素工業各設立 ○人造肥料連合会，過燐酸同業者会は解散，燐酸肥料工業組合の事業を強化し，全国を東燐会，西燐会に分けて販売網を張る
同　９年	石油業法，通商擁護法公布 ガス発生炉設置奨励金公布規則制定	○第１次内外硫安協定成立す ○住友肥料製造所は住友化学工業㈱と改称 ○露国加里肥料　初輸入される
同　10年	ロンドン海軍々縮会議 北支排日運動活発	○第２次内外硫安協定成立 ○肥料統制法案第67帝国議会に上程され審議未了となる ○日窒硫安市販される
同　11年	２・26事件 日独防共協定締結	○全日本肥料団体連合会は，肥料配給統制機関設置の請願を行なう ○重要肥料業統制法　第69帝国議会において成立 ○第３次内外硫安協定成立（12年末まで存続） ○硫安配給組合，全国石灰窒素共販組合，燐酸肥料工業組合解散して重要肥料業統制による硫安製造業組合，石灰窒素肥料製造業組合，過燐酸肥料製造組合設立
同　12年	日華事変勃発 臨時資金調整法公布 米ニューディール宣言	○神島化学工業設立 ○硫安組合の協定価格もめて４月に至って政府承認 ○硫安輸出入許可規則制定 ○硫安配給予備貯蔵規則制定，全購連５万トンを貯蔵 ○農林省輸入外安の損失補償を決定 ○臨時肥料配給統制法公布，同法により，硫安販売株式会社設立

年　次	一般社会史	肥　料　史
		○日本水素工業，日東化学工業各設立
昭和13年	国家総動員法，工場事業場管理法公布 国家総動員法により，会社利益処分1割に制限 産業報国連盟設置	○大日本人造肥料は日本炭鉱を合併して日本化学工業となる ○硫酸アンモニア増産及び配給統制法公布 ○日本硫安株式会社設立，業務開始 ○肥料取締法改正案審議未了となる ○多木製肥過燐酸組合に加入 ○粗制加里塩類の輸入及び販売に関する件（農商令） ○臨時肥料配給統制法による燐酸肥料株式会社設立
同　14年	賃金統制令，価格停止令， 価格等統制令各公布 米穀配給統制法公布 第2次世界大戦勃発 独ソ不可侵条約	○朝日化学（後の東北肥料）設立 ○農業団体肥料割当制の即時断行を陳情 ○肥料配給統制規則制定（重要肥料の臨時配合以外の使用禁止，販売価格の制限） ○農務局肥料課を廃止し，臨時農村対策部に肥料統制課を設置 ○過燐酸石灰，石灰窒素，粗製加里塩等肥料輸出許可規制制定 ○加里協議会解散 ○肥料配給割当制度実施 ○肥料消費調整規則公布 ○有機肥料配給株式会社設立 ○大日本燐鉱株式会社設立 ○日本電工と昭和肥料配給合併して昭和電工となる
同　15年 (1940)	日米通商航海条約更新交渉不成立 米対日屑鉄鋼輸出禁止 政党解散，大日本翼賛会結成 日独伊三国同盟	○配給肥料製造業組合結成 ○肥料消費調整に関する告示（肥料施用の順位を定める） ○重要肥料業統制法案改正（肥料製造業者に法人税免除） ○日本肥料株式会社法公布 ○日本肥料株式会社設立，無機質肥料の一手買取，配給制を行う ○肥料消費調整規則改正，有機質肥料を加える ○肥料配給統制助成規則制定
同　16年	重要産業統制団体協議会設立企画院，製造工業原価計算要綱発表 独ソ開戦 太平洋戦争開戦	○農林省，自給肥料の改善増産及び施肥改善奨励に要する助成金交付 ○米国の燐鉱石対日輸出許可制により，燐鉱石の確保のため，特殊燐鉱石及び燐灰石の強制使用 ○仏印燐灰石開発のため，仏印燐灰石開発組合，同投資組合印度支那燐鉱開発社　印度支那鉱業会社設立 ○過燐酸組合，工場の整備統合を行う（48を28に減少） ○配給肥料組合，経営合理化のため工場整理（174を75に減少）

年　次	一般社会史	肥　料　史
		○日窒，朝窒を合併 ○宇部窒素，沖ノ山炭鉱，宇部鉄工所を合併宇部興産となる
昭和17年	大東亜建設宣言 企業整備令公布 食糧管理法公布	○堆肥増産倍加運動全国的に展開 ○原料不足のため配合肥料工場を68を40に縮少指定 ○重要産業統制会令により化学工業統制会設立。同会に肥料部会を設置 ○日窒北支へ進出し，北支開発と合作で華北肥料会社設立 ○日肥，伊豆の石英粗面岩利用に乗り出し，加里鉱開発会社及び加里研究所を設立 ○物資統制令による燐鉱石配給統制規則公布 ○電気化学，新潟硫酸と共同で東洋合成鉱業設立
同　18年	軍需省設置 電力消費規制強化，民需30% 中央農業会設置 物価対策に種別価格報償制実施（石炭，銅，化学肥料，造船）	○企画院総裁，肥料，農機具の5大産業と同様取扱方針を言明 ○配合肥料製造業組合解散。日肥にて配給することとなる ○硫安増産強調週間を展開
同　19年	東条内閣総辞職 B29東京を初空襲	○肥料配給機構の整備強化に関する閣議決定（8月から農業会に一元化） ○全肥商連解散 ○日肥，有機肥料配合，大日本燐鉱の両社を合併 ○加里研，加里鉱開発と合併，加里興業（株）となる ○日肥に臨時燐鉱開発部を新設し，能登燐鉱その他国内燐酸資源開発に着手 ○呉羽化学設立 ○矢作工業は，昭和曹達等を合併し東亜合成となる
同　20年	全独軍降伏 8月　太平洋戦争終結 トルーマン日本管理方式大綱を発表 10月　国際連合成立 11月　GHQ財閥資産凍結，解体指令 社会党，自由党進歩党各結成 12月　GHQ農地改革指令 労働組合法公布	○別府化学設立 ○有機質肥料供給確保のための補助金(1700万)，重要肥料供給確保のための施設補助金（1億）公布決定 ○中央農業会と全国農業経済会統合して戦時農業団設立 8月　硫安の生産は5000トンで底をつく 9月　農相主催肥料緊急増産対策懇談会 10月　日肥による四日市，名古屋，徳山3海軍燃料廠の硫安製造転換許可さる 11月　化学肥料確保3項目閣議決定 米第8軍　業者に肥料増産援助を言明
同　21年	1月　第1次農地改革 2月　金融緊急措置令，食糧緊急措置令公布 3月　物価統制令公布 8月　経済安定本部，物価庁発足	1月　補償金制度廃止に伴い，肥料公定価格値上 2月　肥料工場復興の長期資金，農林中金から日肥を経て融資に決定 3月　肥料工場復興資金融資のため，農林中金，7大銀行肥料社債シンジケート設立方針決定

年　次	一 般 社 会 史	肥　　料　　史
	戦時補償打切決定 10月　第2次農地改革諸法令公布 11月　新憲法公布 ポーレー対日賠償最終案	燐鉱石輸入協会設立 5月「肥料の生産，配給及び消費に関する指令」(34工場に集中生産) 全国硫安工業労働組合連盟結成 6月「化学肥料の緊急増産に関する件」商工省令（設備の譲渡命令権と新設，拡張，補修の届出制） ＧＨＱ　北アフリカ産燐鉱8500トン受取方指令 加里塩戦後初輸入 7月　隠匿物資緊急措置令により各肥料を指定 ＧＨＱアンガウル島燐鉱石積取を指令，山陽化学設立 8月　商工省硫安工場調査団派遣
同　22年	1月　復興金融金庫発足 2・1ゼネスト中止命令 4月　労働基準法，独禁法公布 6月　米国務省対日賠償緩和指令 8月　制限付民間貿易再開許可 11月　農業協同組合法公布	3月　硫安肥料製造組合解散 4月　硫安肥料工業経営者連盟発足 肥料配合公団令公布，取扱業者の指定で肥料商復活，肥料配給規則公布 5月　肥料検査所設置(中央，札幌，名古屋，神戸，福岡) 6月　通産省化学肥料部設置　硫安工業復興会議発足(労使協議会の性格を有す) 7月　日本肥料，閉鎖機関に指定
同　23年	4月　ベルリン封鎖 10月　昭電事件 12月　ＧＨＱ経済安定9原則発表	2月　油糧配給公団，飼料配給公団各設立 8月　肥料用尿素生産開始
同　24年	4月　ドッジ均衡予算 1ドル360円単一為替レート設立 8月　シャウプ税制改革勧告 12月　外国為替及び外国貿易管理法公布	6月　肥料取締審議会令公布，中央肥検は東京肥検となる。
同　25年 (1950)	6月　朝鮮動乱勃発 7月　レッドパージ始まる 12月　合化労連結成	4月　熔燐初生産 6月　新肥料取締法施行 日本硫安工業協会設立 8月　肥料配給規則廃止，公団解散令施行
同　26年	4月　マッカーサー罷免 7月　朝鮮休戦会談実施 9月　サンフランシスコ講和会議 日米安全保障条約調印	2月　肥料輸出入協議会創立 8月　加里塩，燐鉱石輸入方式外割制に復帰

年　次	一般社会史	肥　料　史
昭和27年	3月　綿紡4割操短 7月　農地法公布 11月　アイゼンハワー，米大統領に当選	1月　「輸入加里市場安定緊急対策に関する件」農林，通産決定，商社の塩加過剰在庫を全購連に集中 2月　衆院農林委「肥料の価格安定並に輸出に関する件」決議 5月　「窒素質肥料の輸出に関する件」関係閣僚懇談会決定 6月　全購連，27秋肥から共同計算制度実施に決定 7月　耕土培養法公布 12月　硫安の出血輸出国会で問題化
同　28年	3月　スターリン死去 8月　農業機械化促進法公布 10月　ＭＳＡ小麦輸入決定	1月　日本石灰窒素工業会設立
同　29年	7月　ヴェトナム停戦協定 10月　全国農業会議所創立 11月　全国農協中央会創立	6月　肥料2法公布 7月　第1回肥料審議会開催 12月　農相，各肥料値下げ要望
同　30年	5月　余剰農産物協定調印 9月　ガット加入正式発効 11月　保守合同，自由民主党結成	8月　全肥商連設立
同　31年	(神武景気) 7月　スエズ運河国有化宣言 10月　ハンガリー動乱	
同　32年	10月　ソ連初の人工衛星打ち上げに成功 11月　中小企業団体法公布	6月　新日本窒素水俣工場硫酸加里生産開始
同　33年	(ナベ底不況) 2月　アラブ連合共和国成立 10月　警職法改正案提出で国会審議混乱	9月　通産省行政指導に過石生産規制始まる 第1回肥料懇談会開催 12月　(財)肥料経済研究所設立
同　34年	1月　メートル法実施 9月　伊勢湾台風来襲 11月　貿易自由化開始	7月　全国複合肥料工業会設立 12月　塩安の生産開始（東洋曹達）
同　35年 (1960)	5月　自民党，単独で新安保条約強行採決	9月　肥料値下げ全国大会開く 尿素燐安加里の生産開始（東洋高圧千葉工場）

年　次	一般社会史	肥料史
	6月　閣僚懇談会で貿易為替の自由化計画の大綱を決定 11月　所得倍増計画発表 ケネディ，米大統領に当選	
昭和36年	4月　ソ連，人間衛星船打ち上げ成功 5月　韓国，軍クーデター成功 6月　農業基本法公布 8月　農政審議会初会合 東独，ベルリン境界線を封鎖 12月　農林省，初の農業動向年次報告発表	4月　加里肥料，自動割当制度（ＡＦＡ）移行 9月　硫安工業基本対策決まる 政府，為替自由化促進計画を決定 11月　農薬等混入肥料の公定規格設定
同　37年	7月　米英，米仏間の衛星テレビ中継成功 9月　国産第1号研究用原子炉に原子の火ともる 10月　全国総合開発計画決定 キューバ危機	4月　副産硫安製造開始（日本鋼管水江） 7月　㈲中央肥料元売連盟設立 8月　日東八戸工場で高度化成生産開始 12月　硫安工場対策閣議決定
同　38年	1月　北陸地方に豪雪 3月　石炭関係4法案可決成立 11月　外為管理令大幅改正 ケネディ大統領暗殺	1月　肥飼料検査所発足 5月　地方農政局発足 7月　中小企業基本法公布施行
同　39年	3月　大蔵省，観光渡航自由化措置決定 4月　日本ＯＥＣＤ加盟 7月　米，公民権法案発効 8月　トンキン湾事件。米原潜寄港承認 10月　東海道新幹線営業開始 フルシチョフソ連首相辞任，ブレジネフ第一書記に 11月　佐藤内閣発足	7月　肥料価格安定等臨時措置法公布，一部施行 8月　肥料価格安定等臨時措置法全面施行 10月　肥料全面自由化される

年　次	一　般　社　会　史	肥　　料　　史
昭和40年	2月　米軍，北爆開始 5月　農地補償法成立 6月　日韓基本条約等正式調印 10月　朝永振一郎，ノーベル物理学賞受賞	4月　通産省，アンモニア工業第1次大型化計画 12月　全国肥料商業組合連合会設立認可
同　41年	2月　全日空羽田沖で墜落，以後航空機事故続発 5月　中国で文化大革命始まる 7月　畜産振興審議会設立	4月　日本苦土カルシウム肥料協会発足 7月　日本化成肥料協会発足
同　42年	4月　東京都知事に美濃部亮吉氏当選 6月　中東戦争始まる ケネディラウント（関税一括引下げ交渉）53ヶ国が調印 7月　ＥＣ発足 8月　公害対策基本法公布 ＡＳＥＡＮ結成 12月　米収穫高1,445万tで史上最高と発表	8月　日本硫安工業会「アンモニア設備大型化実施要領」発表 9月　出光興産千葉工場世界初の重油直接脱硫送装置完成 日本化成肥料協会「燐酸肥料工業の合理化方策」発表 12月　日本燐酸発足
同　43年	1月　アラブ石油輸出国機構（OAPEC）結成 5月　厚生省，イタイイタイ病を公害と認定 6月　小笠原諸島復帰 8月　ソ連，東欧軍チェコに侵攻 9月　厚生省，水俣病は新日本窒素水俣工場が原因と断定 科学技術庁，阿賀野川の水銀中毒事件は昭和電工工場の排水が基盤と発表 12月　三億円強奪事件発生	1月　鹿島アンモニア株式会社発足 3月　アンモニア工業第2次大型化計画決定 6月　農林省機構改革，農政局肥料機械課発足
同　44年	1月　ニクソン米大統領に就任 5月　東名高速道路，全線開通 新全国総合開発計画（新	3月　第2次資本の自由化実施 7月　全国炭酸カルシウム肥料協会発足（2日） 10月　長谷川農相，全中，全国農業会議所に米の生産調整に

年　次	一般社会史	肥料史
	全総）発表 7月　アポロ11号人類初の月面着陸	ついて協力を要請（24日）
昭和45年 (1970)	3月　日本万国博覧会開会（14日） 　赤軍派，日航機「よど」号を乗っ取り 6月　日米安保条約は自動延長の時代に 7月　厚生省，カドミ汚染米の安全基準を示す 　東京に初めて光化学スモッグ発生 11月　三島由紀夫自衛隊乱入事件 12月　公害関係14法案成立	2月　「総合農政の基本方針」閣議了承 6月　神戸肥飼料検査所が大阪肥飼料検査所に改称 10月　農林省は，稲作にＢＨＣとドリンク系剤について全面使用禁止，有機リン剤に使用規制を決定
同　46年	2月　政府，農地改革による買収農地の売り戻し決める 7月　環境庁発足 8月　ニクソン，金とドルの交換停止（15日）	6月　中小企業近代化促進法の指定業種として複合肥料製造を追加指定 10月　国鉄貨物運賃の公共政策割引全廃の方針を決定 　りん安の輸入制限が自動承認制に移行
同　47年	2月　浅間山荘事件，札幌冬季五輪 5月　沖縄返還 7月　田中内閣発足 9月　日中国交回復（29日）	3月　全購連，全販連合併，全農誕生（30日）
同　48年	2月　円，変動相場制に移行 9月　ガット東京ラウンド開始 10月　第4次中東戦争勃発（6日） 　OPEC石油減産を決定（オイルショック）	7月　農蚕園芸局長名で「肥料対策の推進について」を通達
同　49年	8月　ニクソン大統領辞任 11月　ローマで世界食糧会議開催	

年　次	一 般 社 会 史	肥　　料　　史
	田中首相金脈辞任，三木内閣へ	
昭和50年	7月　ソ連，米，濠，加から毎年1,400万トンの穀物購入を決める 11月　第1回先進国首脳会議（ランブイエサミット）	6月　肥安法一部改正，特定肥料にりん安系及び硝安系の高度化成肥料を追加
同　51年	7月　ロッキード事件で田中前首相逮捕 10月　野菜供給安定基金発足 11月　米，カーター氏大統領に当選 12月　福田内閣発足	1月　高度化成肥料の在庫量増大，通産省が業界指導 　カナダ・サスカチェワン州政府，加里生産企業を州有化 11月　肥料取締法関係告示の改正により，特殊肥料の一部に初めて有害重金属等の規制をかける
同　52年	11月　円高，240円台日銀が全面介入	4月　特殊肥料及び土壌改良材等の実態調査開始 7月　韓国，世界最大の肥料工場完成
同　53年	5月　新東京国際空港開港（20日） 7月　農林省が農林水産省と改称 8月　円，一気に180円台 12月　日米農産物交渉合意，オレンジ，牛肉の枠拡大。大平内閣成立	5月　産業構造審議会化学工業部会，「今後の化学肥料工業の進むべき方向及びその施策の在り方について」を答申 　特定不況産業安定臨時措置法公布 6月　肥料対策協議会「肥料の流通消費の現状及び問題点並びに今後の改善方向」を答申
同　54年	1月　イランでイスラム革命 3月　米，スリーマイル島原発事故 4月　ガット東京ラウンド合意 12月　アフガニスタンでクーデター，ソ連軍介入	1月　特定不況産業に「アンモニア製造業」「尿素製造業」「湿式りん酸製造業」が指定 6月　肥料価格安定臨時措置法の一部改正，公布施行
同　55年 (1980)	1月　米国内での日本車販売シェア20％を突破 7月　鈴木内閣成立 9月　イラン・イラク戦争勃発 11月　米，大統領選でレーガン	6月　肥料機械課50周年祝賀会 8月　全農は，系統肥料購買30周年記念パーティーを挙行 9月　全肥商連は肥料自由販売30周年記念式典を挙行

年　次	一般社会史	肥料史
	が当選 12月　55年産水稲収穫高，戦後最悪の冷害により1000万t下回る	
昭和56年	3月　第2次臨調発足 9月　行財政改革大綱閣議決定	4月　全国肥料品質全協議会発足
同　57年	4月　アルゼンチン軍が英領フォークランド諸島を占領，戦争状態に 6月　東北新幹線開業（22日） 7月　第2臨調が基本答申を提出（30日） 8月　公選法改正，参院選に比例代表制導入 農政審,「80年代の農政の基本方向の推進について」答申	6月　産業構造審議会化学工業部会,「今後の化学肥料工業及びそのあり方について」を答申 7月　肥料取締法の一部を改正，肥料検査吏員の必置規則の廃止
同　58年	3月　第2臨調が最終答申を提出（14日） 9月　大韓航空機撃墜事件 10月　ロッキード事件，田中元首相に実刑判決	5月　肥料取締法の一部改正，登録制から届出制への一部移行，登録有効期間延長，植害防止のための規制強化 6月　特定産業構造改善臨時措置法で「熔成りん肥製造業」「化成肥料製造業」が新規指定 11月　水田再編第3期対策決定（他用途利用米が導入）
同　59年	1月　株価初の1万円台 4月　日米農産物交渉が決着，牛肉，オレンジの輸入枠拡大 7月　ロサンゼルス五輪 11月　日本銀行券新デザインに	2月　国鉄貨物輸送（ヤードから拠点間直行へ）合理化 5月　地方増進法公布
同　60年	3月　ソ連，新書記長にゴルバチョフ選出 4月　電電公社，専売公社民営化 6月　本四連絡橋大鳴門橋開通（8日） 8月　日航ジャンボ機墜落事故	4月　全国土壌改良資材協議会成立 5月　政府は，富栄養化しやすい湖沼を対象とする窒素，リンの排水規制の実施決定

年　次	一般社会史	肥　　料　　史
昭和61年	2月　フィリピン，アキノ新政権誕生 4月　チェルノブイリ原発事故 9月　ガット・ウルグアイラウンド開始（15日） 10月　全米精米業者協会，日本の米貿易制度で通商法301条発動を提訴 11月　農政審「21世紀に向けての農政の基本方針」を発表	2月普通肥料の公定規格全面改正（22日） 7月　生産者麦価27年ぶりに引き下げ（18日） 9月　有機質肥料生物活性利用技術研究組合発足（18日）
同　62年	1月　売上税をめぐり国会空転 4月　国鉄が分割・民営化（1日） 　米国，日本のコメ市場開放を要求 10月　ニューヨーク株式市場で株価大暴落 11月　竹下内閣発足	4月　水田農業確立対策の実施（62年度から6年間） 　産業構造転換円滑化臨時措置法公布 7月　生産者米価31年ぶりに引き下げ（3日）
同　63年	1月　農産物12品目，ガット裁定受諾（5日） 3月　青函トンネル開業 6月　日米牛肉オレンジ交渉合意 　リクルート疑惑発覚 8月　米，包括通商法成立 11月　米，ブッシュ氏大統領に当選 12月　消費税等税制改革6法案公布（30日）	3月　食糧庁，米の流通改善大綱決定 6月　農林水産省肥料機械課の設置20周年記念 9月　円滑化法省令公布，尿素，熔りん，化成肥料対象へ
同　64年 平成元年	1月　昭和天皇崩御（7日） 　「平成」に改元（8日） 4月　消費税実施（1日） 6月　竹下内閣総辞職，宇野首相へ 　中国，天安門事件 7月　参院選で自民大敗，与野党逆転 8月　海部内閣発足	5月　農蚕園芸局農産課内に有機農業対策室設置（29日） 6月　肥料価格安定臨時措置法廃止（30日） 7月　通産省化学肥料課が化学肥料室に組織替え 9月　第2KRによる肥料援助，平成元会計年度分からの段階的アンタイド化決定 11月　水田農業確立後期対策骨子発表

年　次	一般社会史	肥料史
	11月　ベルリンの壁崩壊（東欧の変動相次ぐ） 日本労働組合総連合会「連合」発足 12月　平均株価史上最高値（3万8千9百円）	
平成2年 (1990)	3月　ソ連大統領制に移行，ゴルバチョフ初代大統領に（15日） 4月　花博開幕 6月　日米構造協議決着 8月　イラク，クウェート侵攻（2日） 10月　東西ドイツ統合（3日） 11月　即位の礼	3月　土地利用型農作物生産性向上指針発表 7月　日本アンモニア協会発足（日本硫安工業協会，アンモニア系製品協会が合併） 8月　湿式燐酸製造設備を円滑化法の特定設備に指定 10月　地球温暖化防止行動計画策定（23日）
同　3年	1月　湾岸戦争勃発（15日） 4月　新宿に新都庁開庁 ペルシャ湾に掃海部隊が出発 6月　雲仙普賢岳で大規模火砕流，大惨事となる 7月　ワルシャワ条約機構解体（1日） 8月　衆議院証券金融問題特別委員会で証人喚問 バブル経済が崩壊 10月　カンボジア和平調印 11月　宮沢内閣発足（5日） 12月　ソビエト連邦崩壊	5月　新しい食料・農業・農政検討本部設置（24日） 7月　全農とメーカーの個別交渉により平成3年度の全農買い入れ価格決定，14品目平均で3.30％引き上げ（11日）
同　4年	2月　フランス，アルベールビルで冬季五輪 4月　米，ロサンゼルスで暴動（29日） 6月　ブラジル，リオデジャネイロで「環境と開発に関する国連議会」（地球環境サミット）開催（3～14日）	4月　平成4年度予算成立（9日） 農蚕園芸局有機農業対策室が環境保全型農業対策室に組織替え 6月　「新しい食料・農業・農村政策の方向」発表（10日） 第5回肥料懇談会開催（10日）

年　次	一般社会史	肥料史
	国連平和維持活動協力法（ＰＫＯ協力法）成立（15日） 7月　バルセロナ五輪 9月　自衛隊，カンボジアへ派遣（17日） 10月　天皇，皇后両陛下史上初の訪中 11月　米，ＥＣが農業交渉で基本合意（20日）	全農とメーカーの個別交渉により平成4年肥料年度の全農購入価格決定，14品目平均で1.38％引き下げ（18日） 平成4年産米の生産者米価据え置き（25日）
	12月　国連，多国籍軍をソマリアに派遣（3日）	12月　全農とメーカーの個別交渉により平成4肥料年度下期の尿素の全農購入価格決定，0.92％引き下げ（16日）
平成5年	4月　13兆円総合経済対策発表（3日）	3月　平成5年度予算成立（31日）
	6月　皇太子殿下御成婚（9日） 宮沢内閣不信任案可決（18日）	6月　農業機械化促進法の改正等新政策3法案成立（8日） 第6回肥料懇談会開催（11日） 平成5肥料年度全農供給価格決定，14品目平成で2.56％引き下げ（21日）
	7月　総選挙実施（18日） 8月　細川連立政権誕生（6日） 9月　6兆円緊急経済対策発表（16日） 日銀公定歩合1.75％，史上最低を記録（21日） 10月　台風，冷夏等の影響により稲作作況指数75を記録（29日）	11月　肥飼料検査所30周年記念式典開催（12日）
	12月　ガット・ウルグアイ・ラウンド農業交渉政府受入決定（14日）	12月　平成5肥料年度下半期の尿素の全農供給価格決定，上半期価格据置き（14日）
同　6年	4月　羽田連立政権発足（28日） 6月　村山連立政権発足（30日） 7月　全国で記録的な猛暑，渇水 8月　農政審中間報告（12日） 10月　水稲作況指数109。10aあたり収量は過去最高の543kgに。	6月　第7回肥料懇談会開催（10日） 平成6肥料年度全農供給価格14品目平均で1.38％引き下げ（21日） 農業生産資材費低減研究会発足（21日） 平成6年度予算成立（23日） 肥料機械課肥料価格班，同肥料業務班へ統合（23日）

年　次	一般社会史	肥料史
	ウルグアイ・ラウンド農業合意関連対策大綱発表（25日） 12月　ＷＴＯ設立協定批准及び「新食糧法」を含む関連４法成立。（８日）	
平成７年	１月　世界貿易機関(ＷＴＯ)発足（１日） 兵庫県南部地震発生（17日） ３月　東京市場で円は一時１＄＝88.75円の最高値を更新（８日） 東京の地下鉄で猛毒ガス「サリン」がまかれ11人死亡（20日） ４月　知事選で東京で青島幸男氏，大阪で横山ノック氏が当選（９日） 東京市場で一時円が80円を突破 ６月　米価審議会は生産者麦価の４年連続据え置きを答申（１日） 生産者米価４年連続据え置きで決着（29日） ７月　製造物責任（ＰＬ）法施行（１日） ８月　東京市場で円は一時１＄＝99円台まで急落(16日) 11月　ＡＰＥＣ大阪会議が開幕(15日)	３月　事業革新円滑化法成立（４／１日施行） 新機能肥料規格・表示検討委員会が発足 ４月　農業生産資材費低減研究会発展的解消 ６月　局長の私的諮問機関として農業生産資材問題検討会が発足 全農７肥料年度対県供給肥料価格決定，主要14品目前年比２．１％の値下げ（22日） ９月　農業生産資材問題検討会が中間報告を取りまとめ局長に提出（27日） 11月　農水省機構改革，農蚕園芸局が「農産園芸局」に改称（１日） 12月　肥料懇談会開催（14日），不定期開催を確認 全農肥料価格の期中改訂を発表，主要14品目1.94％の値上げ（対県供給価格は据え置き）

年　次	一般社会史	肥　料　史
平成8年	1月　橋本新内閣が発足(11日) 　社会党，党名を「社会民主党」に変更（19日） 2月　薬害エイズ問題で管厚相，国の責任を認め謝罪（16日） 6月　住専処理・金融関連法案が成立 　消費税率，9年度から5％へ正式決定（25日） 7月　東京市場円相場，2年5ヶ月ぶりに110円台に(3日) 　大阪府堺市でO-157による集団食中毒発生（25日） 10月　衆議院選挙実施（20日） 11月　第2次橋本内閣が発足(21日)	3月　第5回農業生産資材問題検討会開催，行動計画の策定状況等について討議（12日） 　第2回新機能肥料規格・表示検討委員会開催（15日） 　土づくり問題検討会，中間報告を取りまとめる 5月　肥料9団体，全肥商連，全農が資材費低減のため「行動計画」策定 6月　全農8肥料年度対県供給肥料価格決定，主要14品目前期（7肥期中改定）比1.84％の値上げ 8月　肥料の「輸出承認制度」廃止閣議決定，9月13日施行 9月　農水省「新基本法」検討開始 11月　全農「生産資材費低減運動」全国推進大会開催（27日） 12月　全都道府県で資材費低減のため「行動計画」策定が終了
同　9年	1月　ロシア船籍ナホトカ号沈没，重油流出（2日） 　橋本首相通常国会で6大改革断行へ決意表明(20日) 4月　消費税率5％に引き上げ（1日） 6月　神戸市の小学生殺害事件で14歳の少年を逮捕(28日) 8月　行政改革会議1府12省庁で正式合意（21日） 9月　第2次橋本改造内閣が発足（11日）	2月全国農業生産資材費低減対策推進会議開催（6日） 4月　「総合物流施策大綱」閣議決定（4日） 　食料・農業・農村基本問題調査会発足（18日） 6月　全農9肥料年度対県供給肥料価格決定，主要14品目前期比1.00％の値上げ 7月　通産省化学肥料室廃止，化学課化学肥料班へ（1日） 10月　農林水産省肥料機械課オール睦会発足,「肥料機械課30年のあゆみ」を発刊 11月　第1回有機質肥料等に関する検討会開催（堆肥等の品質表示のあり方等の検討）(21日)

年　次	一般社会史	肥料史
	11月　山一証券営業休止を届け出，戦後最大の倒産(24日) 12月　地球温暖化防止会議で京都議定書を採択（11日）	12月　食料・農業・農村基本問題調査会中間とりまとめ（19日） 「有機農産物等に係る表示ガイドライン」改正（米麦が適用対象へ）（25日）
平成10年	2月　長野五輪開催（7日） 4月　明石海峡大橋／神戸淡路鳴門自動車道開通（5日） 5月　災害被災者支援法成立（14日） 6月　中央省庁等改革法成立（9日） 7月　人のクローン研究禁止（18日） 小渕外相が首相就任（24日） 10月　温暖化対策法可決(1日) 金融再生関連法成立（12日） 11月　しし座流星群（18日） 12月　コメ関税化を決定(17日)	2月　「全国農業生産資材費低減対策会議」を開催（6日） 「農業生産の技術指針」を公表（18日） 4月　たい肥等の品質表示の推進方向を発表（13日） 6月　平成10肥全農主要14品目（加重平均）2.6％値上げ 7月　「平成9年農作物作付延べ面積と耕地利用率」を発表（15日） 8月　「平成10年度緊急生産調整推進対策の実施見込みについて」を発表（28日） 9月　「食料・農業・農村基本問題調査会」答申（17日） 11月　有機食品の検査・認証制度検討委員会「有機食品の検査・認証制度導入について」を公表（10日） 12月　「農政改革大綱　農政改革プログラム」省議決定(8日) 「平成10年度水陸稲収穫量」を発表（16日）

年　次	一般社会史	肥料史
平成11年	1月　自民・自由連立政権発足（14日）	
	3月　日産・ルノー提携（27日）	3月　「食料・農業・農村基本法案」国会提出（9日）
	4月　石原都知事誕生／統一地方選挙（11日） 2000年サミットの首脳会合の沖縄開催を決定（29日）	
	5月　情報公開法成立（7日） トキの人工繁殖に成功（21日）	6月　平成11肥全農主要14品目（加重平均）2.24%値下げ
	7月　分割ＮＴＴ始動（1日）	7月　「持続性の高い農業生産方式の導入の促進に関する法律」，「肥料取締法の一部を改正する法律」，「家畜排せつ物の管理の適正化及び利用の促進に関する法律」公布（28日）
	9月　核燃料工場で臨界事故（30日）	
	11日　日本サッカー，五輪出場決定（6日）	
	12月　「コンピュータ2000年問題」で警戒態勢（31日）	12月　「独立行政法人肥料検査所法」公布（22日）
平成12年 (2000)	2月　大阪府に全国初の女性知事誕生（6日）	2月　東京肥料検査所が埼玉県大宮市に移転
	3月　北海道の有珠山が噴火（31日）	3月　農林水産省が「食料•農業•農村基本計画」を策定（24日）
	4月　小渕首相脳梗塞で入院（2日） 衆議院本会議で森喜郎氏が首相に指名される（5日）	4月　有機農産物の日本農林規格を定めた改正ＪＡＳ法施行（1日）
		5月　平成12年度農業資材の需給等の要通し公表（11日） 商法における会社分割制度の創設に伴う肥料取締法の一部改正公布（31日）

年　次	一 般 社 会 史	肥　　料　　史
平成12年	6月　モナザイト大量放置事件（6日）	6月　平成12肥全農主要14品目（加重平均）0.72％値下げ
	ナスダック・ジャパン始動（19日）	有機農産物の生産行程管理者の認定業務マニュアルの公表（5日）
	雪印食中毒事件（29日）	農業生産資材に関する意識意向調査結果について公表（20日）
	7月　三宅島噴火（8日）	
	2000円札発行（19日）	
	コンコルド墜落（25日）	8月　農業生産資材問題検討会中間報告について公表（10日）
	9月　東海地方に豪雨（11日）	
	シドニーオリンピック女子マラソンで高橋尚子が金メダル獲得（24日）	
	10月　鳥取県西部地震（6日）	10月　たい肥等特殊肥料の一部について品質表示制度の創設及び汚泥肥料等の登録制への移行を定めた改正肥料取締法が施行（1日）
	白川英樹氏がノーベル化学賞受賞（10日）	地力増進法施行令の規定に基づき，泥炭等の品質に関する事項についての農林水産大臣の基準を定める件の一部改正をする件施行（1日）
	長野県知事に田中康夫氏が当選（15日）	
	11月　住友化学，三井化学が統合を発表（17日）	
	12月　第二次森改造内閣が発足（5日）	12月　平成12年度下期農業資材の需給等の見通し公表（22日）
		肥料中に含まれるダイオキシン類の含有量に関する調査結果について公表（22日）

年　次	一般社会史	肥料史
平成13年	1月　中央省庁再編スタート（6日）	1月　農林水産省農産園芸局肥料機械課が農林水産省生産局生産資材課に組織再編するとともに，有機肥料班（有機肥料及び土壌改良資材を担当）が発足（6日）
	ブッシュ大統領が就任（20日）	MSDS（化学物質安全データシート）の提供開始
	2月　漁業実習船えひめ丸が米原潜と衝突（9日）	
	3月　広島県南部で震度6弱の強い地震（24日）	
	米，地球温暖化防止議定書から離脱（28日）	
	4月　ねぎ，生しいたけ，畳表の3品目について，セーフガード暫定処置（200日間）を発動（23日）	4月　農林水産省肥飼料検査所が独立行政法人肥飼料検査所に移行（1日）
		5月　食品循環資源の再利用等の促進に関する法律が施行（1日）
	小泉内閣が発足し，武部勤農林水産大臣が就任（26日）	
		6月「農業生産資材費低減のための行動計画」の改定がなされ，農業生産資材問題検討会へ報告（11日）
	7月　参院選，小泉旋風で自民が大勝（29日）	7月　新総合物流施策大綱の決定（6日）
		平成13肥年全農主要14品目（加重平均）1.61％値上げ（11日）
	8月　大型国産ロケットH2Aの打ち上げ成功（29日）	8月「食品の安定供給と美しい国づくりに向けた重点プラン」,「農業構造改革推進のための経営政策」を公表（30日）
	9月　牛海綿状脳症（BSE）の疑似患畜を確認（10日）	9月　農林水産省内に遠藤副大臣を本部長とする「牛海綿状脳症（BSE）対策本部」を設置（10日）
	米で同時多発テロ，世界貿易センター崩壊（11日）	

年　　次	一　般　社　会　史	肥　　　　料　　　　史
	9月　ベルリンマラソンで高橋尚子選手が世界最高記録（30日）	
	10月　米国，アフガニスタンへの空爆開始（7日）	10月　肉骨粉等の輸入を一時停止するとともに，国内における肉骨粉等及び肉骨粉等を含む肥料の製造及び工場からの出荷について一時停止を1日付けで要請（4日から実施） 第1回BSE対策検討会を開催（5日） 肥料取締法に基づく告示の一部改正（15日）（飼料への誤用・流用防止のための表示措置） 第2回BSE対策検討会を開催（19日）
	11月　COP7最終合意，京都議定書の運用ルールを採択（10日） イチロー選手が大リーグで日本人初のMVP（20日）	11月　国内産の豚鶏等由来の肉骨粉等の肥料利用について一時停止要請を一部解除（1日） 日本肥糧検定協会創立50周年記念行事（2日） 石灰窒素生誕100周年記念事業開催（8日） BSE対応肥料緊急対策事業実施要領の制定（16日） 第1回BSE問題に関する調査検討委員会（以後平成14年4月2日迄に11回開催）（19日） 飼料用肉骨粉適正処分緊急対策事業実施要領の一部改正（肥料用肉骨粉等の追加）（26日）
	12月　敬宮愛子さまご誕生（1日）	12月　農林水産省食堂の生ゴミリサイクル事業開始式（21日） 第3回BSE対策検討会（25日）
同　14年	1月　欧州単一通貨ユーロの現金流通がＥＵ圏12カ国で始まる（1日） 雪印食品の食肉偽装事件が発覚（23日）	1月　牛由来を含む国内産の蒸製骨粉類の肥料利用について一時停止要請を一部解除（11日）

年　次	一般社会史	肥料史
同　14年	2月　日本国債格下げ，先進7ヵ国最低ランクへ（13日）	
	3月　観測史上最も早いサクラの開花（東京16日）	3月　新たな地球温暖化対策推進大綱の決定（19日）
	4月　「ペイオフ」凍結一部解除（1日）	4月　BSE問題に関する調査検討委員会が報告書を提出（2日）
		『「食」と「農」の再生プラン』の発表（11日）
	5月　中国・瀋陽の日本総領事館の北朝鮮亡命者連行事件（8日）	
	アジア初の日韓共同開催サッカーW杯開幕（31日）	
	6月　全国初の電子投票による選挙実施（岡山県新見市長・市議選23日）	6月　牛海綿状脳症対策特別措置法の公布（14日） 平成14肥年全農主要品目（加重平均）0.35%の値下げ
		7月　牛海綿状脳症対策基本計画の策定（30日）
	8月　住民基本台帳ネットワーク稼動（5日）	
	9月　史上初の日朝首脳会談（17日） 大島理森農林水産大臣が就任（30日）	9月　第4回BSE対策検討会を開催（27日）
	10月　北朝鮮拉致被害者の5人が帰国（15日）	
	11月　イラク大量破壊兵器疑惑で国連査察再開	11月　「食の安全･安心のための政策推進本部」の設置（18日）

年　次	一般社会史	肥料史
平成14年	12月　日本初のノーベル賞ダブル受賞（小柴昌俊氏，田中耕一氏）	12月　農作物等に含まれるカドミウムの実態調査結果の公表（2日） 米政策改革大綱の決定（3日） 「農薬取締法の一部を改正する法律」の公布（11日） 自由民主党農林水産部会へ肥料取締法改正を含む「食の安全・安心の施策の方向性」について提出（12日） バイオマス・ニッポン総合戦略の決定（27日）
平成15年	2月　新型肺炎(SARS)が世界的に流行。8月の終息までに，世界30ヵ国以上拡大	
	3月　米英軍がイラク攻撃開始（20日）	
	4月　亀井善之農林水産大臣が就任（1日）	5月　「食品安全基本法」公布（23日）
	5月　個人情報保護法成立（23日） 宮城沖地震（26日）	6月　「食品の安全性の確保のための農林水産省関係法律の整備等に関する法律」公布（11日） 「食の安全・安心のための政策大綱」公表（20日） 第5回BSE対策検討会を開催（20日）
	7月　内閣府に食品安全委員会を設置（1日）	7月　農林水産省に消費・安全局及び地方農政事務所を設置。肥料業務は同局農産安全管理課が所管（1日） 改正肥料取締法の施行（1日） 日本化成肥料協会と日本アンモニア協会の統合により日本肥料アンモニア協会が発足（1日）
	9月　03年十勝沖地震（26日）	8月　「食の安全・安心のための政策大綱工程表」（平成15年度）を公表（29日）
	10月　冷夏の影響により水稲の全国平均作況指数は「90」。93年以来の10年ぶりの不作（28日）	10月　BSE関連出荷停止肥料適正処理緊急対策事業の実施

年　次	一般社会史	肥　料　史
	11月　衆院選で民主党躍進。自民・民主の本格的な二大政党時代（9日） 邦人外交官2人がイラクで殺害（29日）	11月　牛のせき柱を肥料の原料から排除することについて食品安全委員会にリスク評価を諮問（11日） 「せき柱について特定危険部位に相当する対応を講じることが適当である」との食品安全委員会の答申（21日）
	12月　米国内でBSE感染牛発生（23日）を受け，同国からの輸入を停止（24日） 自衛隊イラク派遣開始（26日）	12月　牛のせき柱を含む肥料の取扱いに関する通知を発出（26日） （牛せき柱の肥料利用を禁止するための新たなリスク管理措置について）
平成16年	1月　国内で79年ぶりの高病原性鳥インフルエンザの発生（山口県）を確認（12日）	1月　普通肥料の公定規格等を改正（15日） （牛のせき柱を肥料の原料から排除）
	4月　イラクで日本人が武装グループに拉致（8日）。17日までに無事解放。	
	5月　第57回カンヌ国際映画祭で柳楽優弥が男優賞を史上最年少（14才）受賞	5月　「食の安全性・安心のための政策大綱工程表」（平成16年度）を公表（14日）
	6月　年金改正法の成立（5日） 武力攻撃の際の自衛隊のあり方等を定めた有事関連7法が成立（14日） 所沢のダイオキシン報道をめぐる訴訟和解成立（16日）	6月　全農16肥料年度供給価格は単肥及び複合肥料等全般にわたって値上げ。高度化成（15—15—15）については，対前年比3.49％の値上げ。
	7月　参院選で民主党躍進。自民は低迷（11日）	7月　肉骨粉の焼却灰及び炭化物等を肥料として利用することについて食品安全委員会にリスク評価を諮問（2日）
	10月　震度7の新潟県中越地震が発生，死者40人（23日）	

年　次	一般社会史	肥　料　史
平成16年	12月　スマトラ沖地震と津波で1万4千人を超える犠牲者(26日)	
平成17年	4月　尼崎のJR西日本脱線事故,107人が死亡(25日)	4月　食の安全・安心確保交付金実施要領の制定(1日) 「食の安全・安心のための政策大綱工程表」(平成17年度)を公表(15日)
	6月　アスベスト(石綿)被害深刻に	6月　全農17肥料年度供給価格は単肥及び複合肥料等全般にわたって値上げ。高度化成(15―15―15)については,対前年比3.56%の値上げ
		7月　肉骨粉の焼却灰及び炭化物を肥料として利用することについて,その食品健康影響リスクは無視できる程度であるとの食品安全委員会の答申(28日)
	9月　衆院選で小泉自民党が296議席の歴史的大勝(11日)	
	10月　小泉首相の靖国参拝で中韓との関係冷却(17日) 郵政民営化法が再提出され成立(14日)	
		11月　肉骨粉の焼却灰及び炭化物の肥料利用について,一時停止要請を一部解除(7日)
平成18年		6月　全農18肥料年度供給価格は単肥及び複合肥料等全般にわたって値上げ。高度化成(15―15―15)については,対前年比3.73%の値上げ。
	9月　安倍内閣が発足(26日)	
平成19年		4月　独立行政法人肥飼料検査所,農林水産消費技術センター,農薬検査所が独立行政法人農林水産消費安全技術センターに統合(3日)

年　次	一 般 社 会 史	肥　　料　　史
	5月　中国政府，アメリカ合衆国でのペットフード中毒による犬・猫の大量死に関し，輸出され製品に使用された小麦グルテン粉にメラミンが混入していた事実を認める（8日）	
		6月　全農19肥料年度供給価格は単肥及び複合肥料等全般にわたって値上げ。高度化成（15—15—15）については，対前年比9．95%の値上げ。
	9月　福田内閣が発足（26日）	
平成20年	1月　中国河北省の工場で製造され，日本に輸入された冷凍餃子や食材から，殺虫剤などに使用される有毒成分メタミドホスが検出され，日中両政府が調査を開始（30日）	
		3月　全農19肥料年度供給価格は期中改定を行い，単肥及び複合肥料等を値上げ。高度化成（15—15—15）については，対前年比9．05%の値上げ。
		4月　新たに予期しない問題が生ずるおそれが少ないと判断された33種類の肥料の登録の有効期間を3年から6年に延長（1日）
	5月　中華人民共和国四川省でマグニチュード8．0の地震が発生（12日）	
		6月　全農20肥料年度供給価格は単肥及び複合肥料等全般にわたって大幅値上げ。高度化成（15—15—15）については，対前年比63．03%の値上げ。

年　　次	一　般　社　会　史	肥　　　　料　　　　史
	7月　世界的な原油の商品先物取引価格の高騰が進み，ニューヨークでは一時1バレル=147.27ドルの史上最高値（11日）	
		8月　農林水産省組織再編に伴い肥料行政の一部が生産局へ移管（1日）
	9月　アメリカの大手証券会社リーマン・ブラザーズが経営破綻。これをきっかけに金融危機が世界的に拡大（15日）	
	麻生内閣が発足（24日）	
		10月　汚泥肥料の規制のあり方に関する懇談会を開催（29日）（平成21年3月まで開催）
	11月　アメリカ合衆国大統領選挙が施行され，バラク・オバマ（民主党）候補がジョン・マケイン（共和党）候補に圧勝し，第44代アメリカ合衆国大統領に当選（4日）	
平成21年	2月　平成20年9月に発生した三笠フーズによる「事故米不正転売事件」で，三笠フーズ等を不正競争防止法違反で摘発，三笠フーズ社長ら5名を逮捕（10日）	
	5月　裁判員制度施行（21日）	

年　次	一般社会史	肥料史
		6月　全農21肥料年度供給価格は単肥及び複合肥料等全般にわたって大幅値下げ。高度化成（15-15-15）については，対前年比23．94％の値下げ。
	8月　衆院選で民主党が結党以来の大勝（31日）	
	9月　消費者庁が発足（1日） 鳩山内閣が発足（16日）	
平成22年 (2010)	1月　日本年金機構が発足（1日） 奈良県で平城遷都1300年祭開幕	1月　と畜場から排出される汚泥の肥料利用に関する通知を改正
	2月　チリ中部沿岸でマグニチュード8.8の地震が発生（27日）	
	5月　上海国際博覧会開幕 宮崎県の家畜伝染病口蹄疫問題で東国原知事が非常事態を宣言（18日）	5月　全農22肥料年度より，従来の年間一本価格から年間二本価格体系へ移行 全農22肥料年度秋肥供給価格は，窒素質肥料は値上げ，りん酸質肥料及び加里質肥料は値下げ。高度化成（15-15-15）については，対前年比10.04％の値下げ。
	6月　菅内閣が発足（8日） 小惑星探査機「はやぶさ」が地球に帰還（13日）	
		8月　汚泥肥料中の重金属管理手引書を策定
	10月　名古屋市で生物の多様性に関する条約第10回締約国会議開催	10月　全農22肥料年度春肥供給価格は，窒素質肥料は据置き，りん酸質肥料及び加里質肥料は値上げ。高度化成（15-15-15）については，秋肥価格対比で1.7％の値上げ。ただし，21肥料年度価格対比では8.5％の値下げ。
	12月　東北新幹線　八戸駅－新青森駅間が開業し，同線が全通（4日） 鈴木章氏，根岸英一氏がノーベル化学賞受賞（10日）	

年　次	一 般 社 会 史	肥　料　史
平成23年	1月　日本の国・地方を合わせた累積債務残高の国内総生産（GDP）に対する比率が200％を突破（OECD発表）	
	3月　東日本大震災，東京電力福島第一原子力発電所における事故の発生（11日） 九州新幹線全線開通（12日）	
		5月　全農23肥料年度秋肥供給価格は，窒素質肥料，りん酸質肥料及び加里質肥料は値上げ。高度化成（15-15-15）については，対前年比3.2％の値上げ。
		6月　汚泥肥料中に含まれる放射性セシウムの取扱いに関する通知を発出
		8月　放射性セシウムを含む肥料・土壌改良資材・培土及び飼料の暫定許容値の設定について通知を発出
	10月　世界人口70億人，国連が発表（31日） 円相場が，一時1ドル75円台，戦後の最高値（31日） タイで大洪水，日系企業が被害	10月　全農23肥料年度春肥供給価格は，窒素質肥料，りん酸質肥料及び加里質肥料は値上げ。高度化成（15-15-15）については，秋肥価格対比で4.3％の値上げ。
平成24年	2月　復興庁が発足	
		3月　石灰窒素中のメラミンの暫定許容値の設定について通知を発出
	5月　日本を含む北太平洋で金環食観測（22日）	5月　全農24肥料年度秋肥の主要品目価格について，窒素質肥料は据え置き，りん酸質肥料は値上げ，加里質肥料は値下げ。高度化成（15-15-15）については，対前年比0.3％の値下げ。

年　次	一般社会史	肥料史
	10月　郵便局株式会社と郵便事業株式会社との統合により「日本郵便株式会社」設立	10月　全農24肥料年度春肥の主要品目価格について，窒素質肥料は据え置き，りん酸質肥料及び加里質肥料は値下げ。高度化成（15-15-15）については，対前年比0.7％の値下げ。
	12月　衆院選で自由民主党が単独で絶対安定多数（269議席）を確保する大勝（16日） 第２次安倍内閣が発足（26日）	
平成25年		５月　全農25肥料年度秋肥の主要品目価格について，窒素質肥料，りん酸質肥料及び加里質肥料が値上げ。高度化成（15-15-15）については，対前年比4.6％の値上げ。
	６月　富士山が世界文化遺産に登録	
	８月　国の借金が６月末時点で1008兆6281億円となり，初めて1000兆円を突破	
		９月　放射性セシウムを含む汚泥のサンプリング等に係る技術事項に関する通知を改正
		10月　全農25肥料年度春肥の主要品目価格について，窒素質肥料及びりん酸質肥料は値下げ，加里質肥料は値上げ。複合肥料は，約７割の銘柄を値下げ。
	12月　『和食　日本人の伝統的な食文化』が無形文化遺産に登録	12月　肥料取締法施行規則をはじめとした省令等を改正（平成26年１月４日施行），牛由来の肉骨粉の肥料利用を再開。また，指定配合肥料に固結防止材８種を使用して生産可能となる。
平成26年	４月　消費税が５％から８％に引き上げ（１日）	
		５月　全農26肥料年度秋肥の主要品目価格について，窒素質肥料，りん酸質肥料，加里質肥料及び複合肥料が値下げ。

年　次	一般社会史	肥料史
		7月　牛由来の原料を原料とした肥料利用を再開にあたり，摂取防止材3種類を指定。
	9月　御岳山が噴火，57人死亡（27日）	9月　肥料取締法施行規則をはじめとした省令等を改正（平成26年10月1日施行），牛由来の原料を原料とした肥料利用を再開。
	10月　赤崎勇氏，天野浩氏，中村修二氏がノーベル物理学賞を受賞（7日）	10月　全農26肥料年度春肥の主要品目価格について，窒素質肥料は値下げ，りん酸質肥料，加里質肥料及び複合肥料は値上げ。
	12月　第3次安倍内閣が発足（24日）	
平成27年	3月　北陸新幹線　長野―金沢間が開業（14日）	
		5月　全農27肥料年度秋肥の主要品目価格について，窒素質肥料は値下げ，りん酸質肥料と加里質肥料が値上げ。高度化成（15-15-15）については，対前年比1.8％の値上げ。
	7月「明治日本の産業革命遺産」が世界文化遺産に登録	
	10月　環太平洋経済連携協定大筋合意（5日） マイナンバーの通知が始まる（5日） 大村智氏がノーベル生理学・医学賞，梶田隆章氏がノーベル物理学賞をそれぞれ受賞	10月　全農27肥料年度春肥の主要品目価格について，窒素質肥料及びりん酸質肥料は値上げ，加里質肥料は値下げ。複合肥料（水稲向け被覆尿素入り）は，約8割の銘柄を値下げ。
平成28年	1月　マイナンバー制度の開始	

年　次	一般社会史	肥料史
	3月　北海道新幹線　新青森－新函館北斗間が開業（26日）	3月　肥料取締法施行令を改正（平成28年4月1日施行），登録及び更新手数料の改正。
		5月　全農28肥料年度秋肥の主要品目価格について，窒素質肥料，りん酸質肥料，加里質肥料及び複合肥料はいずれも値下げ。高度化成（15－15－15）については，対前期比10.4％の値下げ。
	7月　「国立西洋美術館」が世界文化遺産に登録（17日）	
	10月　大隅良典氏がノーベル医学・生理学賞を受賞（3日）	10月　全農28肥料年度春肥の主要品目価格について，窒素質肥料，りん酸質肥料，加里質肥料及び複合肥料で大幅な値下げ。高度化成（15－15－15）については，対前年比19.5％の値下げ。
		12月　肥料取締法施行規則をはじめとした告示等を改正（平成29年1月18日施行），指定配合肥料に使用できる原材料の要件を緩和。また，一部普通肥料について，登録の有効期間を見直し。
平成29年	2月　プレミアムフライデーが初実施（24日）	
		5月　全農29肥料年度秋肥の主要品目価格について、窒素質肥料、りん酸質肥料、加里質肥料及び複合肥料はいずれも値上げ。高度化成（15－15－15）については、対前年比5.8％で値下げ。
	6月　環境省は、特定外来生物であるヒアリが、国内で初めて発見されたことを発表（13日）	

年　次	一般社会史	肥料史
	11月　第4次安倍内閣が発足（1日）	10月　全農29肥料年度春肥の主要品目価格について、NPK高度化成について入札制度を導入するとともに、取扱銘柄を400から17に集約。その他、窒素質肥料は値下げ、りん酸質肥料、加里質肥料は据え置き、及び複合肥料は値上げ、複合肥料（高度化成（集約銘柄）を除く）は値下げ。 普通肥料の公定規格等の告示を改正（平成29年11月施行），指定された凝集促進材を使用した肥料について、堆肥等の特殊肥料として、生産・販売可能となる。

〔官庁・団体等一覧〕

肥料関係機関等一覧

1．中央官庁等

名　称	郵便番号・所　在　地		電　話
衆議院	100-0014	東京都千代田区永田町1-7-1	(03-3581-5111)
参議院	100-0014	東京都千代田区永田町1-7-1	(03-3581-3111)
財務省	100-8940	東京都千代田区霞が関3-1-1	(03-3581-4111)
内閣府	100-8914	東京都千代田区永田町1-6-1	(03-5253-2111)
農林水産省	100-8950	東京都千代田区霞が関1-2-1	(03-3502-8111)
		[内線　消費・安全局農産安全管理課肥料企画班：4508 肥料検査指導班：4508 生産局農産部技術普及課資材効率利用推進班：4728]	
経済産業省	100-8901	東京都千代田区霞が関1-3-1	(03-3501-1511)
国土交通省	100-8918	東京都千代田区霞が関2-1-3	(03-5253-8111)
環境省	100-8975	東京都千代田区霞が関1-2-2　中央合同庁舎５号館	(03-3581-3351)
公正取引委員会	100-8987	東京都千代田区霞が関1-1-1	(03-3581-5471)

2．地方機関

地方農政局等（消費・安全部　農産安全管理課）

名　称	郵便番号・所　在　地		電　話
北海道農政事務所	064-8518	札幌市中央区南22条西6丁目2-22	(011-330-8800)
東北農政局	980-0014	宮城県仙台市青葉区本町3-3-1（仙台合同庁舎）	(022-263-1111)
関東農政局	330-9722	埼玉県さいたま市中央区新都心2-1（さいたま新都心合同庁舎２号館）	(048-600-0600)
北陸農政局	920-8566	石川県金沢市広坂2-2-60（金沢広坂合同庁舎）	(076-263-2161)
東海農政局	460-8516	愛知県名古屋市中区三の丸1-2-2	(052-201-7271)
近畿農政局	602-8054	京都府京都市上京区西洞院通下長者町下ル丁子風呂町	(075-451-9161)
中国四国農政局	700-8532	岡山県岡山市北区下石井1-4-1（岡山第２合同庁舎）	(086-224-4511)
九州農政局	860-8527	熊本県熊本市西区春日2-10-1（熊本地方合同庁舎）	(096-211-9111)
沖縄総合事務局 （農林水産部消費・安全課）	900-0006	沖縄県那覇市おもろまち2-1-1（那覇第２地方合同庁舎２号館）	(098-866-1627)

3．都道府県

都道府県名	郵便番号	所　在　地	電　話	肥料担当部課
北海道	060-8588	札幌市中央区北3条西6丁目	(011-231-4111)	農政部 生産振興局技術普及課
青森	030-8570	青森県青森市長島1-1-1	(017-734-9353)	農林水産部 食の安全・安心推進課
岩手	020-8570	岩手県盛岡市内丸10番1号	(019-629-5656)	農林水産部農業普及技術課
宮城	980-8570	宮城県仙台市青葉区本町3-8-1	(022-211-2846)	農政部みやぎ米推進課
秋田	010-8570	秋田県秋田市山王4-1-1	(018-860-1785)	農林水産部水田総合利用課
山形	990-8570	山形県山形市松波二丁目8番1号	(023-630-3419)	農林水産部農業技術環境課
福島	963-0531	福島県郡山市日和田町 高倉字下中道116	(024-958-1708)	農業総合センター 安全農業推進部指導・有機認証課
茨城	310-8555	水戸市笠原町978-6	(029-301-3936)	農林水産部農業技術課
栃木	321-0974	宇都宮市竹林町1030-2	(028-626-3086)	農業環境指導センター検査課
群馬	371-8570	前橋市大手町1-1-1	(027-226-3036)	農政部技術支援課生産環境室
埼玉	360-0102	熊谷市須賀広784	(048-539-0662)	病害虫防除所
千葉	266-0006	千葉市緑区大膳野町808	(043-291-1875)	農林総合研究センター 検査業務課
東京	190-0013	立川市富士見町3-20-28	(042-524-6701)	家畜保健衛生所 肥飼料検査センター
神奈川	259-1204	平塚市上吉沢1617	(0463-58-0333)	農業技術センター 病害虫防除部
山梨	400-8501	甲府市丸の内1-6-1	(055-223-1618)	農政部農業技術課
長野	380-8570	長野市大字南長野字幅下692-2	(026-235-7222)	農政部農業技術課
静岡	420-8601	静岡市葵区追手町9-6	(054-221-2689)	経済産業部農業局 地域農業課
新潟	950-8570	新潟市中央区新光町4-1	(025-285-5511)	農林水産部農産園芸課
富山	930-0004	富山市桜橋通り5番13号 富山興銀ビル	(076-431-4111)	農林水産部農業技術課
石川	920-8580	金沢市鞍月1-1	(076-225-1111)	農林水産部農業政策課 消費安全グループ
福井	910-8580	福井市大手3丁目17番1号	(0776-21-1111)	農林水産部流通販売課 エコ農業・食料安全グループ
岐阜	500-8570	岐阜市薮田南2-1-1	(058-272-1111)	農政部農産園芸課
愛知	460-8501	名古屋市中区三の丸3-1-2	(052-961-2111)	農業水産局農政部農業経営課
三重	514-8570	津市広明町13番地	(059-224-2543)	農林水産部農産園芸課
滋賀	520-8577	大津市京町4丁目1-1	(077-528-3842)	農政水産部農業経営課
京都	602-8570	京都市上京区下立売通新町 西入る藪ノ内町	(075-414-4959)	農林水産部農産課
大阪	559-8555	大阪市住之江区南港北1-14-16 咲洲庁舎22階	(06-6210-9595)	環境農林水産部農政室推進課 地産地消推進グループ
兵庫	650-8567	神戸市中央区下山手通5-10-1	(078-362-3449)	農政環境部 農林水産局農産園芸課
奈良	630-8501	奈良市登大路町30番地	(0742-27-7442)	食と農の振興部 農業水産振興課
和歌山	640-8585	和歌山市小松原通1-1	(073-432-4111)	農林水産部農業生産局果樹園芸課 農業環境・鳥獣害対策室
鳥取	680-8570	鳥取市東町1丁目220	(0857-26-7247)	生活環境部くらしの安心局 くらしの安心推進課
島根	690-8501	松江市殿町1番地	(0852-22-5138)	農林水産部農畜産課
岡山	700-8570	岡山市北区内山下2-4-6	(086-226-7422)	農林水産部農産課
広島	730-8511	広島市中区基町10-52	(082-513-3585)	農林水産局農業技術課 農業生産管理グループ

徳島	770-8570	徳島市万代町1-1	(088-621-2411)	農林水産部 もうかるブランド推進課
香川	760-8570	高松市番町4-1-10	(087-832-3411)	農政水産部農業経営課
愛媛	790-8570	松山市一番町4丁目4-2	(089-912-2555)	農林水産部 農業振興局農産園芸課
高知	780-0850	高知市丸ノ内1-7-52	(088-821-4861)	農業振興部環境農業推進課
山口	753-8501	山口市滝町1-1	(083-933-3366)	農林水産部農業振興課
福岡	812-8577	福岡市博多区東公園7-7	(092-651-1111)	農林水産部経営技術支援課
佐賀	840-8570	佐賀市城内1-1-59	(0952-24-2111)	農林水産部園芸課
長崎	850-8570	長崎市尾上町3-1	(095-824-1111)	農林部農業経営課
熊本	862-8570	熊本市中央区水前寺6-18-1	(096-383-1111)	農林水産部 生産経営局農業技術課
大分	870-8501	大分市大手町3-1-1	(097-536-1111)	農林水産部地域農業振興課
宮崎	880-8501	宮崎市橘通東2-10-1	(0985-26-0068)	農政水産部農業経営支援課
鹿児島	890-8577	鹿児島市鴨池新町10-1	(099-286-2111)	農政部経営技術課
沖縄	900-8570	那覇市泉崎1-2-2	(098-866-2280)	農林水産部営農支援課

4. 独立行政法人

農林水産消費安全技術センター (http://www.famic.go.jp/)

名称	郵便番号・所在地		電話
本部	330-9731	埼玉県さいたま市中央区新都心2-1 さいたま新都心合同庁舎検査棟	(050-3797-1830)
札幌センター	060-0042	北海道札幌市中央区大通西10-4-1 札幌第２合同庁舎	(050-3797-2716)
仙台センター	983-0842	宮城県仙台市宮城野区五輪1-3-15 仙台第３合同庁舎	(050-3797-1888)
名古屋センター	460-0001	愛知県名古屋市中区三の丸1-2-2 名古屋農林総合庁舎２号館	(050-3797-1896)
神戸センター	650-0047	兵庫県神戸市中央区港島南町1-3-7	(050-3797-1906)
福岡センター	813-0044	福岡県福岡市東区千早3-11-15	(050-3797-1918)
農薬検査部	187-0011	東京都小平市鈴木町2-772	(050-3797-1876)

5. 国立研究開発法人

名称	郵便番号・所在地		電話
農業・食品産業技術総合研究機構 本部	305-8517	茨城県つくば市観音台3-1-1	(029-838-8998)
農業・食品産業技術総合研究機構 農業環境変動研究センター	305-8604	茨城県つくば市観音台3-1-3	(029-838-8148)

6．肥料関係団体

名　称	郵便番号・所　在　地		電　話
日本石灰窒素工業会	101-0045	東京都千代田区神田鍛冶町3-3-4 サンクス神田駅前ビル８階	(03-5207-5841)
日本肥料アンモニア協会	101-0041	東京都千代田区神田須田町2-9　宮川ビル９階	(03-5297-2210)
日本石灰協会	105-0001	東京都港区虎ノ門1-1-21　新虎ノ門実業会館９階	(03-3504-1601)
日本苦土カルシウム肥料協会	105-0001	東京都港区虎ノ門1-1-21　新虎ノ門実業会館９階 日本石灰協会内	(03-3504-1601)
全国炭酸カルシウム肥料協会	101-0052	東京都千代田区神田小川町1-10　日通・住商神田ビル５階 ㈶肥料経済研究所内	(03-5297-5696)
珪酸石灰肥料協会	240-0023	神奈川県横浜市保土ヶ谷区岩井町108-504	(045-315-6093)
全国複合肥料工業会	104-0032	東京都中央区八丁堀4-12-20　第１SSビル10階A	(03-5543-0806)
一般社団法人 全国肥料商連合会	113-0033	東京都文京区本郷3-3-1　お茶の水KSビル３階	(03-3817-8880)
トモエ肥料販売 協同組合連合会	102-0083	東京都千代田区麹町1-10　麹町広洋ビル	(03-3239-0641)
硫酸協会	105-0004	東京都港区新橋2-21-1　新橋駅前ビル２号館	(03-3572-5498)
カーバイド工業会	101-0045	東京都千代田区神田鍛冶町3-3-4 サンクス神田駅前ビル８階	(03-5294-7570)
石灰石鉱業協会	101-0032	東京都千代田区岩本町1-7-1　瀬木ビル４Ｆ	(03-5687-7650)
家庭園芸肥料 ・用土協議会	174-0054	東京都板橋区宮本町39-14	(0562-92-1281)
全国バーク堆肥工業会	112-0004	東京都文京区後楽１-7-12　林友ビル６Ｆ	(03-5803-2415)
日本バーク堆肥協会	136-0082	東京都江東区新木場1-1-1　王子木材緑化㈱内	(03-3522-5593)

7．主要農業関係団体

名　称	郵便番号・所　在　地		電　話
全国農業会議所	102-0084	東京都千代田区二番町9-8　中央労働基準協会ビル２階	(03-6910-1121)
全国農業協同 組合中央会	100-6837	東京都千代田区大手町1-3-1　ＪＡビル	(03-6665-6000)
全国農業協同 組合連合会	100-6832	同　上 （肥料農薬部総合課：①　肥料課：②　肥料海外原料課：③）	(03-6271-8111) ①6271-8285 ②6271-8286 ③6271-8287
全国開拓農業協同 組合連合会	107-0052	東京都港区赤坂1-9-13三会堂ビル	(03-3584-5721)
全国たばこ耕作 組合中央会	105-0012	東京都港区芝大門1-10-1	(03-3432-4401)
農林中央金庫	100-8420	東京都千代田区有楽町1-13-2 DNタワー21（第一・農中ビル）	(03-3279-0111)
日本政策金融公庫 （農林水産事業）	100-0004	東京都千代田区大手町1-9-4 大手町フィナンシャルシティ　ノースタワー	(0120-154-505)
全国森林組合 連合会	101-0047	東京都千代田区内神田1-1-12　コープビル８階	(03-3294-9711)

8．研究所その他

名　　称	郵便番号・所　在　地	電　　話
一般財団法人 肥料経済研究所	101-0052　東京都千代田区神田小川町1-10　興信ビル５Ｆ	(03-5297-5696)
公益財団法人 肥料科学研究所	102-0094　東京都千代田区紀尾井町3-29　日本農業研究会館内	(03-6272-6002)
公益財団法人 日本農業研究所	102-0094　東京都千代田区紀尾井町3-29	(03-3262-6351)
公益財団法人 日本肥糧検定協会	174-0054　東京都板橋区宮本町39-14	(03-5916-3833)
同上　関西支部	650-0041　兵庫県神戸市中央区新港町14-1	(078-332-6491)
一般財団法人 日本土壌協会	101-0051　東京都千代田区神田神保町1-58　パピロスビル６階	(03-3292-7281)
一般社団法人 日本土壌肥料学会	113-0033　東京都文京区本郷5-23-13	(03-3815-2085)
全国肥料 品質保全協議会	174-0054　東京都板橋区宮本町39-14　㈶日本肥糧検定協会気付	(03-5916-3833)
全国土壌肥料 対策協議会	101-0041　東京都千代田区神田須田町2-9　宮川ビル９階	(03-5297-2210)

ポケット肥料要覧　**2019/2020**

令和３年３月22日　印刷
令和３年３月31日　発行

定価は表紙に表示してあります。

発　行　者　高　　見　　唯　　司

東京都品川区西五反田7-22-17　TOCビル

編集発行　一般財団法人　農　林　統　計　協　会

郵便番号　141-0031
振替　00190-5-70255
電話　03（3492）2987

ISBN978-4-541-04361-0　C3061